U0383571

所言节者，神气之所游行出入也，非皮肉筋骨也。

——《黄帝内经·灵枢》

公元前1世纪

中国医学在一个不断转化的世界里健全和发展。这种持续变化的情形，这种物质形态的变移，与带有固定要素特征的相互独立实体构成的（现代西方）常识世界（commonsense world）形成了鲜明对比，而这一常识世界似乎可以详尽无遗地用结构性术语来加以描述。……相反，在古代中国的科学中，生长与转化是其存在的本质特征，固化和停滞只是作为精心设定行为的一种结果才出现，并且要求对其做出解释；而运动与变化是给定的，对于它们的理由很少需要解释。中国医学中的这种不断变化的偏好所带来的一个推论就是，人体及其器官（即解剖学上的人体结构）只是作为生理学过程的偶然结果或副产品而出现的。

——冯珠娣（Judith Farquhar）

1994年

Joseph Needham

SCIENCE AND CIVILISATION IN CHINA

Volume 6

BIOLOGY AND BIOLOGICAL TECHNOLOGY

Part 6

MEDICINE

Cambridge University Press, 2000

李 约 瑟

中 国 科 学 技 术 史

第六卷　生物学及相关技术

第六分册　医学

李约瑟　著
鲁桂珍　协助
席　文　编辑

科 学 出 版 社
上 海 古 籍 出 版 社
北 京

图字：01-2006-0407

内 容 简 介

著名英籍科学史家李约瑟花费近50年心血撰著的多卷本《中国科学技术史》，通过丰富的史料、深入的分析和大量的东西方比较研究，全面、系统地论述了中国古代科学技术的辉煌成就及其对世界文明的伟大贡献，内容涉及哲学、历史、科学思想、数、理、化、天、地、生、农、医及工程技术等诸多领域。本书是这部巨著的第六卷第六分册，系由美国科学史家席文根据李约瑟和鲁桂珍的五篇著述编辑而成，内容包括：编者导言、中国文化中的医学、保健法与预防医学、资格考试、免疫学的起源以及法医学。

图书在版编目(CIP)数据

李约瑟中国科学技术史．第6卷，生物学及相关技术．第6分册，医学/(英)李约瑟著；刘巍译．—北京：科学出版社，2013.3

书名原文：Science and civilisatin in China

ISBN 978-7-03-037024-2

Ⅰ.①中… Ⅱ.①李…②刘… Ⅲ.①自然科学史-中国②医学史-中国 Ⅳ.①N092

中国版本图书馆CIP数据核字(2013)第045478号

责任编辑：孔国平 牛 玲 王昌凤／责任校对：宋玲玲
责任印制：赵 博／封面设计：无极书装
编辑部电话：010-64035853
E-mail：houjunlin@mail.sciencep.com

科学出版社
上海古籍出版社 出版
北京东黄城根北街16号
邮政编码：100717
http://www.sciencep.com
三河市春园印刷有限公司印刷
科学出版社发行 各地新华书店经销
*
2013年4月第 一 版 开本：787×1092 1/16
2024年2月第十一次印刷 印张：18
字数：400 000

定价：248.00元

(如有印装质量问题，我社负责调换)

中國科學技術史

李约瑟著

冀朝鼎

第六卷　生物学及相关技术

第六分册　医学

翻　　译　刘　巍

校　　订　姚立澄　胡维佳

审　　定　廖育群

志　　谢　罗兴波　潘吉星

谨以本书献给

鲁桂珍

剑桥大学鲁滨逊学院院士

李大斐

剑桥大学路西·卡文迪什学院创始院士

李约瑟

剑桥大学冈维尔和基兹学院前院长

以及在寻求认知中

在世界许多地方所分享的美好时光

凡　　例

1. 本书悉按原著迻译，一般不加译注。第一卷卷首有本书翻译出版委员会主任卢嘉锡博士所作中译本序言、李约瑟博士为新中译本所作序言和鲁桂珍博士的一篇短文。

2. 本书各页边白处的数字系原著页码，页码以下为该页译文。正文中在援引（或参见）本书其他地方的内容时，使用的都是原著页码。由于中文版的篇幅与原文不一致，中文版中图表的安排不可能与原书一一对应，因此，在少数地方出现图表的边码与正文的边码颠倒的现象，请读者查阅时注意。

3. 为准确反映作者本意，原著中的中国古籍引文，除简短词语外，一律按作者引用原貌译成语体文，另附古籍原文，以备参阅。所附古籍原文，一般选自通行本，如中华书局出版的校点本二十四史、影印本《十三经注疏》等。原著标明的古籍卷次与通行本不同之处，如出于算法不同，本书一般不加改动；如系讹误，则直接予以更正。作者所使用的中文古籍版本情况，依原著附于本书第四卷第三分册。

4. 外国人名，一般依原著取舍按通行译法译出，并在第一次出现时括注原文或拉丁字母对音。日本、朝鲜和越南等国人名，复原为汉字原文；个别取译音者，则在文中注明。有汉名的西方人，一般取其汉名。

5. 外国的地名、民族名称、机构名称，外文书刊名称，名词术语等专名；一般按标准译法或通行译法译出，必要时括注原文。根据内容或行文需要，有些专名采用惯称和音译两种译法，如“Tokharestan”译作“吐火罗”或“托克哈里斯坦”，“Bactria”译作“大夏”或“巴克特里亚”。

6. 原著各卷册所附参考文献分A（一般为公元1800年以前的中文和日文书籍），B（一般为公元1800年以后的中文和日文书籍与论文），C（西文书籍与论文）三部分。对于参考文献A和B，本书分别按书名和作者姓名的汉语拼音字母顺序重排，其中收录的文献均附有原著列出的英文译名，以供参考。参考文献C则按原著排印。文献作者姓名后面圆括号内的数字，是该作者论著的序号，新近出版的分册中则为作者论著的发表年份，在参考文献B中为斜体阿拉伯数码，在参考文献C中为正体阿拉伯数码。

7. 本书索引系据原著索引译出，按汉语拼音字母顺序重排。条目所列数字为原著页码。如该条目见于脚注，则以页码加 * 号表示。

8. 在本书个别部分中（如某些中国人姓名、中文文献的英文译名和缩略语表等），有些汉字的拉丁拼音，属于原著采用的汉语拼音系统。关于其具体拼写方法，请参阅本册书后所附的拉丁拼音对照表。

9. p. 或 pp. 之后的数字，表示原著或外文文献页码；如再加有 ff.，则表示指原著或外文文献中可供参考部分的起始页码。

目　录

插 图 目 录

插图目录

列 表 目 录

丛书主编的前言

半个世纪之前，李约瑟在安排《中国科学技术史》编写计划的时候，他将其定为七卷本的丛书。为了让读者了解今天《中国科学技术史》所呈现出多卷本的面貌，我必须做出解释。当初设想每一卷都是单册的书。这七卷将要讨论的主题被更细地分为五十章，第四十三至四十五章宽泛地涵盖了与中国医学有关的主题。

作为李约瑟巨大的同化与综合能力的结果，前三卷显现出了一种平稳的增长趋势。就容量而言，第三卷的内容已经等同于许多不那么雄心勃勃的学者一生的工作量。从此角度而言，可被我们十分恰当地称为结合能（binding energy）的因素，要求我们将知识的核子（nucleons of knowledge）重新组合到更小和更稳定的单元之中。自第四卷始，每一卷已经按体量被分成了多个分册，某些卷超过了十二个分册。

正如李约瑟本人首先指出的那样，问题在于，不断增加的《中国科学技术史》最后将超越正常人的能力甚至生命本身的跨度。李约瑟（正如人们所期望的）对此做出了英雄般的回应。虽然此丛书某些卷、册的责任由他的合作者承担，但是他像对待那些由自己亲自执笔的部分一样，在广度及深度上，对这些卷、册的处理方式并没有作出任何让步。从八十岁到九十多岁，他每天的工作一直没有停止过，直到 1995 年 3 月 24 日他去世的前一天，他才极不情愿地被说服回家休息。

在李约瑟生命的最后几年中，他所从事的主要工作之一就是与他的终生合作者鲁桂珍（1904—1991 年）一起对医学进行了大量的研究与撰述。他们二人自《中国科学技术史》计划合作伊始，就已经着手这部分的研究工作。其中一些研究成果已经以杂志论文或会议论文集的粗略形式面世，并且已经出版了一本关于针灸的书——《中国神针：针灸的历史与基本理论》（*Celestial Lancets*）［Lu & Needham（1980）］。但是还有很多工作要做，因为在已经完成的部分中，有相当多的内容需要更新，其中一些需要做重要的扩充和改写。

李约瑟九十岁时，不再担任李约瑟研究所（Needham Research Institute）所长之职，其长期合作者之一何丙郁教授接任了所长。对何教授而言，这意味着他要长期远离自己在澳大利亚的家庭。一年后，李约瑟邀请我加入了这个团队，在何教授领导下担任李约瑟研究所出版委员会（Needham Research Institute Publications Board）主席一职。我的首要职责之一是帮助委员会确保李约瑟关于医学的研究著述尽快付梓出版。李约瑟自己也非常清楚，这不是一项简单的任务。

众所周知，对于作者来说，独立完成不断修改与编辑的工作，已经成为一种无法承受的负担。但是想要找到一个合适的帮手也绝非易事。这项工作远非一位研究助手或抄录员所能承担的，只有能够将对李约瑟和鲁桂珍全部作品（*oeuvre*）的共鸣理解与这一领域深入和广博的知识结合起来的资深学者才能胜任。并且，这个学者还要做好为别人著作的出版而牺牲自己大量时间的准备。所以，在经过李约瑟研究所慎重考虑之

xviii

后，李约瑟于 1993 年 4 月致函给席文教授（Nathan Sivin），并在信中借用圣保罗（Saint Paul）梦中那位年轻人的话，向席文教授发出了呼唤：“请到马其顿来帮助我们!”

席文大方而迅速地做出了回应。他很快就同意接受这份将李约瑟和鲁桂珍的材料整理出版的编辑工作，并且同意为该书做一篇回顾这一领域研究状况的导言。于是，工作就开始了。在接下来的两年中，编者和作者就很多方面进行了反复而仔细的商议，因为李约瑟的视力开始下降，这些商议时常要通过特大号的印刷体字母来进行。完成别的学者的工作，决不是件轻松的事，但是席文教授在某种程度上却做到了，他在对全部内容恪守自己严谨标准的同时，谨慎地保持了那两位作者著述的精神和主旨。在他的导言中，他已经很详细地解释了他完成这项工作所采用的方式，我就不在此赘述了。可以毫不过分地说，其成果已成为对中国文化的广泛调查、深刻理解以及严谨治学的典范。

最后要感谢那些在本书出版过程中，给予我们帮助的人。首先必须要感谢在席文教授被邀请前曾阅读用于编成此书的原始资料并无私地奉献了具有指导性的意见的两位学者，她们就是白馥兰（Francesca Bray）教授和冯珠娣（Judith Farquhar）教授。还有在访问剑桥期间，阅读了全部的文稿并给我们提出很多有价值建议的马伯英教授。

在本项计划的实施过程中，许多团体、机构为李约瑟及其合作者提供了资金支持。特别是蒋经国学术交流基金会给予的慷慨资助，使得李约瑟在他撰写本书期间能够获得研究助手的必不可少的服务。三位承担这项工作的助手应该提到，她们是乔瓦娜·缪尔（Jovanna Muir）小姐、科琳·里舍（Corinne Richeux）小姐及特蕾西·汉弗莱斯（Tracey Humphries；原姓 Sinclair）夫人。她们为这项伟大事业所做的贡献是在幕后，但如果李约瑟仍健在并由他来写本书的序言的话，他本人一定会对她们表示感谢。然而，现在只能由我来替他表达了。

古克礼（Christopher Cullen）博士

编者导言

1

大约20年前，李约瑟问过我是否愿意为《中国科学技术史》撰写一册关于医学的书稿。那看起来是一次绝佳的挑战，但却为时尚早。问题不在于书本身，而在于需要研究的领域。

到1970年，中国和日本的医学史家以及他们在世界各地为数不多的同行，按照现代生物医学的标准衡量，已经在很大程度上重新构建了中国传统中的最重要成就列表。鲁桂珍与李约瑟在此基础上，主要于20世纪60年代，对古代中国在一些方面的领先成就，诸如为预防天花而进行的人痘接种、针灸及其在中国境外的传播，以及行医资格的考查制度等，提出了一些综合性的解释[①]。这些研究同样持有自1954年以来使本书许多卷册充满生命力的那种有普遍影响的看法，即中国对世界科学有持续不断的贡献。中国传统的深奥微妙与积淀的特质让西方学者感到惊讶，他们的医学史习惯性地忽视或者拒绝非欧文明中像“民间实践”这样的医疗经历。鲁桂珍和李约瑟同样创新性地想要弄清楚，医学作为一种社会事业而非由个别天才取得的一系列突破的演化历程。但是他们的目光仍停留在从起源于世界各地的发现和概念中浮现出的现代生物医学知识。

这正是我的困惑之源。正像当今大多数探究科学史的人一样，无论如何我都不把知识视为正在朝一个既定的状态会聚的过程。我认为今天的知识不是终点，而是长期创造性活动中的一个短暂瞬间。我的研究经验已经使我把科学视为一种被人们一点一点地发明与再发明的事物，根本不会被已存在的事物所阻碍，也根本不会被一成不变的目标所推动，它常常出错，又常常处于退化的边缘。这种观点导致科学的历史不是由一个个既定的胜利，而是一个曲折的历程组成，它的方向经常变化，没有终点，但是它定会在某一天出现。尽管科学有着非比寻常的严密和力量，但是以开放性演化的观点来看，其历史与人类所进行过的其他任何活动的历史相似。与其他人文主义者一样，我发现那些失误和错误像成功一样迷人和有益。问题不在于由A或B如何预见现代的Z，而是人们如何由A发展到B，以及我们能从历史变迁的过程中学到些什么。

2

虽然医学组织面向公众的发言人常常混淆了科学和医学的概念，但这两者当然并不相同。在历史的大部分时间中，医生都吸收了当时的科学去开阔他们的眼界，并利用它们寻求声望（见p. 16）。但医学首先仍是（而那些身体健康本就依赖于它的人也希望它仍是）一门照料患者的技艺。今天，依赖于物理学、化学、生物学以及它们的

① 读者会注意到，有时我写的是鲁桂珍和李约瑟，而有时写的是李约瑟。想要分开谈论这两位合作超过半个世纪的学者的贡献，是不可能的。鲁桂珍对中国医学不仅博学，而且特别感兴趣，对此领域的浩瀚文献作了大量的阅读，并且与李约瑟讨论了他在《中国科学技术史》计划整个过程中草拟的几乎每一个文本。本册中解释的总思路和最终的明确表述，几乎完全是他对他们共同理解的明确表述。

结合的医学，充分应用科学知识并为各种研究提供数据。但是人们仍旧希望得到忠于希波克拉底誓言（Hippocratic oath）的医生的治疗，而不希望要对待病人就像对待实验室动物的医生。与欧洲一样，中国的行医者也有其道义责任方面的要求②。

为了《中国科学技术史》较早的一卷，我研究了炼丹术的理论基础。我弄清了这些基础是如何产生的，它们不是为了现代的化学家们，而是为了炼丹家自己。他们的目的已被证实，不是为了弄明白物质的特性、成分及反应，而是要用已知的化学方法去创造宇宙循环的小模型，并用它们来达到精神上的自我教化的目的，或者去制造供他们自己及别人食用的长生不老药。此次调查所得出的出乎意料的结论让我非常疑惑，我们是否还能把中国的炼丹术（或者就此顺便提及希腊化时代的炼金术）再准确地描绘为化学的前身③。在此项以及其他的研究中，像很多科学史家一样，我发现将早期探索者视为超越其时代的现代科学家的实证主义者观点，所带来的帮助还没有困惑多。

医学甚至比炼丹术产生出了更多的出乎意料的结论。1970 年以后，研究欧洲医学的历史学家们就在不断探索新的课题，这一点，我稍后会提到（见 p. 22）。这些新课题是富于启发性的，但总体上其阐释充满了民族优越感，以致很难看到它们在何处指出了曾经有人将治疗作为各种文化的一项基本活动加以思考。18 世纪法国的学者们发现，医生在卫生保健中扮演的角色是很低微的。比起神甫、外行及各种各样被医生嘲笑为骗子和庸医的行医者，他们的地位当然要高。然而医生实在是太少了，而且在当时的农业社会中他们大多数又居住在城市里，很少致力于对穷人的医疗照顾，所以他们对大众保健的影响，远远低于那些编纂医学进程的人早先所承认的程度④。

在皇权下的中国，情况也是一样的。正如我们将要看到的，那里记录（虽然其数量很大）的性质，使得其更难为保健的多样性、医治者的所思所行以及病人的感受提供证明。当更多的证据（多半是确实地）被发掘出来时，它既没有遵循那些相同的模式，也没有被在西方证明是卓有成效的方法进行过研究。随着学术研究的范围及量的增大，试图用旧的科学进步的发展模式去建构医学史，看起来已经变得越来越不合时宜，越来越不可靠了。

3 这就是我不得不将其搁置下来的原因。虽然我从早期为《中国科学技术史》所做的工作中学到了很多东西，但是医学的传统对我而言，似乎是被各种谜团包裹着的，可是为了对史学家早已知道的内容做出简洁的概述，我又不能忽略它们。我的首要任务就是确定要研究的问题是什么，而这可能需要好几年的时间。

我确信，工作的第一步就是在不受外国或现代假设影响的情况下，通过部分与整体关系的研究，弄清中国医学的每一个方面。只有依据这样一种全面的理解，我们才

---

② 见（a）节。

③ 见本书第五卷第四分册，pp. 210—305，尤其见 p. 244，更多内容可见 Sivin（1976）。

④ 在众多创新式的研究中，有关英格兰的研究见 Brown（1982）和 MacDonald（1981），有关法国的研究见 Ramsey（1987）。

能够自信地将它和其他文明的传统医学作比较，或从现代生物医学的观点去评价它[5]。如果不坚持这一规则，那么脱离了情境而采取的有关个别事项的结论，则更可能是肯定了我们的偏见，而不是修正了它们。

但是这种对会产生丰硕成果的问题的查究，是不可能在一夜之间完成的。我花费了两年的时间，阅读了大约上百种现存炼丹术书籍，才得以重构炼丹术士对炼丹术的看法。而著于1900年之前的将近一万种的现存医学书籍，呈现出了一种极为不同的编史工作规模[6]。不管一个人能否在其一生的专业研究中涵盖这些内容，作为一个多面手，我已经献身于一个更为广阔的问题体系了。正因如此，怀着万分遗憾，我没能接受李约瑟的挑战。

本册的内容

鲁桂珍和李约瑟想写一部有关医学各方面的内容广泛的概览，使之成为《中国科学技术史》系列中的一册。为了全面评述，他们写了很多重要的文章，其中大部分撰写于1939—1970年。尽管他们经过了长期的合作，但是这本书最后并没有完成。

现在，一个年轻有为的学者团队，其中大多数才刚刚开始自己的学术生涯，已经观察到了一些问题，并且标刻出了几个有望解决问题的路标。鲁桂珍和李约瑟有关医学的研究工作鼓舞了许多新进入这一领域的研究者。虽然如此，随着《中国科学技术史》接近完成，我们不得不面对这样的事实，即在不久的将来，不会有人还准备以一种可以达到本丛书学术高度的方式去审视整段医学史。这种方式指建立在对考古学证据及汗牛充栋的原始资料的充分了解的基础上；引证中国、日本及西方有关这一专题的最好的现代学术成就；运用决定医学史和汉学研究水平的最有效的工具。20世纪末，它们的研究水平已经大不同于20世纪五六十年代了，并且掌握它也变得更加令人生畏。

在1992年和1993年，一些学者应邀提些建议，即在《中国科学技术史》中应该如何表现医学，以及应该如何利用已发表的文章。根据他们的建议，李约瑟邀请我来编辑本册。在考虑了同行建议的各种可能的选项之后，我以为，因为是丛书中的一个分册，汇编一本李约瑟和鲁桂珍在其中陈述了他们自己深刻见解的论文的选集作为丛书的一个分册，是完全恰当的和可行的。 4

我对所有文章进行了修订，吸收了世界范围内近期的研究成果，并且引用了相关的刊物[7]。同时，我也尽力不模糊两位作者的基本阐述。本册对许多读者而言将是十分有用的，因为它不仅是上一代开拓性工作的记录，而且也是一份对现今认识的导读。

---

⑤ 在这点上，我和李约瑟并未达成一致；他认为"写科学史就必须以现代科学为准绳——这也是我们唯一可做的事情"。关于此假定，见下文 p. 7。有关我们观点的清晰比较，可见他在本书第五卷第五分册，pp. xxxvi—xxxviii，xli—xliv 的注释，而我的观点见 Sivin (1982)。

⑥ 中国中医研究院图书馆 (*1991*) 编制了中国113个图书馆中医学书籍的联合目录。它包含了12 000多个书名，但是其中有一些是不同的版本。

⑦ 有关编辑体例，见下文 p. 36。

本分册包含五节，它们最初是作为独立文章发表的，在本册中已经修订。

(a)“导言：中国文化中的医学（1966 年）”：对本册最初设想的各种主题作出简洁介绍。它首先指出，中医是中国“封建官僚主义”所塑造的，并且给出了证据以证明在各种职业中医生是受人尊敬的。随后，它审视了关于生命及病理过程的医学学说的一些要素，强调了作为一种封建官僚主义自然派生物的预防制度的重要性。它宣称，巫术般的治疗手段早已变成了“边缘式行为”，因此“从一开始，中医就是彻底理性的”。这份简短的历史调查确认了最早的文字资料，描述了在中国官僚政治传统下诞生的一些制度，其中包括考核医生从业资格的教育和考试制度［在（a）节的（3）中有详细的阐述］、国家的医疗服务机构以及官方的和私立的医馆。通过对宗教和医学的讨论评估了儒教、道教及佛教的贡献。作者在中国医学和其他文明的医学间进行了一些广泛的比较。结论着眼于自 1949 年以来传统医学与现代医学的结合，并对针灸给予了特别的关注[8]。

(b)“古代中国的保健法与预防医学（1962 年）”：主要介绍了“那些可以被泛称为道家的哲学家”的长生术，以及医生在预防疾病方面的成就。鲁桂珍和李约瑟引用早期的资料来显示对个人和公共保健以及营养养生法的关注，并以狂犬病为例说明社会机构对疾病的预防。他们断定，中国古代及中古时期的医生和学者对保健以及预防医学的认识，并不亚于与他们同时代的希腊及罗马同行[9]。

(c)“中国与行医资格考试的起源（1962 年）”：这是第一篇详细描述始于中古时期的医学考试的文章。它罗列了有代表性的证据，充实了有关政府医疗机构及医生教育制度的背景资料。为了证明这些创举所带来的影响已经远远超出了中华文化圈，文章将公元 10 世纪穆斯林的考试及行医许可证制度的起源，以及一个世纪之后受伊斯兰的影响，经由萨莱诺（Salerno）开始的欧洲的考试及行医许可证制度，追溯到了中国[10]。

5

(d)“中国与免疫学的起源（1980 年）”：作者探究了大量有关小儿发疹性疾病的原始文献。在中国这些资料几乎未被研究过，外界对它们也几乎一无所知[11]。鲁桂珍和李约瑟所引用的大量史实表明，1500 年左右就已经有大量的文字资料记载了天花的免疫法，然后它经由土耳其传入英格兰，从那时起到 1700 年左右，它已传遍了西方诸国，到 1800 年以后，逐渐被人痘接种取代了。他们继续推测，免疫法其实在 1000 年左右时就形成了，但是道教的接种者们一直保守着这个秘密，所以在接下来的五个多世纪中，都找不到有关它的记载。有趣的“人种学角度”（ethnographical dimension）一节，用免疫学史中的证据去反驳了一个古老的假设，

---

⑧ 一份成于 1966 年的讲稿，发表于 Needham & Lu（1969）及 Needham（1970）。截至 1980 年的最完整的李约瑟著作目录，见 Li Guohao *et al.*（1982），pp. 703—730。对针灸的详细研究，见 Lu & Needham（1980）。

⑨ 这份材料首先见于 Needham & Lu（1962），此后重印，见 Needham（1980），pp. 340—378。

⑩ 收录于 Lu & Needham（1963）中，此后重印，见 Needham（1970），pp. 340—378。我已经增加了一些作者所没有掌握的材料。

⑪ 张嘉凤［Chang Chia-feng（1996）］已经引用过更多的文献。

即接种的“前驱”，如划痕法，必定起源于“原始”人。文章也引证了欧洲和中国的流行做法类似的事例，如穿上死于天花的人的衣服来避免患上此病[12]。

(e)“古代中国的法医学（1988年）”：该文是一篇关于应用于法律方面的医学知识的综览。人们期望地方长官能通过验尸来查明死因，并用医学的证据去解答生者的疑惑。这个迷人题目的历史，几乎涉及了医学实践的方方面面，主要是世界上现存最早的此领域的专题性手册《洗冤集录》（1247年）的历史，该书具有名副其实的权威性。直到19世纪以后，官员们还定期对它进行修订和增补，以反映当时的实践。《洗冤集录》并不是此领域的第一本著作。二位作者注意到了《洗冤集录》前身的内容。他们也评述了1975年所取得的突破，当时出土的一部手稿表明，早在公元前3世纪，这种医学在刑法实践中的运用就已经成形了。该篇结束时，还回顾了史前及古代欧洲的法医学历史[13]。

虽然“中国文化中的医学”已然收录在《学者和工匠》（*Clerks and Craftsmen*）一书中，作为作者唯一一篇关于医学主题的概述文章，它仍值得包含在本册中，并只对它进行了些微的修订，作为导论性的一节。除此之外，其余各节则以原先的发表顺序安排[14]。

本册略去了鲁桂珍和李约瑟的几篇很有价值的文章。目前已经出版发行的《中国神针：针灸的历史与基本理论》（*Celestial Lancets*），就是一篇关于针灸的、有一本书那么长篇幅的研究报告，它研究了针灸的历史和它的科学理论。其内容概述于本册（a）节的结尾部分。我们可以在本书第五卷第五分册［第三十三章（k）］中找到“中古时期中国的原始内分泌学”。作为两位作者首次合作的历史研究之一，“中国营养学史稿”（*A Contribution to the History of Chinese Dietetics*）自1939年成文以来就一直没有被取代，但是，这一专题现在需要做更加广泛的研究。本册（b）节重申了该文的一些发现。《古代中国的疾病记载》（*Record of Diseases in Ancient China*）是一篇对早期经典著作中记载疾病所用古文字的研究，该文依据余岩（*1953*）用中文撰述的专题研究而成并作了些微的增补。余岩的研究止于最早的医学著述形成之前。该文还用西方语言为古病理学研究者提供了最适合的出发点，但如今要出版发表这些研究成果，就必须吸收、利用对甲骨文和金文的系统性研究以及在古典研究方面的进展[15]。 6

在本篇导言的余下部分中，我首先评论贯穿在李约瑟工作中的以及对后面各节十分重要的某些主题。然后，我举出几种典型的研究路径，它们已在后来的研究中被证明是成问题的。接下来，我审视了那些不断变化的学科、医学史及中国人所做的研究，以及它们与鲁桂珍和李约瑟已做工作的重叠之处。最后，我概括出近期工作中产生出来的最令人感兴趣的新问题和新成果。我评估了它们现有的状况以及它们未来的趋势。

---

[12] 从李约瑟1987年的同名论文［Needham (1987)］看，二位作者修订并在相当程度上扩展了本篇，该文是本篇［Needham (1980)］的扩充版本。

[13] 见 Lu & Needham (1988)。

[14] 对医学重要性的讨论同样可见于本书的其他卷册，尤其是第五卷第五分册“内丹”。

[15] Lu & Needham (1951, 1967, 1980)。有关营养学的文章在第二次世界大战之前就提交给了《爱西斯》(*ISIS*)，但是直到第二次世界大战结束后第6年才发表。

重现的主题

本册粗略地概括了这两位作者对中国科学与文明50年来所做的研究工作，以及45年来在医学方面发表的著述。(b) 到 (e) 节，为补充 (a) 节内容广泛的概览提供了一个已经有相当研究深度的历史主题的样本。所有各篇的改写，都是为了使之在修订后整合成本丛书的医学部分。

这五节反映了构建《中国科学技术史》理论大厦的假设和论题的基础。下面我将对此做一些陈述。而所有这些内容，也可以在其他卷册中找到。

(1) 探索的范围是世界。中国的贡献，是一个非常丰富又令人好奇的综合体，而它的重要性，只有通过比较才变得清晰起来。比较的是独特的技艺、机构的特征、知识或概念的条目以及李约瑟所说的“因素”。这可以是文化或价值中任何一个独立的方面，尤其是那些“抑制性因素”，在一个文明中停止或减缓了一项既定的发展。

在此意义上，鲁桂珍和李约瑟的工作完全不同于那个时代的其他人。不管是在现在还是在上一代，不管是研究欧美历史的少壮派还是“老学究”，他们所认定的占主流地位的假设是，科学及“科学的”医学，都是从古希腊起源并发展的，是欧洲人专有的事业，其他民族只有在接受欧洲的知识后，才能在某种程度上对其进行推动。那些专门研究非西方文化的人，已经有力地反驳了这种地域性的偏见，但是传统的学者仍旧对此视而不见。

7

李约瑟的研究建立在出色把握欧洲及非欧洲历史的基础之上。本书的参考文献目录，有时对那些想研究这个课题的西方人以及中国人是最为有用的。李约瑟因为稍稍消解了通常的偏见而赢得了人们的信任。欧洲的历史学家现在至少会把他们的教材命名为《西方科学史》而不是《科学史》，尽管他们依然认为没有必要去解释为什么单讲西方科学史就足够了[16]。即便放低对博士学位的语言要求，囊括世界范围的历史也不可能成为人们研究的下一个目标。而那些有足够勇气想要写这样一部书的人，不会找到比本册各部分更好的模式。

(2) 两种完全不同的比较。一种是比较不同文明中的成就，主要是确定优先权。这些项目通常来自于不同的时期。就像李约瑟在《大滴定》(*The Grand Titration*) 的序言中所写的，“我们总在尽力去确定年代”，以便“‘用滴定法’去测定那些互相成为对照的伟大文明，在荣誉应该归属的地方发现和给予荣誉……”[17] 另外一种，则常常是含蓄的和更为通用的，即把中国的知识与实践中的那些项目和现今的进行比较。

第二种比较方式和第一种同样重要，因为李约瑟对重要性所做的判断依赖于

---

[16] 尽管李约瑟给出相反的证据，但是林德伯格 [Lindberg (1992)；关于科学] 和康拉德 [Conrad *et al.* (1995)；关于医学] 的教科书具有典型性，想当然地以为人们可以轻而易举地忽视中国科学和医学对欧洲科学和医学的影响，想当然地以为“西方的”历史比其他任何一种描绘各文明的相互影响的历史都更为优越。

[17] Needham (1969), p.21。

现代科学的标准。在此，他用滴定法来对比他认为是已知纯度的固定标准的东西。这反映了在20世纪50年代技术史领域很普遍的实证哲学。

(3) 李约瑟的许多评估都是基于未来的而非当时的科学观点。他总是心存未来，到那时，理论构建从物理模式（physical model）向有机模式（organic model）的转化已经完成，而且必然地，未来人类社会和进行科学探索的社会是一致的，文化上和政治上不再分裂开来。在过去，我们能够辨别出每一种伟大文明中的科学的差异，但是李约瑟确信，它们必将不可避免地汇合成一种普适的科学。

(4) 虽然，物理学和哲学本就是不相干的两个领域，但是物理学史家还是倾向去写二者的“联系”，而没有将物理学视为思考整个客观世界时的一个子集。李约瑟不愿局限于如此狭小的专业范畴。他对人们为理解科学的产生所必须探究的最小领域的定义，是不容商量的，即广博的知识，“语言和逻辑，宗教和哲学，神学，音乐，人道主义，对时间和变化的态度”[18]，这些都不是抽象的迫切需要得到之物（desiderata）。在本册中，他就运用了所有这些方面的知识。例如，宗教就是下一论题的中心内容。 8

(5) 李约瑟将古代中国自然知识的起源追溯到两种对立的机制及支持它们的意识形态。一种是儒家政府的封建官僚主义，它不关心抽象的理论，而强烈关注致用和合理化。另一种是道家学说，它是一种关于自然的神秘宗教，致力于毫无预想或偏见地观察和思考自然。在更加关注无实体的各种学说而不是特定人群行为的各种哲学史中，这些都是其必然包含的内容，但是李约瑟并没有把它们像我们所熟知的理想化的事物那样来运用。

他所谓的封建儒家学说大体上是保守的，但是它在科学家工作的经济环境中却有效地行使了自己的权威。道家学说虽然从未被定义为一种实证方法或科学的逻辑，但它是富于创造性的，从某个方面而言，它和现代科学家的某些特征惊人地相似。而佛教，因为它拒绝可知觉的世界，在此描述中是个无关紧要的部分[19]。

(6) 李约瑟最基本的信念之一是，“可分析的中国和西欧之间社会及经济模式中的差异，到各个细节都能够弄清楚之时，终将能使我们理解古代中国科学技术的优势以及后来近代科学单独在欧洲的兴起”[20]。十分奇怪的是，这并没有导致将重点放在近代经济学和社会学上的分析。相反地，经济方面的数据很少出现，对社会模式的讨论主要依赖儒家学说和道家学说对立的二分法，而且两者被更多地定义在哲学范畴而不是社会范畴。对精英阶级与非精英阶级之间在控制生产资料方面所产生的张力有相当的关注，但是这些又势必回到了儒家学说和道家学说——学说（isms）——比较的话题上，而不是两个可界定的集团的问题。从韦伯（Weber）开始，20世纪社会学理论的主要人物，便没有在这场争论中明确或暗中扮演角色。

---

⑱ 同上，p. 216。

⑲ 这些问题已被详细讨论过，见本书第二卷，第九、第十、第十五章。

⑳ Needham (1969), p. 217。

(7) 鲁桂珍和李约瑟对医学所做的研究，几乎毫无例外地，都是内科及外科疾病的历史，看起来就像最知名并受过最良好教育的欧洲和美国的行医者在了解并治疗这些疾病。甚至在某种程度上，分娩也被当作一种疾病包括了进来。但是首先要中肯地说，作者们在另一个重要方面显出了老派的广博。

(8) 从他们在营养学研究这一领域的第一次合作开始，鲁桂珍作为一个营养学家所具有的专业素养，就促使他们不仅仅看到了人们对疾病的抗争，更看到了对保持健康所做的努力。本册 (b) 节，基于 1962 年的一篇论文，是对古代中国的保健法及预防医学的概述。他们在讨论保健法的时候，对心理和生理的健康给予了同样的关注。该节涉及环境和个人的清洁，以及烹调时的卫生措施。该节还包括了一篇具有典型李约瑟风格的有关清洁剂的小型专论。

9

成问题的基础

从 1960 年开始，鲁桂珍和李约瑟就一直在使用一些有效的最具有创新性的科学史和汉学的研究方法。他们这么做，不是为了写出权威的历史，而是为了迎接一个不同的挑战，不是为了学术界，而是为了受过教育的公众。编撰丛书的合理性在于，“确实存在数量众多却又十分零散的文献，但从来还没有人把这些文献融汇进一本书之中”组成一个连贯的出版物。他们的目的，是提出大量的可被明确检验及改进的有据假说[21]。不可避免地，他们的基本研究方法中有几个，就像它们曾经发人深思一样，事后看起来似乎使人困惑。下面我将分析几个与医学研究相关的例子。

科学、巫术与宗教

一个例子就是鲁桂珍和李约瑟深信的观点，即科学、巫术和宗教之间的界限已经在很大程度上发生了游移，而且在近代以前，这是一个对科学有益的事情。这不是个微不足道的观念，而是几代人想从中得到具体结论的努力，它带来了不断的挫折以及没有解决的争论。人文主义者桑戴克 (Lynn Thorndike)，从 1923 年开始就大篇幅地记录了这三个领域在欧洲的重叠，但是在技术世界中成长起来的科学史家，仍旧更倾向于将对“迷信”的研究视为是有害的，而不是对其进行探究[22]。

罗伯特·默顿 (Robert Merton) 1938 年关于近代科学的清教起源的研究工作，同样也很重要。默顿没有主张英国的加尔文教 (Calvinist) 神学导致了科学的创新，他在附加了大量的限定的情况下，仅仅宣称清教徒分享了某些激励了世俗行为的价值观念，而探索自然也是其中的一部分。虽然这个声明如此谨慎，但首先就被历史学家大大地忽略了。后来，尽管默顿在社会学领域极负盛名，但是历史学家却很少受其影响。弗朗西斯·耶茨 (Frances Yates) 在好几本书中都说了同样的内容，宣扬了她那更加成熟的主张，即文

---

[21] 见本书第一卷，p. 5。

[22] 见诺伊格鲍尔 [Neugebauer (1951)] 和桑戴克 [Thorndike (1955)] 的宣言。

艺复兴时期的巫术，在推进和形成科学革命的过程中扮演了一个极其重要的角色㉓。

“巫术”，在人类学和历史学中，已经变成了一个奇怪的术语，使用越来越少而争议却越来越多。它的早期流行，很大程度上是由于马林诺夫斯基［Bronislaw Malinowski (1948)］的观点，即认为它是一种失败的技术，“一种虚假的技术行为”，但却是“一种真实的社会行为”。想要控制自然，而又没有办法做到的民族，竭力做好那些仪式，使他们自己都确信自己有那种能力。他们也总是把失败归于仪式进行过程中的某些缺陷，导致了他们环境的变化。就像坦比亚［S. J. Tambiah (1968)］在他对马林诺夫斯基野外调查笔记所作的经典研究中表明的，这种观点忽略了一个事实，即这些仪式是宗教性的，他们依赖于一种或明确或含蓄的对神圣权力的诉求。毫无疑问，这种完美的机械性的仪式表演，是要强迫自然遵从人类的命令。在场的人所改变的却是他们自己㉔。 10

在断言巫术、宗教和科学三者之间的联系时，李约瑟比默顿或耶茨更具有包容性，而不是像其他作者那样只研究它们之间的二元的联系。勿需惊讶，他想要得到的东西和他们的一样含混不清。科学史家们还没有从他们身上摘录出足够好的、明确的主张以便在未来的研究中去检验和应用。道教在这些联系中的中心地位，是仔细考查李约瑟对其所持观念的若干个理由之一。

道　教

李约瑟尤其认为道教对科学态度和科学成就的形成负有责任。举例而言，在本册(d)节“免疫学的起源”中，他指出，道教徒不但发明了天花的接种，还把它当作一个重大秘密保守了至少五个世纪。正如我们所见，这种对科学与宗教之间历史联系的开放性，是他的著作的长处之一。但是，他在本书及其他地方有关道教的许多论证尚欠成熟，因为从20世纪60年代起，宗教学者们理解那一传统的方式发生了巨大变化。当鲁桂珍和李约瑟的大部分著作处于起草阶段的时候，汉学家们还在将道教当成一种大约公元前300年后以两种形式留存下来的哲学态度。其中的一种形式是退化的、迷信的宗教，与佛教一起，满足了无知民众的需要。这种道教常常是反叛的根源，而且一些学者宣称，“我们总是发现道教徒站在反知识界的那一边”。另一种形式则是一整套飘忽不定的对自然及社会的态度。就如当时主要的教材所说的，“在朝的人常常是儒学的实证论者，他寻求拯救社会之法。同是这个人，离职失权变成了道教的清静无为者，便一心只想和周围的自然融为一体了”。㉕

到了1980年，这种理解被彻底改变了。学者们在研究了所收集到的大量道教经文

㉓ Yates (1964, 1979, 1982, 1983, 1984)。见韦斯特曼［Westman (1977)］的批评。

㉔ Malinowski (1968), Tambiah (1968)。见汤姆林森［Tomlinson (1993), pp. 249—250］的当代讨论。

㉕ Fairbank & Reischauer (1958), p. 76。韦伯［Weber (1922/1956)］同样不恰当地将有组织的道教视为反叛力量。历史学家现在将“新道教”，它过去常常被人们看成“第三种遗产”，主要与佛教中的中观学派(Mādhyamika Buddhism) 联系起来。

李约瑟对道教的主要讨论，见本书第二卷，pp. 33—164。席文［Sivin (1995d)］仔细审视了过去一个世纪的各种论断，它们都认为在道教及科学进化之间存在着一种特殊的关系。另见有关民间宗教和道教关系讨论的概要［Sivin (1979)］。

后，取得了重大进展。他们发现并且观察到，在中国内地以外的华人社区中，道教是一种有活力的宗教（并且1980年后在中国内地强有力地复苏，尤其是在东南沿海地区）。他们开始明白，早先强加给《老子》和《庄子》的观点，在西方学者认识之前它在中国就已经是习以为常的了，这两部带有某些重叠的神秘内容的书构成了一种最不稳定的结合。这两本著作，以及那些在图书馆的目录上和它们同属一类的各种各样的书籍，并没有包含一个单一的、一致的哲学体系。唯恐它们对后世的思想产生明显的"道家的"影响，在公元前100年，它们已经被吸纳到了一个由国家赞助的综合体系中，这个体系作为一个整体，既不是清净无为者，也不专注于自然[26]。在这个综合体中，《老子》和《庄子》的传统，从任何意义上说，都不是一种主义或学说，而就像在前一段结尾处的引文中所说的，它是一种任何一个在既定环境中的普通人都可以随意漂入（和漂出）的心境。当"道教"的含义指向那种心境时，谈论"道家"作为一个社会实体就不再有意义了。

11

有组织的道教的宗教运动，带有它们神职人员的司祭和详明的礼拜仪式，并不是早期经典退化了的具体体现，甚至也不是早期经典的衍生事件。相反，它们根植于中国的民间宗教。这种宗教信仰可能是近几十年来最重要的发现——它在官方不时的迫害，以及那些将其视为潜在的异端之源的理论家的轻蔑下，隐藏了好几个世纪。甚至今天，一些没有理解这些发现的汉学家，仍把这种民间宗教的神职人员称作"巫师"或"萨满"，这反映出帝王时代轻蔑的国家理论家们看待这一民间宗教领袖的方式。对"法师"（原意为佛教教义的教师）和"巫"（字面意思是"灵媒"）的翻译值得怀疑，前者最后成为普通僧侣的通用名词，后者（从汉以后）则变成了一种对他们的轻蔑的用词。

专家们在近几年的研究中还没有找到一个例子，以说明在公元2世纪后的道教组织要对起义或其他受控制的反政府的政治活动负责。从这个角度来看，它们不同于大众化的弥勒信徒（Maitreya cults），后者虽然绝非积极的参与者，却又周期性地被反叛集团所接管[27]。

因为宗教史学家已经阐明了这些事实[28]，那么让我抽取几个关于道教的成问题的论断。希望看到李约瑟一个更稳定的经详细考查的论证的读者，可以参考本册（d）节的附录。

李约瑟在（d）节中写到了"道教的'养生'概念"（p. 115），"葛洪对道士呼吸技巧功效的强大信念"，"道教炼丹术"（p. 121）和道教的手书符咒和咒语（p. 139）。他认为把接种物引喻成"仙丹"，"清楚地表明了种痘的道教起源"（p. 156）。我们现在知道，在早于道教运动的年代，肉体和精神的修身术就已经被非道教徒广泛运用了，并且也绝非道教大师所特有的。和其他的民间宗教一样，手书的咒符也是道教的特征；

---

[26] Sivin（1995f）。

[27] Naquin（1976，1981）。

[28] 除了柏夷（Bokenkamp）、贺碧来（Robinet）、施舟人（Schipper）、司马虚（Strickmann）以及傅飞岚（Verellen）这样的创新历史学家的著作之外，参考书目见 Thompson & Seaman（1993），有关日本学术研究的报道见 Fukui（1995）。

只有那些盖有权威印章的咒符才是可信的道教咒符。“丹”的原义是“辰砂”，是药方中的一味药材。“仙丹”则是历史上衍生出来的。在医学上，“丹”是指一种多种成分的混合制剂，未必与炼丹术有关联。长生和通神（numinosity）是当时中国人的普遍信仰；他们的社团决不会由被称作“道士”的团体来管束。无论如何，李约瑟事实上绝对没有指出他所说的究竟是哪种意义上的“道士”[29]。 12

在本册（a）节中，附以更少的限定条件，他就断言了炼丹术和医学之间的联系：“对长生的专注导致了中国的炼丹术，可以说，它是医疗化学，所以在中国历史上，几乎从一开始，许多最重要的医生和医书作者就完全或部分的是道士。”（p. 58）如果不知道“道士”的含义，就不可能对这一论断做出评价。中国医学重要人物中的大多数完全是传统的，甚或安居于“儒家”官僚阶层内，在何种意义上可以认为他们“完全或部分的是道士”呢[30]？如果我们采用本册（b）节开头所给出的标准，定义“道士”与儒家学者相对，是潜心研究自然的学者、宗教的神秘主义者、长生的信仰者和炼丹术士（p. 67）的话，那么，在我们所知道的超过20 000名的医生中只有少数才是符合这个标准的[31]。以是否研究自然来定义道士和儒家学者的观点，虽然由来已久，可是它不会在现代道教研究中幸存下来。

儒学与道教的区别不仅是宗教意义上的，而且也有政治含义上的。到了1960年，少数科学史家或医学史家才开始提出权力配置的问题。传记作品倾向于将发现者描绘为政治上的墨守成规者，或是忽视他们的政见。但是李约瑟的道士们则事实上被定义为政治上的偏激分子：“他们完全与封建社会制度对立，他们的退隐则是他们表达抗议的一部分。”他们是“某种原始的土地集体主义的代言人，并且反对封建贵族和商人”。或被动地或积极地，他们抵抗那些“完全站在有文化的管理者那一边，缺少对工匠和体力劳动者的一切同情”的儒家学者。这种道教不再是一种心境了。

李约瑟描述了他理解的道士的一个实例。陶弘景（公元450—536年），一个炼丹术和药物学的学者，同时也是“一长串把自己排除在儒家官僚阶层的官衔之外，以卖草药为生的学者之一”[32]。但是，没有证据表明陶弘景在政治上是反传统的。他没有从事一份药商的职业，但正如麦谷邦夫、司马虚（Strickmann）和其他学者所言，他生活在两个相继的王朝的皇帝给他的慷慨资助中。撇开这类事例的意义不谈，李约瑟为引出这个科学与政治话题的意愿确立了一个良好的范例。

虽然如此，他企图缓解社会、政治及宗教之间张力的努力落空了，这种张力施加在中国科学及医学活动上产生了两种学说之间的连续斗争。下一代的学者在他们的研究已经不断揭露出技术文化的复杂性时，便转到了完全不同的研究方向上。 13

---

[29] 在20世纪80年代，几乎所有的汉学家都持有这样含混的观点，见Sivin（1978）。

[30] 见席文［Sivin（1995d）］的个体调查，pp. 51—54。

[31] 何时希（*1991*）提供了21000多名社会各阶层的传统医生的传记信息。

[32] 本书第二卷，pp. 86，100，132。

交 汇

“纵观人类把研究自然作为一种单一的事业的所有进步”，可知其暗含着一个交汇的模式。这一模式事实上是处于中心位置的。“虽然近代科学起源于欧洲并且只起源于欧洲，但是它是建立在中古时期许多非欧洲的科学与技术的基础上的……大家更喜欢过去科学与技术的大河奔流到现代自然知识的海洋中的图景，所以所有的民族既是遗赠人并且现在又都是继承人，只不过是以他们各自不同的方式罢了。”这段话断言了交汇在过去已经完成。

在面对李约瑟的证据时，人们几乎不能否认，文艺复兴的科学方面吸收了在伊斯兰世界汇集在一起的思想和实践并彻底改变了欧洲。但是他还有更多的阐述，即当科学本身摆脱了欧洲特征，超出特定文化的边界时，科学因此就成熟了：“科学革命，对有关自然的假说的数学化处理，与严格的实验相结合，已经毫无疑问地使近代科学国际化了。”当被质疑时，李约瑟限定了这个论断，承认可能会保留下一些重要的文化差异。然而，那个限定并没有导致他重新设计他的更加庞大的构架[33]。

不同的传统是如何开始汇集到一起的呢？李约瑟用了两个复杂的比喻来描绘这股潮流。其中的一个描述“古代和中古时期所有民族和文化的科学像河流，它们都流入近代科学的大海”。另一个比喻显示出对于既定知识或实践领域，当欧洲决定性地领先于中国时的“超越点”（transcurrent point），以及当中国的和西方的知识融合而使差异消失时的“融合点”（fusion point）。举例而言，在由这个比喻延伸出来的思考中，李约瑟得出结论：在数学、天文和物理方面，超越点发生在1610年左右，融合点则在不久后的1640年到来。在植物学方面，第一个转变发生在1710—1780年间，但是融合点直到1880年才到来。在医学方面，超越点可以大致确定在1800—1900年间，融合点则还未到来[34]。

这个或多或少带有冶金学意味的比喻指的不是过程。用水作比喻，至少暗示了一种自发的、线性的流动。对这两者的讨论暗示了某种与科学商讨相似的东西：博学的学者们比较了两种方式，公平地决定哪个更优越，然后就会接受它。用李约瑟的编史词汇表中所缺乏的一个术语来讲，这是一个范式（paradigm）。这些累积的多元文化范式的总和，就是一个真正的综合体。

14 但是，你可能会反对说，“融合”对世界范围内近代科学的传播而言，并不是一个恰当的比喻。我们可以在生物学或物理学近代发展的早期找到古代中国的痕迹，但是在这种谱系的意义之外，很难指出它们的近代理论中有哪些方面在文化意义上是中国的。许多在试图编撰这类解说文书的作者，已经指出了现代科学理论中的神秘主义或主观性的痕迹。可是，这些战利品，存在于对外行的解释中，而不是同样存在于科学家相互交流所用的方程式中。这些论断也没有考虑到，东亚的神秘主义或主观性并没

---

[33] Needham（1969），p. 56；本书第五卷第二分册，pp. xxvii—xxix。

[34] 本书第五卷第二分册，pp. xxvii—xxix；Needham（1967）。

有什么特别之处[35]。

20世纪的中国向现代科学的转变，确切地说，并不是一个“融合点”，也不是两个实体融合的问题。有权决定教育机构教学内容的中国人，为接受现代西方的体制而明确地舍弃了传统的体制。发生在医学上的情况则要复杂得多，但是那也使之成了一个例外而不是定式。决定它兴废的过程是激烈的政治过程。

在近来对中国科学的研究中，李约瑟的技术传统间冲突的学院模式（collegial model）已经让位于更为关注社会冲突的模式。1644年，西方天文学在中国获胜，不是因为中国天文学家与西方天文学家一致认为西方天文学的时代已经到来，而是因为汤若望（Johann Adam Schall von Bell）作为皇家天文学家被中国新的满族君主赐予了无上权力，他要求钦天监的专职官员立即学习西方天文学，不然就会被解职。化学是在19世纪融合的，因为当时，作为鸦片战争的后果，和平条约允许外国传教士把他们自己的课程强加给学生，这样那些学生就可据此免服兵役，等等。在1927—1929年间，如果中医医师没有学习利益集团发起和鼓吹的现代方法，南京政府很可能会宣布中医行医为非法[36]。

总的来说，结束了中国科学的独特历史的决定仅仅是对一个有限范围内的知识分子而言的。最终它们是关于教育或管理体制的行政决定。有关交汇问题的进一步工作，很可能要对政治过程和社会环境给予比以前多得多的关注。

科学与技术的界限

在20世纪五六十年代，欧洲和北美的绝大多数历史学家认为现代技术是应用科学。然而，过去一些未详加说明的观点认为，这两者几乎没有联系。绅士们研究科学，而工匠们做技术。当知识在这二者间来回传递时，总体上在这场交换中绅士们得到的要比工匠们得到的更多。到了1980年，这场关于关系的界限和转换的争论产生了一些热度，甚至有点激烈[37]。我们现在所认为的文艺复兴时期出现的大量重叠的现象，如在绘画新方法与光学出现之间的重叠，或者在航海者、书籍保管者及数学理论家之间的重叠，才刚刚开始得以探究[38]。 15

李约瑟及他的合作者们，尽管对交流在科学革命中的作用有理论上的兴趣，但是他们并没有卷入解决这些问题的争论之中。他们所描绘的中国的情况，对有关欧洲的争论作用甚微[39]。因为在中国的“封建官僚社会”中，持久的大规模投入只能来自中央政府，科学家和工程师往往会在行政机构中聚集在一起，尤其是在低级的行政机构中。两者都站在分隔官员和平民的鸿沟的同一边，官员的生涯依赖他们的心智，而平民（至少在他们较好的人眼中）仅能提供体力劳作。当李约瑟意识到平民的技术潜能时，

---

[35] 例如，Capra（1977），Holbrook（1981）。

[36] 黄一农（*1990*）；Sivin（1982），pp. 63—65；Zhao Hongjun（1991），p. 18。

[37] 见Layton（1976，1988），Hughes（1981）。

[38] 其中有很多，见Bennett（1986），Biagioli（1989）以及Jewson（1974）。

[39] 详细的讨论，见本书第四卷第二分册，pp. 10—42。

他也将科学与技术合起来讨论，因为“道士”对这两者都有所承担。

在李约瑟的著作中，这种结合引出了一处值得注意的省略。他在许多地方谈到古代“中国科学技术的优势”，我在上文中已经引用过一处。这是一个关键的命题，因为在此基础上，李约瑟就尝试解释“后来近代科学单独在欧洲的兴起”（p. 8）。但是，当我们一个个地审视这些关于古代优势的论断时，会发现那些被证据和论点充分支持的优势，更倾向于机械发明方面。至于土木工程，有关此论题的很厚重的那一册（本书第四卷第三分册）就提出，汉帝国与罗马帝国在很多可比较的范围内都进行了建设与革新。直到几个世纪后人们才能谈到优势，其时西方文明已经自我毁灭并且正在逐步重建。中国的历史几乎不能解释那种自我毁灭。至于科学，李约瑟已经用一个又一个的事例说明了，这两个文化区域在数学、天文学、数学和声学（mathematical harmonics）等学科方面的重点和方法有显著的不同。当然，留下了一些与优势不相关的论断不作评论。它们对于比较东西方的炼丹术和占星术也同样是无关紧要的。

回到本册的主题，人们本该对医学也同样态度暧昧。任何比较所得出的第一个结果便是在看待身体的方式上的显著差异：在欧洲，身体是受到损伤威胁的器官和组织的结构，在中国，身体则是对致病之“气”会有敏感反应的生命过程的聚集体。尽管这两种将健康视为一种新陈代谢的平衡的观念是类似的，但是在必须保持什么平衡的问题上，它们有根本性的差异。任意三个历史学家都不会就哪种是欧亚大陆最后剩下的更有效的疗法达成一致，甚至对何时将这些疗法进行比较是合适的也没有统一的说法。任何认为其中一种更优越的观点，都是不可被证实的。

没有必要在这个问题上停留更长的时间。一旦人们撇开那个站不住脚的假设，即认为中国在公元前1000年、前500年、前200年或公元200年的技术活动显而易见地领先于欧洲（或者反之），那么“科学革命问题”（Scientific Revolution Problem）又留下了什么呢？[40]

16

实证哲学

在上文中，我已经提到在李约瑟关于什么是与科学史和医学史有关的判断中随处可见的实证哲学色彩（p. 7）。即使谈到医学，也是科学的认识，远比临床实践更多地，确立了李约瑟的标准。如果近代的知识是世界各地所有早期努力的终点，那么它就变成了唯一显而易见的价值标准。

当然，“近代”是一个宽泛的词，历史的著作极少界定它指的到底是哪个时期。本书的某些评价标准是建立在被弃用多时的做法上的。譬如在实验室检验的时代来说，这就绝没有什么值得惊讶的了。医学院不再传授许多通过体征和症状诊断的细节要点，而这些要点直到进入20世纪后仍旧被医生们所依赖。

今天的历史学家比李约瑟及其同时代的人更愿意在他们所研究的时空中，寻求一

---

[40] 关于这一与涉及“科学革命问题”的许多其他问题有关的科学—技术问题的讨论，见 Sivin（1982），pp. 46—47。

种对技术现象的整体理解，也更愿意依据这个目标的要求去界定他们的标准。这种研究方向上的转变已经极大地限制了李约瑟的方法论对年轻学者的影响。

医学史和中国人的研究

医 学 史

19 世纪晚期，当医生们审视过去而想要绘出一张医学发展的路线图时，医学史的发展又有了新的方向。吸引他们的问题是，尽管他们的祖先也对照料病患有不可推卸的责任，却又是如何把生物学、化学和物理学的知识运用到临床研究和实践中，而使医学带有近代科学的特征的。

医学的特征并不是近期才显露出来的。研究者已经将医学与科学共享的知识范围追溯到更加久远，远到威廉·哈维（William Harvey）和他的血液循环的实验性、定量的证据之前，远到中世纪的医学教授们争辩说他们所传授的就是学问（*scientia*）之前，远到盖伦（Galen）详细的观察资料和哲学论辩的宝藏被发掘出来之前，一直到了公元前 5 世纪希腊的系统思想萌发的时候，当时希波克拉底学派的医生们和自然哲学家们一样杰出，而且他们不乏对理性论点的坚持[41]。

到 1960 年医学史变成了一门被承认的学科时，它和医生们的成就大有关系，首先相关的是他们的知识，其次是实践经验。它承认医学的社会因素仅仅是就研究医生的社会状况及其职业组织而言的[42]。这个棘手的焦点导致了人们，在确定医生们知道什么、建立医学与科学知识的联系，以及在明智地判断所一贯描述的医学专业良好的声望和收入是什么方面，迈出了可观的步子。当你看到这些侧重点时，不要惊讶，历史研究已经在医学院中找到了一个安身之所。

17

一个人可以根据得到的资料和方法，或许是潜心于治疗的实践或病人的体验，设想出非常不同的医学史。最终其中有些东西便形成了[43]。20 世纪 70 年代科学史上的一次改变对医学史产生了极大的影响。这次大范围的改变要归于历史学家的变化。最初被当成科学家、医生和工程师来训练的学者，已日益被那些受人文主义的历史学训练的人所取代。虽然那一代的许多历史学家有着坚实的技术背景，但是他们比他们的先辈更愿意看到改变在本能地形成和展开，而不是按某种步骤注定产生近代科学。

举例来说，在美国，越来越多的医学史的学者在医学院校之外接受教育和被雇佣。这样就使他们直接参与了正统学派从“内史论”（internalism，指研究科学家的思想时不考虑他们的社会形态）向“外史论”（externalism，指研究科学家与社会的相互作用

㊶ 关于希腊，见 Lloyd（1987），特别是见 ch. 5；其中，关于中世纪，见 O'Boyle（1994）；关于哈维，见 Frank（1980）。

㊷ 施赖奥克［Shryock（1936）］的著作对于这种躲开社会历史的情况来说是一个重要的例外。虽然以医生为中心，但是该书对英国、德国和美国医学的总的描述依然是无与伦比的。

㊸ 其中著名的有 Porter（1985），Porter & Porter（1988，1989），以及关于日本的，Johnson（1995）。

而不考虑科学的内容）转化的过程。其中，外史论反映出了一种渐强的意识：科学会被轻率地利用并产生破坏性的结果。这种新的正统学派同样吸引人，因为没有受过技术训练或没有技术经历的学者也可以做出重要的贡献。

当变革的焦点放在相互关系上时，内史论和外史论就逐渐减弱了。整个20世纪80年代，那些最有影响力的科学史家以及与他们关系密切的医学史家都承认，思想和社会关系的二分法使他们不可能将某一历史状况当成一个整体来看待。在这些尝试中，他们受从人类学和社会学借鉴来的工具和观点的帮助很大。举个最明显的例子，文化的观念就为概念、价值以及社会的相互影响提供了一种整体的见解。在这种综合之外已经出现了这样一种医学史：它对希腊人在将其理论描述成为理性的和令人信服的过程中骗术所扮演的重要角色，以及对带来了大量骗术的生存竞争，做出了精确的描述；它很好地告诉了大家17世纪英国医学中所包含的占星术、宗教及有关解剖的内容；它也对1800年前后法国那些提供绝大部分医疗服务的“庸医们”的治疗方法和社会地位给予了关注[44]。

汉　学

在20世纪已经过去的大半个世纪中，西方的学者已经转变了他们进行中国学术研究的方法。东方文化研究的汉学分支开始于两种传统的融汇。它的形成不单要归于欧洲文艺复兴时期富有魄力的语言文字学（philology），而且还包括中国的考证传统。考证是一门已有两千年的批评性的学问，它已经发展成同样强有力的对文献证据进行检验和解释的方法[45]。

18

由于这些遗产足以利用，汉学家们倾向于专心并尽可能谨慎地去解释古书的内容，并以专题或年代的顺序概括其要点。他们很少注意到动机、影响以及社会环境，这使得这些原始资料很少被客观地解读。欧洲专家的这种对早期经典和传统主题的爱好，折射出了教授、建议和帮助过他们的中国正统学者的影响。

对医学史而言，第二次世界大战结束后大学的增加与扩张以及新学科的引入，为大量能够按照既有标准展示自己职业熟练程度的学者提供了稳定的职业。20世纪50年代的冷战增加了对中国研究的政府支持，研究绝大部分是在美国进行的，但也不限于美国。于是研究的范围迅速扩大。与此同时，已增加的投资鼓励了后来被证明是基础性的两种转变。

当汉学家在大学院系中确立了引人注意的地位时，那些已经逐步将语言文字学当成一种工具的历史学和其他院系的同行们则对将其完全作为目的来依赖提出了质疑。在这个时期，语言教育高级阶段的重点是强化与当地人的口语训练，以满足主动掌握现代语言的要求。这使得最好的课程能够在三年或更短的时间内，让学生不但对现代汉语而且对古典汉语也有一个全面的了解。语言不再是某种终身职业所固有的。年轻

[44] Lloyd（1987），pp. 15，28；MacDonald（1981）；Ramsey（1987）。

[45] 关于考证研究，见 Elman（1984）。

的学者会被要求在开始他们的学位论文研究之前学会一门学科。尽管有些经验，可如今的西方学者还没有找到轻松或有把握地阅读古汉语的方法，不过他们的东亚同行也同样如此。随着近来非常多的古典辞书和字词索引的出版，对那些受过系统训练的人来说，一篇又一篇的原文已经变得完全可以理解了[46]。这仅仅是现在做学问的过程中不断出现的困难中的一个。

还有一个重要的变化，当初进行中国研究的最主要的动机（和资助）来自对共产主义中国的敌视，逐渐地他们研究的重心则已然转换到了现在的方向。如今，中国境外研究1800年之后历史的学术界专家已经比研究1800年之前的专家多了很多，而这一时段的研究在1950年时几乎是不可能作为学术性课题存在的。有关古代中国的文献，曾主要集中在周代晚期，现正逐步均衡地至少延伸到各主要朝代。

亚洲的研究

这里对鲁桂珍和李约瑟工作背景所作的概述，如果不指出对确凿的中国科学和医学文献的最有价值的贡献已经产生于中国和日本，那么将是有严重缺陷的。当然完成此工作的环境与我在前文中所概述的环境已经完全不同了。 19

1937年，陈邦贤发表了第一部现代风格的中国医学史，而此时，在世界上处于领先地位的医学院之一——由洛克菲勒基金会建立的北京协和医科大学（the Rockefeller Foundation's Peking Union Medical College），正遭受日本人的占领。这家侧重研究的医学院的影响，以及生物医学对中国卫生保健体系的总体影响，直到20世纪后半叶才受到重视[47]。现代医学对陈邦贤的书也没有产生大的影响。他的著作是当时最优秀的历史学家的典型作品，广博的学识，继承了从考证传统到对主要原始资料的列举陈述而不是解释其变化的倾向，以及对医学实践的社会背景所保持的沉默。此外它还有一个独特之处，即对各主要朝代中宫廷医药官僚政治组织制度都做出了详细的陈述，可谓对社会背景保持沉默中的唯一例外。没有证据表明宫廷的官员们应对几个世纪以来卫生保健的许多重大变革负有责任，但是在20世纪30年代作为文职中的一种，它被保留了下来，因为它已经存在了两千年，是一种学术世家鞭策其子孙后代的职业。

抗日战争、国民党政府在大陆统治的结束以及中华人民共和国的世事变化，在医学史的撰写中没有带来什么根本的改变，至少作者们曾不再被要求运用（或引用）马克思、恩格斯、列宁和毛泽东的思想。但是出版物的规模已经大大扩大了，这要归于中国对专门研究给予的支持不断增加。除了在医学史和科学史的主要研究机构中全职研究人员的数目不断增加之外，教师和医生已经对强有力的政府支持带给这一领域的影响力有所响应。1987年的一份调查报告粗略地计算出，约有500个医学史学者出版

---

[46] 其中最著名的是由罗竹风（*1987—1994*）所编撰的优秀的古文辞典以及由刘殿爵和陈方正（*1992—*）所新编的字词索引丛刊。

[47] 目前为止最好的研究，见 Bullock（1980）。

了他们对原始资料和历史文物的研究结果[48]。

这个不断膨胀的队伍连续不断地对一个个作者和原始资料、再版本、评注本、翻译成现代汉语以及参考书目进行着专题研究[49]。虽然那种无序的书籍分类体系使得在中国以及世界各地都难于发现这类文献，但是如果能够使用一个好的图书馆，就可以发现大量关于古代医学状况的准确信息。

目前在方法或结论方面，还没有什么相应的重大变革。在中国，几乎所有的医学史家所接受的都是医学而不是历史学的训练。此领域的博士生教育开始于20世纪80年代后期，但是依然没有安排对现代人文和社会学科进行实质性介绍的课程。学生仍旧接受考据研究方面的严格训练。

20

在20世纪80年代后期之前的中国，历史研究仍旧是一项存在风险的工作。在一个有极权意识的社会中，对过去进行重新解读是一种必要的管理方式。任何出版物都有可能充满政治色彩，任何立场都有可能在意识形态上是不正确的。虽然这样的情形已经大为减少了，可是早期成长起来的知识分子，还会记得他们曾不时地受到的公开警告，以及平和的时期又经常接着新的令人不安的时期。这并不是一种鼓励方法创新的氛围。

著作者们意识到了这种风险，并且真诚地竭力保持正确的立场，甚至在没有政府禁令或政党压迫时，他们也必须在某种程度上不断地审查自己，以避开有风险的课题及评注。与此同时，以建立民族自豪感为目标的高级官员，则倾向于支持那些专家们能够确定是“中国第一”的发现或发明的历史研究。这类锻炼是用其自身的武器去反对西方那种认为中国人的头脑不能制造出技术上领先成就的狭隘观念。要感谢李约瑟和其他人的工作，这种狭隘观念已经变得不那么过分了，但是只有极少数中国政策的制定者意识到了这种变化。甚至假使在“领导人”知道谁最先做了什么已经不再是技术史所关心的内容时，他们也不大可能停止施压来要求技术优先权[50]。

不附带过多有意识的说明去阐释原文的学术传统，主要是作为科学家或医生来培养并因此倾向于实证主义的历史学家[51]，主要针对科学领先权要求而给予的承认和赞誉，为避免和“资产阶级自由主义”的外国同行扯上关系的自我检查，所有这些已经协力导致了抑制与数量增长相适应的质量变化。在以经济为导向的过去十年里，这种情况已经开始发生变化。自豪感已经日趋依赖于财富，对“精神污染”的抵制运动也开始减弱而归于过去的平淡中。但是，对传统观念的否定要成为一项知识分子的争议问题尚需一段时日。与此同时，很多中国的同行认为，这个体系正处于危机之中，因为事实上它已经不可能招聘到一流的毕业生来此工作。优秀的大学毕业生都想立即找到一个高收入的工作。

---

[48] Sivin (1988), pp. 49—50。

[49] 关于参考书目，包括那些提供了可使用的其他近期出版物，参见上文（p. 18）的注释46，以及Sivin (1989)。自后者所列的那些书目之后，最有用的出版物是：中国中医研究院和广州中医学院（*1995*），一部医药术语及相关事物的综合辞典；中国中医研究院图书馆（*1991*），一本原始资料的全国联合目录；李经纬（*1989*），一部人物传记词典；何时希（*1991*），一部传记介绍概略；严世芸（*1990—1994*），一部序言总集；中国中医研究院中国医史文献研究所（*1989*），一种医史论著索引。

[50] 作为官方陈述的例子，见China Science and Technology Museum & China Reconstructs (1983)。

[51] 关于这一点，见Sivin (1994)。

因为其他的原因，日本和中国台湾的研究工作在方法上也是很保守的。在日本，那里的公众尊重本土的汉方药传统，所以他们也有组织完好的史学研究传统。日本学者已经完成了一些世界上最全面和最艰苦的研究，从这一点上说，学习阅读现代日语对中国医学史学者而言是很有必要的[52]。中国实行的政治限制在日本当然是不存在的。但是，日本的学术事业依靠保持各自师傅的传统，依靠设置对反传统的观念和强大的外来影响的文化壁垒，以及依靠维护考据传统而形成研究方法[53]。

21

在中国台湾，缺乏当局对关注官方批准和优先权的文化的支持，这使得它几乎没有技术史方面的专门研究。一批热情的年轻学者，其中的大多数在国外接受教育，在他们的著作中表现出了新的观点和方法，并已经开始训练他们的后继者[54]。但是他们对教育系统的影响是微不足道的。只有很少的机构愿意雇佣那些资格要用其他标准而不是用熟练掌握考证方法来评估的人。

随着对中国医学研究的发展，这份对地域性倾向的概述，可能会使我们更好地理解什么已经发生了，什么还没有发生。现在到了该考虑将来的时候了。

现在和将来的研究课题

变化中的汉学和变化中的医学史的交点本身一定是一个快速运动的点。从研究早期欧洲的新成果（它始于上一代并且零零散散的方法创新持续了十年左右）来看，我们可以确定一些研究问题，作为通向综合性的中国医学史所迈出的第一步。

(1) 什么是卫生保健的传统？这些传统是怎样关联的？在什么范围内，医学与宗教及其他大众形式的治疗方法发生了竞争？每一种传统各在社会中处于什么地位？它们各有什么经济基础？它们的知识内容与其社会形式是如何相互联系的？

(2) 什么是医学实践和学术研究的社会背景？它们是独自的行为吗？如果是，这两者是如何发生联系的？如果不是，它们又是怎样融合成一个单一的综合体的呢？

(3) 什么是新思想、新技术和新问题的来源？这些刺激在何种程度上是来自医学领域之外的，是从哪些领域来的？外来的影响以及中国境内非汉族人民的影响，在它们的形成过程中扮演了什么角色？

(4) 什么是长期的变化方向？什么促使医学向那些方向靠拢？什么抑制了变化的进程？

(5) 在何种程度上技术上的变化影响了医学的发展？发现了医学技术创新的非治疗用途吗？

(6) 医学思想是怎样与其他思想和行为联系起来的？它与政治、哲学和宗教的相互影响明显各不相同。具体的实例如何能够阐明这些联系的差异？[55]

---

[52] 本册引用了冈西为人、宫下三郎、赤堀昭以及其他人的著作。

[53] 一个重要的例外便是山田庆儿的工作，他是一个不时为医学史做出贡献，具有独创性而又博学的学者。

[54] 尤其可见 Leung（1987）和熊秉真（*1995*）。

[55] 此前的讨论见 Sivin（1977），pp. xv—xx，以及 Sivin（1988），pp. 42 ff. 。

22 很明显，为了深入研究这些课题，这些课题必须被分解成大量的具体问题，有关这些问题我现在给出了一些例子。因为对于西方医学来讲，这些工作的某些部分已经做了很长时间，但是对于中国医学来说做得还很少。

欧洲和美洲医学

半个多世纪前，亨利·西格里斯特（Henry Sigerist），这位曾对医学史的形成有过巨大影响的人物，观察到“我们对伟大的医学发现的历史了解很多，但是却对它们是否被运用以及它们被运用到谁的身上知之甚少”。他试图把他的研究领域重新定义为“处于他们（社会与知识分子）相互作用的真实背景中的，医治者与病患的历史”。他所提倡的不是社会史，而是某些更广泛的范畴[56]。

西方医学史家已经开始研究所有的医治者，而不仅仅是那些知名人士。他们已经知道要从那些能够推知的患者的经历中，把种种非常分散的记录汇集起来。他们认识到，某种程度上在每个社会内都能找到“医学多元论”（见下文 p. 28），不管是远古的苏美尔（Sumeria）还是现代的法国。这其中意味着医生的研究工作，就其本身而言，并不能产生丰富的卫生保健的图景。

历史学家现在知道，大多数选择现代医学的病人并不是被动地接受医生的诊断和治疗；医疗保健中仍旧包含着协商。医生可能会感到他们的专业知识会使自己在医疗冲突中有最终的决定权，但是医治者的多样性大大限制了这种力量[57]。

历史学家不再在社会、文化和知识的情境中做出选择，而是把这些看成构成一幅图景的部分。他们现在正在审视被他们的前辈所忽略的这幅图景的各个方面。一个重要的方面就是性别、种族和社会阶级的差异是如何影响健康、疾病和治疗的。历史学家不再把治疗仅仅作为或有效或无效的医疗技术来加以分析。取而代之的是，他们将其视为一种社会交换，在这场交换中药物和其他措施可能还不如宗教仪式或其他象征式行为重要，在反映患者的具体情况时[58]，医生也没有那些出现在医学访谈中的其他人物重要。他们试图以一种一元的方式去看待疾病的众多含义。下面就是一个最近的关于“疾病”的定义：

> 同时是一种生物学事件，一套一代人所特有的反映医学的才智及机构历史的言语建构节目，一种公共政策合法化的理由和可能，一个社会角色和个体——心灵内部的——身份的方面，一种对文化价值观的认可，以及一个在医生和患者间相互作用的结构性要素[59]。

---

[56] Sigerist，转引自 Marti-Ibañez（1960），pp. 25—26；第二段引文系意译，采自 Leavit（1990），p. 1473。

[57] 张哲嘉［Chang Che-chia（1997），ch. 3］对医生集体行为中的竞争进行了因果关系分析。另见 Li Yun（1995）。

[58] 罗森堡［Rosenberg（1997），p. 12］将传统的医学称为“一种被病理学的理性主义模式及治疗行为……合法化的仪式”。这种描述也适用于现代临床治疗的许多方面。

[59] Rosenberg & Golder（1992），p. xiii。

西格里斯特的观点现在正被广泛采用。这一观点在研究前沿的实际运用中，已经给医学史注入了强大的生命力，并大大扩展了它的研究范围。它将关注的焦点拓展到了医学思想之外，而将整个卫生保健中的既定医疗规范与非主流医疗、公共医疗及私人医疗相结合。研究欧洲史的学者现在知道了一些关于1650年的治疗费用的情况；也知道了在1750年前后，城市与小城镇的执业存在巨大的差异；知道了在1800年前后，有名望的和边缘的各种医治者之间的竞争；也知晓了那些大约在1900年以前，对延长寿命没有什么用处的医学进步[60]。当把目光投向政治政策和社会变化的问题上时，历史学家正在帮助人们对今天很紧迫的卫生保健问题做出明智的决定。 23

中 国 医 学

如果我们把注意力集中到对中国医学的研究上来，我们可以得知，相比而言，50年来它形成问题的方式几乎没有什么改变。就像西方的历史学家一样，当中国医学的专家谈到医学史时，他们很少打算解释变化。中国医学史仍然是以年代的顺序来对重要原始资料进行概括。这种做法有时清楚地给出了两篇文献的间隔时间中发生了哪些变化，但是并没有解释其原因。当我们尝试寻找种种解释时，却发现它们往往是基于粗略概括的猜测。东亚医学的历史，从来没有发展出对变化进行解释的方法论，并且在其他领域也忽略了这一点。当一些新型的合格学者开始发表他们的成果时，这种嗜睡状态便开始消散，不过它仍是规范。

我们对传统时代的医疗经济学一无所知，对职业组织一无所知，对普通行医者的职业生涯及执业一无所知。医学史不研究那些不是杰出著作家的医生[61]。他们忽视了由僧侣、未受正规教育的行医者，以及外行所完成的卫生保健。虽然未受正规教育的行医者的数量大大超过了正规的医生，但是历史学家将他们的治疗方法看作是无用的迷信或庸医的骗术而没有理会，更别谈研究了。他们没有谈到有关病人体验的具体情况。当他们提到这些话题时，往往只是随便给出一个观点，而不是由研究得出结论。

一个众所周知的例子就是，医学是在何时被广泛认为应是精英家族子孙们的一种备受尊敬的谋生手段的？几乎每一个被问及的人都会给出不同的答案。我们被告知这是一个非常缓慢的过程，或者它从未发生过，或者它是在从宋代开始的这个或那个朝代中发生的。唯一的系统研究是建立在长江下游一个行政辖区的丰富文献基础上的，它证明在元代，在那个地方发生了这个过程。就像韩明士（Hymes）所指出的，这是“精英家族一个永久性的变化，即由原来对高官厚禄的排他性的专注，转向一种更宽的把兴趣集中于地方职位的策略”时所带来的一个结果。这一转换大约发生在北宋沦陷之时。元朝的确立带来了一些别的变 24

[60] 在众多资料来源中，与此论题相关的著述有：MacDonald（1981），Ramsey（1987），O'Boyle（1994），Loudon（1986）以及McKeown（1979）。

[61] 有关流行著作的重要新发现，尤其是关于西方科学与医学的，见钟少华（*1996*）。费侠莉［Charlotte Furth（1998）］研究了明清时期与精英阶层不太相关的治疗者。张嘉凤［Chia-feng Chang（1996）］对她称为“非主流的”行医者进行过讨论。

化，其中包括更少的教学职位，这就加速了向医学方面的转移[62]。

对传统课题的常规性研究将仍然是必要的和有价值的。在过去的20年里，我们已经对中国科学和医学的概念有了很多了解。我们不再需要依赖含糊的、不明确的观念，如用儒学和道教去解释思想变化。

对近期发掘出土的比《内经》更早的手稿的研究，已经在根本上改变了我们对医学早期阶段的看法[63]。新的研究已经导致重新确定大多数过去曾被认为是属于汉代以前的经典著作的成书年代，并引出了一种关于最早的书籍是如何汇集到一起的新观点[64]。这也使我们要重新考虑科学是怎样从哲学中分离出来而形成独立的知识体系的，以及医学的重要传统是如何从民间宗教、哲学、修身术及有效治疗的知识的结合体中显现出来的[65]。历史学家正在阐明过去常常不经审视就被忽略的技术问题，比如，早期医学中放血疗法的重要性问题[66]。我们第一次了解到大量关于中国少数民族卫生保健以及关于军事医学的情况[67]。

还有大量的对专家们而言十分熟悉的文献研究工作（“考证”）要做。问题是对世界其他地方的医学的研究，甚至是非洲的，也不再依赖于这样狭窄的方法论基础[68]。由于从史学、社会学、人类学、民俗研究和其他学科借鉴了新的分析工具，他们的研究视野就迅速改变了。忽略了这个更远大的前景，便孤立了东亚史学，而且使它对医学史所产生的影响比它应该产生的要小得多。

少数有魄力的年轻的东亚医学学者，已经着手于那些必要的拓宽技术及研究问题的工作。他们开始从知识社会学、符号人类学、文化史以及文学解构之中，大胆地吸收新的具有深刻见解的资料。我不会对底层研究、民族方法学、话语分析，以及他们正在学习的其他研究方法的优缺点作评论。前面也已经提过，我只是想唤起大家对可运用这些方法进行研究的中国课题的注意。通过病人而不是医生的角度来看待治疗行为，所讨论题目的范围可从理论与实践的关系发展到医学的经济与社会组织。

---

[62] Hymes (1987), pp. 57—65，另见 Yamamoto (1985)。这不是此事件的结束。梁其姿［Leung (1987)］曾争辩说，在明代，长江下游地区的家族开始让他们的小孩脱离治疗性的职业。她解释说，这个改变的原因是出现了更多可得到的官方职业，以及精英阶层与低阶层行医者之间竞争的加剧。这个争论将得益于一种对人物传记的分析，因为自明朝起官员的任命就有所增加，但是中央政府中可得到厚禄的职位并不多。此外，“变革机会结构”的说法需要有关实际竞争的证据。

[63] 我已经在著作［Sivin (1989) 及 Sivin (1995b)］中调查了近期的研究和参考文献。见夏德安（Harper）的重要论著，特别是 Harper (1998a)。

[64] 鲁惟一［Loewe (1993)］概括了近期的研究；另见 Brooks (1994)。关于早期书籍特征的最重要的研究，见 Keegan (1988)。

[65] Harper (1990), Sivin (1995c)。

[66] Epler (1980), Kuriyama (1995)。

[67] 比如，伊光瑞 (*1993*)、李耕冬 (*1988*)、蔡景峰 (*1982*)；以及于永敏 (*1987*) 对前一个主题的研究，朱克文 (*1996*) 等对后一个主题的研究。

[68] 对非洲的研究，见 Feierman (1985), Pryns (1989)。

思想史与社会史的综合

25

1984年，艾尔曼（Benjamin Elman）的《从理学到朴学》（*From Philosophy to Philology*）证明了，克服思想史与社会史间的脱节是有可能的，这样做的回报是相当丰厚的。它表明从宋代开始的长江下游地区，官府的职位和商业的财富趋向于被相同家族的数代后人所占有，在清代这种家族赞助了一个不针对科举考试的教育体系，而且这些学校就处于思想转化的重要中心。这本书对天文学给予了充分的关注，它显示出这样一个宽广的研究路径能够为技术史研究提供新的见解。

至于医学，马伯英和文树德（Paul Unschuld）已经提出了既不是纯粹概念性的也不是纯粹社会性的问题[69]。马伯英仔细而又公允地审视了民间宗教活动在医学早期阶段所扮演的角色，考查了医学与人口增长的联系，并且继续研究了其他原来被忽视的主题。直到目前仍没有一部以任何一种语言完成的，吸收了当前医学人类学、社会学和通史研究成果的中国医学史，但是文树德和马伯英已经提出了受过严格训练的年轻学者有望解答的重要问题。

理论与实践

在西方医学史中，医学理论和实践不断变化的关系一直是一个重要的课题。它也经常出现在对中国的研究中，但是还没有形成严谨的研究和坚实的结论。李约瑟设想医学是一个抽象知识体系，它直接并毫无疑问地源自于经验的调查结果。文树德断言，阴阳、五行以及其他基础性的概念，是一种使医生偏离经验性合理结果的集体错觉[70]。这两种立场都带有上一代学者的思想特色。这两者在哲学上是可疑的，而且并不明晓理论在实践中的应用。

人类学家冯珠娣（Judith Farquhar）通过对广州一所中医学校及其门诊部所进行的一项基于长期和系统的田野观察的研究，已经打破了这个僵局。同时，因通晓历史而使研究有根有据。这就是一个强有力的例证，它表明人们不能把理论与实践看成是两个可能相关或可能不相关的独立行为。乔安娜·格兰特（Joanna Grant）就已经研究了16世纪早期实践与学说的内在联系[71]。

出现了很多混淆是因为在盖伦之后的欧洲，古典文化的近乎崩溃，造成了那些保管书籍却不将其用于实践的宗教人士与没有机会接近书籍的医治者的分离。从治疗中产生出来的概念又转而服务于治疗，原先一直是一个整体的东西却被断然分离了开来。这使人们耗费了许多世纪的时间去克服这种分裂。

在中国还没有出现这样的分裂。自《内经》开始的基础性著作，就很清楚地表明 26

[69] 马伯英（*1994*），Unschuld（1985）；另见李良松和郭洪涛（*1990*）

[70] 如Needham（1980），p. 15，Unschuld（1985），p. 197。在这两种著述中随处可见这样的观点。

[71] Farquhar（1994）；另见同上，（1995），Grant（1997）。

了它们与实践相关。值得注意的是，到底有多少十分抽象的医书甚至医书注疏本的作者是从业医师，并且很明确地说出了对实际应用的需要。

我发现在与医学发生联系时，避免使用“理论”这个词从启发式的角度看是可取的。至于中国，如果我们谈论的不是构成实践基础的“学说”，并且抵抗住在没有参考实际治疗的情况下去追溯它们的历史的诱惑，那么人们就不太可能将有很大差异的欧洲与中国的情况弄混淆了[72]。

这一课题的复杂性在一份近期对“瘟病”研究运动的研究报告中变得很明了了，历史学家通常将其视为最后的重要新理论学派。作为一种学派，他们将其起源追溯至吴有性的《温疫论》（约1642年），并且说明它在18世纪中期是很活跃的。

韩嵩（Marta Hanson）仔细阅读了与这个“学派”有关的早期文献，发现在那个时候没有人从智力上或组织上将它们联系起来。她还发现长江下游地区的医生在19世纪才创立了这个学派[73]。就像历史学家经常声称的，他们组成这一学派时所围绕的新的课题，并非伤寒类各种疾病间的错综复杂的概念性关系。它更像是南方的一种用于治疗流行性发热的方法，医生们认为在那里经典的方法并不适用。

温病学派的后期成就，被认为是在一种新学说的基础上取得的，却并非仅仅是一种医学的结果。它是一种更广阔的社会运动的一部分，这个社会运动创造了苏州和其他长江下游城市的地方特色，并且对整个地区而言，这个过程一定会对有关古典医学普及范围的早先的假设形成挑战。

地方性研究

刚刚所给出的例子很典型地说明了地方传统在研究中的地位越来越重要。这种工作提升了中国特有的重要性。

任何一个编写欧洲医学（史）的人都会注意到次大陆的巨大差异。这个范畴通常指的是各国受过拉丁文教育的精英们所共有的文化。但是如果我们把焦点集中在整个社会范围内的实践与行为的全部差异而不是了解一小部分，集中在卫生保健而不是医学学说上的话，“欧洲”就成为一个太大的单元而无法利用了。

27　中国——一个更大的研究单元——就更不适合了。施坚雅（G. William Skinner）很早以前就非常详细地说明了这一点。他提出了9个截然不同的地域性体系，并将它们称为地形学的大区域（physiographic macroregion）。它们被江河的流域盆地所分割。每一个大区域在环境上都是不同的。每一个都有自己的社会、文化、经济和政治的源流，这或多或少地就赋予了它不同于其他地区的历史。施坚雅说明了，很多被我们称为中国历史的东西，仅仅适用于首都所在的区域。官员们在正史中收集的一些资料是如此

---

[72] 欧洲的历史学家也发现抵制住这样的诱惑是很有用的。例如，见 Garcia-Ballester *et al.*（1994）。

[73] Hanson（1997）。这是一个复杂的事情；重要的著作有：叶桂的《温热论》（1746？年），收录在唐大烈《吴医会讲》（1792年）中的若干论文，吴瑭的《温病条辨》（1789年）以及王士雄的《温热经纬》（1852年）。见医学院校教材中关于“医学流派”的传统叙述，例如，郭子光（*1988*）。

之不可靠，以至于精确的研究必须转而使用地方性的记载[74]。

这不像是个琐碎的小问题。任何一个读过几百本宋代以来的医书的人都会意识到，施坚雅所划分的长江下游区域（江苏、安徽和浙江的若干部分），以及部分中游地区（江西）和东南沿海地区（福建），在过去的一千多年里，在医学方面都一直处于领导地位。毫无疑问，与之相关的是，它们在商业、农业、科学、技术，当然尤其是在政治上，都处于领先地位。另一方面，考虑到四川作为药材供应地的重要性，有一点却是很不寻常的，即除了传说中的人物外，宋代以前，那里的从业医师中就没有出现一个重要人物，而且在明代以前，那里也没有出现应该出现的医书作者[75]。

另外一个相关的例子是吴以义［Wu Yiyi（1993）］的著作，他曾经对历史学家们随意使用“学派”一词的做法提出过质疑。他重新建构了从著名人物刘完素（1120？—1200年）开始的医学著述的传承谱系。吴以义设法找到了53个医生的生平资料，这53人自称在该传承系列之中。对每一个人，他都确定了其关联的类型。虽然教科书上根据理论倾向来描述此“学派”，但是那并不是将其合成一体的原因。它也不是被一种单一的实践风格所联合起来的。在刘完素之后的一代，首先是张从正（即张子和），然后是朱震亨（即朱丹溪，1281—1358年），他们所推崇的实践方式都与刘完素的有很大的不同。但是，那并没有削弱该传承谱系的完整性。

在早期阶段，确定它的就是其所在地——河间——刘完素在河北省的家乡，所有主要人物居住在此地或附近。一个世纪以后，这个中心明确地转移到了长江下游地区，它的关系也随之发生了明确的变化。印刷的医书的广泛分布又一次改变了那些关系，这就使地方性、个人性的联系变得没有那些通过文本研究建立的联系重要了。

地方性研究也首次为中国流行病学史研究带来了精确的研究成果。班凯乐（Carol Benedict）已经使用地名辞典和其他地方性材料非常详细地重新建构了19世纪黑死病从一个地方到另外一个地方的传播过程。康豹（Paul Katz）也已经使用相似的手法去说明瘟神信仰（cult of a epidemic god）在19世纪于浙江的传播。这种研究为多种新式的调查工作提供了一种模式[76]。 28

解 释 演 化

迄今为止，缜密地追溯演化的几个项目已取得了较大的成果。它们指出了对其进行更加综合的历史诠释的方式。

举个例子，经过一段时间的研究大家都很清楚，北宋是转变的一个主要时期。在这个时期内，医学的很多方面都改变了，包括它在行政事务中所扮演的角色、政府在医学教育中所扮演的角色、人们所研究的经典著作、医学创新的种类、对妇女与儿童疾病的特殊关注，以及药品交易的经济状况。在一系列的经典研究中，宫下三郎已表

---

[74] 最重要的资料是施坚雅［Skinner（1977）；大区域的地图，见p. 214］的若干篇导论性文章及她另一论文中的简要陈述［Skinner（1985）］；有关地方性的资料，见Skinner（1987）。

[75] 任应秋（*1946*）；见陈先赋和林森荣（*1981*）所搜集的资料。

[76] Benedict（1996），Katz（1995）。

明，最常用于特殊疾病的药品有了普遍的改换[77]。

有很多种推测从理学的影响到有效的政府管理方面，去解释为什么医学会有如此明确的改变。也有对以下一些因素进行的研究，如集中于东南沿海地区的创新的和繁荣的经济、医学出版物的增长，以及妇女社会状况的改变等。与其继续去扩展没有关联性的、不重要的因素的列表，不如去做一种更需要的综合分析[78]。

医学多元论

治疗行为并不始于医生。就像在任何其他社会一样，在中国人们也是很自然地首先依靠自己进行治疗，然后才是依靠他们的家庭和周围的人。当这些都不起作用时，人们就会依次从非常大的范围内选择各种各样的治疗者，医学的、宗教的，等等。人类学家把这称为"医学多元论"（mdeical pluralism）。在20世纪的大量时间中，他们一直在中国探索这一课题。我们发现从医学的最初阶段到现在，其治疗方法与巫术和宗教治疗发生了大量重合[79]。我自己在研究过去一千年来卫生保健的多样性发展过程时，揭示出了一个与此结论一致的且内容更为丰富的情景，并表明就所有人口的卫生保健而言，优秀医生所提供的服务只占其中的一小部分。这不意味"科学的"医学与"迷信的"医学是互相排斥的领域，而是显示出一种不息的在社会等级中上下的方法和认识的潮流，显示出民间医药的活力论的和以神为中心的观点，与各种发达传统所有的宇宙论的和世俗的假说之间，在不断地来回转换。用于研究那些不属于精英阶层的从业医生的早期资料，虽然极少被注意，但并不稀缺。一旦更多的年轻历史学家学会了现代人类学的方法，这项工作就会有迅速的进展。

29

性别、种族和社会阶层

医学史常常被写成好像中国的每一个人都能得到一样的治疗。在任何社会这都是不可能的。建立在社会和种族差异上的治疗不平等还没有被研究过，但是如果我们要完全理解中国的卫生保健体系，就需要关注它了[80]。

在医学史上，性别的问题通常已经不再简单的是一项女权主义的主题。它们必然触及卫生保健最基本的特点。虽然按现代生物学定义的"身体"在世界各地几乎相同，可是在每个社会甚至是在每个亚文化中，人们对自己的身体和别人的身体以及各自身体的疾病的看法都是不同的。妇科疾病不仅是一个生理学上的概念，而且也是社会控

---

[77] Miyasita（1976，1977，1979，1980）。

[78] 郭志松（Asaf Goldschmidt）在他的学位论文中正在做这样的分析。

[79] 尤其见凯博文［Kleinman（1980）］对当代台湾的人类学研究。有关早期文献，见 Harper（1990，1998b）；关于20世纪80年代后期超自然的传统与"官方"医学的并存，见 Hsü（1992）。

[80] 冯客［Dikötter（1992）］的著作，《近代中国之种族观念》（*The Discourse of Race in Modern China*），虽然书中更多的是引用民族的观念而不是种族的观念，但是它证明偏见确实存在并且在20世纪早期还可以被随意地表达出来。

制的手段、偏离常规的类型以及卑下社会地位的理由。有关性别的观点阐明了医学的方方面面，不管是关于男性的还是关于女性的[81]。

性别问题启发了中国医学。费侠莉（Charlotte Furth）已经举出例子表明，在17—19世纪医生就划出了性别之间的界限，以强调女人身体上的不足，并界定了几乎是她们专有的生育及哺育后代的潜能。她认为，对女性身体及其疾病的明确看法出现在宋代，然后便朝着她已描述出来的方向发展。就像格兰特［Grant（1997）］所指出的，从男性以及女性医案史中所得到的情况，要比从有关分娩和妇女疾病的著述中所得到的情况细致得多。

费侠莉还研究了曾被忽略的女性行医者的课题，这不仅仅是指接生员，也包括医生。许多女性从业医师没有被限制在妇科医学领域，而是涉足了整个医学范围。与此同时，她们的自我隔离措施限制她们只能去治疗妇女与儿童[82]。

病人的体验

在医学史上，病人的声音过去常常是被忽略的。但是最近十年，这却成了欧洲研究中的中心课题。病人的著述提供了一个丰富的研究资源。现在我们可以重建在使用麻醉剂之前的外科手术经历，可以明白为什么直到19世纪后期，病人还要忍受药泻、放血以及其他医生所依赖的猛烈的治疗方法。我们也从病人那里得知，医生对其他医治者，尤其是那些接生员，在卫生保健体系中所起作用的记录是多么的不恰当[83]。

在中国，我们没有寻求那种已被成功地发掘出来用于研究西方的私密自传和日记[84]。可是，这里仍然有十分充裕的其他类型的原始资料可供展开这个主题。医生偶尔会在他们的医案记录和其他著述中记录下自己的医疗体验。他们以及善于语言表达的外行，如袁枚（1716—1798年），已经在各种序言和非正式的著述中就这个主题说了很多，但是历史学家还没有为这个目的而对它们进行考查[85]。在另一方面，半个世纪以来，学者们一直在研究文学作品和戏剧中丰富的、有关治疗的描述。这些描述通常是来自病人的视角，并且常常把医生塑造成一个喜剧人物。 30

最后，关于一个非常特殊的病人阶层——皇帝，我们已经掌握了大量的资料。郑文（*1992*）已经重新建构了一个在11世纪60年代的奇异事件，包括仁宗之死，以及随后登基的英宗精神崩溃似的行为。官员怀疑并且残酷地处罚了宫内外提供医疗服务

---

[81] 关于身体的文化定义，见费尔［Feher（1989）］的经典文集；另见 Gallagher & Laqueur（1987）及 Laqueur（1990）。鲁索［Rousseau（1990）］在文章中从历史的视角探讨了思想与身体的关系。费尔的文集中包含了几篇有关中国和日本的文章；另见 Zito & Barloe（1994）。关于疾病的各方面，我对罗森堡等［Rosenberg & Golden（1992），pp. xv—xvi］的文章进行了解释。

[82] Furth（1986，1987，1988，1998）。关于最后一点，见 Furth（1996）。更早些的一份调查，见刘海波等（*1982*）。对明代儿科医生的详细研究，见熊秉真（*1995*）。

[83] Porter（1985），Porter & Porter（1988），Rosenberg（1977），Ulrich（1990）。

[84] 但是吴佩宜［Wu（1990）］已经表明，与早先作者所想象的相比，自传是一种更加丰富的体裁。有关医患关系的探索性的文章，见 Li Yun（1995）。

[85] 近期的参考著作，如冯汉镛（*1994*）以及陶御风等（*1988*）编辑的文集，极大地简化了这类工作。

的医生，以作为对仁宗继任者的选择失败的发泄[86]。

医学冲突中的协商

宫廷的档案记录清楚地告诉了我们，至少皇室的病人对他们所接受的治疗说了很多话，不管是用礼貌的方式还是咒骂的方式，他们都毫不犹豫地说了出来。他们的绝对权力使得他们与他们杰出的医生们发生冲突。当然，在普通病人的经济地位和医生的职业权威间的拉锯战中也存在着相似的协商。

医学的教科书和手册惯常给出这样的印象，即医生能够指望地位低的病人遵从医嘱。但是医生的非正式的著述，以及我们可以直接从病人那里和历史轶事中获得的情况都清楚地表明，治疗关系是一种需要经过协商的关系。我们早已得到唐代以来详细的病案资料，我们发现医生对没有遵从他们医嘱的病人以及在诊室中与他们争执的人有所抱怨。而当病人和他们的亲属发现自己的愿望没有得到认真的对待时，或者当他们对某医生失去了信心时，就会毫不犹豫地向别的人请教。因为病人有在不同类型的治疗者间进行自由选择的权利，毋庸赘言，这个话题是与医学多元论密不可分的[87]。

31

医学执业中的经济因素

早期的原始资料很少表明商品和劳务的价格，但是也有明显的例外，如谷物的价格。汉学家们超越了上一代，在研究商业史方面已经取得了一些进展。可是我们对治疗的费用和医生的收入仍然知之甚少[88]。

一个原因就是，精英阶层的病人和他们的医生更喜欢像对待艺术那样，将治疗看成是一件绅士间平等交换的事情，而不是商业行为。画家或医生越是受人尊敬，那么他所收到的酬金就越少，而礼物却越多。在后来的朝代中，这两种职业，提供了独特的社会流动性。想要博得社会尊重的医生，希望人们把他们看成是与官员同一阶层的人，而不是唯利是图的手艺人或商人。

资料没有公开地讨论顶尖医生的治疗费用，也没有人会费心地提供不属于精英阶层的大多数普通医生的情况。当然，你可以通过对已痊愈的病人送给他们的医生的礼

---

[86] 见孙思邈对自己疾病的记录，收录于 Sivin（1968），附录 A。在晚些时候的文献中可以见到更丰富的医生自己的医学经验材料，如《折肱漫录》（1635 年）。有关文学作品中的医学冲突，见李涛（*1948*），Idema（1977）与 Cullen（1993）。一些相关的轶事，见 Sivin（1995g）。

[87] 皇帝对他们的医生的态度，见陈可冀等（*1982a*），陈可冀（*1990*）以及 Chang Che-chia（1997）。孙思邈提到了不遵医嘱的病人，如在公元 627 年与 640 年，一个宁死也不放弃性生活的老人；《千金方》卷二十七，第 28、29 页。在众多记载了医生对顽抗的病人及旁观者的抱怨的文章中，有《医宗必读》（1637 年）卷一，第 8、9 页，《景岳全书》（1624 年）卷三，第 76、77 页，以及《医学源流论》（1757 年），第 131 页。李云［Li Yun（1995），pp. 68—72］翻译了第一篇，文树德［Unschuld（1989），pp. 385—387］翻译了第二篇（不是非常可靠）。

[88] 做得最好的工作中有一大部分是日本学者做的，但是有关西方人研究的一个较早的例子，见 Wilkinson（1972）。关于“上流医生”的人数和平均收入有一个公认“粗略的猜测”，是依据 19 世纪上半叶的一部小型传记集作出的，见 Chang（1962），pp. 117—122。

物给予高度的关注，来消除我们的无知。第二个明显的步骤是辨认出病历中有姓名的病人并由此来确定某个特定医生的病人是哪些人。我甚至发现，通过确定两个医生记录了对同一个病人的治疗，有可能将他们的行医实践联系起来。

赞助是一种特殊的社会形式，它有复杂而又可被一般人理解的规则。欧洲的历史学家近期已经表明，它是16—17世纪科学和医学创新者的主要的支持来源。有时，在中国医学的上流社会，赞助同样也很重要。其中众所周知的是，陶弘景（上文提到过）和孙思邈（公元673年在世）就长期得到皇帝赏赐的支持，而葛洪（公元283—343年）则是得到了高官赞助的支持[89]。

自宋以后，这种赞助形式就变得不是那么明显了。相反地，官员以及后来乡绅对印刷医书的支持的重要性在上升。在一些明清的医书中，我们找到了附有所捐数目的捐款人名单[90]。

还有很多其他的赞助形式。举例而言，在1600—1850年期间，中央和地方的医药学校供养着祀奉医药诸神的庙宇，作为“保持对提供医疗保健的象征性控制”的一种手段。这种供养，就像在宋代以后政府对民间宗教的多种其他补助金一样，仅仅因为象征性控制是可能的，就被证明确实是正当的[91]。

出版者不但印刷医学书籍，还写新书、编辑经典著作的普及本以及结合旧书而创作新著。他们复杂的行为显然会在弄清医学的经济因素时起重要的作用[92]。 32

另一个适合探讨的医学经济的方面和药物有关。在中国和日本已经有了一些对药品贸易的研究，虽然他们尚未将大量的注意力放到价格上来。在香料和其他芳香剂的贸易方面，倒是有一些比较有用的研究成果，这些贸易在相当程度上与药品贸易重叠。现存几个历史悠久的药店的账目。著名的北京同仁堂在清代的一大段时间内为御药房提供着药品，但是宫廷控制着所购药品的价格[93]。

最后，在医学经济史中一个很重要的课题就是，我们可以称之为国家药品市场的那部分的发展，以及特殊药品来源地的变化。在这方面，有用的研究成果也很少[94]。合用的原始资料很有可能会为这一课题带来广阔的研究前景。

---

[89] 例如，见Moran（1991），这是一本有关赞助的研究集；Biagioli（1993），一份对伽利略（Galileo）的创新性研究；及Sarasohn（1993）。在席文［Sivin（1995f）］对中国思想史的研究中已经涉及了赞助。关于葛洪，见《抱朴子外篇》卷五十，第8页，英译文见Ware（1966），pp. 15—16。

[90] 韩嵩根据清代100多个版本的《瘟疫论》的全部序言及相关文献，重新建构了这部典范性著作的赞助人和支持者的网络。

[91] Chao（1995），pp. 131—140。

[92] 其中最重要的出版者是河北肥乡的窦杰（常被人称为窦汉卿，1196—1280年）、福建建阳的熊均（熊宗立，活跃于1437—1465年）、杭州的汪淇（活跃于1665年）。熊均领导了这次推行经典著作普及本的运动，以及“五运六气”学说的普及。“五运六气”学说在诊断中有广泛的运用。关于出版者的编造，很多资料散见于马继兴（*1990*）的著述中。关于汪淇，见Widmer（1996）；关于元明时期的出版业，见Chia（1996）。

[93] 张培玉等（*1993*）。见倪云洲（*1984*）及梅开丰和余波浪（*1985*）对药品贸易所做的地方性研究，以及林天蔚（*1960*）和关履权（*1982b*）对宋代的芳香剂与药品的研究。在大清海关的报告中有许多关于此类以及其他医学话题的有趣内容。

[94] 例如，李鼎（*1952*）与王筠默（*1958*）。

职业团体

汉学家对“职业”（profession）一词通常含义模糊的用法并不满意，他们将传统的职业与通过社会所授予自治权的其他职业（occupation）区分开来。这种自治权让他们可以控制那些进入和离开他们圈子的人，也可以规定他们自己的补偿金额[95]。使用这种定义的话，中医就根本不是一种职业（profession）。因为在过去我们根本连一个自治的职业团体都说不上来。

不管精英阶层的医生对庸医的医术有多少抱怨，我并不知道他们在前现代时期的中国有过任何有组织去阻止他们圈外的其他人执业的企图。在宋代，政府曾经有过短暂的努力去建立同一的标准和考核地方服务机构的医生的水平［见（c）节］。没有理由认为这次开端有任何持久的效果，并且它也没有被恢复。如果这样的运动持久的话，那么它会导致一种职业身份的意义，但是它并没有成为自治的起点。

在20世纪的早期成立的第一个协会，只是希望保护传统医学免于被废除。只有当国民政府威胁要废止他们医术的合法资格时，他们才学会了组织游说。1949年以来，医生都变成了人民公仆，直到近期私人行医经正式批准后才在有限的范围内重新出现。

33

如果我们想要理解近代以前医生们无组织能力，首先我们要考察的地方就是行业协会（常被称为“行”）。我们知道，中国的行业协会是为了抑制竞争的地方性协会。它们的规模不是很大，政府或社会权力机构对它们的要求就是自律。尽管已经有了少数做得很好的研究[96]，可是我们对其还是知之甚少。我们不知道医学行会与商人的行会有什么区别。

很明显，下一步就是审视地方行医者及其网络。近来很多在这方面的研究成果是与由书籍定义的“学派”（通常，是一个语义十分含糊以至于没有意义的术语）有关的，而不是与由创造永久性协会的人之间相互影响定义的“学派”有关的。尽管如此，现在也还是有少数好的由省或者市县，比如徽州，编辑的传记资料汇编[97]。这些资料汇编并没有从分析它们的材料来寻找医学组织的迹象，但是它们确实促进了这项工作。首先，这就使追溯官场内外医生的活动成为可能，因为他们为了追求在地方上的显赫地位进行了官职的买卖交易。这种模式在明清时期变得很重要。

最后，有时医生会在他们的病案记录中提到别的同时被咨询的医生，或者是早先没有给病人治好病的医生。对这些资料进行仔细的传记分析，会使我们建立起医生间的合作与竞争的地域性联系。

与此同时，需要精细地处理竞争的课题。在中国，由于缺少有效的组织或政府的管理，上层医生们也不能指望垄断上流社会成员的治疗。我们所收集到的大多数病案

---

[95] 弗赖森［Freidson（1970）］的著作提供了关于历史研究目的的最好的关键性讨论。赵元玲［Chao（1995）］把职业化当成了她的清代苏州医生研究的焦点。她用“职业”（profession）来表示“谋生之道”（livelihood）。

[96] 如 Niida（1950），Katō（1953）。

[97] 陈道谨和薛渭涛（*1985*），李济仁（*1990*），刘时觉（*1987*），以及于永敏（*1990*）。

记录给我们留下了清晰的印象，即有文化的医生一般不愿治疗比他们地位低的病人。在农村，人口中的压倒性多数在20世纪80年代以前几乎与货币经济无关。他们也几乎不能寻找到想要的服务。

医生们对庸医、江湖游医、民间宗教僧侣、招魂灵媒和道士的频繁抱怨，明显是为了给潜在的病人留下印象[98]。这些抱怨既不是有组织的运动的一部分，也不是一个职业性团体用来与可与之竞争的行会进行竞争的工具。其实根本就没有这样的有结合力的团体。

我想要提出的是，个体医生通过这种巧舌如簧的抱怨，并非在试图保护这种职业使之免于无能者的干扰，或让他们的竞争者关门大吉，而是在努力宣称他们在黄帝的继承者群体中占有一席之地。不管出身如何，他们都希望被认为是与传统的上流医学集团一体的，而不是正统男性病人所轻视的民间治疗者，或是处于这两者间各式各样没有明确地盘的治疗者。这个课题，换句话说，就是社会流动性。 34

一旦我们按照近期欧洲研究［如 Ramsey（1987）］的眼光来看待中国的资料，我们就会发现将这些问题联系起来的是政治因素。在明代晚期和清代，从生意中赚取的利润很容易买来官职。同时，与以前相比，贵族后代能够找到一份好职业的希望更加渺小。纯朴高尚和根本没有前途之间的界限似乎模糊而又混乱。有关需要对卫生保健严格分为不同层级的声明，同时表达了对一种似乎很快就会消亡的稳定社会的怀恋之情。

未知之地：治疗的科学价值

对传统技术的临床评价十分重要并且不能被忽视，但是还没有人谈到它，迄今为止这个问题显得很难解决。如果没有考虑早期医学实践在治疗内科疾病中的实用价值，也许就不可能形成对它的看法。假如上两代人之前有治疗限制的话，谈论它在病人康复过程中所起的积极作用而不是妨碍作用也许更为恰当。

从纯粹技术的角度来看，要衡量各种各样的治疗方法的医治能力是十分困难的。你也肯定会问它们的能力事实上是否是纯技术的。如果把每一次治疗冲突发生时的社会和仪式的环境考虑进去是同样必要的，那么一个人怎样衡量它们的作用呢？你肯定会随即承认，虽然宋代以来的病案记录常常是详细而具体的，但以现代的诊断标准来看，它们实际上也从未详细和具体到能确切表明病人健康状况的程度。任何行医者都会意识到，一个成年病人极少会呈现出一种单一疾病的纯粹而又典型的发病状态。人们也会遇到如此明显地与现代知识不一致的治疗主张，以至于必须用怀疑的眼光看待它们，或者至少承认这种结果所带来的影响更可能存在于情感、仪式和象征的范围，而不是在化学和物理学的范围[99]。但是病案记录很少提到情感、仪式和象征。这些障碍

---

[98] 贵族及其医生将他们所不赞同的医生称为“庸医”，与后三种混称为“巫”。这些术语中没有一个指的是社会阶层。两者都是绰号。

[99] Cooper & Sivin（1973）。

使得合理评价的前景似乎变得遥不可及。

医学史家很少在这个问题上做出反应。许多东亚的医学史家接受了他们在资料中发现的任何有关功效的断言。与之相反，许多非东亚的医学史家又拒绝认真对待任何这样的断言，乃至拒绝考虑它们。

这两种立场都是难以持久的。第二种立场陷入了编史工作的一种最初级的陷阱，即假定他所研究的那个人，不如他自己警惕，也不像他那样可以做出批判性思考。第一种立场则假定古代的医生能够确定治愈并且治愈率要确实比现代医生所能达到的更[35]高。这也不是一种有见识的立场。它徒劳无功地寻求一种明确的解释，来说明早期的行医者如何界定“治愈”，以及当治愈时他们怎样来确定。

这个问题是可以回答的。与大多数古代传记作者和历史学家笔下的医学不同，一些医生承认他们的治疗方法并不总是成功的，而且并不是所有被记录的药物的功效都是可以验证的。除了明晰的陈述外，人们还可以评估出一种既定的治疗方法从一个文献传到另一个文献需要多长时间——总是要问它流行的原因是否是技术性的、仪式性的或者是一种基于信任的摹仿习惯。

如果我们逐一检查治疗方法，我们就会发现评估它们的功效绝不是件简单的事情。来自动物和草药中的活性物质的浓度，还远未达到稳定状态，这有赖于它们的来源、它们被采集起来的季节、它们是如何被加工的等诸如此类的因素。要弄清楚复方成分的药效学是非常困难的。对成方的现代临床试验（其目的是商业性的，而不是规章性或史学研究性的）还没有达到现行的生物医学标准。

古代要求只使用针灸的疗法是罕见的，实际上也不可能用科学的方法对其进行评价。还没有人找到一种运用双盲试验的方法对它进行评估。我们也没有什么根据来测定在某种既定的疾病的治疗中使用它的频率。在任何病案中，针灸都是在众多疗法中唯一的一种极少被单独使用的疗法。在某些时期，它明显不再流行，并且至少有一个时期，它被禁止在太医院中传授[100]。

有关治疗功效的乐观断言也通常忽略了这样一个事实，古代存在的疾病并不能与那些生物医学上的疾病一一对应。古代并没有和伤寒、癌症、肺结核或（尽管企业家们许多近期的意见坚持认为的）获得性免疫缺陷综合征（AIDS，艾滋病）完全相对应的疾病。让我们把其中的第一个作为例子，现代术语“伤寒”（typhoid），甚至今天，它在传统医学中具有一种完全不同的含义。它既指一种特殊的失调状态，“寒冷损伤”（其字面意思），这可以对应大量包括普通感冒在内的急性传染发热病症，也指包含伤寒的一大类病症[101]。可能任何关于针灸治疗伤寒的经典讨论都忽略了医生同时施用的其他治疗方法——而这一最重要的因素才是病人得以恢复的动力。在传统医学中，无论是在早期还是在当时，正如在欧洲医学的大部分历史中的情形，大众的意见将每一个

[100] Andrews (1995), p. 13。历史学家有时将这个1822年的内部规定误解为一项按通常方式颁布的在全帝国范围内禁止针灸行医的法令，而此规定只是取消了宫廷的医科学校中的针灸部门。没有证据表明针灸疗法的使用因此有任何减少。但是，大约早前的半个世纪，已有了明显的减少；见《医学源流论》（1757年），第98页，译文见 Unschuld (1989), p. 244。

[101] Sivin (1987), p. 84。

康复病人的治愈都归功于医生。

但是，毫无疑问也存在着失败。古克礼［Cullen（1993）］已经指出，虽然朝廷官员经常有所失职，但是这常常不如他们说话是否恰到好处来得重要。问题是正统的政治和伦理的信仰是否支持着他们的行为。同样地，一个医生当他在医学宇宙论的框架 36 中去处理他的病人的疾病时，甚至即使他没有能治愈疾病，他也算完成了预期的任务。同样的情况据说也发生在18世纪后期的欧洲医生身上，尽管他们引用的是盖伦的经典而不是《黄帝内经》。

这许多的不确定都是真实存在的。我们只能寄希望于未来的学者，希望他们能解决这些不确定。一旦我们承认实践在中国医学中的中心地位，就没有其他选择了。

编辑约定

在修订本分册的过程中，我主要关注的是保持它作为一组多样化重要文稿的特色，这些大部分产生于20世纪60年代的文稿，超越了上一代学者，为中国医学史研究奠定了一个更加广泛和更加严谨的基础。我已经注意保持作者的总体论述内容（上文已作过讨论）完整无缺。另一方面，在文章中反映出近期研究的成果同时又不妨碍作者的主要论点显然也是重要的。

带着这样的想法，我修订了很多译文、解释、年代和参考文献。这么做的过程中，偶尔会适当增加一段简短的澄清式文字，或者删去一段与今天已确知的知识相冲突而对重要论点来说不是不可或缺的陈述。当这类改动不算重要时，我就没有标明它们。与此同时，我通过在脚注中指出已经对一些定论的意义及重要性形成挑战的较新的发表物，来尽量满足读者关心这门技术发展状况的需要。任何一处较小的修改都存在会使得原来的讨论变得不连贯或混乱的危险，因此我只是在脚注中概述了现在的理解或重要的替代选择，并注明该段文字出自编辑而非作者。

我还发现，去除重复的内容，并且在几个例子中将一段讨论移至一篇更早的论文中而不是将它留在原处才是恰当的。在两个例子里，我采用了鲁桂珍和李约瑟未发表的文章中的材料，去代替一个无用的参考文献。

在李约瑟离世前的最后两年中，我和他讨论了这种工作方式（*modus operandi*）以及其他许多具体的改动。我已经在本册全书中尽量纳入了我们达成的相互理解。

本册官名的翻译参考了贺凯［Hucker（1985）］权威的《中国古代官名辞典》（*A Dictionary of Official Titles in Imperial China*）。在与本书前面的卷册保持连贯和与几乎所有近期的学术成果保持一致之间做出选择是困难的。贺凯的材料得以被采用，是因为他对每个官名条目都提供了详细而又可靠的注释，注释的内容包括等级、职责以及职责与含义的历史变迁。《辞典》中的条目是按照中文的官名排列的，但是它有一个很好的索引，使得可以很容易地查到它们的英文翻译。作者对工匠和工作人员的许多任命并没有以官职的形式记录下来，这种情况就不能在贺凯的书中找到；它们保持不变。我保留了非常少的具有李约瑟特色的华丽风格或英国式用法的官名，如用“皇家天文学家”（Astronomer-Royal）而不是“钦定占星家”（Grand Astrologer），用“钦定教授” 37

（Regius Professor）而不是“博学者”（Erudite），“侯爵”用了英语的“Marquess”而不是贺凯所用法语的“Marquis”。

志　谢

我要感谢为这个导言提出改进建议的吴章（Bridie J. Andrews）、古克礼和韩嵩，感谢在汇编本册过程中提供最有帮助的想法的白馥兰和冯珠娣，以及提供研究协助的萨拉查（Christine F. Salazar）、程思丽（Sally Church）和郭志松（Asaf Goldschmidt）。在我逗留剑桥期间，李约瑟研究所慷慨地给予了资助，并且一直提供令人愉悦的工作场所。我很高兴能从本导言中摘录一部分，用于1996年8月26—31日在韩国首尔（Seoul）召开的第八届东亚科学史国际会议（the Eighth International Conference on the History of Science in East Asia），并在《立场》（*Positions*）上发表了其中一节的修订稿。

第四十四章　医　　学

38

(a) 中国文化中的医学

首先，有必要来思考人类重要的医学体系与孕育它们的文化或者文明之间的关系。目前欧洲人正在放弃他们相当自负的狭隘观念，渴望了解其他医学体系，其中不仅包括我们现代文明形成之前已经存在的，而且还包括和我们一样拥有高度连续和复杂的文明的旧大陆其他地区形成的医学体系——这当然是一种令人鼓舞的情形。

中国医学对中国文化的附着是如此牢固，以至于它无法完全脱离出来。古代和中古时期所有的科学，不论是欧洲的、阿拉伯的、印度的还是中国的，都有其独有的特征。只有现代科学才把这些与种族文化相关的独立存在（ethnic entities）纳入一个普世的数学化的文化之中。尽管中国和欧洲的所有物理学学科和一部分不太复杂的生物学学科在许久以前就已经融合在一起，但这种融合在这两种文明的医学体系之间却没有发生①。如我们在下文将要看到的一样，中国医学中的许多内容仍无法用现代术语来解释，但这既不意味着它无用，也不说明它缺乏深远的影响力。我们希望本册能够促进当代不同文化和不同文明冲突中的各方之间更进一步的了解。

在这篇导言性质的文章中，我们将要考虑一篇古典医学的概述所不可或缺的若干论题：它的学说及早期历史，中国特有的政府和宗教形式的影响，作为一种典型疗法的针灸，传统医学与现代医学之间的差异，以及二者整合的前景。

(1) 医学和医生在传统中国社会中总的地位

为理解从古至今中国社会中行医者的地位，至关重要的是必须认识到，思想者和实验者，发明家和医生，他们一代又一代地来自社会的各个阶层。

将学科划分为“正统的”和“非正统的”两部分是比较恰当的。中国人认为后者有些不祥，而且肯定也超越常规（*outré*）。因此，在儒家社会中就存在着一些界限，一旦超过这些界限，一个有教养的人几乎不会为社会所接受，除非他变成一个道家的自然主义者——道家的自然主义者当然并未超出这个范围，但他们肯定是对为世俗财富和地位而成家立业毫无兴趣的人。

39

数学属于正统之学，因为计算结果对于士大夫做政府规划是必不可少的，可是精于此道者却至多只能为省级官员在幕后默默地工作。天文学更多几分高雅，因为太史局、司天监、钦天监这类天文机构中有少数职位附属朝廷。各种工程活动，如水利、桥

① 我们所说的是现代西方医学体系和传统中国医学中国医学体系。关于中国和欧洲科学融合，见 p. 65。

图1　医生诊治。张择端《清明上河图》（1125年）画卷摹本的局部。在画面中央可以看到，一位医生正在为一个小孩做诊断，他的诊所牌号带有官衔“赵太丞”而使他显得尊贵。画面右边，人们正在从井中汲水；画面前部，一位学者骑在马上，仆人扛着琵琶紧随其后。此图描绘的是金兵占领前的开封。采自 Needham（1970），Fig. 95，p. 441 对面。

梁建筑、攻城技术（poliorcetics）中的工程活动，也不适合于一位文官，但他很可能会足够聪明，时常听取承担工程的年长文盲领班富有经验的建议。但是另一方面，炼丹术和原始化学（proto-chemistry）显然是非正统的，它们非常接近于占卜、星命术、相手术、相面术以及各式程度不等的巫术（black arts），如拆字（glyphomancy）和择日（chronomancy）。

上流阶层只能延伸到这里。对一个博学的人来说，研究《易经》并没有什么过错，而且许多德高望重的学者实际上都是易学家。崇敬的光环却很少戴在风水先生的头上；

看风水的“赣州先生”就很少得到与他们号称的头衔同等高度的尊重[②]。

农学也属于正统之学。看着国家最重要的财富从土地中绿油油地成长，写些耕种管理方面的书，对于一个有身份的人来说，是再适合不过的事情了，这和古罗马的情形相同。这通常还包括农村中工程方面的内容。植物学和动物学从来没有成为独立的研究领域，而被包含在本草和农学著作中。后者包括大量的园艺学甚至关于特定属种有花植物的书籍和专著。

医学及其支撑学科，如制药学和针灸师的解剖学，形成了一个完全模糊的地带。在传统社会组织内外，它们都没有明确的定位。治疗大夫们遍及社会各阶层，从皇宫到与世隔绝的山庙，治疗的种类也因此而变得多种多样。我们所关注的是学术性的医学及其书面的传统，但明智之举是要牢记，这只不过是古代卫生保健的冰山一角。

在针对医生进行的任何社会学研究中，放在首位的必定是他们的社会地位问题。希腊人对医生的赞赏已众所周知，这从《伊利亚特》（*Iliad*）的引用语（XI. 514）中即可见一斑，它也是我父亲经常对我引述的一句话：

> 一位高明的医者，灵巧治愈我们的创伤，
> 他对公众福祉，抵得上一队兵丁。

中国医生社会地位的全部历史，或许可以概括为从“巫”（一种技术型的奴仆）到“士”（一类特殊的学者）的转变过程，他们披着儒家知识分子所有的高贵外衣，并且不会轻易变成任何人的傀儡。如《论语》所说，“有修养的人不要成为器具”[③]（“君子不器”）。在公元前2世纪到前1世纪的西汉时期，有许多介于中间的一类人，即所谓的“方士”；他们是术士和各行业的技工，其中就有一部分从事制药和医疗。有些汉学家把这个词语翻译为“掌握魔法秘诀的君子”（gentlemen possessing magical recipes），这种译法即使显得有些生硬，却并没有什么错误[④]。

尽管他们的身份是“士”，但是起源于“巫”，这使得医生（“医”）与道教最深的根源之一连接起来。远在公元前第2千纪中国历史的发端时期，大概是在商朝之前，中国社会中就已经出现了“医人”（medicine-men），他们有几分像北亚部族中的萨满教巫师。随着时间变迁，这些人区分成各种各样的专门职业，不仅有医生，而且有道教炼丹术士、朝廷中天神宗教（ouranic religion）的祈灵者（invocators）及礼仪学家（liturgiologists）、药剂师、兽医、神职人员、宗教领袖、神秘主义者和其他各种类型的人。到孔子时代，即公元前6世纪末，医生还没有分化出来。他自己也用一个没有把“巫”和“医”明确区分的字眼来称呼医治者，他曾说“没有恒心的人决不可以成为一个好的医治者（‘巫医’）”[⑤]（“人而无恒，不可以作巫医”）。 41

② 本书第四卷第一分册，p. 242，p. 282。

③ 《论语·为政第二》第十二章，译文见 Legge（1861），p. 14。

④ 〔但是，这并没有揭示出实质，因为“方”意指完全不需要巫术的技术手段。“方士”，如同“巫”（在本册“导言”中已经讨论过）一样，是一种称号，而不是一种社会群体的名称；参见 Sivin（1995d），pp. 29—34。——编者〕

⑤ 《论语·子路第十三》第二十二章，译文见 Legge（1861），p. 136。

这些古代的医生，在《左传》(成书于公元前400年—前250年）中有所提及，该书是《春秋》的三种注释著作中最伟大的一种。这些著名的鲁国编年记载，时间跨度从公元前721年到前479年，并在这个时期末编纂起来，其中关于疾病会诊或描述的就超过了45处。在早期的记载中，有一条是公元前580年医缓为秦王疾病作出正确诊断的记载。但最重要的，也是我们将要在下文讨论的，是公元前540年著名的执业医师医和对另一位秦王的会诊⑥。

在唐代之前，精英集团中的作家或多或少地倾向于把医生看作是一种手艺人，但从周到六朝，我们能够找到生平记载的绝大多数医生都出身于上层社会家庭⑦。尽管如此，他们也几乎不具有代表性。有一种总体的变化贯穿于中古时期，即一般来说医生的知识分子身份地位在提升。从唐代开始，随着医学进入了行政机构，医学文献日益多样化。早在公元758年，人们可以找到一项重大进步的开端，即医科学生在一般文献和哲学经典方面的考试。我们将会更多地谈到医学资格认证考试，但在此只关注普通教育的组成部分⑧。大约从印刷术开始实用性传播时起，以纯文学或治国才能而著名的学者开始非常广博地著述医学问题。大约从1140年开始，杭州的应试者就需要通过文学、哲学经典以及医学科目的考试。1188年的一道诏令规定，未获资格认证的行医者必须通过省级考试。考试内容包括一般的经典著作以及脉学和其他医学技能。无论是谁，只要做得好，就可以获得进入翰林院的机会。这个宫廷机构，除了医学外，还分为天文、绘画、书法等部门。每个成员都被认为是其所在专业的最高权威，但通常只是一位行家而不是正式的官员。

尽管以医学为职业很少能够带来巨额收入，也决不会在行政机构中取得高位，但从13世纪开始，颇有地位的学者还是毫不犹豫地加入到医生的行列中来。这种转变始于蒙古人的统治大幅减少了文人雅士后裔做官的机会之时。在明代，到官场上谋求发展的机会又一次减少，到了清代，这种情况更加明显。尽管如此，世袭的医者和博学之士并肩一起行医直到现代⑨。

42

这些在教育上和职业模式上的逐步变化非常重要，因为它们显示出相当多的医生在一般文献方面也受过良好教育，并且文化素养要高于他们的先辈。这些人自称“儒医”，与之相对的是那些被他们贬低的“庸医”，即普通的医学从业者或江湖郎中⑩。如此被贬低的“庸医”中最著名的是那些在晚清还能经常见到的铃医，他们将挂于扁担上的专用铃铛敲得叮当作响，并以最便宜的价钱卖给人们草药。事实上，中国历史上最伟大的本草学家李时珍（1518—1593年）的祖父就是一位铃医。我们曾经常碰到他们，并带着特别的乐趣回忆起1964年在山西太原，我们有幸在一出革命样板戏中亲眼观看到的对这类人物的出色扮演。

---

⑥ 见下文 p. 43。

⑦ 基于编者尚未出版的调查统计。

⑧ 见下文（c）节。

⑨ 山本德子（*1985*），Hymes（1987）。明代具有最高考试等级的执业医生的详细情况，见章次公（*1948*）。

⑩［“庸医”这个称号似乎从宋代就开始使用，到明代变得常见。对指称“医生”的专门用语的一般性讨论，见山本德子（*1983*）和张宗栋（*1990*）。——编者］

从一开始，我们就可以把认为这个职业作为一个整体在中国文明中受到轻视的任何观念排除在外。

（2）中国医学的主要学说

现在我们准备谈谈中国医学的学说，也就是中国医学的基本哲学体系。我们喜欢基尔［Keele（1963）］所说的“看来大概最早把自己从纯巫术－宗教（magico-religious）的疾病观念中解放出来的文明人就是古代中国人”，但是他以为只是在印度的佛教思想被中国人接受之前才获得了这种解放，这是我们不能认同的。我们也不能同意他的另一个观点，即认为古代中国人用“形而上学”的思维模式来代替原始的巫术–宗教观念和实践。当然一切都依赖于人们通过形而上学所表达的内容，但是如果我们按照其在现代西方哲学［比如含义本体论（meaning ontology）、存在问题以及唯实论与唯心论之间的争论］中被普遍接受的意义使用这个术语，那么它在此处肯定是不适用的。我们不得不涉及古代自然哲学，即关于宇宙和人类世界的一系列假说。

在古代中国流行的自然哲学建立在两种基本力量的概念之上，即“阳”和“阴”，前者代表宇宙的明亮、干燥和男性的方面，后者代表黑暗、潮湿和女性的方面。这一概念大概不会早于公元前6世纪，但是它无疑已经在我们刚才提到的太医的头脑中占有支配地位。通过公元前540年医和对他的病人秦王所说的一小段话，我们就可以看出初始状态（*in statu nascendi*）的中国医学思想。尤为重要的是，他把所有的疾病分为六类，这六类疾病源于六种基本的（差不多都是与气象有关的）“气”（pneumata）中一种或另一种的过多。他说，阴气过多，则生“寒疾”；阳气过多，则生“热疾”；风过多，则生“末疾”；雨过多，则生“腑疾”；昏暗过多，则生“惑疾”；明亮过多，则生“心疾”。前四种被包含在后来的“热病”，也就是发热类疾病中；第五种暗指心理疾病，第六种则指心脏类疾病。 43

把疾病分为六类，这是极其重要的，因为这显示出古代中国的医学学科在某种程度上是如何独立于自然主义者的理论而发展起来的，这种理论将所有的自然现象分为与“五行”相联系的五组。这些观念在公元前4世纪由邹衍首次系统化。五行学说在后来被传统科学和技术的所有分支所普遍接受[11]。众所周知，这些“行”与希腊和其他民族所说的元素不同，其中不仅包含火、水、土，而且还有木和金。然而，中国医学从来没有完全丧失它的六组分法。虽然医生和外行人都将阴阳“脏腑”共称为“五脏”，但是它们各自聚集着六气。考虑到数学上的十二进制和巴比伦人（Babylonian）的世界观，人们不能不怀疑古代美索不达米亚（Mesopotamia）在这方面对古代中国的影响[12]。

这并不是此类影响的唯一例证。可以追溯到中国文化之初的中国昼夜十二时辰制

---

⑪ 本书第二卷，pp. 232—253。〔五行概念的早期特征及其系统化，见 Sivin（1995e）。——编者〕

⑫ 〔最常见的统计总共是十一，不是十二，而且脏和腑在各种文献资料中是成五的倍数地列举，如，见席文［Sivin（1987），p. 213］所译现代中国的资料，以及历史分析［同上，pp. 124—133］。——编者〕

长久以来一直被认为起源于巴比伦，并且已有一些证据表明在国家占星术（State astrology）上，两者也有极为相似之处⑬。

就医学而言，我们能够从另一个方向，即“气”观念所起非常突出的作用，来寻找两种文化之间的联系，“气”和斯多葛（Stoic）学派的“元气”（*pneuma*，*πνεῦμα*）非常相似。这两个词语都几乎不可翻译，但是它们的含义都包括“生命之气”、“微妙的影响”、“气体的散发”及类似的意思。再稍后一些，中国医学理论也常常涉及另外一个在意义上非常相近的字眼——“风”。

菲利奥扎［Filliozat（1949）］已在一部经典的专著中指出，希腊医学中的“元气”（*pneuma*）能够逐字逐句地和伟大的印度医学著作家的“气息”（*prāṇa*）相对应。我们可以看到，在远古时代的旧大陆的周边区域之间，尽管除了天文学外或许几乎没有其他学科也存在着某种广泛的一致性。从希腊，到印度，以及中国周边地区，都存在着“元气医学”。

44

就楔形文字文献的研究已揭示出的而言，迄今我们已经清楚地知道，巴比伦人的医学在很大程度上带有巫术-宗教的特征。尽管如此，人们还是不禁觉得在美索不达米亚必定有一些原始科学的（proto-scientific）医学流派，他们将他们关于深奥的呼吸的思想流传了下来，其中包括呼吸的正常功能和医生必须应付的病理状态。人们不禁觉得某个比希腊、印度或中国更古老的文明已经创立了此类思想，并将其向四面八方传播。伊朗文化区几乎不具备这样的资格，因为它相对而言比较年轻，所以美索不达米亚应当是它们的发源地。

另一种在古代中国思想中比较突出的学说是大宇宙和小宇宙。它想象国家和国民以及人们的健康状况与宇宙的四季变化之间存在显著的相互依赖。五行用“象征的相互联系”（symbolic correlations）将许多其他由“五”组成的各类自然现象联系起来。这些概念被人们以非常系统的方式用于解释人体的结构和功能⑭。

如我们所料，一个官僚封建主义特征形态日趋成熟的社会，非常重视预防行政领域内和人民生活中的灾难，而不是等其出现了再来控制它。这样，在医学思想领域内，预防被认为要优于治疗。尽管从一开始中国医学就可能受到来自外界的影响，但它仍然保持了非常独立和特有的性质，这种性质直到现在还很明显。

当然，我们欣然地同意基尔的观点，使用咒语、符咒以及对神灵的乞求祈祷的习俗贯穿于中国历史的大部分时期，而且在比较贫穷的社会阶层中以及在道士和佛僧的驱魔行为中尤为突出。然而，我们也能在宫廷里发现它们的影子。例如，在公元585年的隋朝，太医署的官员除了两名医博士、两名按摩博士以外，还包括两名咒禁博士，这样看来巫术-宗教的技能已得到了官方认可。

但是基尔［Keele（1963）］在陈述其印象时无疑是完全正确的，即所有这些现象都是中国传统医学的“边缘活动”（fringe activities）。它们相对于医学实践本身来说是

---

⑬ 本书第二卷，pp. 351 ff.。

⑭ 关于象征的相互联系，见本书第二卷，pp. 273 ff.。席文［Sivin（1995f）］分析了大宇宙-小宇宙学说的起源。

非常边缘的，确实远离了发展进程的中心，并且我们可以肯定地断言，中国医学从一开始就完完全全是理性的[15]。“从巫术-宗教到形而上学的病理学的蜕变是一大成就，”基尔写道，“但这并不足以带来医学进步的基础，因为它在观察方法或推理上都不是科学的，因为它完全不能使用归纳法。”用我们的语言来重写这段话就是，从巫术和宗教到原始科学理论的进步是一个极大的成就，但是因为许多我们无法在此详细阐述的原因，欧洲是唯一能够让古代和中古时期的科学发展为现代科学的文明社会。我们不能说古代中国的科学理论没有为医学进步提供基础，也不能说它们在观察或推理上是非科学的。毋庸置疑，它们曾经用到了归纳法，但它们依旧是文艺复兴时期之前的科学，并且从未发展成为现代科学[16]。 45

（3）创始者及其历史

谈了如此多的社会地位和持久不断的哲学，现在来谈谈医学的创始人和他们的历史。对中国医学和希腊医学的古典时期的早期作一个对比是非常有趣的。在中国有一个和希波克拉底（Hippocrates，公元前460—前379年）齐名的人物，但是人们对他的个性了解得不多，而且他也没有和希波克拉底一样有文集传世。他就是扁鹊，我们可以从司马迁的《史记》（约公元前100年）——精彩的中国王朝历史系列中的第一部——中找到有关他生平的权威资料。

扁鹊肯定要早于希波克拉底几代，因为我们有他的一次著名对话的确切年代，即公元前501年。当时他经过虢国，恰逢虢国太子刚刚逝世，他听到了一位宫中的侍从官对这位太子临终前的症状做出的外行分析。扁鹊声称自己能够救活太子。与他对话的这位侍从官大吃一惊，反驳说，除非扁鹊能够像传说中的医生俞跗一样，将身体切开，推拿、修复、清理每一个器官（在一个尚无外科手术的社会里，这是一个不可思议的想法），否则便是幼稚的吹牛罢了。

> 扁鹊抬头叹息，回答道：“你在医学上的观念，如同通过一个细小的管子来观察天空，或者通过狭窄的缝隙来阅读文章。我在行医中，甚至不需要触摸病人的脉搏、察看病人的面色、聆听病人的言语，也不需要检视他的身体状况，就可以说出疾病的位置。”
>
> 〈扁鹊仰天叹曰：“夫子之为方也，若以管窥天，以郄视文。越人之为方也，不待切脉望色听声写形，言病之所在。”〉

他继续说明自己的要点，甚至未曾见到病人就开始诊断，并使其恢复生命[17]。

这段话表明，在如此早的时代，中国医学典型的四种重要诊断方法（“四诊”）已经开始使用。它们包括：第一，对于病人整个身体外貌的检视，包括气色和舌苔

[15] 特别是见《黄帝内经素问》。

[16] 〔关于这个问题，见本册“导言”部分。——编者〕

[17] 《史记》卷一〇五；另见山田庆儿（*1988*）。

(“望”)；第二，简单的听诊和嗅闻（“闻”）；第三，询问，包括探问出患者的病史（“问”）；第四，触诊和脉学（“切”）。扁鹊的传记还表明，在孔子本人的时代，医生已经在使用针刺、艾灸、抗刺激剂（counter-irritants）、汤液及药酒、药膏、按摩和导引术了。引人关注的是，在希波克拉底的时代之前找到了如此多已经十分精致的治疗方法[18]。

46

那么在中国有什么和希波克拉底文集相对应呢？我们知道那部伟大文集中的各篇著作是在比希波克拉底本人生命时间还要长得多的一个时期中撰写的，即从公元前5世纪初到前2世纪末。其中只有少数一部分，在出自希波克拉底的亲笔或口述的意义上，现在被认为是“名副其实的”。

47

在中国与之相对应的便是《黄帝内经》，常被称作《内经》。现存的形式看上去像是分成若干单独卷的大部著作，但和古希腊的文集一样，每一卷都是若干篇论文的汇编。《内经》如同希波克拉底文集一样，确实涉及人体正常和异常机能的所有方面，涉及诊断、预后、治疗和养生。我们认为，它在公元前1世纪，即西汉时期，就大约是它现在的形式了。没人怀疑它将此前5个或6个世纪的医生的临床经验和病理生理学理论加以系统化[19]。把这部著作归属于神话中的黄帝（一个深受欢迎的道家人物）是没有什么意义的[20]。书中包含了古代的实用知识，并详细阐述了中国医学的“亘久长青的哲学”（*philosophia perennis*）。后来在这个领域内的所有著述都来源于《内经》或者由《内经》发展而成。如此扼要的论文集成书于秦汉时期，是相当自然的，因为第一个统一的秦帝国的建立，不仅形成了中央集权政府，还设立了度量衡标准，甚至连马车轮子的规格都作了规定，总的说来，是中国医术的一次全面的系统化。

和希波克拉底文集稍微不同的是，《内经》中大量的文字，采取了传说中的黄帝和他（同样也是传说中的）生物-医学方面的指导者和顾问之间的对话形式，比如和岐伯的对话。

被医生们研究了一千多年的《黄帝内经》由两本书组成，《素问》和《灵枢》，二者大概都汇编于公元前1世纪。王冰于公元762年编辑了流传至今的校注本，该本相当大程度上（并非首次地）改变了《内经》在汉代时所具有的形式。大约在王冰之前100年时，杨上善汇编了《黄帝内经》的另外一个校注本，即《太素》，这本书只是在近代才为大家所知。《太素》中有些部分更接近于汉代的原始版本。该书并不完整，但

---

[18] ［现今几乎没有学者认为扁鹊在此处或其他文献上的轶事具有历史可靠性，或者很确定是发生于先秦时期。也远未确认这些轶事是属于同一位医生或同一时期。见泷川龟太郎［（*1932—1934*），第105卷，第7页］。而且在《史记》前后，均有这则轶事的不同版本，如《韩诗外传》（约公元前150年）卷十，第六至七页，和《说苑》（公元前17年）卷十八，第十三至十四页。张宗栋［（*1990*），第114页］对“扁鹊”不是一个人的名字而是对医生的尊称的说法作了讨论。

古克礼（Christopher Cullen）曾经指出（私人通信），《汉书·艺文志》中所列出的扁鹊《内经》和《外经》（但与《黄帝内经》不同，后来失传了）使他成为和希波克拉底相比较的绝好人选。两人在历史上都是比较模糊的人物，众多的医学著述的编纂最终归于他们名下。——编者］

[19] ［关于这一容易引起争论的问题，见席文［Sivin（1993），pp. 199—201］的评论。构成《内经》的各篇很可能反映了在不到一个世纪中的发展。两份特别有用的关于《内经》的研究报告集，见丸山昌朗（*1977*）以及任应秋和刘长林（*1982*）。——编者］

[20] 这一点在过去十年中已具有了重要意义，因为学者的注意力已经集中于汉代的黄老思潮。见余明光（*1989*）和 Csikszentmihalyi（1994）。

图2 正在实施艾灸的医生。出自李唐的绘画，约1150年。采自Needham（1970），Fig. 82，p. 441对面。

很可能用不同的编排顺序大致上涵盖了《素问》和《灵枢》同样的资料范围㉑。

《内经》中包含了传统中国医学的基本原理。《素问》辨识和描述了许多种疾病， 48

㉑ 〔《太素》在公元656年后定形，而《素问》和《灵枢》则在公元762年前后定型；见Sivin（1993）。《素问》中有几卷是在当时或者稍后增添进去的。葛天豪［Keegan（1988）］已经给出了证据，表明校注本绝非与原始版本保持一致，或比其他版本更可靠。

"太素"和"素"的意思一样，似乎是从"原始的"（pristine）推延而来。这个解释和书的内容无关。全元起，也就是我们所知该书的首位注释者，在其注释中支持一种更显而易见的理解："总的根本（Grand basis）。"——编者〕

指明了可据其作出诊断的有规律的症状结合。书中根据其阐明的古典生理学理论来探寻病原，把它们归因于外部的影响。至于治疗方法，书中主要采用了针灸。

不幸的是，尽管《内经》的基本原理并不难懂，但其语言属于古体，难于理解。古代关于该书的注释也不易理解。因此，许多世纪以来，只有高水平的学者才能精通该书，并成为真正博学的医生。《内经》的难懂之处在于，术语常常是普通词汇，却被赋予了特殊的含义。有的时候在同一段落中，这些特殊含义的词语又与使用其普通意思的同一词语一起出现。许多对中国医学的迷惑就源于对《内经》的误解[22]。

《内经》的诊断系统（大约于公元200年左右在《伤寒杂病论》中得到系统化）根据病症与六条循环的经脉之间的关系将病症分为六类，"气"通过这些经脉环绕全身。这些经脉中三条属阳（"太阳"、"阳明"、"少阳"），三条属阴（"太阴"、"少阴"、"厥阴"）。在热病中，每条经脉根据病征的不同而被认为控制六"日"——实际上是六个阶段——之中的一"日"。通过这种方式，医生们建立了不同的诊断方法，并依此作出相应的治疗。这些经脉和针灸师们所用到的经脉在本质上是类似的，但是针灸疗法中所说的经脉由两种六部分构成的体系所组成，即"经"和"络"。经络互相交叉，如同城市中排成矩形网格的街道一样[23]。

到《内经》成书之时，医生们已经完全认识到，疾病可以由纯内因以及纯外因引起。古代由医和所阐明的与"气象"有关的体系，也因此被医生们发展成为一套更加复杂的六组分系列，即"风"、"暑"、"湿"、"寒"、"燥"和"火"[24]。作为外部因素，它们可解释为：风、湿热、潮湿、寒冷、干燥和干热；但作为内部因素，我们可将它们名之为疾风［可以和范·海尔蒙特（van Helmont）的"元气"（*blas*）比较］、暖气、湿气、寒气、燥气和火气。我们很感兴趣地注意到，这和亚里士多德-盖伦学说的（Aristotelian-Galenic）特征是部分相似的，虽然后者属于一种完全不同的四组分体系。

49

下文大家将会注意到，我们把书名《黄帝内经》翻译为"黄帝身体［医学］指南"（The Yellow Emperor's manual of corporeal［medicine］）。这会引起一个非常有趣的问题。它的第一个英译本将其名称译为"黄帝内科医学指南"（The Yellow Emperor's manual of internal medicine），但这无可争辩是错误的，而且其他的学者也没有接受这个名称。这种译法不仅引入了一个出处不明的现代概念，而且完全误解了"内"字的意思。书名最后两个字的字面意思是"内部指南"[25]。《汉书·艺文志》中另有一种《黄

㉒ ［至于另外的观点，见文树德［Unschuld（1988）］所编文集中中国人和日本人的文章。阅读这个会议文集内西方学者们的论文时应当谨慎，因为他们对古典医学文献和其语言的理解差异很大。——编者］

㉓ ［19世纪的欧洲针灸师已经形成了一种习惯，将"经"（经络）误解为另外一个意思，即经线。一些西方针灸著作者现在称它们为"管道"（conduits），是未意识到"经"只是一系列通道中的一种，每种通道都带有明确的含义，标明循环的路径。早期的医生使用"隧"来表达管道的概念，因为"经"没有这样的含义。鲁桂珍和李约瑟恰当地将"经"称为束（tracts）或灸束（acu-tracts）。见 Sivin（1987），pp. 135—137。——编者］

㉔ 见上文 p. 43。

㉕ 在较早的译本中，把标题中的"经"译为"canon"（正经）或"classic"（经典）是很正常的。这个字意味着一种权威文本，常常被认为是圣人的启示，而通过学者的世袭流传下来。李约瑟更喜欢"manual"（指南）这个词，来强调它在唐代及其之后各种技术著作标题中的衍生用法。可能很难举证表明汉代的医生把《内经》作为一本手册来看待。参见 Henderson（1991）与 Sivin（1995c）。

帝外经》，其字面意思是"外部指南"，而我们宁愿将其题为"黄帝精神（或体外）医学指南"［The Yellow Emperor's manual of incorporeal（or extra-coporeal）medicine］；《汉书·艺文志》中还包括其他一些以"内"和"外"成对出现的来自其他传统的医学手册。这些著作在公元后几个世纪之内就全部失传了，也没有关于这些标题含义的确切说明留存下来。

其他许多的中国古书按"内篇"和"外篇"来分类。例如，葛洪在公元320年左右写成的《抱朴子内篇》，是最伟大的中国炼丹术著作，该书伴有一部论述其他主题的单独的"外篇"㉖。人们可能会倾向于把"内"和"外"翻译为"秘传的"和"公开的"，前者表示通常秘不示人的学说，后者表示公开向大众宣讲的体系。但这涉及了与我们正试图纠正的错误恰好同样严重的一类错误。

我们正在探寻的真实意义之要点，将会在那些"行于世外"的道家的经典陈述中找到。此外，《庄子》中也说，"时间和空间之外（'六合'，字面上意思为'六个方向'），是圣人的王国，我在此不谈论它"（"六合之外，圣人存而不论"）。换句话说，"内"意指现世的一切——理性的、实际的、具体的、可复验的、能证实的，总之，就是合乎科学的（scientific）。同样地，"外"是指他世的一切，即一切和神灵、圣人、仙人有关的事物，以及异常的、神奇的、奇异的、神秘的、超凡的、世俗外的、物质以外或非物质的一切。顺便指出的是，我们在此并未使用超自然（supernatural）这个词汇。在古典中国思想中，任何事物无论它的发生如何奇异，都绝不会在自然之外。这就是我们主张用"黄帝身体［医学］指南"这个译法的理由。《外经》如此早就失传这个事实恰恰再次显示出中国医学的巫术-宗教方面的从属特征；因为利用符咒、咒语和乞灵等治疗方式必定是被包括在"外"经之中㉗。 50

在离开本主题之前，我们应该提及"内"和"外"这两个专用字词的其他用法，这些用法可以被用来解释这部"中国的希波克拉底文集"的标题，但实际上可能并不令人满意。中国的现代医学接受了西方医学对"内科"和"外科"（或"伤科"）的区分，前者指体内的和综合性的医学，后者指体外表的医学。在传统医学中，"外科"包括中国人所施行的外科疗法，但比现代意义上的外科学要宽泛得多，因为它还包括对

㉖ 本书第五卷第三分册，pp. 75—113。〔在葛洪的自传中，他将内篇和外篇列为两本独立的著作，在其他的书目中，这二书也被同样对待。见《抱朴子外篇》卷五十，第9页。魏鲁男［Ware（1966）］在他的《抱朴子内篇》译本中收录了葛洪自传；见Ware（1966），p. 17。——编者〕

㉗ 《庄子·齐物论第二》，译文见Feng Yu-Lan（1933）；Legge（1891），p. 189。〔这个论点极难苟同，因为抱朴子的这两部书是作者所主张之区别的反例。《抱朴子内篇》明确涉及道教秘宗，包括"咒语、符咒和乞灵等治疗之术"。葛洪本人将自己的"外篇"描述为"关注人间世界的成功和失败，世俗事物的吉祥和恶运；它们属于儒家"（"言人间得失，世事臧否，属儒家"）；《抱朴子外篇》卷五十，第九页。

作者们在开始研究中国古代医学之时，可能试探着利用当时已有的而不能让人满意的《庄子》译本来着手工作。葛瑞汉［Graham（1981），p. 57］的标准译本，给出了这一句和其后紧跟的文字："宇宙之外的东西，圣人搁置在那儿而不作整理。宇宙之内的东西，圣人整理出来但不作评价。"（"六合之外，圣人存而不论；六合之内，圣人论而不议。"）这段内容并不包含作者们所主张的内涵，和书名也无任何关系。考虑到缺少《黄帝内经》的标题含义和别处对"内"和"外"矛盾用法的确凿证据，医学史家们现在将标题按字面意思翻译［如"内部经典"（Inner Canon）和"外部经典"（Outer Canon）］而不是提供一种解释。——编者〕

骨折和脱臼、疖子和出疹以及皮肤病和其他身体外表病症的治疗方法。然而，这种医学诊治中的内外之分，并没有追溯到宋代（公元10—13世纪）之前多远，当时太医院开始设立三“科”，并在其后不断增加，到了明代，十三科的分类法已经成为一种惯例。但内科和外科均不限于这十三科中的某一科。这些可能都和《内经》毫无关系，因为其文本并没有区分出这些差别。

另一个“内-外”差别出现在用“史”或“传”表示的历史著作中。说来奇怪，“内史”和“外史”都代表非正式的说法，只是在意义上稍微有些不同而已。这无论如何也无法用到《黄帝内经》上去。

在炼丹术中，“内丹”和“外丹”之间存在着重大的差异。前者指的是“心理生理学的炼丹术”（psychophysiological alchemy），在这种炼丹术中，仙丹过去常常是利用人体本身的体液和器官制成的。另一方面，“外丹”是指通过人工在丹房中操作，利用化学药物制备的长寿丹或长生不老药。在此，如同秘传的和公开的情形，它们的意义几乎是截然相反的，因为“内”是指生理学意义上的，而“外”是实践性的和原始科学性质的[28]。最后，这对词语还有一种非常平白而又质朴的用法，比如今已失传的朱肱著于1118年的针灸疗法图表《内外二景图》一书书名中的用法。《内外二景图》包括了体表周围的循环和体内器官的图表。我们认为，为了防止严重的误解而对本身存在细微差别的词语进行这种语言学上的附注是非常值得的。

51

我们拥有一位非常重要的医生的传记，其年代大致在《黄帝内经》集成之前两代，这对于中国医学史研究者来说的确是非常幸运的。这就是司马迁所撰的淳于意传记。该篇传记与扁鹊传记在《史记》的同一卷中，并紧随其后。淳于意传记更加重要，因为它包含了和淳于意有关的25个诊疗故事，以及他关于8个特定问题的回答，这些事情都发生在公元前167年后不久，当时皇帝颁布诏书，征询有关医生预后能力的问题[29]。

约公元前214年，淳于意生于古齐国（今山东省），虽然他占据齐国太仓公的高位，但是他医治的对象既包括诸王也包括官员和普通百姓。大约公元前176年，他因为一项具体情况不详的罪状而受到控告并入狱，但在他女儿的恳求下获得了释放。这就是著名的废除肉刑的那个事件，唉，废除只是暂时的。淳于意一直行医到公元前150年前后。

我们可以用现代的术语来说明几乎所有淳于意诊治的病例的本质。尽管这些解释中有少数可能需要修正，但绝大多数都是非常明确的。因此，我们就拥有了一份仅存的公元前2世纪医疗实践和医学知识的记录。

---

[28] ［这是按照现代科学的观点进行的评价，并非当时富有含义的区分。像专家们所认为的那样，内丹术并不是生理学上的操作，而是冥想的形象化。如果涉及认知的目的，外丹术也非原始科学。与内丹术一样，它旨在精神上的完美，个人肉体上的不朽，以及成为神仙系统中的一员——在中国思想中，这些是不抵触的目标。见本书第五卷第四分册，pp. 210—298。——编者］

[29] ［布里奇曼［Bridgman (1995)］已经为淳于意的生平和时代奉献了一篇专论，并提供了有价值的医学评价，尽管该文经常误解了原文的意思。葛天豪［Keegan (1988)］、席文［Sivin (1995c)］和鲁惟一［Loewe (1997)］已经研究过淳于意职业生涯方面的问题。——编者］

在回答皇帝询问的时候，淳于意提到了20多本书，其中有些是他的老师传授给他的，或者是他教授给他的弟子的。正如葛天豪（Keegan）及其他一些人所指出的，其中有许多的书名和一些文字内容见于今本《黄帝内经》。尽管还未加证明，但这意味着淳于意所拥有的一些可自行使用的材料，后来被编入了《黄帝内经》㉚。

布里奇曼（Bridgman）通过与古希腊医学进行深入的比较，在1955年完成了自己对淳于意医诊故事的医学评价。他说，这些故事绝不是巫术行为以及无法说明的幻想的汇集，从这些医诊故事中可以看出在中国对病人的诊查、对临诊故事的研究、来自不同诊查的资料的比较，以及治疗法的推论，似乎已经组成了学科的一部分，并成为当代临诊科学合乎逻辑的和重要的先驱。在这个时期，古代中国医学完全可以和同期的希腊或罗马医学相媲美。对此，我们全心全意地赞同。

在东汉、三国和晋朝时期，诞生了许多杰出的医生和医学著作家，他们大体上相当于西方的阿雷提乌斯（Aretaeus）、鲁弗斯（Rufus）、索拉努斯（Soranus）和盖伦。 52
生活在约公元152—219年的张机（张仲景）的生平和著作，都与盖伦（公元131—201年）的非常相似。人们不能说这个年龄稍轻的盖伦同代人对中国的影响小于盖伦对西方的影响。因为他创作于公元200年前后的《伤寒杂病论》，是继《黄帝内经》之后最重要的医学经典之一，而且从药物治疗的角度来看，该书甚至比《黄帝内经》更为重要。

接下来是华佗（公元190—265年），后世流传着许多关于他的故事。他的著作几乎没有流传到今天，但是中国的医生们仍把医疗体操、按摩和物理疗法的重要发展追溯到他的身上㉛。公元3世纪出现了两位最重要的人物。一位是皇甫谧（公元215—282年），他的《黄帝甲乙经》（据其卷次编序的方式而命名）是一部当时最有影响的著作。而另一位就是王熙（常称为王叔和），他于公元300年前后根据《内经》、《伤寒杂病论》和其他早期经典著作编纂而成的《脉经》，也同样重要。《脉经》成为后来所有脉学著作的基础㉜。在王叔和于公元265年前后出生并于317年去世的时候，我们已经到了奥里巴西乌斯（Oribasius）的时代，而中国医学的古典时期也渐近结束㉝。对它在后世的巨大发展，我们在此不能再作进一步追踪了。

(4) 官僚主义对中国医学的影响

现在让我们转向建立在官僚封建主义之上的社会是如何影响医疗职业发展的问题

㉚ 见席文［Sivin (1995c) pp. 179—182］的译文以及葛天豪［Keegan (1988), pp. 226—231］的讨论。

㉛ ［在公元2世纪中，同等重要的著作是《黄帝八十一难经》（现在通常简称《难经》）。文树德［Unschuld (1986b)］已经强调了此书的重要性，因为它首次尝试从《内经》常常出现的矛盾讨论中构建出一个综合体系。——编者］

㉜ ［该书一半以上的文字可以在现存的原始资料中找到。一些学者，如小曾户洋［(*1981*)，第8卷，第333-402页］等人，认为既然诊断并不主要是通过脉搏，该书的书名应该翻译为"Canon of circulative vessel"（循环脉经）。——编者］

㉝ ［有人可能争辩说，古典时期是伴随着《内经》、《难经》、《脉经》和《甲乙经》的出现而结束的，所有这些著作都试图建立一个基于自身和其他早期经典著作的综合体系，象征着古典主义的开端。——编者］

上来。西方人很少了解，大约有2000年，中国社会的结构是以一种完全不同于西方的方式建立起来的。贵族军事封建制（aristocratic-military feudalism）的法则对所有受过教育的西方人来说都非常熟悉，尽管历史学家知道其实际运作要远比外行通常想象的复杂多变。一般地说，传统中国（至少在公元前3世纪之后）缺少西方式的封地和封建等级、长子继承权和贵族身份继承的复杂结构。取而代之的是，由在唐、宋王朝演变出来的非世袭官僚阶层管理的文化。这种非常精致的行政机构的成员取自于受过良好教育的中上各阶层。代替伯爵和男爵的，是州、县地方长官。进入这种“官僚阶层”的方式就是通过官方的考试，从某种程度上说，这些考试在整个历史中变化很大。在这种意义上，中国人早于法国一千年就创造了“向有才能者敞开的职业”（career open
53 to talent）[34]。我们知道，关于中国习俗的知识在很大程度上影响了18世纪的法国。

中国社会，在公元前第1千纪的春秋和战国时期，理所当然地具有封建或原始封建的特征。但是毫无疑问，随着时间的变迁，所有的封建要素不断减少，并逐渐被非世袭的官僚社会所取代。

正如我们所料，这种完全不同的社会形态对医学的影响是非常深刻的，并很早就开始教授那些对国家有重要作用的学科，如医学、天文学和水利工程学。所以我们发现，政府在公元5世纪末到公元8世纪中叶之间就已经设立了医学的教授职位、专科学校和考试等级。这些活动的主要目的在于迎合宫廷的医护需求，但政府的资助逐渐扩展到军事和省级的医学管理部门。我们将在（c）节中带着对资格认证考试的特殊关注来讲述这段故事。

首先，年代似乎过早。然而一旦我们理解了中国社会的特有封建官僚的（bureaucratic-feudal）特征，以及了解了中国人对有学问和博学之人、非世袭的行政体系由来已久的尊重，这种看法就会减少了。我们几乎无法想象还有比这种医学知识的“官僚化”对医学影响更深远的外围文化，这种官僚化在普遍保护人们免受无知医生的伤害方面取得了极好的效果[35]。

在一个官僚社会中，当医院的概念形成时，宗教和政府可能会时常同时争夺他们的主动权，这是非常自然的。在中国，医院的概念首次出现于汉代，其时佛教尚未传入中国。在六朝时期，宗教方面的动机导致了许多机构的建立，这一直是由佛教徒来完成的。然后，当儒学在唐朝末年尤其在宋朝重新强大之后，国家医疗机构越来越多地控制了医院。在元朝统治下，在蒙古人征服了波斯（Persia）和伊拉克（Iraq）之后，阿拉伯风格和传统的医疗组织被吸收进来，就如同增加了回回司天监作为由来已久的太史院的辅助部门一样。然而，最后在明清两朝，很多种社会机构衰亡了，其中

---

[34] 见本书第七卷的第四十八和四十九章。〔尽管考试是用来广泛吸收新成员的卓越手段，但它们在社会流动性方面的作用是有限的。基层行政系统的职位占很大比例，虽然随着历史发展而有所变化，被直接委派给高级官员的儿子或其他亲属。至于剩下的部分，郝若贝［Hartwell（1982），pp. 419—420］的人口统计学研究指出，大量的人才甄选发生于候选人进入考场之前。考试配额的推荐和管理体系，使宋代长江地区一小部分贵族家庭“政治地位永固”成为可能，很大程度上阻断了除他们自己世系成员之外的其他人进入哪怕是初级的考试。这使得血统或者联姻成为通往显赫生涯的不可或缺的一步。——编者〕

[35] 〔见本册“导言”部分。——编者〕

也包括医院。当西方人在19世纪早期开始大规模地来到中国时，他们获得了一种对中国医疗行政管理历史的完全错误的看法。然而，许多令人感兴趣的医院和公共慈善团体在这些晚近的时期中仍然继续存在[36]。

54 如同在许多其他的领域一样，济贫病院的开端追溯到了动乱而危险的王莽（公元9—23年在位）时代。在公元2年，发生了严重的旱灾和蝗灾，“遭受时疫的平民被收容到了空的客栈和宅第之中，并且被提供了药物”（“民疾疫者，舍空邸第，为置医药”）[37]。但这似乎只是一种临时性的举措，而非一种制度的建立。

第一座带有药房的常设济贫院是南朝齐信奉佛教的皇子萧子良于公元491年创建的。从特征上来说，第一所政府医院于其后很快就建立起来，那是在公元510年，北魏的亲王拓跋余命令太常寺选择合适的房屋，并为可能送至此处的各类病人配上一班医职人员*。这所医院，只被称为“别坊”，带有明显的慈善目的，主要针对身患致残疾病的穷人或贫民。此外，严重的流行病再次成为这种新举措的背景。在同一世纪的后期，我们有一个极好的例子，用以说明半私人性质的行善模式是官员建立的，这种模式在后来变得非常普遍。辛公义，一位征服陈王朝并帮助隋朝统一全国的将军，在他引退为地方长官之后，其管辖的地区暴发了严重的流行病。他便将自己居住和办公的地点变成一所医院，并为数千人提供药物和医护人员（约公元591年）。这种乐善好施的经典的例子无疑就是伟大诗人苏轼（苏东坡）的善举。在1089年任杭州太守时，他创办并慷慨捐赠了一所政府医院，这所医院为其他州府树立了一个样板。

正是在唐朝，我们能最深入、细致地研究宗教和政府在对医院控制上的冲突。公元653年，佛教的和尚和尼姑以及道教的道士和道姑被禁止行医。公元717年，一位名叫宋璟的大臣上书皇帝，说自从长安成为首都以来（也就是自从公元534年西魏开始），那里的医院就可以说是被政府官员所控制着，但因为疏忽，佛教的首领已经越来越多地接手了这些职责。到公元734年，至少是在首都，已经采取某些行动，来建立政府支持的面向贫困人员的孤儿院和养老院。到公元845年，作为唐武宗大举灭佛的一部分，长期以来被称做“悲田”的济贫病院以“病坊”的名义被转入政府的管理之下。与此同时，大量的寺院地产和房产被皇帝没收，并分配给这些医院。其间，自公元620年王朝建立起，皇宫内就存在着一种特殊类型的医院和诊所，即“患坊”，它有自己的药房，由一个特设的监管官员管理。太医署的医监、医正和医师轮流在该机构中供职。

于唐代开始施行的医院机构的规范化，在宋代结出了丰硕的果实，在那时（约1050—1250年）我们发现在京城和其他州府都有各种各样的国立机构在运转。有照顾 55 年长及患病的穷人的疗养院（“居养院”和“安济坊”，始于1102年，以及“福田院”），还有一所主要面向四方宾客的医院（“养济院”，始于1132年），以及另一所面

---

[36] 梁其姿［Leung（1987）］认为，在此期间，在政府医疗慈善团体减少的同时，私人支持的团体增加了。

[37] 《前汉书》卷十二，第353页。

*《魏书》卷八记载，永平三年（510年），宣武帝拓跋恪下诏：“可敕太常于闲敞之处，别立一馆，使京畿内外疾病之徒，咸令居处。严敕医署，分师疗治……”——译者

向患病官员的医院（“保寿粹和馆”，始于 1114 年），甚至还有一所专为战争中俘获的金国鞑靼战俘设立的医院（也称为“安济坊”）。除此以外，还有孤儿院（“慈幼院”，始于 1247 年，以及“育婴堂”）和政府资助的药店（“卖药所”、“惠民药局”等其他名称，始于 1076 年）。

比较数据表明，中国在医院建制方面的实践并不像在医疗资格考试和政府医疗机构方面一样，遥遥领先于世界上其他地区。有证据表明，在公元 1 世纪的时候，印度［如《遮罗迦集》（*Carakasamhita*）中所记载的；或在锡兰（Ceylon）的米欣特莱（Mihintale）］和罗马帝国［军团士兵、格斗士等的医院（*valetudinaria*）］就有了某种类型的医院。我们需要更严谨的研究才能阐明它们的本质。中国的佛教朝圣者法显描述了公元 5 世纪印度的设施。在这段时期，波斯的军迪沙普尔（Jundi Shapur）也建立了大型的医院，它是之前的埃德萨大学（University of Edessa）的继承者，并成为自公元 8 世纪到 12 世纪，伊拉克特别是巴格达辉煌的慈善机构的前身，它们相当于我们前面提过的中国唐宋时期的公共机构。

对于一个官僚社会来说，探究其检疫制度的产生也是令人感兴趣的。早在公元 356 年，在一场灾难性的流行疾病暴发之时，晋朝皇帝就运用了所谓的“老规矩”，即家中有三个或以上病人的官员，在百日之内禁止上朝。

另一个呈现出来的问题就是对麻风病人的隔离措施。尽管我们至今仍不确定这项措施是何时开始的，但可以肯定的是，公元 589 年卒于中国的印度僧人那连提黎耶舍（Narendrayasas），在隋朝的都城为男女病人建立了麻风病院。在唐代，这些机构继续存在。一位中国僧人智严，通过在一个麻风病人居住区传法和护理而获得名望，并最终死在那里（公元 654 年）。

不管人们会说什么来反对社会的官僚体系，它们起码是在追求一种合理的组织化。显然，这和从东汉到清代一直延续了许多个世纪的令人惊奇的系列药典，或者更确切地说是本草学汇编有关联。这些药典中，最早的是《神农本草经》，它并不是在朝廷赞助下创作出来的，但后来的很多药典都得到了朝廷的支持[38]。

此类文集，其中有一些规模巨大，被归在“本草”的名目下，大多数在书名中就带有自己的特征。可能对这个词组最好的翻译就是“fundamental simples”（基本的草药）。这个术语最早出现在《前汉书》公元 5 年的记事中，当时，不久后即成为短命的新朝皇帝的王莽，召开了可形容为第一次全国科学和医学会议的集会。这些术语也出现在王莽的朋友楼护，一位著名医生的传记中。在后来的几个世纪中，《新修本草》

56

[38] 我们在本书第六卷第一分册（pp. 220—328）中详细叙述了本草著作。〔另见：马继兴（*1990*）的著作，该书是对医学文献的一次全面考察；张如青等（*1996*）的著作；冈西为人（*1958*）的著作以及他所作的好的概述［冈西为人（*1974*）］，以及文树德［Unschuld（1986a）］的著作，该书主要总结了日文的参考著述。

因为，除了其他理由外，使用了东汉早期地名的《神农本草经》没有被收录在《汉书 · 艺文志》（成书于公元 50 年之后）中，并且直到公元 3 世纪中期才开始被引用，所以现在通常将其年代定在公元 1 世纪后期或公元 2 世纪。关于其内容和历史，参见马继兴（*1995*）书中所作的大量学术分析。——编者〕

(公元659年)是由朝廷授权编纂的本草学著作中的一个显著的例子[39]。接着在宋代,苏颂于1062年编纂了《本草图经》,而自1079年开始,《经史证类备急本草》这部巨著也陆续有了若干增订版本。

标准药物配方的著作,如同关于本草的其他书籍一样,常常是为了满足官方相关的需要。例如,公元723年,宣宗皇帝和他的辅臣编撰了《广济方》,如其标题所显示的那样,此书是为了慈善的目的。接着皇帝刊印了此书,并分发给每个州府医疗学校。实际上,官员们将其中一些药方写在了十字路口的公告牌上,以便普通百姓从中受益。公元851年,阿拉伯旅行家苏莱曼(Sulaimān al-Tājir)在中国的时候,观察到并描述了这些做法。公元796年,德宗皇帝将他的《贞元广利方》散发于全国各地。这些编纂活动为后来几个世纪的官方编书之风开创了一个范例[40]。

药物和药方的系统化工作在公元7世纪初延伸到了疾病领域。大约公元610年,巢元方在政府的资助下,创作了《诸病源候论》。这部伟大著作的最重要之处在于,它按照当时的观念对内科病症进行了系统的分类,而治疗方法只是偶尔提到。因此,该书本质上是一部疾病自然史,比费利克斯·普拉特(Felix Platter,1536—1614年)、西德纳姆(Sydenham,1624—1689年)和莫尔加尼(Morgagni,1682—1771年)的年代要早1000多年。

你不能不觉得,官僚主义的"分类安排"(pigeon-holing)和"经由正确通道"(through the right channels)行事的思想方法,和医学学科中这种系统化的早期现象有着某种关联。的确,传统中国的一些分类学科总体上看是很发达的。在现代汉语中,19世纪末翻译外文词汇时才开始采用"科学"这个词(很可能来自日本),其含义为"分类知识"(classification knowledge)。当然,官僚主义世界观影响了医学以外的许多其他事物。如我们在别处已说过的那样,正是在中国,人们才肯定会寻求填写预先安排好的表格,这是归档和卡片索引系统的开端,并且用不同颜色的墨水来书写不同的文字内容[41]。 57

(5) 中国的宗教体系对医学的影响

众所周知,三大宗教体系或学说,即儒教、道教和佛教"三教"。只有其中的前两种是本土产生的,后一种是东汉初年自印度传入的。这些宗教哲学的思想影响了医学的各个方面,而且必定对从事这个职业产生影响。

在中国整个中古时期,大量的医者都是由政府出资培养的,而且他们通常成为文

---

[39] 关于这部重新编纂的著作的复杂历史,见马继兴(*1990*),第269—275页,以及尚志钧(*1981*)。西方世界的第一部"法定的"药典,即1659年的《伦敦药典》(*Pharmacopoeia Londiniensis*),在一千年之后才产生。曾经有一些争论,关于究竟用什么来授予一部法定药典合法的形式,由皇帝或国王授权还是由法律的可强制施行力。我们倾向于前者,这适合于中国的情形;文树德[Unschuld(1986a),p.47]只承认后者,而不论一本给定的书在法律之外的权威究竟有多大。

[40] 关于处方方面的文献,见严世芸(*1990—1994*);有关元代以前的著作,见冈西为人(*1958*)。

[41] Needham(1964),p.13。

官，甚至成为御医。此外，必定还一直有一大群辅助性的开业者，他们以徒弟的身份学习医学并为穷人看病。医生往往来自已出现过几代医者的家庭。确实，与孔子（公元前5世纪早期）同时代的《礼记》就已解释说，人们不应该吃行医未超过三代的家庭的医生所开的药㊷。

从我们已说过的内容来看，很明显，中古时期中国的阶级结构和欧洲有很大差异，因为当时中国是非世袭性质的士大夫（scholar-gentry）官僚制度。社会的流动性是很大的。一个家族可以在几代之中进入官场，然后又被挤出官场。如我们所强调的那样，医学职业在其早期的开始阶段以后，就没有完全被人们瞧不起，因为随着世纪的推移，越来越多的儒家学者倾向于进入到这个职业里来。

学者家庭的人们开始从事医学的一个有趣原因是，儒学所主张的孝心要求他们服侍好自己的父母。这个原因使得他们中的一员王焘，这位唐代伟大的医学著作家，开始着手研究《外台秘要》（公元752年）中的问题。还有一些例子表明，许多人是因为要治疗自己所遭受的疾病，最终才成为医生的。

在此，我们绝不能忘记佛教的怜悯之心所起的作用。佛教或许可以用“空”（*śūnya*）字，也就是对这个世界彻底觉悟（utter disillusionment）并要逃脱轮回来概括，在所有各种佛教学说中这一令人生畏的方面，又以对一切生物的无限怜悯的方式得到了修正，这种方式可用“悲”（*karuṇā*）字来概括。因而，就造成了这样的情况：如果没有医疗方面的专家，就不像是一座佛教寺院。许多世纪以来，如同我们所看到的那样，佛教徒在创建和维护医院、孤儿院等方面显得非常活跃㊸。道教信徒也加入到这种行动中来，因为作为一个有组织的宗教，道教越来越趋向于模仿佛教的做法。但是他们在医疗机构方面没有起那么重要的作用。

58　道教对中国医学的深远影响以一种相当不同的方式发挥了出来。在上文（p. 41）中我们有机会谈到了中国社会中古老的萨满，即“巫”。毋庸置疑，道教的哲学和信仰起源于，这些古代巫师和那些古代相信对人而言研究自然比管理人类社会更加重要的中国哲学家之间的一种结合，而管理社会只是儒学弟子所引以为豪的㊹。在古代道教的精神中，有一种工匠的成分，因为巫师和哲学家都相信，重要而有用的东西都可以通过人们的双手来获得。他们不具有儒家士大夫的思想，儒家士大夫只是坐在自己的高位上发号施令，除读书写字外，从来不用自己的双手。

这就是为什么在古代中国，无论在什么地方人们发现了任何自然科学的萌芽，道士都肯定与之有关。方士当然都是道教信徒，他们从事各种各样的工作，例如，占星学者（star-clerks）和天气预报者，精通农田耕作和草药知识的人，灌溉者和筑桥师，建筑师和装裱师，但首要的还是炼丹家。事实上，如果我们将炼丹术定义为长生术（macrobiotics）和点金（aurifaction）的结合的话——我们的确应该这样定义，那么各

㊷ 《礼记·曲礼下第二》，第18页。〔在鲁惟一［Loewe（1993），pp. 293—295］的文集中，王安国（Jeffrey Riegel）认为这一篇成书于公元前1世纪早期。——编者〕

㊸ 关于佛教的影响，见马伯英等（*1993*），第350—389页。

㊹ 本书第二卷，pp. 3ff.。

种炼丹术的开始阶段都取决于他们[45]。

这些词语不怎么常见，可它们都是经过仔细斟酌才被采用的。西方古代亚历山大里亚（Alexandria）的原始化学家是赝金制作者，即他们相信，他们能够仿造黄金，而不是他们能够用其他物质来制造黄金。尽管他们在自己的尝试中带有宗教层面的想法，但这种想法并不是起支配作用的[46]。另一方面，长生术是一种便于表达信念的词语，即借助于植物学、动物学、矿物学和炼丹术，能够制备可以延长生命的药物或仙丹，即使人长寿（“寿”）或永生（“不死”）。同样地，点金是能够用其他完全不同的物质（特别是贱金属）来造黄金的信念。

中国炼丹家首次在头脑中将这两种观念结合起来，是从公元前4世纪的邹衍时代开始的[47]。直到这种结合从中国经由阿拉伯文化区传入西方后，欧洲才产生了严格意义上的炼丹术。对长生术的关注使得中国的炼丹术，几乎是从一开始实际上就成为一种医疗化学（iatro-chemistry），而中国历史上的许多最重要的医生和医学著作家则完全或在一定程度上是道教信徒。这里只需提到公元300年左右的葛洪和伟大的医生孙思邈（鼎盛于公元673年）。在反对使用矿物药物方面，中国并没有任何偏见，而这种偏见在欧洲则长期存在。实际上中国人走向了另一个极端。他们制备的长生不老药中含有肯定会导致很多危害的金属成分[48]。

59 虔诚的道教信徒的目标就是通过各种各样的技术，不仅包括炼丹术和药物配制技术，而且还有食疗、导引术、冥想和房中术等，将自己转变为仙，换句话说，“仙”就是不朽的、纯净的、轻灵的和自由的，能够处于轮回之外，像魂灵那样漫游于山岭和森林之间，无止境地享受着自然之美。在许多美丽的中国画中，人们可以看到“仙”，和庞大的风景画比较起来，他们要小得多，正轻快地掠过远处的溪谷。

长生不老药的概念是并且只是中国的特色。在西方，炼金术士对冶金学的应用、仿造黄金更感兴趣，实际上他们并不那么相信自己用其他物质制造出了真正的黄金，但在中国，从一开始炼丹术和医学二者之间就有着紧密的联系。无论是外丹，即利用外在的原料，如矿物及金属之类的化学物质，制成的长生不老药；还是内丹，即在人体内产生的，以增加寿命或许还有以肉体的不朽为目的的长生不老药；不管是哪一种，利用化学知识将人的寿命增加几十年的思想，无疑是一种中国的观念。

这种观念约在公元700年左右传至阿拉伯地区；公元1000年左右又传到了拜占庭（Byzantines）。然后，大约在1250年时，罗杰·培根（Roger Bacon）这位英国圣方济各会修士（Franciscan），第一个言谈像个道士的欧洲人，在他的《论延缓衰老》（*De retardatione accidentium senectutis*）一书中说道，只要对化学了解得更多一些，我们

㊺ 见本书第五卷第二分册，pp. 8—126，下面的几段大体上基于这些内容。

㊻〔尽管在本章的原稿写出来的时候，把炼金术看作初期的原始化学的实证主义观点已经广泛传播，但在今天，几乎没有早期西方炼金术的历史学家接受它。关于亚历山大里亚学派技艺的认知来源，见谢泼德（Sheppard）的著作，特别是Sheppard（1962）和Sheppard（1981）；关于神秘祭礼中的炼金术行为的背景，见Wilson（1984）。席文［Sivin（1990）］评论了有关中国炼丹术的最新研究。——编者〕

㊼ 与邹衍的关系，见本书第五卷第三分册，pp. 7，13。〔席文［Sivin（1995e）］对邹衍的作用提出了一种不同的观点；关于道士行医，见本册“导言”部分。——编者〕

㊽ 关于长生不老药中毒，见本书第五卷第二分册，pp. 282—294。

就能大大地延长人的寿命。后来，在 15 世纪末出现了帕拉塞尔苏斯（Paracelsus），他声明说，“炼金术的任务并非为了制造黄金，而是为了制药”。接着就迎来了整个现代医学化学的开端。

随着时间的推移，想要自己变成永生不朽者的希望稍微减少了，而且从宋代起，外丹术微妙地渐变为医疗化学。中国的医疗化学究竟到了什么水平，可以通过这个惊人的事实看出来：中古时期中国的药剂师就成功地将雄性激素和雌性激素混合物制成一种比较纯净的晶体形态，并用它们来治疗许多性功能衰退症（hypo-gonadic）[49]。

关于宗教体系对医学科学的可能影响，我们或许应该关注一种完全不同的问题，即该文化中人民大众的心理健康问题。这就打开了广阔的视野。在缺乏足够的统计分析的情况下，我们只能根据自己的印象认为：在传统的甚至当代的中国社会中，尽管精神病的发病率和西方大致相当，但神经官能疾病的发病率要低得多[50]。在过去，中国和西方的自杀率可能大致相同，但自杀的原因却不一样。在此需要作进一步的思考和研究，

60 但人们一般同意，在三种中国的宗教中，没有一种像西方基督教那样引起一种原罪感。可能中国是一个“耻感社会”（shame society）而不是“罪感社会”（sin society）。与神经官能症低发率有关的一些其他因素也是很有趣的，比如，道教反复教导的对大自然和自然现象的全面接纳，以及中国的父母在小孩子的家教和生活方面的极端宽容。

如果说中国人的心态总体上比西方人的要安定，那是因为没有考虑生活的高度变化。因为在中国资本主义没有自发地发展起来，也没有爆发资产阶级革命，由警察维持的中产阶级社会也没有得到发展。甚至晚至 19 世纪末，公众的生活可能还会相当危险地受到强盗、恶棍、无业游民、贪官和家庭暴力的摆布。在此，我们不敢沿着这条已经展开的社会学方法的道路继续走下去，除非我们说，普遍性的压榨、行贿和贪污，这类“中国通”在 19 个世纪所抱怨的东西，只是中古时期的官僚政治社会始终起作用的方式。这看起来有些奇怪，只是因为经历了“在账房中侍奉上帝”（serving God in the counting-house）的阶段的西方社会，已经在早些时候离开了那个层次。

当然，在对中国和西方社会进行社会学上的比较的时候，必须把所有的阶段以及所有的方面都考虑在内。然而中国人也有值得赞赏的一面，几乎没有因为宗教主张而导致的迫害。在整个中国历史上，找不到设立“宗教裁判所”（Holy Inquisition）这种现象，也找不到类似于 15—17 世纪的巫术崇拜狂热这类极大玷污了欧洲历史的事件[51]。对西方世界来说，中国人的心理学和心理疗法仍是完全不懂的东西，但是有许多可用来对其进行概述的现存文本，尤其是一些中古时期及以后的极其有趣的解梦著作。在

---

[49] 见本书第五卷第五分册，pp. 301—337。〔在依据各种古代方法进行复制的尝试中，从未生产出某种含纯化荷尔蒙的物质来。例如，见张秉伦和孙毅霖（*1988*），以及 Huang *et al.*（1988）。1988 年 8 月 5—10 日于美国加利福尼亚的圣地亚哥（San Diego，California）召开的第五届中国科学史国际会议（the Fifth International Conference on the history of Science In China）上，在对后一篇论文进行讨论时，作者报告说在制品中发现了比作为原料的尿中更低浓度的活性荷尔蒙。——编者〕

[50] 〔这并不是一个广泛共有的印象。——编者〕

[51] 〔在中国，迫害宗教团体和煽动巫术恐慌的是世俗的当权者。关于前者，可见 Weinstein（1987），pt. 2；关于后者，见 Kuhn（1990）。——编者〕

这个方面，还有大量的工作等着人们来做。

(6) 针灸疗法

到中古时期为止，中国医生的全部家当基本上和他们的西方同行差不多。这可能表明，中世纪的西方医生已知和使用的所有有效成分，中国医生也知道。在有些情况下，中国人有明显的优势，比如麻黄素，在中国最古老的本草著作中就有记载。而在有些情况下，中国人采用的药物又比别的地区要晚。在有些例子中，中国和西方所采用的有效成分是相同的，尽管它的来源不一样。还有在一些其他的例子中，尽管从化学角度来说是不同的，有效成分却产生了相似的效果。

中国的治疗方法与欧洲的最根本区别当然是针灸疗法[52]。它在中华文化圈内一直被持续使用了大约2500年的时间。许多世纪以来，数千博学和虔诚的人们的努力，已经使针灸疗法变成了医学理论和实践中高度体系化的一个部分。简而言之，这一体系如人们所熟知的那样，由人体表面的大量“穴”所组成。欧洲人常常将其称为“点”(points)，但因为它们根本就不是微小的点，所以我们称之为“穴位”(loci)。为了影响循环系统的各个支脉，医生用长短粗细各不相同的针以不同的方式刺入穴位。 61

有关这些穴位的最古老的名称一览表，出现在《黄帝内经》中称为《灵枢》的那一部分。该书唐代版本的原本可能撰于公元前1世纪，当时穴位数目有360个，可能是因为要与所想象的人体的骨骼数相一致，也与一年天数的约整数有关。每个穴位均有一个经过若干代发展而来的独特技术名称，但其中有大量的同义字。如按它们可分辨的名称来区分，则穴位总数大约是650个。在20世纪后期，大约有450个被识别出来，但是最常用的穴位在数量上要少得多，也许不超过100个。在宋代（11世纪）之前，我们知道大约80种有关针灸穴位体系的书籍的名称，但这些书籍中的绝大多数现已失传。我们已经注意到（p. 52）最早对这种技艺进行系统论述的著作之一，是现存的《黄帝甲乙经》，成书于公元280年前后。

如果前面所说的就是全部的针灸历史，那么这个体系将是纯经验性质的，而事实远非如此。针灸师将这些穴位联结起来，形成了一种类似于伦敦地铁图的复杂网状系统，即“经络”。我们可以做进一步的类比，因为经络实际上是看不见的，就像现代解剖学上的主要血管和神经，仿佛贯穿于城市的地表之下。好比一个人在“经”和“络”两个运输队中，它们带有为公众服务的交换点，可以定义它们的交汇点。我们称这些交汇点为“会穴”。

穴位的传统名称并不比经络系统早很多。在公元前186年随葬且可能稍早于前200年成书的马王堆文献中，我们发现了仅仅通过位置来指定的穴位[53]。大概比《灵枢》早

---

[52] 详细内容，见 Lu & Needham (1980)，本小节基本上是对该书的概述。

[53] 〔这幅图在1993年四川出土了一个涂漆的木人之后，又变得令人费解了。这个木人可能制作于公元前179年至前141年之间，身上画满了似乎是循环经络的东西，但却没有画穴位。它是反映了医学史的早期阶段，还是表现了独特的当地传统，仍不太清楚。见马继兴（*1996*）及 He & Lo (1996)。——编者〕

62

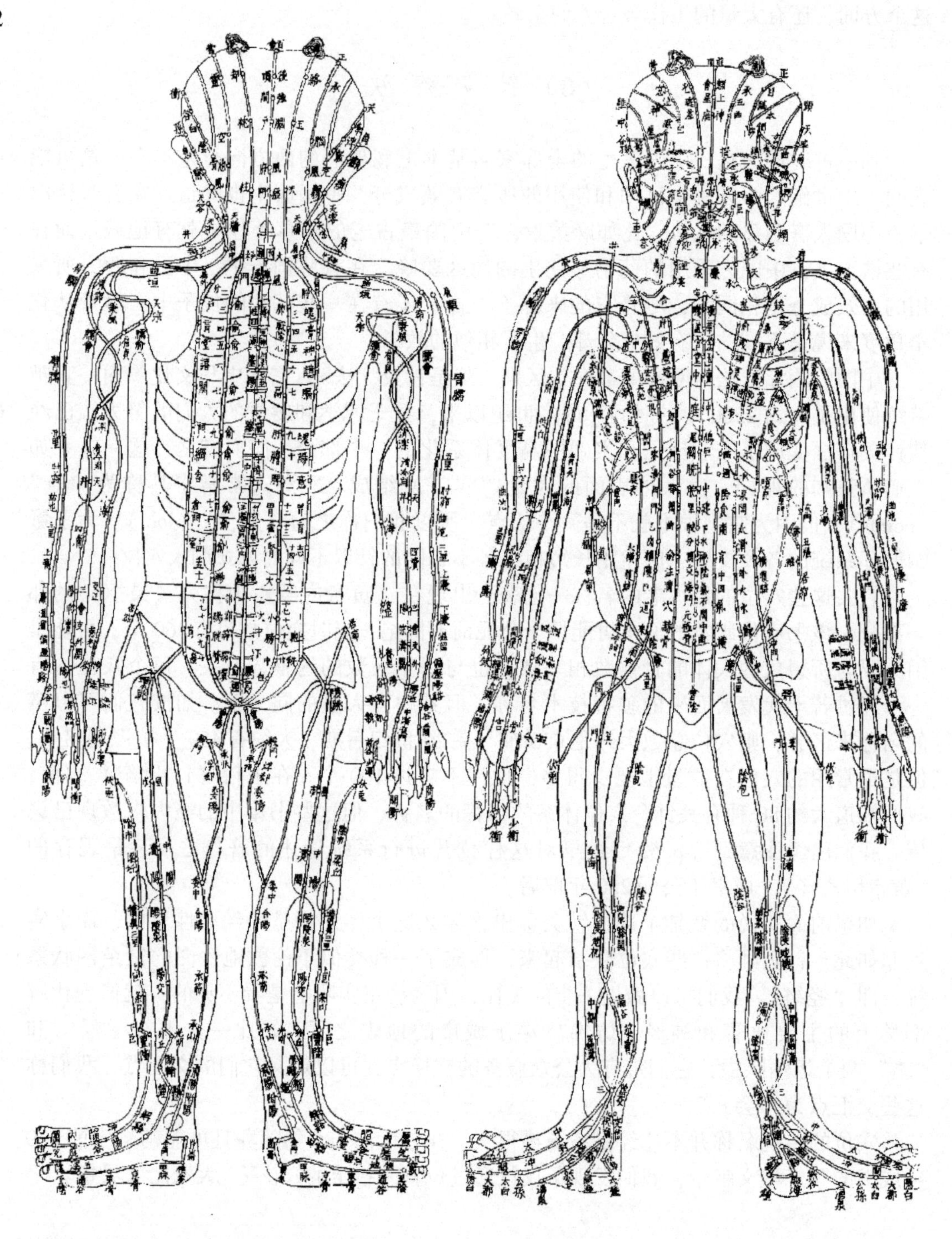

图 3 用于针灸的循环经络和最重要穴位的全视图，二者叠绘于同一幅简单的骨骼图上。此图是一个极好的版本中的插图，经常被针灸疗法的著述复制采用；采自《针方六集》（1618 年）。

两代左右的淳于意（约公元150年）的医案记录中也只有很少的穴位名称。《灵枢》一书的论文中，虽然远不能说是前后一致，却勾画出了连接穴位所组成的经络体系，并增加了其与阴阳和六气之间的相互关联。所有这些在《黄帝甲乙经》中被体系化了。

毫无疑问，我们在经络系统中，不得不论及一个非常古老的概念：主干和辅助通道及它们更小分支的网络输送连接方法。看起来这些似乎从一开始，就不仅用了土木工程的术语而且还用了水利工程的术语来构想，因为还有大大小小的“气”的储蓄池。这样，我们就面对着从中国双重宇宙的思想发展而来的一种非常重要的学说，人体对应着国家，因为二者都反映了自然的宇宙秩序。循环的基本思想，明确地起源于西汉时期，可能也是得自于对气象学中的水循环的认识，即地球上的水蒸发到空中形成云，并以雨水的形式重新落回地面。 63

关于针灸疗法起源的问题的确是一个非常值得关注的问题。治疗师肯定近距离地观察过症状，特别是疼痛，以及各种缓解这些症状的方法。我们猜想，对在针灸体系中反映出来的作为一个整体的人体器官统一性的深信不疑，可能是由非痛源处的疼痛现象产生的。或许，中国古代文献中的某些尚未被人们注意的章节可以证明以上观点，或至少可以做出部分解释。肢体或躯干的短时疼痛与内脏的暂时失调之间的关系，在日常的病理生理学观察中是如此常见，以至于它可能会使古代中国的医生们感受到了特殊的效力。长期临床经验的积累必定也使得中国的医生相信针灸疗法是有效的。

将近二十个世纪以来，数百万人已经接受并认同了针灸疗法。只有拥有了长达几十年的精确的临床统计数据之后，才会有人真正知道针灸或其他中国特色的治疗方式的效果。西方的医生普遍有这样的观念，针灸疗法完全是暗示在起作用，就如同他们经常称作“边缘疗法”（fringe medicine）或“另类疗法”（alternative medicine）之类的其他方法一样。有些医学著作者确信，针灸疗法在生理学和病理学上有一些根据。对如此不确定的事物来说，哪一种信念是最难让人相信的？我们认为，这是一个人们可称其为相对可信（relative credibility）的问题（或许是轻信的微积分［calculus of credulity］问题）。对我们这种角色来说，我们发现对针灸疗法的纯心理学解释比用生理学和病理学方式的解释更难让人相信，当然不能忘记在所有肉体康复过程中，精神所起到的辅助性作用。

西方的放血和验尿的做法似乎是和针灸疗法比较类似的。它们也极少拥有生理学和病理学基础，以维持自己长久的声望，但此二者均没有针灸体系中的精妙思想。或许放血在治疗高血压方面有些许价值，并且极度反常的尿液也能够辅助诊断，但它们对现代医学都没有多少贡献。

中国、日本和西方的实验室已经针对动物积极地进行了几十年的生理和生化针灸实验，这种实验排除了心理因素。在20世纪的大部分时间中，中国都在进行临床实验，而西方人约从1960年开始这类临床实验。到目前为止，实验结果是支持这种观点的。

有种意见认为，针的作用可以通过网状内皮系统（reticulo-endothelial system）来刺激产生抗体，目前这种观点也在被检验。针灸师宣称自己的治疗方法是有效的，至少在某种程度上是有效的，不仅是对全世界都拿不出特别有效的治疗方法的坐骨神经痛或风湿这样疾病而言，还包括对可以完全认识到是由外部原因引起的传染疾病，这对

64 西方生物学家来说，多少会有些让他们吃惊。例如，人们很难相信针灸能够对伤寒导致的发烧起作用，不过，这是传统医生自称能做到的。

然而，如果网状内皮系统能够被刺激而产生大量抗体，很可能是通过自主神经系统间接的刺激，那么，这就能够解释那些结果。或者可能会有另一种情况，通过自主和交感神经系统的媒介作用，神经分泌物对肾上腺皮层产生影响，引起皮质醇产生量上升。此外，神经分泌物还可能对脑下垂体产生影响。大量的实验方法可以利用。针灸很可能导致在附近的组织中产生许多种生化剂，如前列腺素、组胺、抗组胺剂、干扰素和其他的类抗生素物质，如激肽等。它是否在中央神经系统或脊髓中扮演了选通中心（gating centre）的作用，以至于"所有线路都占线"导致疼痛刺激无法通过；或者是一种可以调动大脑中内源性阿片类物质的物质，即那些类吗啡的衍生物，如脑啡肽（enkephalin）和内啡肽（endorphin），或者是上述两种作用均有，我们还不完全知晓。这只不过是指出了，因果一对一这种典型的西方观念过于单一（one-dimensional），而无法真正懂得"深奥的"古代中国医学的复杂性。

在20世纪后期实行的针灸疗法有两个主要分支：现代止痛法和传统治疗。寻找针灸-经络与解剖学的关联并不是个好主意，因为它们看起来并不存在。只是通过对穴位的刺激才能产生大多数外科手术所需要的足够的无痛感[54]。本书作者在中国亲眼目睹了针刺麻醉适合于现代外科手术的许多例子。尽管针刺麻醉不再像20世纪50年代后期使用得那么广泛，那时在其用途被发现的热潮之中，然而，它仍然是非常重要的。西方的医生和病理生理学家们蓦然注意到的第一种中国治疗技术，就是针灸。他们起先并不乐于对任何中国的东西，或实际上是整个亚洲的东西，表现出兴趣，但大量的外科手术在针刺麻醉的帮助之下成功地进行，这个事实是无法否认的。

"经"这个术语，在西方一直只作为人体体表的针灸穴位的线列（linear arrays）的名称，也就是我们所谓的循环经脉。但这个术语有比这更深的含义，表示基于阴阳和五行理论的古代中国医学中的一种基本的生理学概念，阴阳五行理论将生理功能和病理失调分为六种模式。这种意识出现在古代和中古时期的中国诊断体系中，这个诊断体系现在叫做"六经辨证"（differentiating the syndrome in accordance with the six *ching* patterns）[55]。在患病期间，根据病理学特征，这些模式在多样连续演变过程中呈现异常。

65

（7）传统中国医学与现代西方医学的对比

现在是该做一张关于传统中国医学和现代西方医学优缺点的对比表的时候了。首先，现代西方医学建立在解剖学、生理学、病理学、药理学、免疫学等现代学科的基

[54] ［满晰博［Porkert（1974），pp. 197—198］已经指出，尽管穴位的概念是基于经验材料的，而经络，作为连接这些穴位的路径，"只能是系统构思的结果"。从1960年开始，医学院校的针灸教科书就已经避免讨论经络的物理结构问题。总体上，这种变化没有影响那些写给外国人看的书。关于这一点，见 Sivin（1987），pp. 142—145。——编者］

[55] ［见席文［Sivin（1987），ch. 7—9］书中所翻译的中文说明，以及基于冯珠娣［Farquhar（1994），pp. 154—161］书中细心的临床观察作出的分析。上述译文即沿袭了她的用法。——编者］

础之上。当传统中国医学成为一种发达的体系之时，这些学科在中古时期的任何地方都还不存在；但当这些现代学科变成还原论（reductionist）时，它们就和历史不相关了。这种与过去的果断决裂，使得现代西方医学可以辨识特殊的疾病种类，而传统中国医学仍难以清晰地区分症状、并发症和疾病。

人们通常认为，现代西方医学对急性病的治疗非常有效，诸如在使用抗生素的情况下。现代西方医学的一个令人遗憾的结果是，某些用现代药理学方法制作的、低剂量服用的药物的有效成分，会对病人产生副作用。而且有的时候，副作用还很严重。

当我们转向传统中国医学时，我们必须立即认识到对中国医学起作用的概念——阴阳和五行——更适合于希波克拉底、亚里士多德（Aristotle）和盖伦（Galen）时代，而和现代并不相称。它们是无法量化的，而实际上中国人也不曾试图量化它们。传统中国医学不知道原子和分子这些代表现代生物化学特征的概念。它的背景知识是非常欠缺和模糊的。

传统中国医学的一个极好的特色是其有机的诊治疾病的方式。两个有同样症状的病人，可能会被给予完全不同的治疗，这取决于医生询问到的病人的背景，以及在检查中所确定的病人体征的总体情况。传统中国医学的另一个优点是其将疾病看作经历几个不同阶段的过程的观念。这能够导致一些非常成熟的疗法。一般而言，传统中国医学的优势在于治疗慢性病。这样我们就能够看出，如果能把传统中国医学和现代西方医学的真知灼见结合起来，将会多么有价值。

（8）传统中国医学与现代西方医学整合的可能性

一个人们普遍关心的话题是东亚人的医学体系与现代医学可能存在的统一或者整合。不能不承认，传统中国医学理论在特征上还是属于中古时期的，因为阴阳五行及无数其他的这类概念，并不和现代科学的医学相适合。它们的确只能和根本无法用现代科学术语来表达的亚里士多德的四元素说，或盖伦的四质说相对应。它们既无法被证实，也无法被证伪。但不管怎么说，那些具有真正深刻的临床见解的中国医生，将这些概念架成格子一样的结构，并把自己对疾病的理解悬挂其上。 66

这些术语和概念是属于中古时期的，然而西方医学的概念却基本上都是现代的，这个事实并不意味着我们不能期待在未来出现一种普遍的医学，应该包含所有临床的真知灼见以及东亚医学的技术特征，然而却牢固地建立在现代生物学学科的基础之上。

几十年来，中国政府一直坚决支持一些研究，即按照现代科学的标准来评估传统医学的治疗成就，以及研究将二者综合起来的可能性。将现代科学的医学融入传统中国医学、传统日本医学和传统印度医学的实践和观念中去，也是同等重要的。现代西方医学必须准备好，既要学也要教。

例如，医学能够变得比现在更有机或更整体，并且能够避免有效成分在单独使用的时候太过强烈。医学能够利用天然形态的有效成分，就如同现今在日本使用的汉方药，以及在其他地方的现代生药学（pharmacognosy）产品一样。在使用现代生物化学和免疫学的方法来测试这些生药的药效方面，目前已经取得了相当大的进步[56]。

那么，这就是我们对中国医学思想体系的力所能及的说明，以及人们应该对其做的事情。有人可能会觉得，如果需要任何典型案例去证明文化塑造了在其中成长的医学的话，那么中国医学就是这样的一个案例。但是，在做进一步考虑之后，有什么理由把中国医学而不是西方医学当作受“文化束缚”（culture bound）的呢？

认为后者在实际应用中不证自明的是普适的，这可能是那些恰巧在西方闪米特-希腊（Semitic-Hellenistic）文化中受教育的人们的一种错觉。的确，注定会有一系列的历史事件发生，使得现代科学必定在文艺复兴时期后期诞生。西方医学只是在19世纪，当其在现代科学的生理学和病理学的确定结果基础之上得到重建时，才成为现代的。亚洲文明中的传统医学只是在我们所处的这个时代，才面临这个转变。西方医学也只有在归入了所有其他非欧洲医学体系中获得的临床经验、特殊技术和理论见解之后，才能说真正和普遍地成为现代的。届时，我们在上文中提到的东方和西方医学的大汇合就会发生。

最后要说的是，所有的医学体系都受到“文化束缚”。现代医学只是在分享现代数理化的自然科学的普遍性这个范围内，才和其本来的历史根基分离开来。亚洲文明所能贡献的一切东西，必将在适当的时候，转化成完全国际化的术语。只有这样，医学学科才能够把它自己从与各种特定文化的关联中解放出来，并广泛地服务于全人类。

---

[56] 〔有关西方生药学有代表性的现代指南，见 Tyler（1988）或 Trease & Evans（1989）。刘寿山（*1963-1992*）编辑的资料是一部关于中国进行中药科学研究的大型文献摘要汇集。——编者〕

（b）保健法与预防医学

67

（1）导　言

古代中国医学与那些可以被泛泛称作道士的哲学家的信仰有着密切的联系。与那些在根本上仅仅对人类社会感兴趣的儒家学者相比，道士献身于对自然的研究，相信生物应该顺应自然而生存，他们还发展出一套宗教神秘主义的体系，冯友兰称其为世界上人们所知的唯一在本质上不是反科学的宗教[①]。道士相信可以达到一种肉体的不朽，这样他们就能变成一种有灵气的生物而在地球上长期存在，并可以永无止境地欣赏自然之美。为了这个目的他们致力于对炼丹术的研究，寻找可以使人长寿或长生不老的药物，并且尝试了各种他们认为可能有助于达成这个目标的方法（一些是禁欲的，一些不是）。这些方法与预防医学的关系非常密切。他们谈到了营养或保持生命活力的技术（“养生”、“摄生” 或 “卫生”），尤其将注意力集中在疾病的内因上，也就是说他们将疾病描述成阴阳失衡的结果。为了去除病因就有必要使阴阳保持协调。

保健是他们的目的，通过许多方法和技术可以做到这一点。为了达到长寿，或是长生不老，就有必要陶冶精神与情感，并锻炼自己的身体，使其符合四季的循环变化。因此一个追求正常而又规律的生活方式的人，至少可以活到 100 岁。除了寻找长生仙丹和可以促进长寿的药物（通常是矿物药），还有很多其他被认为很可能有助于实现这个理想目标的道教技术（“术”），包括各种形式的导引术、独特的房中术、禁食与节欲，以及涉及自然力和神力的形象化冥想。道士和古代医生的许多技术，必然融入了一些我们现在称之为巫术的信仰。不过他们推荐的这些做法为健康带来的实际好处是不可否认的。

（2）早期的预防观念

接下来我们将要给大家介绍从周代末期或周代之后，直到唐代初期的一系列阐述保护生命的观念的文献。可以看出，当时的哲学家和医学著作家在这个问题上的看法是一致的。首先，在公元前 3 世纪或前 2 世纪的一本对《易经》的注释中，我们发现了非常重要的陈述，“君子总是提前考虑困境，并采取措施给予预防” [②]（“君子以思患而预防之”）。我们在《道德经》这部被归于老子但可能成书于公元前 3 世纪后期的伟

68

① 私人通信；见本书第二卷，p. 33。

② Wilhelm（1924/1950），vol. 1，p. 261，第 63 卦。这段论述出现在《象传》（公元前 3 世纪中期至前 2 世纪前期）之中。与 “道” 和 “气” 一样，我们也不将 “君子” 一词译成英文。虽然此词原指青铜器时代的原始封建制度（proto-feudalism）下的统治者或贵族，但是它最后则指代那些具有亚里士多德式的 “崇高灵魂” 的人，或者 “绅士”，甚至 “骑士”：具有贵族出身但又非不可替代的人，一个无关紧要的学者，一个可有又可无的政府官员。对西方人而言，托马斯·莫尔爵士（Sir Thomas More）也许是所有 “君子” 的范例。

大诗篇中，找到了以下诗句：

> 知道自己不知道，是最佳境界；
> 在不知道的时候［认为］自己知道，是一种弊病。
> 只有在他认识到这种弊病是弊病的时候，
> 他才能摆脱此弊病。
> 圣人没有有此弊病，
> 因为他承认这种弊病是一种弊病，
> 所以就摆脱了此弊病。
> 最好的医生总是在病［还］未形成时就进行治疗，
> 因此［他们的病人］就不会生病[③]。

〈知不知，上；不知知，病。夫唯病病，是以不病。圣人不病，以其病病，是以不病。〉

在这里“病”是一个刚愎无知的隐喻，但是也许透过这段诗句，我们可以看出对疾病萌发时的机能异常和身体以及精神原因的认识。

下面是《淮南子》一书中的一段著名论述：“一个熟练的医生总是在尚未发现疾病征兆时，就予以治疗，这样就永远不会发病；圣人（统治者）总是在尚未发现危机征兆时，就将其化解，这样就永远不会发生危机。”[④]（“良医者，常治无病之病，故无病；圣人者，常治无患之患，故无患也。”）该书恰好是在公元前139年之前，由一群受淮南王刘安资助的学者和带有“原始科学”性质的术士所编纂的。

此后不久，最伟大的中国医学经典著作——《黄帝内经素问》(可能编成于公元前1世纪)，同样地将医生和统治者的工作相提并论：“圣人在疾病发生之前，而不是之后，就医治它；在混乱发生之前，而不是之后，他就强制实行秩序。”接下来还说，“在疾病逐渐形成后使用药物，或是在混乱产生后才强调秩序，就如同临渴掘井，临阵铸枪。那不是太晚了吗？”[⑤]（“是故圣人不治已病治未病，不治已乱治未乱，此之谓也。夫病已成而后药之，乱已成而后治之，譬犹渴而穿井，斗而铸锥，不亦晚乎！”）

我们在大约成于公元200年的《伤寒杂病论》中，找到了这种思想是如何应用于临床推理的最早迹象。当学生提问说“‘最高境界的行医者在疾病发生前就对其进行治疗’，应如何理解”时，老师答道：

69

> 在疾病发生前就进行治疗，意味着当他观察到肝脏发病时，就知道此病将会被传给脾脏，所以应该首先恢复脾脏［的活力］。但是随着季节［的转换］，［轮到］脾脏确立了［它在身体机能中的］王者地位时，它就不可能接受疾病的作用

---

③ 《道德经》第七十一章，译文见 Chan（1963），p. 225，经修改。也许我们可以从第5—7行看出这本著名文献的特点——语言简练，带有警句色彩：“圣人不病，以其病病，是以不病。”〔见刘殿爵［Lau（1982），p. 251］书中所译的马王堆帛书的不同版本。刘殿爵对这段话的理解非常不同。一个强有力的案例是顾颉刚与刘殿爵将《道德经》书中内容的年代定为公元前3世纪，见鲍则岳（W. Boltz）的论文，载于 Loewe（1993），pp. 269—292。——编者〕

④ 《淮南子·说山训》，第四页。

⑤ 《黄帝内经素问·四气调神大论篇第二》，第三页。

了，因此也不应该补足它⑥。一个中等的行医者不会知道传递。当他观察到肝脏的病状时，并不知道要恢复脾脏，而只会治疗肝脏⑦。

〈问曰：上工治未病，何也？师曰：夫治未病者，见肝之病，知肝传脾，当先实脾，四季脾王不受邪，即勿补之。中工不晓相传，见肝之病，不解实脾，惟治肝也。〉

《鹖冠子》是一本具有哲学特征的混杂的文集，该书的许多部分的年代可早到公元前3世纪；今本完成于何时的问题仍存争议。这本书中有一节很有趣的内容记载了发生在赵国孝公之子赵卓襄王与他的将军庞煖之间的一次讨论，此次讨论未必是真实的历史。

庞煖对卓襄王说："你没有听过魏文公对名医扁鹊的问话吗？'在你们兄弟三人中，谁是最好的医生？'扁鹊答道：'大哥是最好的，然后是二哥，而我是三人中最差的一个。'文公说：'我可以听听理由吗？'扁鹊回答：'我大哥，在处理疾病的过程中，将注意力集中在精神（"神"）上。在［任何病症］形成之前，他就已经将其祛除了。这样，他的名声就从未超出我们的家族。我二哥在疾病仅呈现出最细微的症状时，就进行治疗，所以他的名字超出我们村庄就没有人知道了。至于我自己，我在血脉上使用石针，开猛药，坚固体肤，因此我名字在诸侯中人所皆知。'"⑧

〈煖曰："王独不闻魏文王之问扁鹊耶？曰：'子昆弟三人，其孰最善为医？'扁鹊曰：'长兄最善，中兄次之，扁鹊最为下。'魏文侯曰：'可得闻邪？'扁鹊曰：'长兄于病视神，未有形而除之，故名不出于家。中兄治病，其在毫毛，故名不出于闾。若扁鹊者，镵血脉，投毒药，副肌肤间，而名出闻于诸侯。'〉

在伟大的炼丹家及医生葛洪所作的《抱扑子内篇》（约公元320年）中，也可以找到类似的格言警句。他说："内行在麻烦开始之前就将其解决，在疾病出现之前，就将其治愈。如果他在问题出现之前就进行治疗，就不会把问题拖到病人要死的时候。"⑨（"是以至人消未起之患，治未病之疾，医之于无事之前，不追之于既逝之后。"）

在名医孙思邈的《备急千金要方》（公元650—659年）一书中，他概括出了一种预防方案。他说：

在保持了十天极好的健康状态后，你应在身体的几个点上使用灸术，以排出［有害的］风和气。逐日地协调气息，调节循环，自我按摩，并且练习健身，是很有益的。不要想当然地认为自己的身体状况很好。［就是因为你］不能在和平时期

---

⑥ "王者地位"指的是在每年相应的时间中，内脏体系中的一个器官处于主要地位。在这一阶段，它并没有屈从于病"气"，这与旧有的原则相符，即统治者不会直接受制于邪恶势力。脾脏的功能，因为其属"土"，根据图式，在仲夏或者季节转换期间居于统治地位。关于"王者地位"的例子见《黄帝内经灵枢·阴阳系日月第四十一》，第五页。

⑦ 《金匮要略》第一篇，第一页。

⑧ 《鹖冠子·世贤第十六》，第十页起；参见 Defoort（1997），p. 215。扁鹊将自己形容为完全依赖治疗而不是预防疾病，或在疾病刚发作时就将之治愈的医生。

⑨ 《抱朴子内篇》卷十八，第四页。

忘记危险，应尽力阻止疾病的过早到来。

〈凡人自觉十日已上康健，即须灸三数穴，以泄风气，每日必须调气补泻、按摩导引为佳，勿以康健便为常然，常须安不忘危，预防诸病也。〉

孙思邈建议备有我们现在所谓的急救包。他劝告读者，无论是居家还是旅行，都70 应该有一些艾灸用的艾条，保存一些大黄、甘草根、桂皮、生姜、水银和几种其他可以方便治疗的简单药物，并保存某些已配好的应急药方。孙思邈还极力主张每家每户都拥有一到两本急救药物的医疗著作⑩。

(3) 古代文献

在进一步讨论之前，审视一下中国传统古文献的某些有趣实例中的预防医学，是可取的。我们首先要看的是《周礼》，其次是《山海经》。《周礼》是在汉代早期，大约公元前2世纪的时候，由学者编纂的一部宏大而有趣的著作。它看起来是公元前第1千纪中期的周天子统治下的一部官员及其职责的登记册。它不可能是那个时期的记录，但是它的确构成了一种体系，反映出汉代儒家学者为那种统一的帝国行政体系所设想的理想形式。该书的某些部分，尤其《考工记》，可能就是公元前4世纪或稍早于此时，来自于齐国的真实文献，不过本书的大部分内容基本上记录的还是汉代的情况⑪。

与我们主题相关的内容，就是为当时宫廷服务的医药与保健官员的详细数目。我们发现由一个“医师”管理皇家医务人员。接下来是一位“食医”。他与其助手的职责就是掌管帝王与宫廷的饮食。他们的脑海中有这样的观念，即在食谱中把各种有不同特性的食物结合起来，达到均衡，同时还要适应季节的轮换。然后是“疾医”，他们应付季节性的传染病和流行病，证实和记录死因并为患者提供药物。除此之外还有“疡医”，他们不是完全意义上的外科医生，因为他们很少做手术。他们治疗的范围包括在战争中负的伤、骨折、溃疡、水肿以及皮肤病。最后一类就是“兽医”。

在《周礼》另一部分中，它列举了政府部门编制中2个高级医师，2个低级医师。此外还有第五级（“府”）和第六级（“史”）的行政官员各两人，第八级的行政官员（“徒”）二十人⑫。

除了所有这些医生以外，还有许多可被我们称为“烟熏消毒者”或“害虫消灭者”的卫生官员。例如，“庶氏”，便是被派去对付各种各样的有毒生物（“毒蛊”）的71 官员。同样地，“翦氏”的任务就是对付各种害虫（例如，衣鱼、飞蛾、钻蛀性甲虫、

⑩ 《备急千金要方》卷二十七，第481页。

⑪ 〔近期的学术研究表明，《周礼》中的任何一部分并非远远在其编辑成书之前就完成了。它的成书时间仍介于公元3世纪前期至公元2世纪中期。该书中的某些部分确实引用了当时尚存的更早的著作，但是《考工记》的情况并不突出。《考工记》成书的地点仍不确定。见弗拉卡索（R. Fracasso）的论文，载于Loewe（1993），pp. 25—29。——编者〕

⑫ 《周礼》卷一，第五页；卷五，第一至五页。

蚂蚁、白蚁等）[⑬]。文献并没有具体说明他们使用的方法，但是其后继者则不仅使用了物理和化学的药剂，还使用了驱魔的仪式。

用作薰剂的植物中有“莽”（*Illicium religiosum*；莽草）[⑭]。古人对这种可毒死鱼和虫的植物很了解。例如，我们在由一群在淮南王刘安身边的专家所汇编的《淮南万毕术》（约公元前120年）中，就找到了“莽是一种有效的毒鱼之物”（“莽草浮鱼”）的陈述[⑮]。回到《周礼》中，“赤犮氏”要对付的是墙里和屋里的害虫。为了这个目的，他使用了来自软体动物的壳以及“散灰”（scattered ashes）而得来的石灰，“散灰”一词可能隐藏着对苛性碱的使用，这些苛性碱可通过燃烧木料及“锐化”它的碱液得到。而“蝈氏”则负责消灭那些制造讨厌噪声的生物，如青蛙或蝉。他明显使用了“牡蘜”（*Pyrethrum seticuspe*；野菊）[⑯]，将其研成粉末抛撒，同时也燃烧以供烟熏。有趣的是，这么有价值的植物杀虫剂，在《周礼》中，是被作为卫生官员的个人随身物品而提及的。最后，“壶涿氏”也负责灭除害虫（“虫”）。他为了吓走那些害虫而敲打陶壶，并且还用榆树树枝和象牙举行仪式。显然，展现在我们面前的是古代巫术和有效杀虫剂的混合体。值得注意的是，这种对完美的政府官职体系的仿古式假想重构，包括了如此多的卫生官员。

事实上，这还不是全部。在这本书的另一处，我们还碰到了“萍氏”。他们的职责是对危险地方提出警报，并在淡季保护渔业。相比之下，他们更关心公众安全，因为中国水域中有很多种鱼，在每年的特定季节是有毒的。与我们目前主题的关系更加直接、重要的可能是“蜡氏”［“蜡”（qù）这个字在这里指的是被害虫毁坏的肉体］。这个官员及其手下负责转移腐烂的尸体，不管是人还是动物。当某人死在路边时，他们必须掩埋尸体并向当地的长官报告，记录下事件发生的月和日，带走死者的衣服和财物，以便日后归还给死者的家属。最后还有“野庐氏”，其职责是检查交通，监督陆路和水路的交通，使客栈保持良好的条件，指引往来边境的旅行者——这一点对我们很重要——并组织人打扫京城和其他城市的街道。这样，从预防医学的角度来看，在这部关于理想的帝国官僚制度的古文献中，包含了大量值得关注的事情[⑰]。 72

难以确定的是，《周礼》中想象的这个组织究竟在多大程度上仅仅涉及帝国京城和宫廷本身，并且它在多大程度上被认为向外扩展到了遍及全国的大行政区网络。在汉

⑬ 《周礼》：“医师”，卷一，第四页，卷二，第一页；“食医”，卷一，第四页，卷二，第一页；“疾医”，卷一，第四页，卷二，第二页；“疡医”，卷一，第四页，卷二，第三页；“兽医”，卷一，第四页，卷二，第四页；“庶氏”，卷九，第五页，卷十，第七页；“翦氏”，卷九，第六页，卷十，第八页。本节中所有提到的内容的译文均可见 Biot（1851），vol. 1，pp. 8 ff.，92 ff.。每一个官职均有两处提及：一处列出他自己及其工作助手的官职名称，另一处描述他们的职责。

⑭ R/505；Stuart（1911），p. 489。

⑮ 《淮南万毕术》第53条，引自《太平御览》卷九九三，第二页。〔这段文字的字面意思是“莽草使鱼漂浮”，很不明确，但是在其注释中暗示了上面所提到的意思。——编者〕

⑯ R/26；Stuart（1911），p. 260；Bretschneider（1881—1898），vol. 2，nos. 130，404。牡蘜，在《淮南万毕术》第107条中也提到，语境相同；引自《太平御览》卷九九六，第二页。

⑰ 《周礼》：“赤犮氏”，卷九，第六页，卷十，第九页；“蝈氏”，卷九，第六页，卷十，第九页；“壶涿氏”，卷九，第七页，卷十，第九页；“萍氏”，卷九，第五页，卷十，第四页；“蜡氏”，卷九，第四页，卷十，第九页；“野庐氏”，卷九，第四页，卷十，第二页。译文见 Biot（1851），vol. 2，pp. 380 ff.。

代前期，此书被编纂时，一个由行政和驻军辖区构成的官僚组织体系正在全国范围内发展，它服从于普天下唯一的君主，即中华帝国（*imperium*；"天下"）之王。这样，我们可以认为那些编写《周礼》的有学之士们，既描绘出了京城自身的，也描绘出了整个京城之外各行政区的官僚体系。当然，像皇家医务人员这类官员，就仅仅和宫廷有关了。

另一部同样值得关注的带有文学特点的著作是《山海经》，它有时被描述为中国最早的地理书。虽然它是古体风格的，但是近来的研究却倾向把它各个部分的写作年代定在周代晚期和汉代某一时期之间[18]。表面上，该书是一部中华文化圈所有区域的地理报告。事实上，它包含了大量不同地域所崇拜的奇怪生物、神祇以及当地灵怪的神话材料，其叙事语气却令人惊讶的实事求是。其内容包含了大量非常理性的描写，包括在不同地方发现的树木、动物和矿石，以及交通障碍。

也许你会惊讶，通常《山海经》所推荐的特殊药物不是为了治病，而是为了预防疾病的发作。它使用了不下 90 种植物、动物和矿物的物质去促进健康和预防疾病。"防"这个词，英文可以译作"will ward off"（避开），在书中的使用非常明显。经由我们统计而列出的预防每种疾病或状况的数目，可在表（1）中找到。

除了表示摄食（ingestion）意思的用词外，此书也常说"佩之"，意思是在身体上佩戴某物，就可以驱邪；有时候，这么做是为了表示敬意或崇拜。

这种分析的有趣之处在于，你可由此发现战国时期的人们，尤其是旅行者所惧怕的各种疾病[19]。因为与植物物质相比，此书提及了更多的动物物质，你也由此可以想象当时大片的森林地带和无人耕种的荒地。表（2）分析了书中药物的多样性。

其中有 31 项是通过食用来发挥保护作用的，只有极少几项是通过其他方式发挥作用的，比如穿戴或涂抹在身体上。促进全面健康的观念与道教的"养生"基本原则是一致的[20]。在某些描述中，这些药物的有益效果据说体现在它们可以去除对暴风雨、雷鸣、野兽等事物的恐惧，这表明它们与促进精神健康有某种关系。

73

表（1）第三组项目的一个重要功能很可能是保持和提升良好的营养状态。当时没有更好的办法可以使古代的旅行者、官员、军队或士兵，在穿越古代中国文明的相隔遥远且四处散布的城市之间的深山老林时，能一直保持很大的勇气。这样，大体上你就能看出，《山海经》作为一本反映大众信念的文献汇编，在中国药物学发展上，是如何代表了一个比《神农本草经》（公元 1 世纪后期或 2 世纪）——中国本草学系列著作中的第一种——更加古老的阶段的。

我们并不知道战国时期是否有任何成文的大众健康和疾病预防手册。没有一本这样的手册流传至今。但是，在《庄子》一书的某个故事中，能见到一处关于此类手册的记载。《庄子》编成于汉初，材料来自于公元前 320 年前后庄周以及公元前 3 世纪到

---

⑱ 《山海经》一书已经在本书第六卷第一分册"植物学"（pp. 255—256）中描述过。

⑲ 无疑，范行准［(*1953*)，第 325—326 页］对"蛊毒"的理解是正确的，认为它是像血吸虫病一样的各种寄生虫病。

⑳ 有关这一基本原理来自于道教的看法，见本册"编者导言"（p. 11）。

公元前2世纪的其他人的著作。在其“杂篇”［葛瑞汉（A. C. Graham）译作“mixed chapters”］部分中有一篇，看上去记录的是老子与南荣趎——一位不理解长寿之道的问询者——之间的对话。随着对话的继续，南荣趎越来越失望，他尽力将问题概括为： 74

当一个乡野之人生病而他的同村人询问他的病情的时候，这位同村人就可以描述病情。而当病人可以描述病情并认为自己有病的时候，他似乎就和没病一样。至于我［从我的老师那儿］听到“大道”，它就好像吃药而病情恶化。我真正想听到的就是保持活力的准则（“卫生之经”）。

〈南荣趎曰：“里人有病，里人问之，病者能言其病，然其病病者犹未病也。若趎之闻大道，譬犹饮药以加病也。趎愿闻卫生之经而已矣。”〉

表1 《山海经》中的预防药物

药剂或度量	例子
由虫或寄生天敌（“蛊”）引起的传染病	13
流行病或传然病（“疫”）	7
饥饿或过度的情感（害怕、嫉妒）	33
感官的外在疾病	13
皮肤和四肢的外在疾病	15
内脏疾病等	6
怀孕	3
动物疾病	1
总计	91

表2 《山海经》中的药物

动物		植物		矿物	
哺乳动物	5	药草	10	矿物	1
鱼类	13	灌木	12		
鸟类	9				
爬虫类	2				
总计	29	总计	22	总计	1

学者们对这段发生在许多世纪前的逸事的理解已经达成了一致，南荣趎是说，因为他已经明白了自己的问题，所以所教的东西应该令他宽慰，但是他听到的教导越多，就离解决问题越远。他问的不是医学知识，而是一套可以延长其寿命的守则。但老子所给予的，既不是医学知识也不是准则，却是提醒他生命的养护关键在于精神与“道”的和谐一致：

你想知道保持活力的准则，是吗？你能抱住它吗？你能避免失去它吗？你能不用占卜而看出什么是福和什么是祸吗？你能停止吗？你能克制吗？你能停止从别人那里寻求它，而在自己身上找到它吗？

〈老子曰："卫生之经，能抱一乎？能勿失乎？能无卜筮而知吉凶乎？能止乎？能已乎？能舍诸人而求诸己乎？"〉

等等[21]。

在后世的医学文献中，"卫生之经"更像一本技术性著作，从字面上解释，就是"保护生命的手册"。在这一段中，其上下文使它未必带有这种含义，但是南荣趎有可能是要求从实际的书面手册中给他一些口头教导，不管是心灵的还是身体的方法。

宋代以降，许多医书的标题用到了"卫生"这个词，它通常有很广泛的含义。我们的资料表明，其中最早的一本书就是已失传的《卫生家宝》，这本书是在12世纪早期由张永撰写的[22]。另一本值得一提的是罗天益著名的《卫生宝鉴》（1281年）。而明代王文禄的《医先》（1550年）不仅仅是一本预防医学的手册，它关心的是必须应用于预防疾病并使治疗成为多余的宇宙原理的知识。

(4) 黄帝内经

现在我们要仔细查阅所有中国医学经典中最伟大的著作《黄帝内经》中的预防医学的观念[23]。这部著作从始至终都在强调，医生的职责不仅是护理病人，还要保持健康。《素问》在开篇就强调了人们通过远离致病因素和保持宁静的方式来保护自己的康乐的必要性。

75

上古的圣人教导他们的臣民做什么，臣民们就去做了。令人虚弱的致病因素、偷盗的风气：他们在大部分时间里远离它们。他们沉稳而平静。他们的真气回应并跟随着。如果活力被保存在体内，那么疾病从何而来呢[24]？

〈夫上古圣人之教下也，皆谓之虚邪贼风，避之有时，恬惔虚无，真气从之，精神内守，病安从来。〉

《内经》的哲学就是"气"的哲学。"真气"这个词主要是指灵肉（mind-body）生命在诞生时天生的成分或天赋[25]。我们经常可以看到它的同义词——"元气"和"精气"。但是"真气"一词具有更为宽泛的含义，因为它还可以作为描述各种身体活力的普通词汇，如和"邪气"相区分的"正气"。当"真气"充足时，四季之气就会在恰当的时候以恰当的程度对身体起作用。"邪气"则包括了各种对健康有害的作用因素——不合时令的或有害的"风"（"虚风"、"虚邪"、"贼风"），以及生物或非生物

㉑ 《庄子·庚桑楚第二十三》。〔杂篇之间的复杂关系，比如此篇与其他篇的关系，见Graham（1979）。此段的年代早晚，仍然存疑。——编者〕

㉒ 冈西为人（*1958*），第1067页。

㉓ 见上文p.47。

㉔ 《黄帝内经素问·上古天真论篇第一》，第二页。〔有关分析，见Larre & Rochat de la Vallée（1983）。按照通行的文本来看，第一句话是难以理解的，我依据北宋的注释者将其中的"谓"改作"为"，他们在《黄帝内经太素》及其他的文献中报告了这一异文（今已不存）。——编者〕

㉕ 关于《黄帝内经》中三十二种"气"的详细分析，见Porkert（1974），pp.168—173。

的毒物。如果它们入侵身体，就可能战胜真气而导致疾病。

我们在《黄帝内经灵枢》中发现了“真气”更加严格的意义：“真气是由上天赐予的［活力］。它与从食物中提取的活力（“谷气”）相结合充满全身。”（“真气者，所受于天，与谷气并而充身也。”）㉖

医生常常用“先天”和“后天”这两个词来表示天生的和后来获取的气。这两个术语和我们已经提到过的《易经》有关，它们和那两种著名的六十四卦卦序有关。可能是在汉代以前，就确定了“先天”与“后天”的说法，但是它们的确主要是和当时两位著名的易学占卜师有关联，即公元前 1 世纪的焦赣和京房。这两个术语在《内经》的许多段落中都能见到㉗。因此，“先天”的因素是指那些天生的成分加上充足的营养与生活环境的影响，而“后天”的因素是指那些对生物体或好或坏的，特殊的外在影响。

《素问》的第二篇题为“四气调神大论”。这里“神”是不可译的；“精神”还不足以表示其含义，因为“神”既表示了身体内占统治地位的活力，又表示了可产生意识的“精气”。该篇陈述了在夏天疏于觉察这一充满活力的调节的后果：

76

> 夏季的三个月，我们称为萌芽和开花［的时节］。天与地的气交合，万物［生出它们的］花朵和果实。一夜的睡眠后早些起床，不要对［长长的］白天产生厌烦。那么你便不会产生怒气。你的容貌就会显得丰润。［身体中］［污浊的］“气”就能够渗出体外，“就好像它的爱在外面一样”。这是对夏季之“气”的［身体本能］反应，是滋养与生长的方式。与之相冲突的活动就会伤害心脏功能，在秋天就会引起疟疾，为收缩［作为特征的秋季活动］提供的基础将不充足，所以到了冬至那一天就会得重病㉘。
>
> 〈夏三月，此谓蕃秀，天地气交，万物华实。夜卧早起，无厌于日，使志无怒，使华英成秀，使气得泄，若所爱在外，此夏气之应，养长之道也。逆之则伤心，秋为痎疟，奉收者少，冬至重病。〉

其主要观点是，在特定的季节中采取正确的养生法，就可阻止在下一个季节发病。“疟”类疾病包括间歇性的以及其他热病，疟疾也在其内，它们都属于病原菌在夏天开始侵入身体，而在后来发病的类型。

（5）精神与身体的保健法

我们今天称为引起疾病的心理因素的东西，在古代中国多大程度上已经通过经验

㉖ 《黄帝内经灵枢·刺节真邪第七十五》，第四页。

㉗ 例如，《黄帝内经素问·气交变大论篇第六十九》，第二页；《黄帝内经素问·五常政大论篇第七十》，第三十四页。它们在易学方面运用的更多细节，要连同磁罗盘和罗经点的古老历史一起来确定，见本书第四卷第一分册 p. 296。〔此处对《说卦》注释的引用应该改为《文言》。虽然自汉以降，“先天”与“后天”的术语就得到了普遍运用，但是近年来的研究表明，用这两个术语来表示六十四卦卦序的做法并不会早于宋代。例如，见 Smith *et al.*（1990），pp. 110—120。与磁罗盘有关的顺序，所用的是八卦的顺序而不是六十四卦的顺序。——编者〕

㉘ 《黄帝内经素问·四气调神大论篇第二》，第一页。

被认识到了，弄清这一点是重要的。所有学派的哲人都毫不犹豫地赞同，磨炼精神和控制情绪是必要的。我们可以在荀悦的《申鉴》（公元205年）中找到一段典型的论述："为了培养精神，你必须不惜一切代价地缓和你的喜悦、愤怒、怜悯、快乐、忧愁和焦虑。"[29]（"故喜、怒、哀、乐、思、虑必得其中，所以养神也。"）他接着说道那些善于控制自己"神气"的人能够像大禹（传说中的水利工程师和帝王）治水那样，督导"神气"，避免其过多或不足。同样的态度也出现在由秦国吕不韦门下的原始科学家和术士，于公元前239年前后编纂的令人惊奇的自然哲学纲要《吕氏春秋》中：

> 天产生了阴和阳，冷和热，干和湿，四季的轮换及万物的变化。其中每一个都可以产生好处，也可以导致伤害。为了［人的］生命的健康，圣人研究了阴-阳中有利的因素，以及万物中良好的方面。［遵照圣人的处方，］活力安稳地驻留在身体中，而寿命就可以延长。延寿并不是意味着增补缺损，而是完成一段配给的时限。［通过避开过度的气味、情绪和气候，你就可以成功地驱除坏的一面。］为了滋养活力，没有什么比理解这些基本原理更重要了。一旦你明白了这些，疾病就无机可乘了。
>
> 〈天生阴阳寒暑燥湿，四时之化，万物之变，莫不为利，莫不为害。圣人察阴阳之宜，辨万物之利以便生，故精神安乎形，而年寿得长焉。长也者，非短而续之也，毕其数也。毕数之务，在乎去害……故凡养生，莫若知本，知本则疾无由至矣。〉

该篇还有一段极好的结束语：

> 现在人们求助于占卜并向神灵祈祷和礼拜，但是疾病却更加肆虐。这就像一个射箭比赛上没有射中靶心的射手，他仅仅是装饰了那个靶子。怎样才能让他射中靶心呢？如果你把沸水倒入锅中来阻止沸腾的话，你倒的越多，那么它沸腾的时间就越长。但当你把锅下的火撤掉，沸腾马上就会停止了。至于那些用毒药来驱除［疾病］的医治者（"巫医"），古人并不会很尊重他们，因为他们只见到了枝杈［而没有见到根本］。[30]
>
> 〈今世上卜筮祷祠，故疾病愈来。譬之若射者，射而不中，反修于招，何益於中？夫以汤止沸，沸愈不止，去其火则止矣。故巫医毒药，逐除治之，故古之人贱之也，为其末也。〉

77

人们怎么才能概括这些让人长寿且安详的基本原理呢？哲人们的直接答案，对于大多数学派来说是共同的并且在本节也是明显的，就是由避免所有过度的行为，尤其是过度的情绪，而达到的一种内在的平衡。医学著作家们，如那些编纂《内经》的人，往往强调阴阳间的恰当平衡［用希腊语说，就是"*krasis*"（*κρᾶσιε*；融合）］。与合适的生活模式相反（"逆"）的行为达不到这种调节。在古代中国思想中随处可见的哲学上重要的用字"逆"，指的是反宇宙自身组织运行模式的行为。通过这些例子我们可以

---

[29] 《申鉴·俗嫌第三》，第二页。

[30] 《吕氏春秋·季春纪·尽数》，第136—137页。参见 Wilhelm（1928），p. 30。关于"巫医"，见上文 p. 41。

看出健康状况所要求的心灵的安详和平静，不仅仅是一种坚忍克己的心神安定，一种对别人灾祸的冷淡和麻木，还是一种培养而成的避免任何过度行为的中庸之道。

现在回到医学著作家这边，《素问》明确描述了精神健康在帮助身体抵抗外来侵袭时的效果："'风'（外部病原）是所有疾病的源头。如果心灵清澈而平静，那么肉体和组织间隙就会关闭通道拒绝其进入。虽然强大的风和烈性的毒药会起作用，但是它们不能带来任何伤害。"[31]（"故风者，百病之始也，清静则肉腠闭拒，虽有大风苛毒，弗之能害。"）

思想的平衡就这样被维护着，道家和医生于是提倡了几种温和的体操。通常他们将这些训练称为"导引"，即引导和指引生命力。后来出现的"内功"及最近出现的"功夫"两词，也用来指这类体操，它们都必然包含着内心控制的作用[32]。这些训练可能来自于古代萨满教巫师求雨时的舞蹈动作，但是不管怎样，他们都和一种观点有关，即循环系统容易渐渐被堵塞，从而导致郁积（"郁"）和疾病，中国医学的这种观点和希腊医学的一样古老。

我们已经在《吕氏春秋》中发现了这样的警句："流动的水不会变臭，门轴不会被虫蛀，因为它们都在运动。这同样适用于［人身体的］外形和'气'；如果外形不移动，精髓便不［自由地］流动；如果精髓不［自由地］流动，气就变得静止不动。"[33]（"流水不腐，户枢不蝼，动也。形气亦然，形不动则精不流，精不流则气郁。"）这就是导引术背后的基本观点，我们可以在华佗（活跃于公元190—265年）的传记中清楚地看到这种观点的起源。他是一名杰出的内外科医生，在许多传说中都有他的名字。从《三国志》中他的传记，我们得知：

> 广陵的吴普和彭城的樊阿都成为了华佗的学生。吴普严格遵照华佗的疗法，所以他的病人基本上都治愈了。华佗告诉他，"人体应该锻炼到疲倦为止，但是不应该到极限。当人体处于紧张状态时，消化功能便得以加强（'谷气得消'），通过血脉遍及全身的循环便得以通畅（'血脉流通'），所以疾病就不会出现。这非常像一个永不会腐坏的门轴。正是由于具有这样的思想，古代圣人做导引训练，［例如］像熊那样垂头，像猫头鹰那样把头转向后方，弯腰并活动关节，尝试着去抑制衰老。我有一种方法，叫'五禽之戏'，即虎戏、鹿戏、熊戏、猿戏和鸟戏。此法既可以去病又可以松动脚关节。它可被用作导引训练。如果身体感到不适，那么就在起床后做其中的一种训练，直到身体发热流汗。然后给你自己抹上粉。你的身体就会感到柔软，你的胃也就做好了饱餐一顿的准备。"吴普自己练习了［这些技巧］。当他90多岁时，他的耳朵和眼睛还很敏锐，他的牙齿也完好而坚固。[34]

78

[31] 《黄帝内经素问·生气通天论篇第三》，第二、三页。

[32] 另见 Despeux（1981）与 Engelhardt（1987）。

[33] 《吕氏春秋·季春纪·尽数》，第136页。〔这段话与上文中的两段引文都出自同一篇，但介于那两段之间。——编者〕

[34] 《三国志·魏书》（卷二十九），第六页起。

〈广陵吴普、彭城樊阿皆从佗学。普依准佗治，多所全济。佗语普曰："人体欲得劳动，但不当使极尔。动摇则谷气得消，血脉流通，病不得生，譬犹户枢不朽是也。是以古之仙者为导引之事，熊颈鸱顾，引挽腰体，动诸关节，以求难老。吾有一术，名五禽之戏，一曰虎，二曰鹿，三曰熊，四曰猿，五曰鸟，亦以除疾，并利蹄足，以当导引。体中不快，起做一禽之戏，沾濡汗出，因上著粉，身体轻便，腹中欲食。"普施行之，年九十余，耳目聪明，齿牙完坚。〉

中国保健和治疗的锻炼活动产生了大量文献。有可靠的理由相信，从亚洲传入的这种练习的知识影响了现代欧洲健身体操的发展㉟。自 18 世纪起，这种影响非常明显。欧洲早期的传统大概源于希腊。而现在体操的起源，仍有待考查。

(6) 营养养生法的原理

(i) 饮　　食

汉代的医学经典完全认识到了全面和平衡的饮食的重要性。举例而言，《素问》就解释了由于饮食和保健等原因，人的寿命在上古时期与退化的现代之间的差异：

远古的人中间，那些得道之人将阴和阳看成他们的行为模式，通过［维持生命的］技巧（"术数"）规则使他们自己达到和谐，有节制地饮食，有规律地生活，不让任性的行为使自己过度疲劳。这样就能使他们的身体与意识（"神"）统一，就能使他们的寿命超出上天所分配的年限，从而可延长至一百年。

〈上古之人，其知道者，法于阴阳，和于术数，食饮有节，起居有常，不妄作劳，故能形与神俱，而尽终其天年，度百岁乃去。〉

《素问》还陈述了由于无视这种训导而带来的健康损害："当饮食之量是正常的两倍时，肠胃就会受到严重损害。"（"饮食自倍，肠胃乃伤。"）并且我们也看到了一种"根源在于患者［反常］的饮食与生活方式"的特定疾病（"此亦其食饮居处，为其病本也"）。

同样的原则也影响着食物在治疗中的利用：

毒药攻击致病因素；五种（意即若干种）谷物提供营养［去补充药物］；五种水果帮助它们，五种肉支持它们，五种蔬菜增强它们。这样它们就以一种使"气"和"味"［即食物的五行和阴阳属性随着药物一起被吸收］得以平衡的方式被人体吸收，使得人体可以再度补充"精"和"气"。

〈毒药攻邪，五谷为养，五果为助，五畜为益，五菜为充，气味合而服之，以补精益气。〉

这一段是在讨论，通过与药物一起配用增强人体抵抗力的食物，来减轻——或者说缓

㉟　见本书第二卷，pp. 145 ff.。

冲——有效医药成分的攻击效力（“毒”）的疗法[36]。

晚些时候，饮食医学的传统得到了完全的发展与推广。《千金方》（公元650—659年）中著名的《食治》引用了一些早期的文献[37]。在有关护理老年人的著作中，饮食成为一个固定的论题。比如，陈直在他的《寿亲养老新书》（约1085年）中说到： 79

> 如果能够知道食物的［医药］特性并且对其加以正确的控制，那么它们的效用就可达到药物的两倍。那是因为老年人通常不愿意服药却喜欢吃东西，所以通过饮食来治疗他们的疾病会更加有效。而且，在治疗老年人的病时，必须谨慎对待老年人腹泻的情况，这样使得饮食疗法更加适用。通常，当一位老年人患病时，医生应该首先采用食物治疗，只有当此法无效时才使用药物。这是在护理老年人时应遵循的最大准则。
>
> 要记住，善于治愈疾病比不上谨慎地对待疾病［的治疗］。善于用药物治疗不如善于用食物治疗[38]。

〈人若能知其食性，调而用之，则倍胜于药也。缘老人之性，皆厌于药而喜于食，以食治疾胜于用药。况是老人之疾，慎于吐利，尤宜食以治之。凡老人有患，宜先以食治，食治未愈，然后命药，此养老人之大法也。是以善治病者，不如善慎疾。善治药者，不如善治食。〉

这本书的续增者邹铉（约1300年）写道：“医者必须首先辨别病因，并且推定人体自身的生命力（‘气’）是以何种方式变得不平衡的。要纠正这种不平衡，恰当的特定饮食是当务之急。只有在此法无效的情况下，才应该开药。”[39]（“医者先晓病源，知其所犯，以食治之，食疗不愈，然后命药。”）

中国中古时期的营养学著作究竟有多少，让我们浏览一下已失传的“食经”中那些比较重要的著作的标题，或许就可以作出判断，石声汉将这类著作更准确地称为“餐饮指南”（catering guides）。三国时期（公元3世纪）曾有一本《食六气经》，该书是一本地道的道教著作。在收录其书名的书目中，根据上下文来看，该书必定有一部分与准巫术式的日光疗法以及类似的与自然融为一体的方法有关。它或许还包含了饮食养生法的原则，比如，如何处理谷物之气（“谷气”）。不过，那时中国并不缺乏正式的关于饮食的实用性论著。在编于公元635年的《隋书·经籍志》以及后来对其进行的注释中，所罗列的“食经”就不少于32种。另有一种食经的残篇流传了下来。在已失传的食经中，最著名的一种归于卒于公元450年的北魏大臣崔浩[40]。

唐代的书目中罗列出的稍多些。从这个时期开始，我们还可以仔细研读一册菜单

---

[36] 《黄帝内经素问》的《上古天真论篇第一》，第二页；《痹论篇第四十三》，第三页；《藏气法时论篇第二十二》，第四页。另见张机在《千金方》（卷二十六，第一页）中对一篇佚文的引用。

[37] 《备急千金要方》卷二十六，第464页。

[38] 《寿亲养老新书》卷一，第二十二页，“食治养老序第十三”。

[39] 《寿亲养老新书》卷二，第二十一页。

[40] 三国时期的，见《三国艺文志》，第108页。《崔氏食经》列于《隋书》卷三十四，第1043页，讨论载于冈西为人（*1958*），第1390—1391页。谢讽的《食经》的残篇留存了下来，我们知道他是一位隋代的作者，仅此而已。〔没有证据表明《食六气经》与饮食、食物的配制或道教有关。在书目中，它被列于与气息有关的科目之下。——编者〕

汇集（《食谱》）以及一种厨房原料手册（《膳夫经》）。昝殷所撰的《食医心鉴》（约公元 850 年）中有部分流传至今。到宋代时，我们知道高伸撰有一本《食禁经》。在本草著作中，一些明确地将自己与食物联系在了一起，其中著名的有，今仍存世的孟诜（公元 670 年）的《食疗本草》，以及已经失传的陈士良在公元 9 世纪后期所撰的《食性本草》。

80

我们已经通过对营养缺乏症的调查，对中古时期中国维生素的经验性发现进行了专门的研究[41]。毫无疑问，在这个领域最伟大的人物就是蒙古人忽思慧，他在 1315—1330 年间担任饮膳太医。他后来撰成的《饮膳正要》一书，对脚气病的干湿两种形态进行了大量的细节描写，并且提倡用我们现在所知的富含大量维生素的食物去治疗营养缺乏症患者。忽思慧在“食疗诸病”一节中，概括地说明了他对营养缺乏症的经验性认识[42]。

（ii）水 与 茶

中国人很早就意识到了纯净的饮用水的重要性。在大约成于公元前 9 世纪的《易经》中，我们就找到了这样的名句，“人不要饮用来自污秽之井的水”（“井泥不食”）。《释名》（公元 200 年）一语双关地说：“井的本质意义是清澈而纯净（‘清’），它是泉水的清澈产物。”[43]（“井，清也，泉之清洁者也。”）

古代中国的传统习俗要求对井定期进行清理。例如，《管子》这部年代在公元前 5 世纪到前 1 世纪之间的各种不同文章的汇集，就说道[44]：

> 在［一年中的］第三个月，他们会使自己的居所变得干燥，并用火烤干炉具。［注解：］在第三个月阳气会扩张，所以瘟疫就容易流行。［因此就有必要］用梓木来熏蒸居所，这样便可以带走不好的气味和有毒的气体（“毒气”）。燃烧的梓木还被用来干燥新房，这种做法是净化仪式的一部分。［原文继续说道：］他们用钻木和点火镜的方式来更换［炉中之］火，并且清空（将水舀出；“杼”）水井以便更换水。这是一种排出遗毒的方法。
>
> 〈当春三月，萩室熯造，〔熯，谓以火干也。三月之时，阳气盛发，易生温疫，楸木郁臭，以辟毒气，故烧之于新造之室，以禳祓也。〕钻燧易火，杼井易水，所以去兹毒也。〉

这种习俗延续了整个汉代。在《后汉书》中我们发现，当时人们将夏至这天（在六月下旬）视为“更换水”的最佳时间，也就是挖掘新井及清洁旧井的最佳时间。从夏至到八月，生大炉火、熔化或浇铸金属的行为都是被禁止的。以此类推，人们在夏天清洁水井，那么就会在一年中的另一个时候，尤其是冬至那天，用钻木的方式或用

---

[41] Lu & Needham（1951）。

[42] 《饮膳正要》卷二，第 214 页。另见 Sabban（1986）。

[43] 《易经》，第四十八卦，初爻；译文见 Wilhelm（1924/1950），vol. 1，p. 199；《释名》卷十七，“释宫室”；Bodman（1954），p. 97，693 条。最初，“井”和“清”是同音异义字。

[44] 《管子·禁藏第五十三》，第十一页；《管子·轻重己第八十五》中也有一处十分相似的段落。

点火镜来获得新的火种[45]。

在11世纪，著名的科学学者沈括，在他撰述的《梦溪忘怀录》一书中，记载了当时人们对保持水源纯净的关心，并对“药井”进行了描述，即井里被投入了一些类似我们今天所说的“沙滤器”样的东西。他写道，产自高山的石英、磁石、云母，以及从洞穴中取出的钟乳石、石笋，被敲打成并不太细小的碎片，然后便被投到井中，达到几尺深。依照来自于炼丹术的思想，有的井中被投入的是朱砂、硫黄和碎玉。唐代，在李文胜的宅第中有一口有名的炼丹用的药井。沈括补充说，这类井“带有一个可以上锁的框子，这样就可以阻止昆虫（蠕虫、爬虫之类）和老鼠掉进井里，也可以避免仆人和小孩污染井水”[46]（“井上设槛，常扃锁之，恐虫、鼠坠其间，或为庸人、孺子所亵”）。

81

在公元前2世纪的《淮南万毕术》一书中，就有用胶或云母清洁饮用水或发酵饮料的记载[47]。10世纪后期，佛学大师赞宁在他的《物类相感志》一书的开篇中，就提到了用沙子过滤来净化井水的方法。

后世的绝大部分作者，不论是中国人还是西方人，都大大地低估了古代中国人使用管道输水的程度。只有到了现代，随着中国考古调查和发掘的广泛展开，这方面的证据才不断显露出来。在整个秦汉时期，宫殿和城市的用水不仅通过易于安装及更换的竹管输送，而且他们还采用了陶管。中国的博物馆中藏有大量此类输水管的实物。巨大的直径约3英尺的陶制圆环套在井壁之中，管的长度通常是2英尺，水井与水管有时成直角，有时又是双向分开的。并且一般会采取凸缘的方式将管子连接起来。我们已经在别处提供了更为详尽的细节[48]。

在庄绰（鼎盛于1126年前后）的著作中有一段令人惊讶的话：“甚至当普通人出去旅行时，他们也很小心，只喝煮沸过的水。”（“纵细民在道路，亦必饮煎水。”）我们还没有能找到这段话的出处，虽然范行准引用了，但它似乎并不在我们所能见到的庄绰的著作之中。这句话又完全有可能是存在的，因为在比庄绰时期早一千年的时候，人们就用沸水来沏茶。事实上，饮茶的习俗从东汉时期就开始了[49]。

（iii）烹饪及营养卫生学

人们在卫生学上最重要的早期进步之一就是对变质食物的辨别。食物禁忌，即使不像在古代以色列发展得那么普遍，在古代中国人的生活中也扮演了一个非常重要的角色。在公元前500年的《论语》中，我们发现了一段与此相关的文字。文中写道：

[45] 《后汉书》卷十五，第五页。

[46] 胡道静和吴佐忻（*1981*），第5—6页。

[47] 《淮南万毕术》第84条，引自《太平御览》卷七三六，第八页。

[48] 本书第四卷第二分册，pp. 127—130，345—346。

[49] 见Bodde（1942）及Goodrich & Wilbur（1942）。〔在汉代，中国南方的茶树种植并不广泛，直到公元494年之后，中国北方才形成了这样的饮茶习俗；见Loewe（1968），p. 170，以及篠田统（*1974*），第62页。关于明代时饮茶用水的品鉴，见《饮食须知》卷一，以及牟复礼（F. W. Mote）的评论，载于Chang（1977），pp. 227—230。——编者〕

82 “已经在湿热的环境中被毁坏并且已经变酸（‘饐而餲’）的米饭，人不能食用，也不能食用已变质的鱼或肉。那些已经变色或发出难闻气味的食物是不能食用的，而且任何没有完全做熟（‘失饪’）或放置时间太长的食物也不能吃。”[50]（“食饐而餲，鱼馁而肉败，不食。色恶，不食。臭恶，不食。失饪，不食。不时，不食。”）

在公元2世纪后期杰出的医生张机的著作中，对有关食物的安全准则已经有了非常详尽的阐述。他告诉我们，吃喝是为了得到味觉的愉悦以及生命的养分。但是，假如没有正确安排饮食，那么我们所吃的食物则可能是有害的。有一些东西是必须禁止的。只有当我们明智地选择饮食时，身体才会从中受益；反之，极易受伤害，极难治愈的疾病就可能出现。

张机列出了一长串不应该吃的东西。我们在今天并不容易理解这么多禁忌的意义。其中可以理解的一部分是从卫生学的角度而言的。例如，他禁止人们食用所有那些狗和鸟不愿意吃或散发出难闻气味的肉和鱼，和那些上面有红色或其他颜色斑点的肉，以及那些被弄脏的米饭。他还警告人们不要吃自然死亡的动物。他认为未经加工的生肉及牛奶会变成“白虫”或“血虫”。在别处，他还列出了许多食用毒蘑菇后的解毒剂，以及不要食用某些有毒野生薯类的警告。所有这些都包含在《金匮要略》他论述不同种类疾病的各篇中，并因此而得以流传下来。这些相关的各篇应受到比迄今已得到的还要更多些的研究[51]。

世上再没有人能像中国人那样对正确烹饪的重要性给予如此强烈的关注。我们在这里所指的并不是他们在烹饪学上所取得的杰出成就，而是中国人在烹饪中一直坚持的原则，即在巨大的薄壁铸铁锅中用高温的油煎炸食物。20个世纪以来，对生冷食物的厌恶似乎已经成为中国人烹饪的特点了，看来这可能也是防止传染病蔓延的一个强有力的卫生学因素。那些熟悉中国的西方人认识到，甚至在古代中国卫生条件比较差的条件下，中国人准备食物的方法也是非常卫生的，所以只要人们一直吃热的食物，那么传染病的危险性就会很小。

汉代的一本纬书阐明了烹饪的重要性。在《礼纬含文嘉》中，我们读到了这样的文字：“最先是由燧人通过钻木的方式得到火种，他教会百姓把食物由生做熟，这样大家就不会受胃病的困扰了，并将人类提高到了兽类之上。”（“燧人始钻木取火，炮生为熟，令人无腹疾，有异于禽兽。”）这段文字所指的是一个纯粹的传说中的人物，一个文化英雄，但是文中对烹饪能预防疾病的认识却是非常清晰的。在此基础上出现了这样的谚语，“任何食物只要煮的时间够长就会变成无毒的了”（“百沸无毒”）。

83 与对加热作用的认识紧密相关的是，人们有了对昆虫或其他小家畜的提防之心。例如，大约在公元75年，王充在《论衡》中就通过分析指出，好与坏的结果可能出于

---

[50] 《论语·乡党第十》第八章；Legge（1885），p. 96；Waley（1938），p. 148。该篇过去被认为是对孔子自身行为的描述，但是它现在一般被认为是一篇与出身良好之人的准则相关的礼仪文章，在这里尤其是指与食用祭品有关的部分。〔这些内容是何时被纳入《论语》的，尚不确定；白牧之（E. Bruce）和白妙子（Taeko Brook）近来提出，它可能是在约公元前380年被纳入的，见 Warring States Working Group（1933—），note 7。如今大多数专家认为，该篇的内容至少有一部分是与孔子相关的。——编者〕

[51] 特别见《金匮要略》第二十四篇、第二十五篇，第89页起，第95、96页。

偶然，而不是命中注定的：

谷物被蒸煮做成米饭，而米饭发酵制成酒。酒酿熟时，就会发出甜味或苦味；米饭做好时，就会变软或变硬。这并不是因为厨师或酿酒人想要它们变成那样；他们手指的运动常常出于偶然。煮好的饭被保存在不同筐子里；甜美的酒被储存在不同容器里。如果昆虫［或蠕虫］掉进了其中一个容器，那么其中的酒就不能再被饮用而是被倒掉。如果老鼠在装米饭的一个筐子上跑过，那么其中的米饭就不能再被食用而是被倒掉[52]。

〈蒸谷为饭，酿饭为酒。酒之成也，甘苦异味；饭之熟也，刚柔殊和。非庖厨酒人有意异也，手指之调有偶适也。调饭也殊筐而居，甘酒也异器而处。虫墮一器，酒弃不饮；鼠涉一筐，饭捐不食。〉

葛洪所著的《肘后备急方》（约公元340年）就详细阐述了不当饮食的危险。他的题目是“霍乱”类的疾病，认为其中包括霍乱、痢疾、腹泻。葛洪说[53]：

霍乱的疾病是由饮食引起的，通常是因为食用了生冷食物、不能在一起烹饪的食物、油腻食物，或浸入酒中而未经烹饪的生鱼；要不然就是因为暴露在风中或潮湿的环境中，或者在户外闲坐时衣服穿得不够多，或者睡觉时盖得不够。

〈凡所以得霍乱者，多起饮食，或饮食生冷杂物，以肥腻酒鲙而当风履湿，薄衣露坐，或夜卧失覆之所致。〉

在这些文献中，我们看到了作者对未经烹饪以及可能留有动物爬过痕迹的食物所产生的疑虑。在王焘所著的《外台秘要》（公元752年）中，我们发现他在对“瘘”类疾病进行论述时，很明显地表现出了这种怀疑。“瘘”原初是指淋巴管道化脓感染引起的肿胀的腺体，尤其是指慢性的，起因于至今我们仍然无法准确说出的一系列疾病。人们猜测肿胀的形状显示出了与这种疾病有关的动物的形状。王焘认为[54]：

“瘘”的损害所呈的形状包括鼠、蛇、蜜蜂、蟾蜍及蚯蚓，它们并没有太大的区别。所有这些都是由于［害虫的］“精气”进入了受污染的食物及饮用水而造成的。［它们的“气”］，进入人的肌肉，产生变化从而引发了这些疾病。在局部损害破裂之后，［这些毒素］就会侵袭经脉，并可能导致死亡。鼠形和蚁形是最常见的，因为［这些害虫］与人类的接触最为密切。

〈凡瘘病，有鼠、蛇、蜂、蛙、蚓，类似而小异，皆从饮食中得其精气，入人肌体，变化成形。疮既穿溃，浸诸经脉，则亦杀人。而鼠蚁最多，以其间近人故也。〉

---

[52] 《论衡·幸偶篇第五》，第一页；Forke（1907），p. 154。

[53] 《肘后备急方·治卒霍乱诸急方第十二》，第一页。关于这一点，巢元方引用了葛洪的说法，再次强调了生冷食物的危险，见《诸病源候论》（610年）卷二十二，第一页起。在现代医学中，“霍乱”仅仅意味“霍乱传染病”（cholera）。

[54] 《外台秘要》卷二十三，第十一页（第641页）。最早治疗由老鼠所引起的瘘病的处方之一，见公元前2世纪的《淮南万毕术》（第67条）。葛洪所记载的关于“瘘”的条目仅仅指的是此类治疗方法（《肘后备急方·治卒得虫鼠诸瘘方第四十一》，第168页起）。

早一个多世纪的《诸病源候论》(公元610年)在论述“瘘”时,列举了很多疾病,绝大多数以害虫的名字命名,并且说有一类是由于吃了受污染的瓜果而造成的。关于这一点,此书引用《养生方》的内容说到,在六月(也就是公历7月或8月),人们不应吃丢在地上并过夜的水果。而且,冬季时人们不应该吃被狗或鼠污染过的肉[55]。

84

(7)个人卫生及公共卫生

经常而充分地进行沐浴的愿望,在古代中国医学文献中是老生常谈,这无疑与其他古老国度中的情形一样。从普通文献中,也可以收集到大量中华文化圈内有关沐浴习俗的史料[56]。这样的一种历史叙述会在考虑到沐浴和清洗设施时,首先将其与家庭联系起来,继而是寺院及书院中的情况,接着是公共浴池的发展,再以对接下来的那些朝代中精致而著名的皇家浴池的记述来结束。也许我们还应该用专门的一节去描述中国那些数不清的温泉。

在这里我们只需要说,在中国周代后期,也就是在孔子的时代(公元前6世纪),清洗和沐浴的专门用语就固定下来了[57]。《礼记》记载的战国后期的传统礼节和仪式对贵族保持清洁的要求,给我们留下了深刻的印象[58]。他们必须每天洗五遍手,每五天洗一个热水澡,每三天洗一次头发。后者尤为重要,因为头发留蓄得很长。古典著作中的许多故事都是由对这项义务的高度推崇而来。《论衡》中抨击了洗澡有吉日和非吉日之分的迷信做法,这就向我们表明了汉代的学者经常洗澡[59]。我们对古代平民的习俗知之甚少,但是许多文献(包括诗歌)表明,他们充分利用了湖泊、江河之类的天然沐浴场所。

公元2世纪以后,随着佛教的发展,印度人对个人清洁的重视有力地增强了本土原有的卫生习俗。佛教寺院(与印度和斯里兰卡一样)通常都含有一个浴室或浴池。它绝不只限于和尚或尼姑使用。至少在早几个世纪中,人们就严格遵守着儒家对男女

85

---

[55] 《诸病源候论》卷三十四,第三页(第179页)。在正史的“艺文志”或“经籍志”中,我们并不能找到《养生方》,但有一种《养生书》在公元3世纪时流行。更有可能的是,巢元方所指的是《养生经》一书系由上官翼撰于公元5世纪前后。

[56] 薛爱华已经在一篇有趣的学术论文[Schafer(1956)]中列出了一个极好的例子。范行准[(*1953*),第58页起]曾经收录了一些此方面的史料。这还只是停留在表面的工作。在斯里兰卡(Sri Lanka)无疑也有类似的治疗方法,我们可以看到一些其后留下的这类明显的遗迹,比如在阿努拉德普勒(Anurādhapura)及米欣特莱的中古时期医院的遗址仍可发现的,像十字军战士的棺材(crusaders' coffins)那样的石制药浴缸,阿努拉德普勒的皇室浴池,以及位于锡吉里耶(Sigiriya)的仍然保持着原初几何布局,建于公元5世纪的非凡的皇家游乐园。我们中的一人(李约瑟)曾于1958年春有幸参观了这些地方。

[57] 对这些用语的讨论,见Schafer(1956)。

[58] 特别是见《礼记》,第十二、十三篇,以及第四十一篇;译文见Legge(1885),vol. 1,pp. 449 ff.,vol. 2,pp. 402 ff.。

[59] 《论衡·讥日第七十》。在汉代及以后,每五天或十天,官员们就要休息一天以“放松及洗头”;《事物纪原》卷一,第三十六页,以及Yang(1961)。很多中国的书专门谈论洗浴和个人卫生习惯。在《隋书·经籍志》(卷三十四,第一〇三七页中,列有一种可能成于公元7世纪之前的《沐浴书》。而且,一位皇帝还亲自写了一本《沐浴经》,他并未将之视为一件伤害名誉之事。这位皇帝就是梁朝的简文帝萧纲,他只在位一年(550年)。他是个学者、诗人及哲学家,他为道家经典及很多其他著作做过注释。

混浴的禁令[60]。道士也有沐浴的习俗，尤其是在重要节日前的斋戒仪式中。

自古时候起，皇帝和高官理所当然地要在国家重要的典礼与祭祀仪式前洁身。我们从许多与（例如）写在浴室和浴池墙上的诗句有关的故事中得知，学校也配备了浴室和浴池[61]。

唐代之后，也许是由于佛教机构繁荣程度的衰减，到了宋代，公共浴室开始兴起并迅速发展起来。在五代时期（约公元914年），智晖和尚为洛阳一家可以容纳上千人的公共浴室制造了抽水机，并因此而名声大噪。或许当时仍存在佛僧浴室，公共浴室也并没有商业化。自11世纪起，提到人们需要付费才能进入浴室的文献变得非常普遍。1127年，宋朝的都城迁到了杭州，此类公共浴室有了一个共同的名字——“香水行”。它们通过悬挂水罐或水壶作为自己的店标产生广告效应。这些就是备受马可·波罗（Marco Polo）称赞的浴室[62]。

在接下来的几个世纪中，与古罗马一样，公共浴池（*thermae*）几乎变成了中国城市生活中一个重要特点，但它们常常不再有助于卫生。人们习惯于将水反复使用，将水在烧水容器中烧热后，用链泵（chain-pump）将水送入池中使之连续不断地循环。也许因为这个原因，浴池开始被人们称为“混堂”，这个名字来源于原始混沌的循环运动，但“混”这个字在这里更可能只是指社会混乱的风气。小贩、商队的马夫、屠夫以及其他从事肮脏工作的人现在都使用公共浴室。浴室并未禁止那些身患传染病的人进入。因此，这项开始值得称赞的衡量卫生的指标，可能在有的时候所带来的坏处比益处要更多[63]。

条件更好的公共浴室，尤其是那些建在温泉或药泉旁边的浴室，其特征是拥有“擦背人”或“揩背人”，即按摩师。以下是11世纪由苏轼所做的词的一部分： 86

> 给按摩师的话：
> 你整天都在辛苦地工作，手肘不断地运动。
> 对我放轻松些吧！
> 一个已经隐退的学者并不脏[64]。

---

[60] 例如，见成书于公元547—550年之间的《洛阳伽蓝记》所记载的一则庆典故事，当时在宝光寺发现了建于晋代的一口井和浴室［《洛阳伽蓝记》卷四，第78页，译文见Wang Yi-t'ung（1984），p. 177］。这件事发生在北方。泛泛地说，在古代和中古时期早期，处于闷热的南方的作者，要比北方的作者更强调洗浴的习俗。

[61] 见《癸辛杂识》（别集）卷一，第十五页；该书成于1308年。

[62] 关于僧人的浴室，见朱启钤等（*1932—1936*），第163页。关于杭州的相关描述见《都城纪胜》（1235年），《梦粱录》（1275年；卷十三，第三页），以及《能改斋漫录》（卷一，第三页），摘录可见Gernet（1959），pp. 123—126。后一个文献解释说，浴室的标记来源于一个古老的官职，即《周礼》［十三经注疏本，卷七，第二十七页；卷三十，译文见Biot（1851），vol. 2，p. 201］中提到的“挈壶氏”。此官的职责就是在军队露营时以“挈壶”的方式表明井或其他水源的位置，以及照看另一种水壶，即刻漏。参见Needham *et al.*（1960），p. 159。

[63] 郎瑛在《七修类稿》（1566年之后；卷十六，第十二页）给出了“混堂”的说明图。郎瑛告诉我们，尽管卫生水平有所下降，穷困的学者受到澡堂温暖和便利的吸引，仍然去那里洗浴，而这些条件他们自己家里是无法达到的。当然，在使用流动水的地方，比如福建的福州，云南的安宁，或者四川的北温泉，卫生条件总是可以得到保证的。我们中的一人（李约瑟）仍保留着与朋友们一起去这些地方游玩的愉快记忆。

[64] 〔见龙榆生所收录并编辑的苏轼词集［龙榆生（*1936*），第2册，第22页］。——编者〕

〈寄语揩背人：
尽日劳君挥肘，
轻手轻手，
居士本来无垢。〉

最后，我们将略过宫廷浴池这部分令人兴奋的历史，自汉代以来，相关的历史大多已经被世人所知[65]。当然，人们相信皇帝及其美人随从必定使用那个年代所提供的最好的设施。无论是将铜像烧红后投入池中来提高水温，还是炎夏里在亭阁中让喷泉喷水和凉爽的水流环绕，那时从来都不缺建筑师、工程师和其他侍从来筹建任何可能的设施。

问一个很平淡，与我们的主题关系很密切，但是却更有科学意义的问题——我们一直在讨论，皇帝及其他沐浴者使用的是什么肥皂？尽管现代世界正处于“洗涤剂”时代，但是中国却是一直依靠洗涤剂而不是真正的肥皂。翻开中国任意一段历史，几乎找不到指导人们通过苛性碱使脂肪酸皂化来获得肥皂的文字。

众所周知，西方的制皂历史模糊得令人感到奇怪。有证据表明在古美索不达米亚（Mesopotamia），尤其是乌尔的苏美尔人（Sumerians of Ur），会将油与碱放在一起煮，以获得肥皂。有人认为古埃及人所使用的也是同样的方法，但是很显然，这么说的证据还不是很充分。希腊人和罗马人主要使用的是油，也使用机械去污法，并没有使用真正的肥皂。但是在某种程度上，他们使用了肥皂草（*Saponaria officinalis*）及皂根（*Gypsophylla struthium*），正如我们将要看到的，在这方面，中国人和他们很相似。后来的涉及肥皂重复发明的文献非常模糊；一些迹象指向了高卢人（Gaul），有些指向了西亚的斯基泰人（Scythians）或鞑靼人（Tartars）。我们所能断言的就是，到了盖伦时代（约公元 129—约公元 200 年），人们已在正常地使用真正的肥皂了，并且从那以后它被人们不断地制造出来。在中世纪的欧洲，至少从公元 800 年起，肥皂就为人所知了（即使还很少用）[66]。

在中国，人们现在对植物皂苷（saponin）的依赖看来从古代就形成了。作为个人洗浴及清洗衣物的洗涤剂而使用的皂苷，有三个主要来源。最古老的是被称为“皂荚”（*Gleditsia* 或 *Gleditschia sinensis*）的植物。在秦汉时期的非医学文献中，我们没有找到关于它的任何记载。因为它出现在第一部本草学著作《神农本草经》中，所以我们可以把它的使用年代定在东汉。《本草拾遗》（公元 739 年）中介绍了这种树的一个特殊品种，“鬼皂荚”，它可以用来洗澡和洗头[67]。我们从“大将军”王敦（卒于公元 324 年）的轶事中得知，这种洗涤剂的种子被称为“澡豆”。

88

---

[65] 薛爱华［Schafer（1956）］曾详细研究过位于西安附近临潼的浴池，它们被浪漫地与唐玄宗及其爱妃杨贵妃联系在一起。1958 年夏天，我们有幸参观了这个仍然令人愉悦的地方。

[66] 参见 Forbes（1954），p. 261；Taylor & Singer（1956），pp. 355—356；Gibbs（1957），p. 703；以及 Taylor（1957），pp. 129 ff.。

[67] 《神农本草经》，森立之辑本，卷三（第 91 页）；R/387；Stuart（1911），p. 188。见《证类本草》（1249 年）卷十四，第 341 页。不能用作洗涤剂的相关物种很早就被人认识了。苏敬在《新修本草》（659 年）中注意到“猪牙皂荚”（*Gleditsia japonica*）无此功能；Stuart（1911），p. 188。完整的条目见《本草纲目》卷三十五下，第四页起。

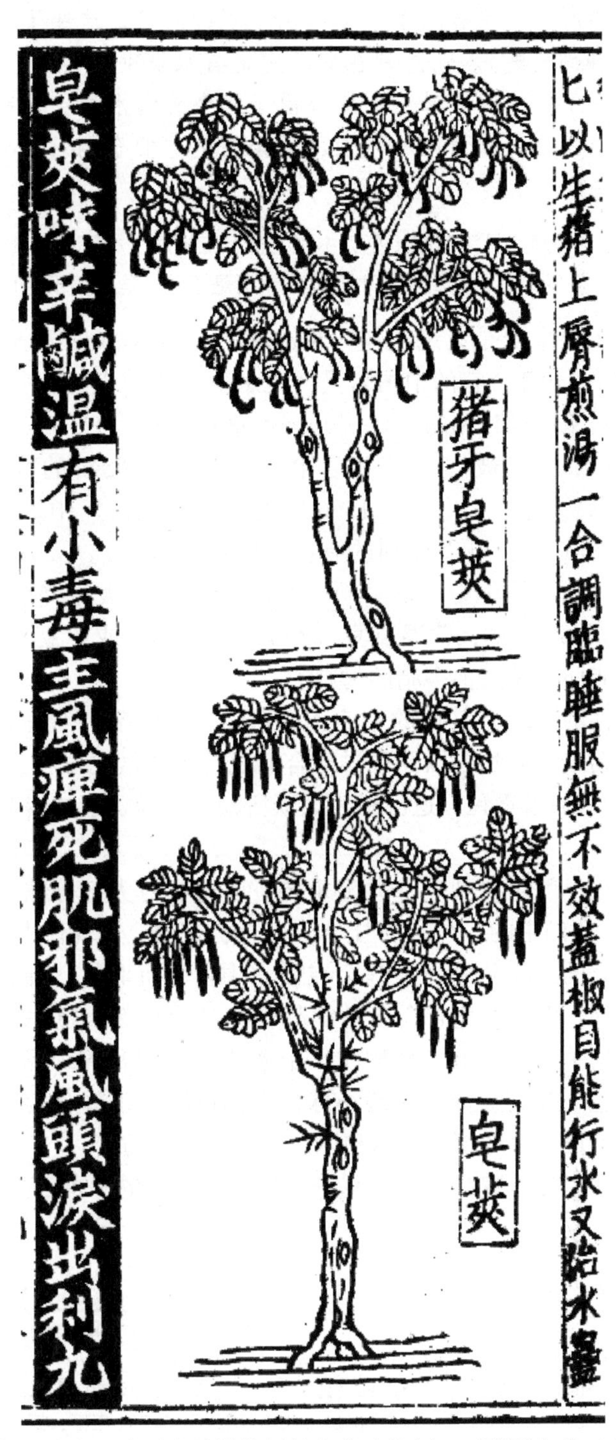

图4　皂荚（下图），中国人最早使用的皂苷洗涤剂，而猪牙皂荚（上图）则无这种用途。采自《重修政和经史正类备用本草》（1249年）。此据1957年的重印本，卷十四，第六页。

当王敦上厕所时，他看到了一个装满干枣的漆篮。这些干枣本来是用来塞鼻子的（以避免闻到臭味）。注意到在厕所中也有水果供应之后，王敦就吃了起来，还把它们都吃光了。他回去时，女奴捧出了一个装满水的金盆和一个装满皂荚的琉璃碗。王敦猜想这是做好的干米饭，于是便把它们全倒入盆中一饮而尽。所有女奴都抿着嘴偷偷地笑他[68]。

〈王敦初尚主，如厕，见漆箱盛干枣，本以塞鼻，王谓厕上亦下果，食遂至尽。既还，婢擎金澡盘盛水，瑠璃盌盛澡豆，因倒著水中而饮之，谓是干饭。群婢莫不掩口而笑之。〉

皂苷的第二个主要来源是无患子树（*Sapindus mukorossi*）。它结出的豆子（“菩提子”）被佛教僧侣制成念珠。它的中国名是“无患子”或“鬼见愁”。因为它的气味不好闻，所以在公共浴室中是禁用的。在《开宝本草》（公元973—974年）首次提及之前，这种材料似乎并没有被广泛使用。第三种，也是最新的来源，即肥皂荚树（*Gymnocladus sinensis*）。它最初出现在1596年的《本草纲目》中。在可能含有活性的皂苷的其他植物性物质中，可以提到的有：马兜铃（*Aristolochia recurvilabra*）或苍术（*Atractylis sinensis*）（两者均称为“白术”）的根，和一种用大豆（*Glycine soja*）制出的粉末，“豆末”。赋形剂包括：普通豌豆（*Pisum sativum*；或荜豆）粉、滑石、皂石、根粉、蜂蜡、动物脂肪以及其他多脂的材料[69]。

当然这些植物性的产品有其他的用途，如可用作催吐剂，但是它们主要被当成洗涤剂。它们由各种粉末、矿物粉以及香料结合而成，还被做成球状，这类似于肥皂块。在10世纪时，皂苷被用来毒鱼，这已经为大众所知，因为赞宁的《物类相感志》中曾提到过。

植物生化学家很早就认识到皂苷尤为重要，因为它对大部分精致的纺织品都不会带来有害的影响[70]。我们中的一位（鲁桂珍）至今仍记得，在现代中国，她的祖母是如何反对使用油脂肥皂的，部分原因是它会在硬水中留下沉淀物，并且与老式洗涤剂相比，它会使织物变硬。例如，皂苷会使丝织品长期洁白如新。过去家庭习惯购买黑色的豆子，并且自己动手从中析出水性物质，用来清洗丝绸和棉织品；清洗厕所时，会使用药商提供的暗色、湿润、带香味的小球，它们可以洗出许多美丽和令人舒适的肥皂泡。那个年代配剂还包括蜂蜜以及从猪网膜上取得的脂肪。

公元7世纪后期，孙思邈在《千金翼方》中专为妇女的“面药”写了有趣的一篇；

89

---

[68] 《世说新语·纰漏第三十四》，第四十四页，译文见 Mather（1976），p. 479，经修改。一个几乎相同的故事是讲述陆畅的，事在公元863年之前，其中一定涉及同样的澡豆（《酉阳杂俎》续集卷四，第六页）。枣，即 *Zizyphus sinensis* 或 *Zizyphus jujuba*；R/292，R/293；Stuart（1911），p. 466。

[69] 无患子：R/304；Stuart（1911），p. 395。见《证类本草》卷十四，第350页；以及《本草纲目》卷三十五，第十四页起。肥皂荚：R/393；Stuart（1911），p. 198；《本草纲目》卷三十五下，第十三页。马兜铃、苍术及大豆：R/585、R/14及R/388；Stuart（1911），pp. 49，58，189，大豆（*G. soja*）参见 *G. hispidia* 条。李时珍时代曾用过豌豆末（《本草纲目》卷二十四，第二十页）；R/402；Stuart（1911），p. 335。李时珍曾建议用此来消除天花的痘痕。正如薛爱华所说的，豌豆末并不是“澡豆”的必要成分；Schafer（1956），p. 64。

[70] Haas & Hill（1928），vol. 1，pp. 261 ff.。他们的洗涤剂粉末可能比现代洗涤剂的去污力要弱。这种比较性的评价将会比较有趣。

“面药”，即化妆品、洗涤剂及其他用于个人卫生的制剂。他的介绍表明这些主要是秘方：

> 面霜、洗手液、衣物芳香剂，以及洗漱和沐浴专用的澡豆，都是官员，[更别提] 那些位高权重之人希望要的东西。但是现在的医生非常不愿意将配方公诸于世。他们也不允许自己的弟子将其公布出来。甚至有时父亲都不会把配方交给儿子。但是当圣人创造出这些配方的时候，他们是希望将之公诸于每户每人的。人们当然不应该使对它们的无知成为天下的标准，以至于最好的 [医药的] 方法不能传播，阻挠圣人的意愿，多么奇怪！
>
> 〈面脂手膏，衣香藻豆，仕人贵胜，皆是所要。然今之医门极为秘惜，不许子弟泻漏一法，至于父子之间亦不传示。然圣人立法，欲使家家悉解，人人自知。岂使愚于天下，令至道不行，拥蔽圣人之意，甚可怪也。〉

大约在半个世纪之后，王焘的《外台秘要》引用了这些评论，开始了论述类似配制剂的内容更为广泛的一卷，此时其主要对象已不仅限于女性。在大约 220 个配方中，有许多皂苷类的洗涤剂。其中有 2 个是特别用于洗脸的（“洗面方”），5 个是用于洗头发的（“沐头去风方”），并有 8 个是用于制造沐浴肥皂的（“澡豆方”）⑪。这些常常加入了各种药物和香料的各种各样的洗涤剂，是由皂荚属（*Gleditsia*）及其他植物产品配制而来的。

王焘一直没有提到苛性碱。但是，有来自各种这类文献的大量证据表明，与西方文明一样，他们使用了碳酸钠（“碱”），尤其是在洗涤衣物的时候。

植物的皂苷主要有两类，甾体结构（steroid structure）的皂苷以及三萜类（triterpene nature）皂苷。它们都是复杂的稠环烃（condensed-ring hydrocarbons），并且在天然态下通常被结合成糖苷（glycosides）。所有植物皂苷都天生包含两个亲水基及疏水基，如果没有它们，植物皂苷就不能表现出洗涤剂的特性。它们在被洗涤的织物表面与黏附在上面的灰尘或油污粒子间形成了单分子薄膜，当其表面张力降低时，后者就会被分离下来。这就带来了洗涤剂的效果⑫。典型的甾体皂苷是从洋地黄中提取的惕告吉宁（tigogenin），而典型的三萜皂苷则是常春藤皂苷元（hederagenin）。

众所周知，现代的合成洗涤剂在结构上有很大不同，它们很大程度上是长链无环烃（long-chain non-cyclic hydrocarbons）的磺酸衍生物（sulphonic acid derivatives），比如月桂酸（lauric acid）或蓖麻油（castor oil）中的烃。不过它们中有些纯粹是有机肥皂，用氨代替了传统的碱金属。磺化链（sulphonated chains）或真正的肥皂，与具有高度复杂稠环特征的古典中国的皂苷之间的中间物，就是有洗净力的松香酸（abietic acid），一种通过解聚作用而从松木树脂中提取的具有很强表面活性的化合物。这只有一个三环的氢菲（hydrophenanthrene）体系。它被用来制造黄色的洗衣皂，以及施胶剂（paper size）、清漆和塑料。这样它就在新式的洗涤剂及老式的皂苷之间建立起了一种联系。 90

---

⑪ 《千金翼方》卷五，第十页（第 64 页）；引文见《外台秘要》卷三十二，第三页、第五十一至六十五页（第 870、894—901 页）。

⑫ 介绍性的评述，见 Adam & Stevenson（1953）。

另外一个极少受人关注的问题是，在中国的不同时期，公共以及私人厕所（“厕”）的卫生状况如何。豪华的卫生间只有富人能够享受。我们曾经提到过（p. 88），商人石崇（公元249—300年）的厕所就特别地讲究。在远古时期，人们就在便后用竹制的工具，也许是竹片（“厕筹”、“厕篦”或“厕简”），并在水的帮助下来清洁身体。在其他的时期和地方，人们似乎也会同样使用瓦片或陶片来达到此目的。毫无疑问，我们发现的另一种作此用途的材料是废弃的丝制旧布。

大约公元前100年纸发明之后[73]，这种可利用的消耗性薄纸日益增多，有助于在人民中传播更卫生的习惯。无疑，只有上层阶级才能使用丝制品。为这种目的而制造的比较粗糙的纸称为“草纸”。到了隋代，厕所用纸已经很普遍了，这一点在颜之推于公元590年前后所写的《颜氏家训》中就可见一斑[74]。

从很早开始，就必定有某种系统的安排，每天早上清除城市聚集起来的粪便。在13世纪，这类工人被称作“倾脚头”。这个词出现在宋代（1274年）吴自牧在杭州所写的文集《梦粱录》之中[75]。

（8）牙齿的护理

有关中国人对牙齿的护理，可以说的内容很多。在《诸病源候论》（公元610年）中，巢元方就多次谈到了这个问题。他又一次引用了《养生方》，说：“在早上起床之前，用你口中积蓄的唾液漱口（‘口中唾’），再将之咽下。然后上下叩击你的牙齿七次，如是两遍。这将会使你精力旺盛且容颜润泽。还会使你的牙齿不被虫蛀，变得更坚硬。”[76]（“朝未起，早漱口中唾，满口乃吞之，辄琢齿二七过……使人丁壮有颜色，去虫而牢齿。”）除这些半巫术的做法之外，我们还发现了许多证据，表明存在用于清洁作用的物品。

在《卫生家宝》（12世纪前期）和1406年的《普济方》中曾提到将皂荚当作牙粉或牙膏使用的做法[77]。这表明他们使用了某些工具，通常是一段枝条或木棍的末端，还有产生于辽代（公元937—1125年）的用猪鬃做的牙刷[78]。

91

远在辽代之前，随着佛教的传入，在印度的影响下人们毫无疑问会使用简易的木棍。事实上，在中亚边界地区的甘肃省敦煌莫高窟千佛洞的壁画中，有一个洞的壁画大约绘于公元775年，从这幅壁画中我们可以清楚地看出有一个僧人正在清洁他的牙齿[79]。一个仆人正拿着毛巾服侍他。僧人用右手刷牙时，他左手拿的东西乍看上去很像

---

[73] 见本书第五卷第一分册，pp. 38—42。

[74] 《颜氏家训·治家第五》，第十三页。范行准（*1953*），第74页起。

[75] 《梦粱录》卷十三，第十三页。

[76] 《诸病源候论》卷二十九，第九页（第156页）。〔中国人相信龋齿是由小虫在牙齿上咬洞而形成的。——编者〕

[77] 引文见《本草纲目》卷三十五下，第十三页和第八页。

[78] 见周宗岐（*1956*a，*1925b*）。

[79] 通常西方人称之为千佛洞。我们有幸于1958年夏天研究了第159窟的这幅壁画。在第196窟发现了描绘相似场景的壁画，只不过它所描绘的是唐代再稍晚些时的场景。

一个牙膏管，事实上可能是个注水器。

13世纪早期，在阿拉伯文化区内，尤其是在埃及，都是用一种叫“牙刷树”（*siwak*；*Salvadora persica*）的植物来制造牙粉（*sanūn*）和牙刷的[80]。初步估计，表面粗糙的枝条的使用可能是从印度向四方传播的，而从严格意义上说，牙刷则可能是在中国和在阿拉伯国家这两个区域发展起来的。然而，有关这方面的研究才刚刚开始。

（9）特殊的疾病：狂犬病

尽管在古代及中古时期，还不可能有效地组织起保护人们防御特殊疾病，比如狂犬病及天花，但是预防措施已被采取。狂犬病，这种在中国历史上很早就被人识别出来的疾病，将会提供一些实例。我们在《左传》（公元前4世纪后期）这部诸侯国的轶事记录中找到了也许就是有关狂犬病的最早记载。这一段所记录的事发生在公元前556年："在十一月，［宋国都城的］人们正在追杀一只患有狂犬病的狗（“瘈狗”）。它逃入了华臣的屋子。人们便跟着进入了华臣家的院子。华臣非常害怕就逃到了陈国。”[81]（“十一月甲午，国人逐瘈狗。瘈狗入于华臣氏，国人从之。华臣惧，遂奔陈。”）

该书接下来并没有说华臣之所以逃跑是因为害怕这种病。与其这样，不如说这个故事的要点在于这位凶残的高官有充分的理由害怕这些滋扰的民众，并将这件事视为一种征兆。这个故事表明人们有效地组织起来去除掉危险的动物这种行为的组织程度之高，以至于这些动物无法找到一个避难之处，甚至是在高官的私人住宅及花园中也是如此。

到了公元3世纪，我们在葛洪的《肘后备急方》及其他医学著作显著的位置中就找到了有关狂犬病的记载。在众多治疗法中，有一条是从伤口处将血吸出来，然后再施灸术。最有趣的是："要将咬人的狗杀掉，取其脑浆擦［在伤口处］。如此，病就不会复发了。”[82]（“仍杀所咬犬，取脑傅之，后不复发。”） 92

中国缺少切实可行的可以将疯狗隔离起来的社会机构，但是在一年中有好几次人们可以收到这方面的警告。在公元7世纪50年代，孙思邈在他的《千金方》中说道：

> ［狗］经常在春末夏初的时候发疯。因此有必要警告儿童及体弱之人携带木棒，以作他们的防护之物。对那些尽管做了预防措施却仍然被狗咬了的人而言，没有比灸术疗效更好的了。只有在100天之后，坚持一天也不错过治疗，患者才能［确信］被治愈了。如果起初伤口愈合并且疼痛缓解，以致［患者］声称痊愈的话，那才是最令人担心的。一场大灾难可能就要降临，把患者带到死亡的边缘。
>
> 在疯狗咬人后，患者就会变得狂躁，而他的精神与活力（“精神”）就会变得异常。我们是如何得知的？你只需要记住，在施灸术的过程中，只要火一接触［到皮肤］，病人的精神就会被唤醒，完全醒来。这样我们明白了，被咬就意味着狂躁。非常有必要注意这一点。虽然那些没有经验的人很轻松地对待它，未给予慎重的考虑，

---

[80] Wiedemann（1915）。

[81] 《左传·襄公十七年》，第七段；参见译本 Couvreur（1914），vol. 2，p. 330。

[82] 《肘后备急方》卷七，第212页。

但这却是一种最严重的疾病。每年都有因［医生的］怠慢而丧命的患者……

当一个人被疯狗咬了后，此病的症状按惯例会在一周之内表现出来。如果在三周之内无事发生则表明他可能幸免，但是只有度过100天之后［没有症状显现出来］，才表明他安全了[83]。

〈论曰：凡春末夏初，犬多发狂，必诫小弱持杖以预防之。防而不免者，莫出于炙。百日之中一日不阙者，方得免难。若初见疮瘥痛定，即言平复者，此最可畏，大祸即至，死在旦夕。

凡狂犬咬人著讫，即令人狂。精神已别，何以得知？但看炙时，一度火下，即觉心中醒然，惺惺了了，方知咬已即狂。是以深须知此，此病至重，世皆轻之，不以为意，坐之死者，每年常有。……

又曰：凡猘犬咬人，七日辄应一发，三七日不发则脱也，要过百日乃得免耳。〉

（10）比较与结论

回顾我们以上所讨论的内容，你会禁不住将古代与中古时期中国人的卫生学思想和实践的成就，与其他文明中相同领域最突出的成就相比较。不可否认，它们中的大部分都是普通的知识。例如，在古代以色列，卫生法规的发展特别集中在食物禁忌方面[84]。在以色列及伊斯兰，所强调的主要是在祷告前及用餐前后的清洗。古时候的希伯来人（Hebrews）引人注意的地方还有，他们的割礼手术，他们有关麻风病的法规以及有益健康的安息日休息。古印度人也制定了这类法律，强调必须清洗身体，这无疑是炎热的气候所导致的。他们可能最早意识到好好护理牙齿的重要性。坚持火葬也同样让印度得到了很多赞扬。

在西方，每个人都知道米诺斯时期克里特岛（Minoan Crete）的卫生设备中的公共厕所及水管，罗马城市的排水系统，如罗马的大下水道（Cloaca Maxima）。14个建于公元前4世纪至公元2世纪之间的宏伟的导水管，为公众供应洗澡用水。希腊人和罗马人对“体育场”（*palaestra*）中的体操的喜爱，也是欧洲传统的一部分。在罗马，掌管街道清洗及公共厕所卫生的官员（*quatuorviri viis purgandis*；街道清洗四人委员会），不禁使人想到了在《周礼》中提到的并且直到宋代还随处可见的类似的官员与工人。

93

审视古代及中古时期中国医生和学者对待卫生及预防医学总的态度，你可以得到这样一个总体印象，它绝对可以与希腊及罗马文明中所做的相媲美。概括西方两千年的情况是不可能的。罗马人坚持在伊斯兰浴室（*hammam*）中沐浴的习俗对十字军产生了强烈影响，以至于（男女同浴的）浴室在中世纪后期的欧洲变得非常普遍。此后在16世纪与17世纪发生了显著的倒退，从古典人文主义文化传播的视角来看，这是非常荒谬的。直到18世纪进入了浪漫主义时期，此过程才得以再继续。

---

[83] 《千金方》卷二十五，第十八页（第453页）。〔孙思邈有代表性地从《肘后备急方》（卷七）中引用了这最后的一段。——编者〕

[84] 〔有关科学意义上的卫生实践是否是这些禁忌之要点的争论，仍然非常激烈。对于典型的反对意见，见Douglas（1966），pp. 41—57，以及Douglas（1975），pp. 283—313。——编者〕

要评判几个世纪以来欧洲和中国在预防医学上相比而言的成就，个人卫生及沐浴习俗可能应该独立考虑。确实，唐代的佛寺或道观中的生活，要远比同一时期的基督教修道院中的生活干净。马可·波罗在13世纪末还记录了一个类似的优势，但是在14世纪及15世纪可能就没有多大差距了。直到19世纪下半叶，欧洲人才真正超越了他们。这种对高效管理设施短暂的独享在迅速终结。

我们又一次遇到了这种我们在许多其他联系中所遇到过的有趣情况。在科学与技术的许多分支里，古代的中国人做出了同样或是超越了古典西方世界的贡献。在大约公元200年后，欧洲人处于落后状态，差不多有12个世纪，直到文艺复兴时期他们的文化生活与科学思想才开始复苏。这样的实例在本书的每一卷中都随处可见[85]。卫生学与预防医学的发展又一次为此提供了实例。某些非常类似的东西也可以从整体上勾勒出医学学科。

所有文明都在重复着某些保健方面的格言。例如，我们在读《萨莱诺健康准则》（*Regimen sanitatis salernitanum*）那些看上去是1100年左右由意大利萨莱诺医学学校的医生们提供给一位英格兰国王的有关健康的箴言时，我们似乎面对的是中国及许多其他文明的医生也会赞同的基本思想。哈林顿（Harington）的译文如下：

萨莱诺学校要用这些字句给
英格兰国王带去全面的健康，由是建议
先要照顾好自己的头，免得心生怒气，
饮酒莫过度，晚餐要清淡，餐毕即起身，
食物一旦吃完，久坐会生难受，
午后还清醒，睁开眼睛多看看。
当行动之时，你会感到自己的自然需求，
不要克制这些自然需求，因为那会滋生许多危险。
医生还是要用三个，第一个是平静医生，　94
接下来是快乐医生，还有就是饮食医生。
早上早起，要牢记在心，
用冷水清洗你的手和眼睛，
用随和的方式对待每一位大臣。
起床的时候要振作你的精神，
不论七月酷暑，还是十二月严寒，
都要梳好你的头，还要将你的牙齿擦净。[86]

这些话提醒了我们，不管是在古代还是在中古时期，所有文明中的智者都有可能像希波克拉底与盖伦以及扁鹊与张机一样，给大众提出他们有关健康的建议。

---

[85] 最早的这类讨论之一，见本书第一卷 p. 242，辛格等［Singer *et al.*（1954—1958），vol. 2，pp. 770—701］对其进行了扩展。本书第七卷将会进行更加全面的回顾。

[86] Harington（1607），p. ［A6］，由作者编辑。

95

(c) 资格考试

(1) 导 言

为保护公众使其免受拙劣医生的损害而实行的内外科水平考试，其起源是一个非常值得关注的题目。这个想法的萌芽可以追溯到很久以前，因为对治疗失当者惩罚的发端就可在著名的汉穆拉比（Hammurabi；巴比伦的国王，公元前2003—公元前1961年）的法典中找到。这种惩罚在波斯的阿契美尼德王朝（Achaemenid）继续着。大约在公元前5世纪，信奉波斯古经的（Avestan）外科医生被要求承诺先在三个不信奉拜火教的人（non-Mazdaean）身上练习；只有成功后，他才能在拜火教徒（Zoroastrian；琐罗亚斯德教徒、祆教徒）的身上做手术。

在我们发现任何一个完备的医学考试体系之前，医学学科与技艺一定已经非常进步了。可利用的证据（我们将会在适当的时候提到）清楚地表明，我们欧洲的考试体系是经由萨莱诺学校从阿拉伯文化而来的。但是由此却引发了一个问题，即10世纪巴格达（Baghdad）的医生是否可能受到了更早些的远东地区行医之人的影响。

对于寻找现代意义上的医学考试的起源来说，中国文明是一个供选择的环境。很自然地，人们会猜测，古代和中古时期中国的官僚封建制度，与我们所知的任何旧大陆西方的社会都大不相同，它开创了医疗从业资格考试。这其中有许多惊人的相似之处。当本特利（Richard Bentley）1720年在剑桥（Cambridge）推行对欧洲来说尚属首次的笔试的时候，他当然并非不知道古老中国的科举考试。许多17世纪的耶稣会士作家，用各种欧洲主流语言对它们作了详细描述。在19世纪，当科举考试引入西方的时候，它的灵感来自于在中国已经施行了两千年的仕途考试①。

一旦我们开始在大量流传下来的古典中国文献中深入研究这些考试，我们便发现了两个很早就开始并且不可避免地仍然结合在一起的发展过程。首先，是国家医疗机构的思想；其次，是国立大学的理念，这种大学被用来培养中国式的“胜任侍奉教堂中的上帝和服务于国家之职的人”（persons well qualified to serve God in Church and State）。对这个欧洲惯用语需要有所保留，因为中国人的宇宙信仰，好比是神权政治上的无神论者，而且国家也并不独立于教堂。不管怎么说，它充分地表现了国家教育所规定的目标。我们将会看到，这两股倾向结合于某一点，并特有地产生了医学学校，以及随之自然而然产生的对医学学生的资格考试。问题在于，它确切地发生于什么年代。

① Teng Ssu-yü (1943)；Bodde (1946), p. 426。

(2) 医疗职位

96

就让我们从周代末年的情况讲起，公元前3世纪后期，战国让位于中国历史上最早的两个帝国，短命的秦朝及长寿的汉朝。我们已经讨论过《周礼》（约公元前2世纪）中对医疗官员的列举。这个理想化的模式并没有间接提到学生或考试②。

汉朝的统治持续了至少四个世纪，西汉是从公元前206年到公元8年，随后东汉是公元25年到公元220年，与罗马帝国的统治并行。在这一时期，宫廷的和国家的两套独立的医疗机构之间开始有了差别。西汉时期，我们看到在“奉常”这种官职之下，设置有“太医令丞”，而“少府”之下设有另一个“太医令丞”。从那时起的若干个世纪里，“太医”的官衔与“太史”相当。此时出现了一些皇帝护理医生的特别职位，如“侍医”，相当于明清时期的“御医”。

我们发现东汉时在“太医令”掌管的官员中，列有1名“药丞”、1名“方丞”、293名“员医”以及19名“员吏”。在这个时期，我们还发现了州郡的医疗机构。除了在京城的官员外，还有为皇族中亲王服务的地方官员“医工长”。这套官吏体系一直延续到了三国时期③。

当我们转向第二个统一时期，也就是晋代（公元265—420年）的时候，我们必须停下来去见识一项非常重要且起始时间很早的平行发展。这就是国立大学的建立。从一方面来看，在秦朝统一之前，“博士”（教授）的头衔就已经在多个诸侯国中出现了。纵观历史，它包含了两种截然不同的含义。它通常指的是官立学校中的老师，他的职责是将权威的经典文本传承给经仔细挑选的学生，而另一个不常用到的含义是，那些为“奉常”服务的，博学的精通礼仪之士④。

汉文帝英明地开创了国家考试制度⑤。公元前165年，他亲自为考试出题，也许这在任何文明中都是史无前例的。公元前124年，汉武帝在公孙弘（约公元前205—约公元前127年）及董仲舒（约公元前179—约公元前104年）的建议下，给一群博士及其“弟子”拨款，由此第一次建立了国立大学（“太学”）。开始时它只有50名学生，大约到了公元前10年的时候，已经逐步发展到了3000人。公元4年，不久就要篡夺王位的摄政者王莽，还为此把全国的学者召集起来召开了一次大会，以便将各科学学科与人文学科置于一个比以前更具权威性的基础之上。东汉的第一个皇帝，光武帝，在结

97

② 见上文（b）节，p. 70。

③ 《前汉书》卷十九上，第726、731页；《后汉书》卷二十六，第3592页，卷二十八，第3629页。〔“员医”和“员吏”并没有被列入正史，而是由注释者记录下来的。它们不太可能是文官制中的常设职位。——编者〕

④ *DOT*（《中国古代官名辞典》）4746。贺凯（Hucker）将其按字面译为“博学之士”（Erudite），此词对这两种意思都非常合适。关于汉代之前的“博士”，见侯绍文（*1973*），第44—449页。

⑤ 〔汉代的国家考试制度的主要目的并不是为了测试博学程度。公元83年，汉章帝列举了他在试图恢复的标准。这些标准包括个人品德和清正廉洁，建立在研习经典著作基础上的自我修养，能进行明智判断的法律法规知识，以及个人的坚定果敢；侯绍文（*1973*），第29页，注2。汉代“举孝廉”的制度依赖于高官的个人评价，而不是正式的考试。根据毕汉思［Bielenstein（1986），p. 516］的研究，公元132年首次为那些“举孝廉”中被推举出来的人举行了笔试。——编者〕

東王莽统治后，于公元29年重建了太学。到了三国时期，魏文帝于公元224年将它搬到了洛阳，精通仪礼的“博士”的官职地位有了相当的下降，而那些“博士”（教授）的地位也极有可能有所下降。西晋时期（在公元3世纪的最后20年曾短暂地统一了中国），武帝改革了太学，并专门为贵族和高官的子弟增加了一所“国子学”，而“太学”则接纳那些有前途、出身地位稍低但又不属于平民的学生⑥。

1958年，我们有幸研究了一块年代为公元278年的宏伟的石碑，现在仍可在洛阳的关公庙中见到它。该碑碑文对那个时候的太学进行了说明，当时它有3000名学生，很多是从海外来的，一些来自“东海”（辽东），一些来自“流沙”，也就是新疆。它列出了一长串学生与教授的姓名。对碑文全文进行翻译会十分有趣。

学生群体被分为“门人”，通过一经考试的“弟子”，通过二经考试的“补文学”，以及通过三经考试的“太子舍人”。学生毕业后，正常情况下需七年，被授予“郎中”的头衔，照例，他就作为服务于朝廷的人等待被任命一个职务。在接下来的年代中，太学从未消失过；在国家分裂时期，会有几个这样的机构建在相互对峙的王朝中。只有在繁荣时期，大的机构才能充分完成自己的使命。

东晋时期，前后相继的几位皇帝都加强了太学的建设，例如，公元317年继位的元帝。后来设立了更多的研究特定经典著作（其中包括《周礼》）的教席。

至大约公元490年北魏王朝结束时，孝文帝把太学的名称改为了“国子”。隋朝统治后，大约在公元610年，它被改组为监管京城里所有学校的部门，并被命名为“国子监”，标准的译法是“Directorate of Education”（教育理事会）。这个头衔沿用了很长时间，事实上它一直被沿用到1911年清朝结束时。我们可以毫不过分地说，当代中国的所有现代模式的大学都是从中古时期的“理事会”延续下来的，并在19世纪西方的影响下壮大、改进和完善。整个两千年来，国家官僚体制框架下的高等教育机构的理念一直根植于中国文化之中。

98

公元3年汉平帝时期，首次（也有可能是文献首次记载）颁布了建立地方学校的饬令。公元466年的北魏时期，每个郡都建立了地方学校。大郡的学校有2名“博士”（教授）、4名“助教”（讲师）以及100名“学生”。

（3）医学教育

现在我们必须折回我们的脚步，追随从晋代开始的国家医疗行政体系的发展。当我们查阅北魏文献记录的时候，直到突然碰到了两个引人注意的新官职——“太医博士”［我们只能将之译为“Regius Professor of Medicine”（皇家医学教授）］和“太医助教”［“Regius Lecturer in Medicine”（皇家医学讲师）］，他们的官阶分别是七品下和九品下（九品中是文官制中最低的常设官职）——我们才发现了明显的差异。公元492年，魏高祖（孝文帝）对官员的官阶进行了一次很大的改编与调整，这两个官职似乎

⑥ 〔在解释这个学校的建立过程中，高厚德［Galt（1951），pp. 280—282］所提出的矛盾，在下文所提及的碑文中已经得到了解决。——编者〕

就是当时改编与调整的产物⑦。这两个职位与太学中的许多其他教学职位相当，这其中不仅仅有教授普通学科的，而且还有教授占星、数理天文学以及地理交通等学科的。这个情况十分有趣，值得将其排列成表3。

表3 技术性行政职务，公元492年

官阶	职务
从第五品上	国子博士（太学）
	太学祭酒（太学）
第六品中	太史博士（太学）
	太学博士（太学）
第六品下	太乐博士
第七品中	国子学生（太学）
	太学典录（太学）
	太史博士（太学）
从第七品下	太卜博士
	太乐典录
	太医博士（太医署）
第八品中	太学助教（太学）
第九品中	太史助教（太学）
	太医助教（太医署）
从第九品中	方驿博士

排列的结果是，在这个尊贵的团体中，从医之人只占据了较低的职位。我们并不知道在每一个类别中到底有多少医学的教席。类似的职位很快就传到了中国境外⑧。

(4) 医学考试

到公元3世纪的时候，为获得“博士”的职位而进行的考试就已经存在了差不多500年。公元4世纪，政府设立了许多新的“博士”职位，而且大学的规模在公元5世纪也扩大了。正如我们刚才所见到的，《魏书》列出这么多医学教学官员，其含义非常明显，他们不仅讲课，而且也对医学知识方面的能力进行考试。不过我们还没有文献上的证据，但是很快就会找到。

中国的第三次大统一发生在公元581年，那时隋朝建立，一个家族再一次获得了

99

⑦〔职官表排列于《魏书》卷一一三，第2980—2993页。用一种其他人都没有用过的方式，在翻译这些官职时加上“皇家”（regius）一词，这是很难让人赞同的。所有的官职原则上都与皇帝有关，这些官职从原则上来说也并不例外。例如，贺凯对“太医博士”（*DOT* 6182）的标准译法只简单的是“Medical Erudite”（医学的博学之士）。一份唐代的文献（《大唐六典》卷十四，第二十三页），记载了一个刘宋朝的官员曾于公元443年提议设立医学学校（“医学”），但是那时的史书并没有记载此事。据文献记载，刘宋时期（公元469年）有一个要用在学院中培训医生来对抗民间宗教疗法的提议，但没有被接受；《宋书》卷八十二，第2100页。魏朝在医学教育及其他方面，紧跟南方的潮流至少是有可能的。——编者〕

⑧ 公元553年，朝鲜百济王国送了一个叫王有陵陀（Wangyu Rungtha）的医博士到日本，重新组织那里的医学教育；他的使团中包括两名采药师。这个使团在公元702年结出了丰硕的成果，那年日本的文武天皇建立了一个附有五个部门的典药寮（皇家医学院），并设立了月考和岁考。

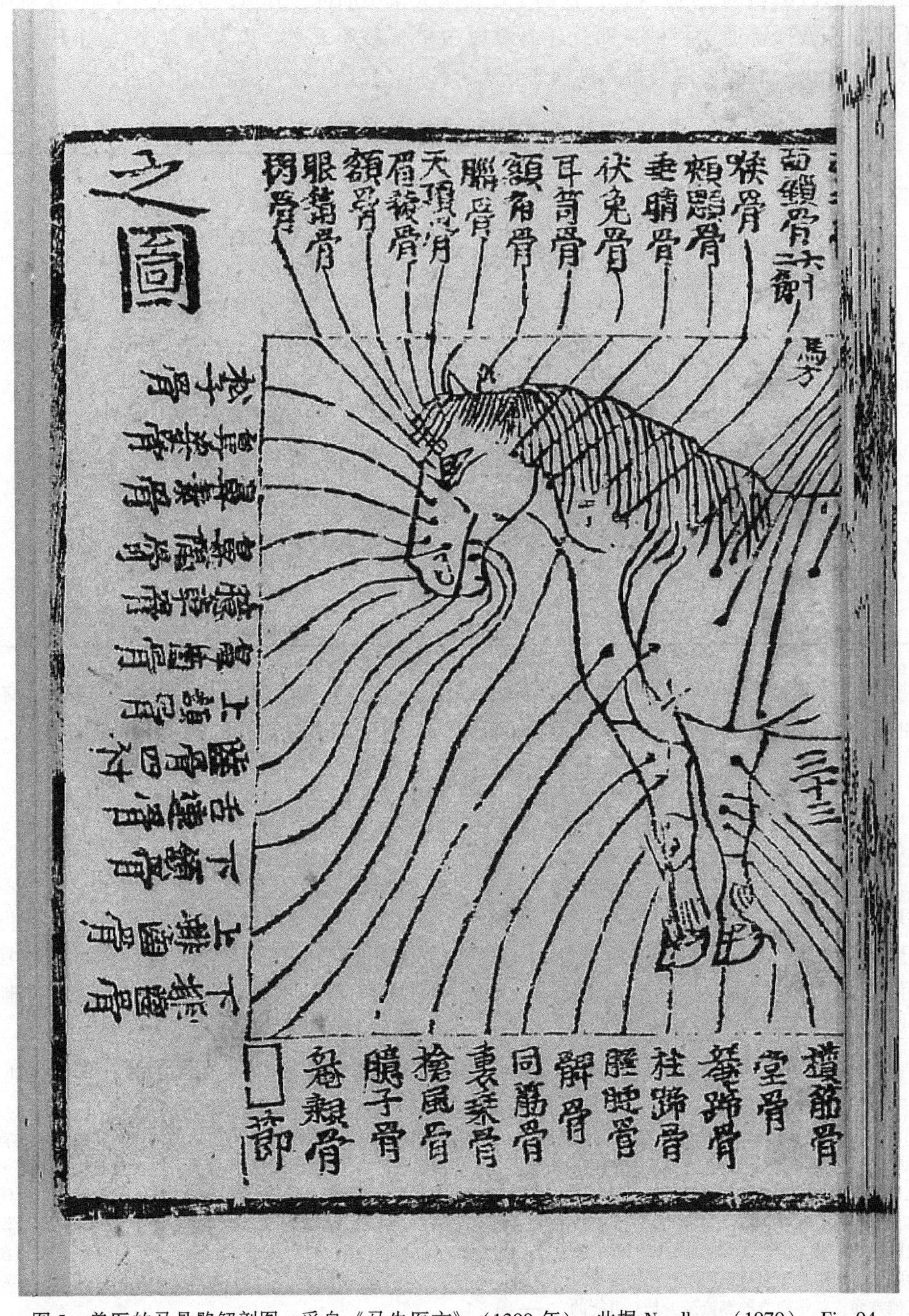

图 5 兽医的马骨骼解剖图。采自《马牛医方》（1399 年）。此据 Needham（1970），Fig. 94，p. 386。

全国的统治权。除了太医令掌管的普通行政官员，我们知道还有2名“主药”、200名“医师”以及2名在草药园中有计划地种植草药的“药园师”。在教育方面，我们发现公元585年前后“太医署”规模已经扩大了，它新设了2名“医博士”、2名“助教”、2名“按摩博士”以及2名“咒禁博士”。“按摩博士”除其他事务外，还必须教授医疗体操及按摩，“咒禁博士”则利用远古以来存在于中国人和其他民族之中的各种各样咒语及辟邪的祛病方法为人治病。在“太仆寺”中有120名“兽医博士员”⑨。

至于盛唐时代（公元618—906年），我们确实拥有了丰富的史料。正是在公元8世纪中叶，我们看到了医学考试的全面发展。

首先我们来看看太学。我们现在所说的“国子监”，是由两个部分组成的，其中一部分比另一部分的社会地位要高贵（事实上北魏时就已如此），就有点像“学院生”与“走读生”。“贵族”集团的一部分是皇亲国戚，另一部分是二品及以上的高官子弟。国子学大概招收了300名这样的学生。除此以外，太学招收了500名普通学生，他们是五品及以上官员的儿子或侄子；而“四门学”则从全国各地招收了1300名学生。四门学中有500名来自七品及以上官员家庭的学生，但800名必不可少的“学生”或“公费生”来自于最杰出的和最优秀的家族，虽然他们几乎不可能是平民，但他们也不是行政官员的儿子、孙子或曾孙。学校为专攻法律的学生保留了50个名额，为专攻书法和算学的学生各保留了30个名额，他们都来自官阶比较低的官员家族以及“通晓这门技艺”的平民家族。最后还特别为来自京城及各省的学生预留了一些配额，这有些像剑桥和牛津（Oxford）各学院中直到最近仍存在的按地域分配学生奖学金的制度。这样算来，学生总数达2100名⑩。 101

我们把注意力转向太医署时发现，它是“太常寺”的八个下属单位之一。在资历不同的2位太医令之下，配有各自的太医丞，还有4位“医监”、8位“医正”。该署中没有官阶的职员，我们知道有2名“府”、4名“史”、8名“主药”、24名“药童”、2名“药园师”、8名“药园师”的“药园生”，最后是4名“掌固”。值得注意的是，我们发现行政官员仍然根据治愈病人的比例对官医进行定级和归档评估。如我们所知，这个程序可以追溯到周代末期。

《新唐书》对教学情况进行了记载：

> 太医掌管着所有的医疗方法。他们的下属，包括“医师”、“针师”、“按摩师”以及“咒禁师”。在他们之中，教学都是由博士来承担的。他们的考核与任命与国子监的［做法］类似。与“医师”一样，“医正”与“医工”都给患者治病，被治愈的患者数目会被记录在案以供考查之用……在京城之中，好的土地被划分出来当作［草药］园。十六个或者更多的次级职员会被指派为“药园生”。他们在结束训练后，就成了“药园师”。这些人的职责就是辨认从民间收上来的每一种

⑨ 《隋书》卷二十八，第774、776页。

⑩ 《新唐书》卷四十四，第1159页。

草药［即被当作税收而提交的草药］，并且从中选出最好的以供应官廷使用⑪。

〈令掌医疗之法，其属有四：一曰医师，二曰针师，三曰按摩师，四曰咒禁师。皆教以博士，考试登用如国子监。医师、医正、医工疗病，书其全之多少为考课。……京师以良田为园，庶人十六以上为药园生，业成者为师。凡药，辨其所出，择其良者进焉。〉

在此我们找到了一段关于考试与实际能力考核的相当具体的陈述，内容应该是公元7世纪中期的几十年中的情况。每一个教学科目都包括一名“医博士”和一名“医助教”。唐朝的正史给我们提供了大量有关太医署的材料。因为它的很多治疗部门都在公元605年被“尚药局”接管了，太医署在很大程度上变成了一个教育及资格认证机构。它并没有被划分为几个部门，但是每一名博士都配备了自己的工作人员。

102

“医博士”配备了1名“助教”、20名“医师”、100名“医工”、40名“学生”以及2名“典药”。只有“博士”和“助教”才有官阶。他们传授给学生和行医者的知识来自于浩如烟海的医学文献，包括基本经典著作，如《内经》中的《素问》和《灵枢》，《神农本草经》（公元2世纪或1世纪）及其后继著作，以及脉学的经典著作，如《脉经》(公元280年)。

这个科目的学习被划分为若干课程，这些课程也流传了下来。总共有五门课：“体疗”（普通内科）；“疮肿”（外科，主要治疗体表损伤）；“少小”（儿科）；“耳目口齿”（耳科、眼科、口腔科合牙科）；“角法”（拔火罐）。最后一种治疗方法，在字面上的意思是“动物角的方法”，起初是使用某种动物的角（在其中燃烧树叶或别的材料以造成真空）把血液吸到皮肤表面。在某些治疗中，拔火罐也属于放血疗法。这种得到普遍熟练运用的民间疗法，通常被现代医生认为是一种对抗性刺激（counter-irritation)。自公元前2世纪起，就已经有了这种方法在中国应用的文字记载⑫。

“针博士”的下属包括1名“助教”、10名“针师”、20名“针工”以及20名“针生”。学生与年轻的习业者专攻脉学与针灸，学习人体表面微小区域上的体系，通过脉象及其他辅助性的诊断手段可知需要在哪些区域用针刺和艾灼。许多种器具的密技对他们也是公开的。

剩下的两个部门就显得不那么重要了。“按摩博士”并没有“助教”来辅助自己；他配有4名按摩师。他们不仅掌教导引和按摩之法，还处理跌打损伤。在他们之下，有16名“按摩工”和15名“按摩生”。最后，在“咒禁博士”的手下有2名“咒禁师”、8名“咒禁工”以及10名“咒禁生”。这样在太医署中就总共设立了271个职位及学生名额：162人专攻体疗，52人专攻针灸，36人专攻按摩和导引，21人专攻咒禁。

---

⑪ 《新唐书》卷四十八，第1244—1245页；另见《大唐六典》卷十四，第二十三页（中华书局本：第331页)。〔原文“庶人十六以上为药园生”应释成：16岁以上的平民可以去做药园生。——译者〕

⑫ 〔《五十二病方》中的第144方，用于治疗痔疮，明确说明“用一个小角罩住它，经过焖煮七升米的工夫，然后移开小角”（“以小角角之，如孰（熟）二斗米顷，而张角”）。见夏德安［Harper（1982），pp.415—416］书中所用的中文文本。夏德安没有将这种方法解释为“拔火罐”（cupping)，而是基于本书第四卷第一分册 p.38 中不正确的表述，即拔火罐疗法并不是中国医学的特色，将其解释为用角“刺”（goring）痔疮。这种疗法在很多早期文献中都可以见到，自《肘后备急方》后，此疗法被称为“火罐”。于文中（*1981*）研究过其历史。在医学文献中没有证据表明，患者因为治疗的原因而被“刺”过。关于放血疗法，见 Epler（1980)。——编者〕

行政法令使我们对考试政策有了一个生动的印象[13]。 103

在公元758年3月18日，一项公告（“制”）明确地规定“从今以后，对那些因为其医术而获得官方任命的人应该和［那些根据］经学（‘明经’）等级［考试而被任命的人］一样对待”。

公元760年2月1日，右金吾长史王淑向皇帝奏请，“当人员因其医术而被挑选出来的时候，所运用的程序应该和法学（‘明法’）等级的一样。从今以后，要让每个人都经过考试，包括10份医学经典著作与医术运用的试卷；2份有关《神农本草经》［的知识］的试卷；2份有关《脉经》的试卷；10份有关《素问》的试卷；2份有关张机《伤寒杂病论》（约公元200年）的试卷；还有2份有关各种手册中药方释义的试卷。那些通过7份以上试卷的人才能留下，反之则不留”。

王淑还请求“尚食局”（“少府”的下属单位）及“药藏局”（隶属于“太子舍”）［考核人员的程序］应该和“典膳局”的一样；“太医署”的下属单位应该与“太乐署”的下属单位一样。

〈乾元元年二月五日制：自今已后，有以医术入仕者，同明经例处分。至三年正月十日，右金吾長史王淑奏：医术请同明法选人。自今已后，各试医经方术策十道，《本草》二道，《脉经》二道，《素问》十道，张仲景《伤寒论》二道，诸杂经方义二道。通七以上留，已下放。又尚食药藏局，请同典膳局；太医署请同大乐署。〉

这个有趣的段落需要一些注解。唐朝将有才能进入行政部门的学者定为六个特定级别。首先是“秀才”，这个头衔被授给极少数博学的学者，他们通过了“特定情况下采取的措施”的考试（“试方略策”）才能取得这个头衔，这种考试在公元595年至公元651年被废止期间实行[14]。五个更加专业的级别也很重要：“进士”，工于文学，指那些声望最高和最有竞争力的人；“明经”，专长于阐释文献；在1060年之前还有“明法”，熟悉王朝的法律法规；还有“明字”和“明算”。因为没有医学等级，所以正如王淑所建议的，在那个学科中任命官员的标准借鉴了“明法”的标准。当人们细读其规章时，发现最后有关“太乐署”的语句提供了说明。看来那些博士自己和主管乐师及声学专家一起，要定期地接受考核，所以王淑可能才请求对医学教师的学识与能力进行定期的测试[15]。

看来初期的医药官员在通过笔试后并非就不用再接受考核了，在《新唐书》的另一卷中我们读到，“祠部郎中”的职责中有：“他要测试著名医生的弟子及后代治疗疾病的技术。他们的上级会进行监督并做出报告。他会呈送通过三年试用期考验者的名单。”（“凡名医子弟试疗病，长官莅覆，三年有验者以名闻。”）将医生的儿子视为医疗官员的补充力量并不是件新鲜事：“晋代时，就规定‘助教’要对杰出医生的后代进

[13] 接下来的引文采自《唐会要》（卷八十二，第1522—1525页）中关于医学考试的部分。

[14] Wright（1979），p. 86。关于唐代早期的这些等级及文献，见《新唐书》卷四十四，第1159页、第1161—1162页。

[15] 《新唐书》卷四十八，第1243页。

行训练。”[16]（“晋代以上手医子弟代习者，令助教部教之。”）

104

（5）地方医学教育

通过对地方医学院（“医学”）制度的了解，我们对唐代的医学教育系统获得了更深入的认识。早在公元629年，在很多州府就建立了医学学校。如同经常发生的那样，中央政府对地方政府的命令并没有持久的影响。我们可从公元723年颁布的一道诏书中看出这点：

> 在偏远的行政区和辖区，根本没有什么医术。当地位低下的平民患病时，他们能指望谁呢？所以在每个行政地区的首府都任命一名“医学博士”才是合适的做法。这名“博士”的官阶应该和“录事”一样。每个辖区的政府都应将《本草》以及《百一集验方》与经史著作一起收藏备用。
>
> 〈远路僻州，医术全无，下人疾苦，将何恃赖？宜令天下诸州，各置职事医学博士一员，阶品同于录事。每州《本草》及《百一集验方》，与经史同贮。〉

虽然在历史上大多数时期，设立地方学校的目的是为了满足地方官员的需要，但是唐代的历史很清楚地表明博士的职责是“要负责治疗人民的疾病”（“掌疗民疾”）[17]。我们知道“不久之后‘博士’与‘学生’的职位就被废止了，所以就像以前一样，偏远地区仍然缺乏医疗”[18]（“未几，医学博士、学生皆省，僻州少医药者如故”）。此项政策的失败并不令人惊讶，因为每个掌管学校的医生的官阶仅仅和“录事”一样，而这个官阶又处于官方机构的最底层，或者似乎还要低。

追随这些机构的发展进入宋代，我们发现在12世纪初期，考试规程很清晰地表明，可能存在一个已长期设立的政策，将地方的职位给予那些最差的毕业生。而学生中“取得高分的则会被任命为‘医师’，并在‘尚药局’中工作。剩下的则根据各自的得分填补空缺，在学院中担任‘博士’，‘正’，或是‘录’，［然后是担任］地方学院的‘教授’”[19]（“中格高等，为尚药局医师以下职，余各以等补官，为本学博士、正、录及外州医学教授”）。

公元723年，为了开创地方医学学校的改革，唐玄宗编纂并印刷了“广济方”，发送给每一个行政区。这无疑意味着上述法令中所举出的编纂物，就中文短语而言，并不是某一单本著作的书名。公元746年，这位皇帝身份的药剂师在为指导官员而颁布的一道政策命令（“敕”）中宣布，地方政府要选择合适的药方，并将它们贴在公告牌上，以使民众能够利用它们[20]。

---

⑯ 《新唐书》卷四十六，第1195页；《大唐六典》卷十四，第五十一页。

⑰ 见上文，脚注13。〔这不是一道命令而是一条建议，而且是否建立一所医学院是为了安置一个“博士”，也可做多种解释。——编者〕

⑱ 刘伯骥（*1974*），上册，第194页。

⑲ 〔《宋史》卷一五七，第3689页。任何一个研究过问题复杂的医院演变的学者都清楚，中央政府的期望与地方的现实之间的巨大差距是帝制中国的特征。——编者〕

⑳ 阿拉伯旅行家苏莱曼公元851年曾在中国，对此做过评论。

公元739年，另一道诏令规定："每个人口超过100 000户的行政区，必须配备20名'医生'（医科学生），少于100 000户的行政区要配备12名。每名'医生'都要在区界内巡视，为患者提供治疗。"㉑（"十万户以上州，置医生二十人；十万户以下，置十二人。各于当界巡疗。"）

在接下来的时间里，博士及学生的人数都有所增长。公元796年，唐德宗亲自编纂了《贞元广利方》并将它分发到了各个行政区。4月17日的一道诏书说： 105

> 贞观年间早期（公元629年），地方上就配备了"医博士"。开元年间（公元723—741年）还增加了"助教"。[这些官员]受任评价和考核有医术的人士，并确认他们明了所规定的巡疗体制。有时政府制定了更多的规定，尽管[任命的博士和助教]仍然保留了他们的职位，但是他们的医术并没有受到磨炼。他们中几乎很少人能堪大用。
>
> 我设想着地方政府官员与我分忧。现在他们注意到了我的意图，我应该把挑选的事委托给他们。从今以后，当地方上填补"医博士"的空缺的时候，应让"长史"亲自挑选并考核求职人，选出医术与信誉优良者，以便[被任命者]就能有用。他们的姓名要报告给朝廷。那些已获任命并具有正式资格的人，不需要等待"吏部"的确认。㉒
>
> 〈贞观初，诸州各置医博士，开元中，兼置助教。简试医术之士，申明巡疗之法。比来有司补拟，虽存职员，艺非专精，少堪施用。缅思牧守，实为分忧。委之采择，当悉朕意。自今已后，诸州应阙医博士，宜令长史各自访求选试，取艺业优长，堪效用者。具以名闻，已出身入式，吏部更不须选集。〉

所有这些与"太医学"成立的时间都有相当大的关系。因为早在公元629年就成立了地方医学院，显然中央医学院一定是在王朝建立（即自公元618年起）的第一个十年内开始运作的。正如我们所看到的（脚注8），公元702年之后，日本也建立起完全相同的机构。

有关医学考试的最后一份文献显示，在整个唐代，这个体系并没有始终保持活力。在公元802年1月，一道敕令提到，翰林医官及药童的候选人，"从今往后，即使他们通过了考试，也可能不会被相关的政府机构挑用。入选人的任命也将终止"㉓。（"自今

㉑ 〔换句话说，赋予人们此头衔是为了能让他们行医，而不是搞学术研究。这个术语不仅仅用于称呼国立学校的学生，还有那些已经完成了他们的学业的行医者（这与今天的情况一样）。——编者〕

㉒ 〔此文献中有两点是重要的。首先，它没有提到"医学"（医学院），却提到了"医博士"而不是"太医博士"（即"医学博士"），于是就留下了一个问题——他们和"助教"是否供职于一个机构。其次，它没有提到课程设置，仅仅详细列举了被任命者负责评价全体行医者及组织他们进行医疗巡视。我们已经看到（上文p. 104）"博士"的职责更多地被描述成临床性的而不是传授的知识。皇帝最后一道敕令的要点显然是，"博士"与"助教"已经占有的职位并不需要撤销。

忽略了这两点并不一定使作者的解释变得无用。但是，有可能得出这样的结论，尽管政策已历经一个世纪之久，但是在公元8世纪末仍不存在官方的医学学校，地方的被任命者的职责是管理而非教育低级的行医职员。——编者〕

㉓ 《唐会要》卷八十二，第1525页。

106

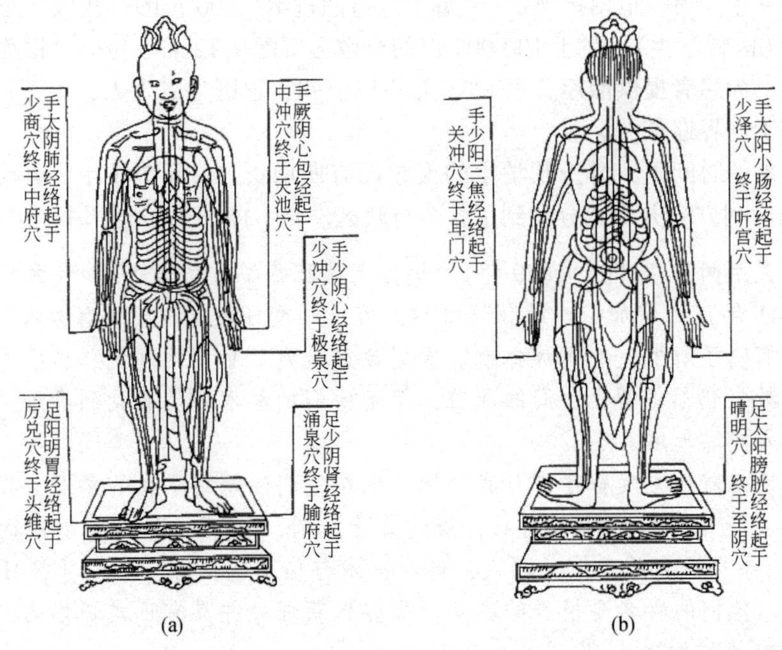

图6 约1026年宫廷中用于测试学生针灸技术的空心铜人。代表穴位的小洞用蜡封好，铜人内部灌满水。当学生用针扎入正确穴位时，水就会喷出。采自《铜人俞穴针灸图经》(1026年)。

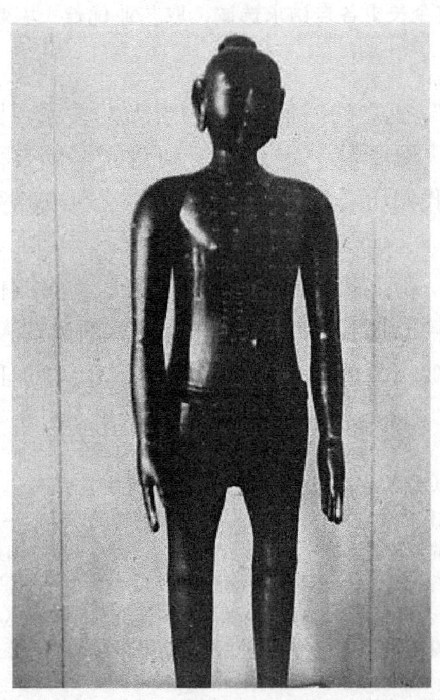

图7 针灸铜人；宋代针灸铜人的复制品（北京，中国历史博物馆，原照，摄于1964年）。采自 Needham（1970），Fig，86，p. 441 对面。

已后，纵考满并不得于所司选。其见选人亦宜停。”）

我们并未打算继续追溯医学管理机构发展状况。我们所论述的内容已经足以建立起自己的论点。宋代成熟的医学教育及考试体系，在观念上雄心勃勃，而在行动上却无所作为，值得仔细考察。

（6）宋代的医学教育

宋代改革家范仲淹在1044年的一份报告中指出，集中管理的医学教育在宋代初期就已经消失了。甚至在京城，当时的人口就超过了100万人，却仅仅有几千名医生。107 范仲淹提出了一个全面的计划，以通过教育与考试来提高医疗护理水平。就像他在短暂的主政期间所提出的大多数其他改革措施一样，考试的计划并没有得到实施[24]。

在1068—1085年，开明宰相王安石及其拥护者推行大规模的系列改革，以重构政府的体制和目标。他们的“三舍”政策采取将“太学”划分为三个等级的方法来组织教育，等级提升的条件非常苛刻，这意味着通过考试是唯一的途径。在1101—1104年，王安石的继任者蔡京扩展了这个分级体系，政府的教育资助下至地方上的初级学校。这个体系同时也意味着政府会资助优秀的学生进入太学，“进士”以外的所有级别全部被废除，并且使所有课程标准化，最终所有的官员达到思想统一，其行为也合乎道德标准。随着改革派与其政敌间的激烈斗争，这个体系的命运也起起落落、摇摆不定。1121年，它被废止了，但是将教育与考试紧密联系起来的传统被保留了下来[25]。

1076年，作为改革进程的一部分，王安石最后将“太医局”定位于主要从事教育活动的机构。在“提举”与“判局”之下，还有许多“博士”和“助教”，到了1085年，九个专业的学生已经达300人了[26]。

1103年，蔡京将太医局并入了国子监。精通医学知识并对医学满腔热情的宋徽宗，支持了蔡京的改革。改革的目的是通过培养“士类”（具有学术传统的家庭）的子弟来提高医学的地位，使之和经学的国子监学生的社会地位一样高。那些在基于频繁考试而进行的苛刻选拔中仍幸存下来的学生，将会取得做高官的资格。

在宋王朝剩余的年代中，学生的人数波动很大。事实上，正如贺凯所说，在整个宋代，太医局“作为宫廷及中央政府的几个医疗机构之一，其存在是非常不稳定的。它不断地撤销和再设”。自12世纪后期起，它的权力与义务都变小了。南宋末年，训练与考试体系似乎已经萎缩了，直到元代才部分恢复。这首先归因于王安石改革的遗产，但也取决于财政、政府的整体实力、官方对医学重要性的认识以及君主个人的喜好。不论这些因素如何变迁，太医局确实影响了后继王朝的那些已变得不那么雄心勃

[24] 《范文正公集·奏议》卷下；相关的法令见《宋会要》职官二二之三五（第2877页）。

[25] Chaffee（1993），pp. 77—80，184；Lee（1985），pp. 64—66，102。

[26] 〔虽然太医局保持了其教育特征，但它与太常寺的分离于1078年被废止了。《宋会要》职官二二之三八（第2879页）。——编者〕

勃的医学考试[27]。

108 太医局从官阶低的医官、上等学生，以及“[政府]之外的确实有名声和成绩的医务人员”中挑选出各科的高级班。记载还说：“那些愿意接受学生身份的人将要参加非正式的测试，他们的名单不包括在配额之中。在每年的春试之后，就会收取三百名通过考试的[学生]。”[28]（“愿充学生者，略试验收补，勿限员。常以春试，取合格者，以三百人为额。”）太医局的教育设施被置于宽敞的屋舍内[29]。

1126年开封落到金兵手中后，新的定都于杭州的南宋朝建立起来，此机构在寄宿条件方面变得更为突出了。《梦粱录》（1274年）中对杭州城内供太学使用的精致建筑作了许多记载[30]。“医学”（医学院）中有供4名博士讲学用的讲堂，还有一个供奉着医药守护神的庙。250名学生从餐厅获取很好的食物，并住宿在8个被称为“斋舍”的大厅，每间大厅的名字也流传了下来。学生们的帽子及腰带也很特别，这使他们能与普通市民相区别，但是他们必须面对每月一次及每季一次的考试。这就是“太医学”在1275年时的情况，此时马可·波罗正在前往中国的途中。

（7）宋代的医学考试

1212年执掌太医局的官员何大任，为后代编写了一本名为《太医局诸科程文格》的书。他解释说，这个由王安石创立的体系在宋朝南迁后已经复兴了。虽然朝廷想征召全国的优秀医学人才，但显然各地方的医学学校的观念还没有意识到这一点。

> 太医局中的学生大约有三百名，但是一般而言他们都来自京城地区。显然这并不能说其他地方就没有[人才]。试卷所涉及的考试科目及教材从来没有被广为传播，所以边远地方的学者不就没有指南来引导他们了吗？即使他们想学习这些课程，他们也没有途径得到这些材料。
>
> 〈今也局学生徒几三百员，率皆京邑辅郡之人，外此岂无遗逸。得非自来诸科所习篇目及课试之文，未尝流布，远方之士无所指南，虽欲从之而不可得。〉

带着这样的想法，何大任及其同事从近期的试题中选编出了最好的考卷。

虽然宋朝正史突出了医学教育中的三个主要分类，但是与变化的课程紧密相关的文献反映出有6、8、9、13和14个科目[31]。在后来，何大任时代的“13”（科）成为一个常用的数目。

（1）大方脉（普通内科）

（2）杂医

---

[27] *DOT* 6179；龚纯（*1955*，*1981*）；梁峻（*1995*），第99页；Lee（1985），pp. 96—98。关于明朝与清朝的体系，见高也陶（*1991*）以及梁峻（*1995*）。

[28] 《续资治通鉴长编纪事本末》卷八十一，第十四页（第2605页）。

[29] 《宋史》卷一五七，第3689页。

[30] 《梦粱录》卷十五，第四页。

[31] 例如，可见《宋会要》中显示出的那些频繁的变化。

(3) 小方脉(儿科) 109
(4) 风(痉挛和麻痹症)
(5) 产(妇科和产科)
(6) 眼(眼科)
(7) 口齿(口腔科和牙科)
(8) 咽喉(喉科)
(9) 正骨(整形外科)
(10) 金疮肿(外科)
(11) 针灸
(12) 祝由(避邪去病)
(13) 禁㉜

在其他时代，这些课程被合并成较少的几科。晚至20世纪，传统医学的考试也采用了与这个有些类似的划分科目的方法，另外加入了理疗及医学史，当然也删除了最后两项㉝。

何大任及其同事所主持的考试根据的是1104年制订的一项计划。他们预先设想了一个长达三年的课程计划，每月、每季度都要进行写作练习并以此来确定学生的级别。最后一次考试包含了六种题型，它反映了医学教育的内容：

(1) 所谓“墨义”，其中给应试者一个句子，比如“医治疾病的人必须懂得天的道路和地的模式”（“治病者，必明天道地理”）。目的不是要解释或翻译它，而是要凭记忆准确地引用出自《内经》中相应位置的长篇大论。

(2) “大义”，也称为“经义”。应试者被要求对一段挑选出来的经典段落进行解释，以测试对医学基础知识的掌握情况。比如“肝脏的‘气’流动到眼；当它与眼［的功能］保持和谐时，人就可以分辨出黑色与白色”（“肝气通于目，目和则知黑白矣”）。要圆满地回答这个问题就需要有运用阴阳和五行学说进行推理的能力。

(3) “脉义”，要求对从《内经》中摘录出的一段有关脉诊的文字作出评论。

(4) “方论”，采自《伤寒杂病论》或《太平圣惠方》（982年）这样的经典文献。其目的是要解释每种成分的生理活性，以及它们配在一起后的效果。

(5) 诊断或治疗的“假令”，想要测试将所学运用于病人的能力。例如，要求学生用权威文献为给定症状所推荐的药方进行解释，还包括解释依照标准规范不应该配伍的成分。 110

(6)“运气”的问题，它要求学生确定给定年份的宇宙配属（cosmic dispensation）

㉜〔从一般的用法而言，这最后两种治疗行为大大地重叠。前者与治疗中符咒及咒语的使用有关。后者与预防及消除鬼魂附体有关。两者在惯常做法上的差异不太清楚。——编者〕

㉝〔大约在1980年之后，伴随着从生物医学引入的实质性内容，以及人们对这项传统技艺的某些方面的关注的减少，原先的划分方式被彻底地改变了。见席文［Sivin（1987），pp. 481—482］对现行课程设置的总结。——编者〕

对治疗所产生的影响。这与作为近代早期欧洲医学实践中的常规部分的占星术有些相似。在中国则不包括天文学计算，仅仅是些简单的运算㉞。

虽然考生在参加此类考试前必须记住许多卷医学经典，但是它也会对考生对理论概念的掌握情况及将理论运用于诊断和治疗的能力进行评估。从另一个方面来讲，它并没有以临床经验为考试的前提。

人们不能就此得出结论，认为实用的知识与医科学生的评估没有任何联系。至少，王安石及其支持者短命的政策，就重新将唐朝政府对官医进行的实效评估（p. 101）运用到了太医局的学生身上。

> 当太学、“律学”（法律学校）和“武学”（军事学校）的学生，及军营的军官生病的时候，学生们就会被轮流送去为他们治疗。发给各次出诊的学生一份印刷好的表格（“印纸”）。学校或者军营的官员将记录诊断结论及症状，并且记录是疾病痊愈还是［患者］死亡。这份报告将由太医局的官员来确认。
>
> 如果在检查患者之后，［学生宣称此病］无法治愈，那么别的人会被派出接着治疗，并且确定［患者］是死亡还是康复。细节会被记录下来，作为给学生加分或扣分的依据。一年结束后［分数］被作比较，［100 个最杰出的］学生会被分成三个等级㉟。
>
> 〈太学、律学、武学生、诸营将士疾病，轮差学生往治。各给印纸，令本学官及本营将校书其所诊疾状，病愈及死，经本局管押，或诊言不可治，即别差人往治，候愈或死，各书其状，以为功过，岁终比较为三等。〉

这个等级不仅决定了学生的地位，而且还决定了他来年的俸禄。文献中还记载，排名在 100 名之外的学生可能会受到惩罚或被开除。

宋朝之后，有很多较小的修改但是几乎没有发生重大的变革。元及其后继各朝趋向于从医学世家招收学生，但是清朝却放宽了此项政策。元朝时，地方的行医者可以申请填补省级系统中教席的空缺。“尚医监”要求申请书中包括医生的社会地位及其所治疗病例的详细信息。1285 年之后，国家会周期性地对省级医学教师进行测试。尚医监给这些教师和他们学生的考试卷评分。

111　明清的体系依赖于每季度举行的地方考试及每三年一次的中央考试。这两种考试都有口试与笔试。政府用评分等级来让任职者升迁或降黜，以及任命新的医官，或者，如果评分较低，则成为大方脉（普通内科）的学生㊱。

㉞〔列举的问题出自：卷一，第一页；卷三，第一页；以及卷三，第九页。另见《宋史》卷一五七，第 3689 页。用“purport”（主旨）来对译“义”，系依据孙任以都［Sun（1961）］的用法。关于“运气”，见 Porkert（1974），pp. 55—106。何大任的书的现存版本很明显是不完整的；正如序中所说，它并没有包括所有十三科的考试题目。——编者〕

㉟　见上文脚注 28。文献没有明确表明“别的人”是其他的学生还是考查者。

㊱　对宋朝之后的朝代而言很有意义，但是对宋朝而言则不是那么可靠，见薛益明（*1997*）。元朝的情况可见龚纯（*1955*），关于“医学”（医学院）的最终阶段的研究报告见 Dudgeon（1870）及 Cowdry（1921）。龚纯（*1981*）也对南宋进行了专门研究。

(8) 伊斯兰对欧洲的影响

我们已匆匆回顾了几个世纪，这段时期正对应着萨莱诺学校的兴衰。这个西欧医学著名的发源地建于公元9世纪，此时中国唐朝正接近其尾声。它在12世纪达到了自己的顶峰，此时中国正处于首都失守之后的南宋王朝，文明高度发达的时期。萨莱诺学校一直延续到了14世纪末期，此时中国的元朝也已结束。我们似乎并未发现1050年之前阿拉伯文化对萨莱诺医学产生多少影响，但自那之后，影响变得非常强烈，并有了1080年前后的《解毒药集》（*Antidotarium*）。其时正值非洲人康斯坦丁（Constantine the African）的时代，之后阿拉伯知识和技术的大规模传播出现，并在12世纪的《论疾病医治》（*De Aegritudinum Curatione*）中达到了顶点[37]。

现在我们要接近本节的结尾了。我们几乎可以肯定西欧的考试与许可证发放制度是从阿拉伯的实践中借鉴过来的。后来欧洲不带有职业倾向的普通教育模式，即只学习医学理论课程以及在监督下进行一年或两年的实习，早在1224年皇帝腓特烈二世（Frederick Ⅱ）所颁布的法令中就作了预示，这也适用于西西里（Sicily）、南意大利及德国。萨莱诺学校要求医学学生首先用三年的时间学习亚里士多德的逻辑学著作，再用五年的时间学习希波克拉底、盖伦及阿维森纳（Avicenna）的医学著作，最后在一名经验丰富的医生的指导下进行为期一年的临床实习。候选人最终还要参加一次关于希腊和阿拉伯著作全面彻底的考试。通过之后他就能取得许可证，并且以“医学博士”（*Doctor medicinae*）的身份毕业，这个术语就起源于萨莱诺学校。很明显，腓特烈二世的那道法令并不是最早的，因为早在1140年，西西里的罗杰（Roger of Sicily）就曾对医生的国家考试颁布了一道法律。1210年，巴黎的圣科姆学院（College de St Côme）首次出现了针对外科医生的考试。13世纪以后，随着蒙彼利埃（Montpellier）、巴黎及博洛尼亚（Bologna）学校的兴起，萨莱诺学校的垄断地位逐渐下降了。我们还听说了1283年开罗（Cairo）的医学考试。

公元931年构成了此类问题的一个焦点。一名从业医生的失误导致了一起死亡事故，哈里发穆格台迪尔（al-Muqtadir）责令由一名杰出的医生锡南·伊本·塔比特·伊本·库拉（Sinān ibn Thābit ibn Qurrāh，约公元880—约公元942年）来考核当时所有的行医者及医学学生。锡南是伟大的天文学家、数学家塔比特·伊本·库拉（Thābit ibn Qurrāh，公元825—901年）的儿子。他所收到的法令是由哈里发本人拟定的。为此，锡南在第一年里便亲自考核了在他之前来的所有医生，批准了新老医生860人。考核工作由锡南的儿子阿布·伊斯哈格·易卜拉欣·伊本·库拉（Abū Ishāq Ibrāhim ibn Qurrāh，公元908—947年）继续。我们有理由相信，类似的定期测验如果不是在波斯（Persia）的话，便是在埃及定期举行，并一直延续到哈里发王朝终结。到公元980年，布韦希王朝（Buwayhid）的埃米尔阿杜德·道莱（'Adud al-Dawlah），在巴格达成立

112

[37] 详细的讨论，见 Garcia-Ballester *et al.*（1994），pp. 13—29。东方的情况，见 Kristeller（1945）。

了一家崭新的大型医院[38]。25个医生在那里任教，对学生进行考核并保证他们的水平。

(9) 中国对伊斯兰的影响

鉴于我们已经了解了关于中国医学考试悠久历史的各种情况，我们不能不问自己，是否有某些来自更远的东方地区的影响，可能导致了公元931年巴格达的那场重要的变革。

有确凿的证据证明，伊拉克的穆斯林与中国人至少在公元8世纪初就有接触。公元751年的塔拉斯河（Talas River）战役之后，塔拉斯河成为伊斯兰向东扩展到的最远边界，许多中国工匠在巴格达定居，包括造纸工人和冶金工人。如果说他们中没有医生才会令人感到奇怪。公元762年，很多战俘搭乘中国人的船从海湾地区（Gulf）回到了家乡，但是还有很多人选择留下，并在巴格达组建了家庭。从那时开始，我们发现了大量关于中国与阿拉伯交往的其他材料。

就在我们的调查正需要的时候，我们发现了两个文明间在医学上发生过联系的证据。在由著名的阿布·法拉杰·纳迪姆（Abū'l-Faraj al-Nadīm）于公元988年撰述的《科学书目》（*Fihrist al-'ulūm*）中，有一个可能是由当时最著名的医生和炼金术士，即伟大的拉齐（Abū Bakr Muhammad ibn Zakarīyā' al-Rāzī，公元865—923年，乃至公元932年），所讲述的故事。故事讲述了他与一名中国医生的友谊，这名中国医生要求他尽量快地大声朗读盖伦的著作。这名中国人则以同样的速度进行翻译，与此同时他用“草书”，更准确地说是“潦草的笔迹”逐字地将要点或整段话记录下来[39]。考虑到这座伊斯兰与中国文化交流的桥梁，那么就不难想象，拉齐的这个或那个中国医生朋友会向他建议，应该对年轻的医生进行定期的考试，就像他们在中国所接受的一样。

看来阿拉伯人满怀热情地采纳了这个建议，接着将公众安全和医学自尊的火炬传给西方世界。他们或许已经准备通过盖伦学派的小册子《论识别最佳医生》（*De Optimo Medico Cognoscendo*）来接受它，这个册子被拉齐自己在一篇相同标题的短文中引用，并且仍现存于亚历山大（Alexandria）的一份阿拉伯文手稿中。它并非论述资格考试，而是谈论“富人和英雄”如何能挑选出真正的医生而躲开江湖骗子[40]。

113

(10) 结 论

概括而言：自公元前165年始，中国进行了水平考试；公元前124年，建立了

[38] 所有伊斯兰的医院及医学教育的背景，是建立于公元5世纪的伟大的军迪沙普尔（Jundī-Shāpūr）的萨珊王朝医学学校。它通过并入公元489年芝诺（Zeno）皇帝关闭的埃德萨（Edessa）大学的医学院［其建立可以追溯到公元前304年的塞琉古一世（Seleucus Nicator）］，来延续希腊传统。它还大量地从印度，后来还从中国，吸取资料。它的主导信仰，聂斯托利教（Nestorian Christianity；景教）把它和两种文明联系了起来。

[39] 此则逸事的译文见本书第一卷 p. 219。

[40] ［见 Iskander（1988）及 Nutton（1988）。劳埃德爵士（Sir Geoffrey Lloyd）赞同伊斯坎德尔（Iskander）的观点，即这是一篇盖伦的真作（私人通信）。——编者］

“太学”；“太医博士”及“太医助教”席位的设立，意味着资格考试可以追溯到公元493年；到公元629年时，“太医署”（事实上就是一所医学院）及地方医学院建立；并且从那时起，地方毕业生获得了医学官职的任命。根据我们目前所掌握的情况，我们能够对巴罗（John Barrow）所提出的观点的正确性进行评价，他于1804年写道：“中国人……对治疗的技艺不够重视。他们没有为学习医学建立公共的学校，对医术的追求也不会带来荣誉、地位或财富。”

114

(d) 免疫学的起源

(1) 导　言

人们普遍认为天花接种是整个免疫学的开端，而免疫学是现代医学中最重要和最有益的学科之一。接下来我们打算提供证据证明，中国的此类实践活动要比其他文明（始于1500年）的早得多，与其相关的重要传统还可以追溯到更早（1000年前后）。天花接种在散布于旧大陆各处的欠发达社会中的众多表现形式，也许用从中国中心向外的传播才能得以合理解释。

从18世纪初以来，每一位研究流行病史和公共卫生史的西方学者都已经知道，就这方面而言，很早以前在以东亚为背景的环境中发生了某些重要的事件，但是几乎没有学者致力于将中国文献中的事实挖掘出来。我们常常遇到这类情况，例如，研究火箭和火器史的现代学者都承认，600多年前中国人就发明出了人类历史上第一种化学炸药，但是在1986年之前没有人为了整个世界的利益，从中国学者已经在文献中揭示出的这一宝库中汲取养分①。

从一个有趣的悖论开始是有益的。在（b）节中，我们将注意力放在医学思想史中的一个基本的两分对立上：辅助身体的康复和抵抗力，以及与之相对立的直接攻击入侵力量。传统中国医学和现代西方医学的基本区别就在于对这些概念的相对评价。在欧洲，尤其是自巴斯德（Louis Pasteur）时代和细菌学的兴起以来，直接攻击病原体的观念已经有占主导地位的趋势，并在磺胺类药剂及抗生素的使用之后达到顶峰。依赖“身体自然的康复能力”（*vis medicatrix naturae*），是现代之前西方治疗方法的支柱。它不仅可以抵御通过感染或传染侵入的微生物或寄生虫，也可以克服身体自身有机组织的机能障碍。随着时间的推移，医学对身体自身抵抗力的关注就减少了。

中国医学共享了这两种治疗策略，它称之为“攻”和“补”。一个医生可以选择驱退来自周围环境中恶毒的或险恶的“气”（“邪气”），它是传染性的或与气象有关的“气”②。其中有一些是遗留在人们后来食用的食物上的有害和有毒动物的“精气”③。

115

消除这些侵入物的治疗方法被称为“去邪”或“解毒”。另一方面，道教的“养生”概念实际上强调了身体天生的康复能力。就像照料病人时，在危象期给予足够的营养，使用含有多种成分的药物攻击致病之“气”，并用针刺和艾灸来增强身体的抵抗力以抵抗并消除病理学上的致病因素的做法。

医学著作家们常用的一个成语表达了另外一种与此相关的观念，即“以毒攻毒”。

---

① 见本书第五卷第七分册。

② 《黄帝内经灵枢·岁露论第七十九》。

③ 《外台秘要》卷二十三，第十一页（第641页）。〔特指的“气”不是一种确切的物质。它是一种普遍性的“气”——“精气”、“邪气”等——根据它相对于材料或生物的作用而定，“气”是材料或生物中的一部分，或是“气”作用于它们。见Sivin（1987），pp. 46—53。——编者〕

"毒"指的是"有效成分"以及"毒药"[4]。这一想法应该迫使着那些道教医学行家，不管他们到底是谁，最先想到通过对毒物本身的一次少量接种，来在年轻人身上获得永久的对天花的免疫力。他们必定意识到自己的方法是有攻击性的或好斗的，但是(正如我们现在所知) 他们却没有意识到其所做的一切具有预防的性质，即通过增加抗体的储备来大大地提升个体的抵抗力。

诚然，他们的攻击是针对一种尚未发作的疾病。这又一次完全符合了中国历史上很早就出现的医学信念，即预防医学才是最好的［本书（b）节］。记住了这一点，我们就几乎不会因在中国文化中发现了世界上最早的预防接种的证据而感到惊讶了。

对免疫学的探索想必始于古代的民间观察：没有人在一生中得过两次天花。在天花已经变成地方病的地区中，每个人都会得一次。这是儿童，或者有时也是成人，必须通过的一道生命之门。人们可以有意要求一次轻微的攻击且不会留下太多的疤痕。

在一次参观敦煌附近的千佛洞时，我记得一个洞穴里有一群塑像描绘了村子里的人在身体上贴着黄色的纸片，列队绕行中央的场景，老僧们正在那里喃喃地念着佛经。每一张纸片上都写有"关"（"關"）字[5]，并且还有疾病的名称，如有一张上写着霍乱，一张上写着水痘，一张上写着百日咳，当然还有一张上写着天花。人们认为每一种病都有其自身的"门关"。毫无疑问，儿童也被带去参加这样的绕行，在每一个旗帜旁都立有一个当地的道士，说出适当的祷告。

因此，记住这样的预防医学背景，那么对于某些道教的医生来说，下面的想法就相当自然地产生了：如果人们可以人工地以一种非常轻微的形式，以某种温和的方式，确保是一次轻微痛苦的侵袭，逐渐注入或"嫁接"疾病，然后患者就会"让病过去"。这一关口应该就可以顺利闯过了[6]。他或她不可能由此对这种做法起作用的情况具有最早的概念，因为抗体形成和自动免疫性的概念还远未达到酝酿的阶段。 116

历史学家们可能想知道，为什么接种免疫的方式会首先用来对付天花而不是任何其他的发疹性疾病。答案唾手可得。天花所产生的脓疱带有大量传染性的痘浆，可轻易地用于接种。天花患者死后，其身上所结的痂中仍然富含天花病毒微粒。几百年后，免疫学家将制造出"疫苗"，灭活的或活体的，血清或抗血清，用于许多其他人类和动物的疾病。所有这些都要求有一整套远比满足于最初的天花接种更为复杂的方法。

继续这次引导性的"开阔眼界"（*tour d'horizon*），我们可以从已知过渡到未知，并且回顾一下天花接种来到欧洲的情形[7]。人们第一次听说此事是在恰好 1700 年前（当时这种方法已经传到了俄国）从中国发往英国皇家学会（Royal Society）的信件之中。但是大家对它们没有给予太多关注，也没有人关注 18 世纪后期那些在中国的耶稣会士

---

④ 见下文 p. 129。

⑤ 参照给定情况中的"关头"（关键时刻）和"关口"（临界点）的表达方式。

⑥ 起初，这种技术的核心必定是让感染剂量尽可能地小，以及在授种之人健康情况最好、最有活力的时候施种。但是后来，如我们将看到的一样——并且在中国比在欧洲要早很多——意识到了病毒量可以"变小"（下文 pp. 143 ff.）。

⑦ 叙述得最好的是米勒［Miller（1957）］的经典专著，对于这部著作，我们会常常提及。简要和清晰的总结，见 Langer（1976）。关于俄国的情况，见下文 p. 149。

写来的信件。

似乎有可能在 17 世纪的某个时候，此项技术从中国传到了土耳其地区，稍后便传入欧洲。众所周知，驻君士坦丁堡（Constantinople）的英国大使的夫人——蒙塔古夫人（Lady Mary Wortley Montagu；1689—1762 年），在 1718 年曾允许在她的家人身上使用这种技术（见下文 p. 146）。传播过程的细节发表在 1714 年前的西方人的回忆录中。此项在西方常被称为人痘接种或“嫁接”（engrafting）的技术，是从那个时候到大约 1721 年之间传入欧洲的[⑧]。我们将看到，此项技术在中国起源于 15 世纪或 16 世纪，甚至还更早些。

这种传播为整整一个世纪的接种创造了条件，首先在英格兰和美国，然后较缓慢地传入法国、德国和其他欧洲大陆国家。这样，天花骇人听闻的灾难——无论怎样描述都不为过——才第一次被阻止了。在这个世纪末，也就是 1796 年，爱德华 · 詹纳（Edward Jenner）发现了对人体无害的牛痘痘浆，它能在很大程度上保护人类免受天花之苦。这样就产生了我们所熟知的牛痘接种（vaccination）[⑨]。

詹纳的发现在医学史上占有，并且将永远占有一个极为重要的地位。我们可以举出很多理由证明，它并不像很多著作作者所认为的那样，是科学成就领域的孤峰。

（1）天花接种并不真的像人们有时所设想的那么危险。诚然，如果患者没有被隔离，他就会成为人群中一直存在的灾难性的传染源。但是人痘接种所带来的死亡率并不像某些人所描绘的那么高，并且在 18 世纪中，此项技术已经变得更加安全了。

117　（2）在 18 世纪，接种已经有力地降低了天花的死亡率。历史学家声称人口统计的结果可以证明这一点。

（3）接种可以终身免疫，因为由此而获得的自动免疫性非常强大，但是牛痘接种，与詹纳最初的信念相反，必须每隔几年就重做一次。

（4）詹纳的牛痘痘浆可以非常快地受到天花的“污染”，所以在各种各样的场合下都可以得到混合接种物。

（5）他的介入导致了一些他永远都不可能预想到的事件，即牛痘苗病毒的创造。这种病毒没有已知的天然宿主。它仅存活于疫苗组织中，在动物体内繁殖或在鸡蛋的绒毛膜尿囊中培养。从血清学的角度来看，这三种病毒的区别相当明显。在几种针锋相对的观点中最可信的是，牛痘苗是牛痘病毒和人类天花病毒的遗传杂种[⑩]。

---

⑧ 有关的论文，可参见 Blake（1953）和 Stearns & Pasti（1950）。

⑨ Razzell（1977a），p. 8。实际上，詹纳有一些前辈，并且对他们中的一些人有了解，如本杰明 · 杰斯蒂（Benjamin Jesty，见下文 p. 150）。“牛痘苗”（vaccine）这个术语后来被引申使用到许多根本与牛毫不相干的“生物制剂”上。卡恩［Kahn（1963）］估计，18 世纪全世界死于天花的人数不少于 6000 万；另见 Crosby（1993）。根据最保守的估计，早期的牛痘接种使天花的死亡率至少降低为原来的十分之一；Henderson（1976）。

⑩ 克罗斯比［Crosby（1993），p. 1013］总结了这些争论。在培育过程中，病毒是非常不稳定的，容易彼此之间发生脱氧核糖核酸（DNA）交换。牛痘本身很可能通过牛而成为侵蚀性的病毒。

所有这些所带来的普遍的结果便是，人痘接种并不是牛痘接种简陋和危险的“民俗式”前身，而是随着免疫新学科中各种与之伴随的发展，使人类朝向现在所拥有的疫苗及血清、抗毒素及类毒素的广泛医疗资源而迈出的第一步。尽管现在它建立在病毒学和细菌学基础之上，但是它的起源却与两者无关。

再现早期的人痘接种和牛痘接种如何演进是困难的。那时的医生不能像后世的医生那样，将这个过程如此精确地记录下来，他们通常不会小心翼翼地记录自己的行医过程，而且现在也不可能检验出他们所使用的病毒种类。统计得来的信息既不确定也不完全，并且也只能从断断续续的地方记录中得到这些信息，所以通常不可能确认各种不同的方法所带来的结果。但是这些都不能阻止我们尽可能仔细地将免疫学诞生过程中所发生的事件串联起来，以形成一幅图景。

天花的历史显然是不可或缺的。太多的医学史家已经草率地断言“在无数个世纪以前人们就认识了这种疾病”，但事实上，只有当一种疾病在被人明确地描述后我们才能将它鉴别出来。盖伦没有做到这一点。伟大的巴格达医生及炼金术士拉齐在公元900年左右留下了一份令人满意的记述。值得再次注意的是，也许在这方面比他更早的是中国的葛洪（约公元340年），葛洪的记述随后在公元500年前后被人详细阐明，对此我们会适时加以说明[11]。我们发现在公元500年后不久，就出现了有关丘疹的详细描述。例如，在第一本有关疾病和病因的系统论著《诸病源候论》（公元610年）中，在“伤寒登豆疮候”这一条目下，巢元方写道：

> 在热病中，当热毒之“气”占据上风时，皮肤上就会出现或白或红的杯状丘疹。如果它们表面隆起，并且包含白色的脓汁，则其毒素的力量是比较轻微的。如果从肌肉深处隐约透出紫色或黑色并形成一个根部，则毒素的作用比较严重。最糟的情况是，内脏连同人面部的七窍周围都受到损伤。由于脓疱（及其“根部”）的形状就像被人踢了一脚，像带盖的食物器皿，因此此病有一个名字叫“登豆疮”[12]。

118

〈伤寒热毒气盛，多发疱疮，其疮色白或赤，发于皮肤，头作瘭浆，戴白脓者，其毒则轻；有紫黑色作根，隐隐在肌肉里，其毒则重。甚者，五内七窍皆有疮。其疮形如登豆，故以名焉。〉

第一部已知的治疗小儿发疹性疾病的专著是《小儿斑疹备急方论》（1093年），它并没有强调天花与其他斑丘疹的区别，但是却非常详细地描述了天花的病程。仅仅一个多世纪后，出现了第一部完全论述天花的书，闻人规的《痘疹论》（1223年）。该书直到元代还经常重印，开启了一道出版的闸门。从那时起直到清王朝终了，有441本

---

⑪ 见下文 p. 125。

⑫ 《诸病源候论》卷七，第44页。“登豆”是一种高座的食物器皿，带有一个凸面的盖子，很像高脚酒杯。丹波元简［(*1809*)，第2卷，第8页］主张“登”是“豌”字的误刊。巢元方的著作中仍然借用古体“豆”字来指“天花”，而不使用最终取代“豆”的专有名词“痘”。注意：一般“痘”和“痘疹”并不严格地与天花对应，而是还包括其他难以区别的发疹性疾病，像猩红热和水痘。所以，我们对这些名称的翻译，最好理解为是指“天花及相关疾病”。

同一主题的书籍仍然保存至今。

许多医学史家声称接种“作为一项民俗已经被施行了数不清的世纪”。这种武断的主张基于来自中亚、西亚和非洲许多地区那些被我们称为现代人种学的证据，以及据称年代在中国的接种术传入之前的欧洲资料。这些资料需要参照中国文献所透露的内容来检验。

自16世纪初期以来的中国文献必须严肃对待，它们包含着自10世纪末期之后就开始施行的传统。在中国，自医学的诞生之日起，在医生以及炼丹家之中就存在着“禁方”，师徒相承的秘方和秘技，有时还要通过血誓来保证秘不外传[13]。书籍也以同样的方式流传下来，以扁鹊（公元前6世纪）为例，他的师傅长桑君就把自己的私密卷轴授予了扁鹊，并警告（“戒”）他不要将其中的内容传给未入门的弟子[14]。在早期，这些“禁方”中包含了很强烈的禁忌成分，同时还包含了这样的信条，即不当的泄露行为会使药物失效[15]。当然这样的社会情况便于志在赚钱的秘法家与庸医滥加利用，但是保密传统的存在是毋庸置疑的。尤其当某种技术有危险性或冒险性的时候，它们本就该以特殊的力量加以运用。

自16世纪早期以来，在中国逐渐发展出了一种专科的文献，这很容易确认，因为它们的标题通常是以“种痘”这个词打头的，而不是“痘疹”（天花、风疹及水痘）。保密的状态被打破了，大约就在天花接种传入欧洲之前两个世纪，此项技术在中国变得普遍，甚至进入了宫廷及皇室家族。此外，如果我们承认这项追溯到宋代的传统，那么这项预防医学中的大胆应用从各个方向传播到旧大陆及非洲已经经过了八九个世纪。这正与我们预料的相符[16]。

119

关于曾经使用过的方法，有一个有趣的问题。在中国，通常是将脓疱中的东西，或是更常用的是结痂的提取物，包在一根棉花做的拭子里，放入鼻中，因此鼻黏膜就是侵入点。这正是中国医生的高明之处，因为他们已经想到了呼吸通道正是感染的一般途径。在处于中国及西方之间的各种文化中，同样还有在非洲的文化中，将表皮划破并将痘浆放入其中的做法是更普遍的做法。我们还会再次论述这个问题。

我们必须考虑的另一个事情是，那些发展出来用以解释天花——事实上还包括其他传染疾病——特性的各种各样的理论。你会发现在这方面中国和欧洲的思想之间存在着惊人的相似之处，以至于你很难相信这两者间没有知识的接触或交流。泛而言之，这有两种可能。“致病因素”可能在病人的体内，是一种与固有素质有关的问题。它也可能来自于外部，是一种与空气或季节有关的问题，有时是不健康的甚至是非常有害的，或者是与存在于人类周围看不见的有害微生物有关的问题，在时机成熟时就会从它们的藏身之地爆发。这三种可能性可被分别称为遗传性、气象性以及接触传染性。让我们逐一考查它们，首先从欧洲开始，然后是中国。

---

⑬ 《抱朴子内篇》卷四，第五页，译文见 Ware（1966），p. 75。

⑭ 《史记》卷一〇五，译文见 Bridgman（1955），pp. 17—18；Nguyên Trân-huán（1957），p. 60。

⑮ 《医学源流论》卷上，第120页。

⑯ 我们在下文（pp. 154 ff.）继续这个论题。

许多18世纪的西方医学著作家都强烈地拥护有关天花的“先天种子”（innate seed）理论。他们猜测某些来自于母亲血液的遗传性传染病，潜伏在人体中的某些病毒、毒液或酵素，注定会在时机成熟时绽放“天花”。每个人迟早都会经历这个过程。这就好像某些邪恶之物，也差不多类似每人与生俱来的“原罪”，挣扎着要一见天日，或者需要被驱逐出来。很多医生认为，优裕的生活以及丰足的食物恶化了这种趋势[17]。

就我们所知，中国的医学著作家根本就不知道，他们与西方医生当时所思考的是同样的。中国的理论涉及的所谓的“胎毒”，存在于小儿体内并且迟早会显露出来。晚近的有花植物的隐喻也很说明问题，因为在这种疾病的多个病名中就有“天花”（flowers of Heaven）[18]，这是在语源学上反映专有名词“发疹疾病”（exanthematous）的一个词汇，而该名词则出自希腊语中表示“开花”的词根。

另一方面，在欧洲，许多其他的著作家还支持一种气象学的解释，相信不合时宜的天气将“致病种子”或“腐烂的恶气”释放到了人类生活的环境中，由此导致了天花[19]。周围空气中元素的完美平衡，即圣约翰·克里索斯托（St John Chrysostom，约6世纪）的祈祷书中所祈求的那些“完美空气”（*eukrasias aeras*），是健康所必需的。失衡就会滋生出像天花这样的流行病。 120

当然，这种思想可以追溯到希波克拉底，以及他的“空气、水与地区”（Airs waters places）。这种思想最著名的文艺复兴时期的鼓吹者是巴尤（Guillaume de Baillou，1538—1616年）。这位法国医生在他的《流行病及日记》（*Epidemiorum et ephemeridum*）一书中，第一次描述了百日咳的症状并介绍了风湿病的概念，该书是在他死后于1640年出版的。后来，托马斯·西德纳姆（Thomas Sydenham；1624—1689年）也持有同样的观点，并引入了一个后来长期流传的短语——“流行病的构成条件”（the epidemic constitution）。在19世纪，这个短语变成了大气毒素学派（atmospheric- miasmatic school）在与接触传染论者（contagionist）论争时所使用的标语[20]。

在中国人们可以找到有些相近的观念，即有毒的气（“瘴”）的概念，意大利语“瘴气”（malaria）最初的含义就是“不好的空气”。这种致命的气会在南方导致疟疾及其他传染病。就像刘恂在约公元900年时所指出的：“遥远南方的山脉与河流，蜿蜒曲折，丛林密布。[蒸发的气]纠结聚集，不容易散开或弥漫。于是就产生了许多可以导致瘟疫的雾霭。”（“岭表山川，盘郁结聚，不易疏泄，故多岚雾作瘴。”）正如这段文字所说，中国人将瘴气解释为大宇宙流动的“气”的凝滞。这与人体小宇宙中的阻滞相呼应，而阻滞是最常见的病因。这与欧洲人通常的观念不同，欧洲人相信瘴气是

---

⑰ 关于天花病因的西方观点，见 Miller（1957），pp. 241 ff.，以及 Ranger & Slack（1996）。

⑱ 在中国“天”指的是自然的整体秩序，而不仅仅指的是可见的天空。

⑲ 因此有“神学院学生”（seminarists）这个令人好奇的名称。辛格夫妇［Singer（1913），Singer & Singer（1913，1917）］的论文以及罗森［Rosen（1958）］和布洛克［Bulloch（1930/1938）］的著作讨论了与种子学说——如斯多葛派（Stoics）种子学说——的联系，还有流行病学与关于发酵和腐败的知识之间的联系。

⑳ 见 Rosen（1958），pp. 103 ff.。关于“融合”（*krasis*）的思想，或者事物各组分间的完美平衡，以及它在阿拉伯语中的接替术语，见本书第五卷第四分册中各处。

由腐烂引起的[21]。

第三种病原学的理论，即关于活的接触传染物（*contagium vivum* 或 *contagium animatum*）的理论，“空气（ayre）中的原子、微粒及小生物（bodikins）”确定无疑是活的接触传染物，中国并没有出现可与之对应的理论。历经许多兴衰之后，在此基础上，发展出了疾病生源说（germ theory of disease）。

传染病思想的转折点，是吉罗拉莫·弗拉卡斯托罗（Girolamo Fracastoro，1478—1533 年）的专著《论传染——传染疾病和它们的治疗》（*De sympathia et antipathia rerum，liber unus；de contagione et contagiosis morbis et eorum curatione，libri tres*），这本专著在其去世后于 1546 年出版。这是病理学史上的一个里程碑。弗拉卡斯托罗是一个“神学院学生”，因为他相信确实存在广泛传播的疾病种子。他还相信每一种疾病种子都是特殊的，最重要的是，它们都是活的。他能区分出自身不能繁殖的毒素与自身可以繁殖的传染物质。这些种子是可传染的并且可以自我繁殖。传染是因，传染病是果。弗拉卡斯托罗还区分出了三种传染，人与人之间的直接传播，通过空气进行一定距离的传播，以及通过被患者污染过的媒介物进行传播。在接下来的一个世纪里，阿塔纳修斯·基歇尔（Athanasius Kircher）的著作《传染病的理疗研究》（*Scrutinium physico-medicum...pestis*；1658 年），以及列文虎克（Antoni van Leeuwenhoek）写给英国皇家学会的不朽的信件（1673—1724 年），为后来现代细菌学的建立准备好了坚实的基础[22]。

121 就我们目前所能看到的而言，中国还没有与“活的接触传染物”（*contagium vivum*）相似的概念[23]。描述传染病的古典术语就是“疫疠”。“疫”字和“疠”字中的任一个，都可以和表示无处不在的元气的“气”字结合成“疫气”和“疠气”。“疫”字有个“疒”字头，与“役”字同源。“疠”字有相同的“疒”字头，里面有个表示 10 000 的“万”字，也许这个“万”字指的就是染病或死亡的患者人数。表示天花的术语“痘”，因为那些脓疱，很明显由“豆”字衍生而来。“染”字最主要的意思是“将要死亡”，其次才是“传染”之义。现代常用的短语“传染病”，并没有出现在古典中国文献中[24]。从下面这段选自葛洪的《抱朴子内篇》（公元 320 年）的文字可以看出，“染”指的是传染病：

> 人在“气”中，而“气”也存在于人体之中。从天地到万物都在“气”中，

---

[21] 《岭表录异》卷上，第一页。译文见 Schafer（1967），p. 130，经修改。薛爱华引用了何博礼［Hoeppli（1959），p. 274］的观点，大意是，造成瘴气的因素据说是“由正在腐烂的动物及植物在附近产生的”。这是一份来自云南或贵州的现代文献，唐代文献中没有对应的文本。

[22] 赖特［Wright（1930）］已经翻译了弗拉卡斯托罗的《论传染》。辛格夫妇［Singer & Singer（1913，1917）］、古多尔［Goodall（1937）］、布洛克［Bulloch（1930）］以及科隆贝罗［Colombero（1979）］已经仔细地分析了此书。古代同情和反感的思想对化学亲和力概念的发展史具有重大意义；见本书第五卷第四分册 pp. 305 ff.。受污染的物体被称为“污染物”（fomites），来自拉丁词“*fomes*”（引火物）。通过污染物间接传染的思想，是在萨莱诺学派（10 或 11 世纪）的著作中最先得到清楚阐述的；见 Klebs（1913a），p. 70。博学的耶稣会士基歇尔，做过一些显微镜观察。他声称在瘟疫患者的血液中看到了微生物，但是它们极有可能是红细胞。关于列文虎克，见经典的专论 Dobell（1932），以及 Hall（1989）。关于 18 世纪的那些相信“不可见的微生物”、“有毒的微粒”、“有害的活性原子”的人，见 Nutton（1990）。

[23] 但是可见下文 p. 130，以及谢学安（*1983*）。

[24] “天行病”表示传染病。

没有什么能在没有“气”的情况下生存。知晓怎样使“气”在体内运行的人，就能够滋养自己的身体并击退各种外来的邪恶；普通人每天依赖这种［运行］而对其毫不知晓。

吴国和越国的人中，有一种明显有效的驱邪方法（“禁咒”），它可以使那些照着做的人更加精力充沛。知晓这个方法的人，能安全度过在最猖獗的流行病的流行期，甚至和患者同床共枕，自己也不会被传染。而且几十个他的追随者同样能摆脱恐惧。这说明掌握了“气”就可以驱除（“禳”）自然灾难㉕。

〈夫人在气中，气在人中，自天地至于万物，无不须气以生者也。善行气者，内以养身，外以却恶，然百姓日用而不知焉。吴越有禁咒之法，甚有明验，多气耳。知之者可以入大疫之中，与病人同床而己不染。又以群从行数十人，皆使无所畏，此是气可以禳天灾也。〉

这段文字不仅表明了葛洪对道教行气术功效的坚定信念，还表明了他对人际传染的清楚理解。古代和中古时期的中国论著认识到了传染性。从他们进行“接种”的一种方法，即用天花患者穿过的布料或衣物把小孩包裹起来，可以很明显地看出这一点。下面是张璐（1695年）对这种方法所作的解释：

如果你不能从脓疱中取出［原字义为“偷盗”］痘浆，你可以用痂来培养接种物。如果没有痂可取，你可以拿着刚刚出过天花的小孩的衣物，给另一个孩子穿上；这样也会生出天花。关键在于利用同样的元气（“气”）；虽然它没有完全形成，但是它却可以起到引导出胎毒的作用㉖。

〈如痘浆不得盗，痘痂亦可发苗，痘痂无可窃，则以新出痘儿所服之衣，与他儿服之，亦能出痘。总取同气氤氲，为胎毒之向导。〉

我们似乎忽略了有生命的微粒的思想。记住这一点是必要的：中国的自然哲学和科学一直从根本上反对微粒的观念。因为有来自印度的佛教僧侣哲学家，所以原子论必定被多次传入中国，但是它却从未能在中国立足。中国思想仍然忠实地信守一种原始类型的波动学说，阴阳消长，深信连续媒介中的超距作用真实存在㉗。在欧洲，斯多葛派的种子，以古老的原子论思想为基础，生出了传染微粒的思想，接着又自然而然地产生了活体传染微粒的思想。在中国，则没有出现与之类似的观念。文艺复兴时期的理性骚动，是一种在中国并没有类似情况的激变，或许这与弗拉卡斯托罗所提出的 122

㉕《抱朴子内篇》卷五，第五页。关于行气术，见本书第五卷第五分册。〔“多气耳”一句中明显阙至少一个字。根据与该书中（卷十五，第一页）唯一相似的段落比对，所阙的字或许是“气”字之后的“力”字。——编者〕

㉖《医通》（1695年）卷十二，第二十八页。远比这更早的时候，赞宁在其《格物粗谈》（980年）一书中，给出了用蒸汽给衣物消毒的说明；见本书第五卷第四分册，p. 315。另见下文 p. 142。〔注意：没有引用古代或中古时期的文献来说明衣物免疫法。——编者〕

㉗ 本书第四卷第一分册，pp. 3—14。〔阴阳观念指的是一种时空的转换，但是将之称为一种波动学说，甚至是一种原始类型的，并没有反映出早期的中国阴阳思想。人们有充分的理由质疑，波粒（wave-particle）的区分是否恰当。更有启发性的是使用“连续的”（continuity）和“不连续的”（discontinuity）观念，桑布尔斯基［Sambursky（1956，1959）］将上述比较方法有效地运用到了早期的希腊物理学上。例如，这就可以将中国的自然哲学家列到亚里士多德一边，而与德谟克利特（Democritus）相对立。——编者〕

新观点有着某种联系。

瘴气致病理论（miasmatic anti-contagionist theories）存在了很长一段时期，部分的原因是它为公共卫生提供了一种理论基础[28]。尽管在18世纪出现了斯帕兰扎尼（Spallanzani）及其他微生物学家，但是“流行病的构成条件”（epidemic constitution）的观点在19世纪的前50年仍占支配地位[29]。

阿克尔克内希特［Ackerknecht（1948）］说得好：“在关于传染病和‘活的接触传染物’的各种理论取得最后和压倒性胜利前不久，它们遭遇了在其漫长而又多劫的发展历程中最消沉和贬值的时期；而在反接触传染论（anticontagionism）消失前不久，它达到了其精致发展、同行认可以及科学声望的顶峰。”瘴气气象学理论（miasmatic meteorological theory）激励了许多早期的卫生改革者，如埃德温·查德威克（Edwin Chadwick）和索思伍德·史密斯（Southwood Smith），因为这个理论证明了他们为健康的空气、纯净水的供给以及足够的排水沟及污水处理设备所尽的努力是正确的。当反接触传染论在发展中的资本主义社会中被理解时，它就有趣地与自由主义和个人自由的思想的兴起同步起来。公众需要的是对社区进行清扫，而不是对人进行检疫隔离或用别的方法限制人身和商品的流动；要清除致病之恶气，而不是支持官僚政治意义上的控制。

1860年后，现代细菌学的成功兴起终结了“恶气说”。但是布尔哈维（Hermann Boerhaave）在1720年左右所说的是正确的，人们得过天花后残留在体内的某种物质，会使他们战胜此后的接触性传染病。除了柯克帕特里克（Kirkpatrick）外没有人注意到这一点，柯克帕特里克在1754年也认同天花“在体质中留下了某种阳性的和物质性的特质”[30]。一个多世纪之后人们才认识到了抗体，这表明这个卓越的猜想是正确的。

随着中古时期中国所采用的那些最早的简易步骤而来的是，具有无可估量的重要意义的发展，前所未闻的对人类微小寄生物可怕的活性进行的预防。詹纳工作的本质特征在于接种一种动物病毒，这种动物病毒与危及人类的某种病毒有关。牛痘相对而言是无害的，但是提供了重要的保护作用。

123 最奇怪的是，这种方法在随后的免疫学中并没有注定成为主要课题。仅仅在极少数情况下，异种疫苗才会引发人们的兴趣。例如，一种由莫氏立克次体（*Rickettsia mooseri*）引起的地方性鼠型斑疹伤寒的灭活疫苗，已经被用来预防由普氏立克次体［*R. prowazeki*；卡斯塔涅达（Castaneda）］所引起的流行性虱传斑疹伤寒。

后来占据首要地位的是减毒，即用人工降低病毒粒子或病菌的毒性来作为接种物。在中国，至少早在17世纪就植入过经减毒的微生物体，而欧洲则是在18世纪。下一步是注射灭活的细菌的悬浮液（悬胶），因为人们发现人体恰好会在这种情况下通过产生

---

[28] 我们可以从剑桥的基兹学院（John Caius' college）中举出一个例子，我们曾在那里工作了很多年。大约在1566年约翰·凯厄斯（John Caius）规定，为了使居住者的身体更加健康，凯厄斯苑（Caius Court）的南面必须永远保持开放，并且不得再建房屋。

[29] Rosen（1958），pp. 278，287 ff.。

[30] Boerhaave（1716），vol. 5，p. 508，由米勒［Miller（1957），p. 263］注释；Kirkpatrick（1754），pp. 29，30。

抗体而做出反应，这样的步骤通常更加安全。因为这些蛋白质抗体恰好就是保护人类远离许多病原体威胁的必需之物，研究者学会了从高免动物血清中大批量提取它们，大部分情况下是从马的血清中提取，这样就发展出了很多今天所使用的抗毒素[31]。自1892年的埃尔利希（Ehrlich）起，他们用药的结果被称为被动免疫，这与主动免疫相区别，后者是患者自身对侵入的致病生物所产生的反应。再后来，人们发现了某些病菌会制造出可溶解的毒素，如白喉和破伤风的病菌。这些蛋白质能够作为灭活的细菌以同样的方式被利用，并适时地制造出有保护作用的抗毒素。即使用明矾及其他沉淀剂化学方法灭活，这些毒素依然能够以极为相似的方式制造出想要的抗体。这些类毒素，就像毒素本身一样，可被直接地用于人体，或间接地在大型哺乳动物体中制造抗血清。这样的一种灭活在逻辑上相当于，用灭活的细菌来注射以预防活的细菌，因此它起源于上文已提到过的旧式的减毒方法。

这些始自19世纪的免疫学的发展与细菌学自身的成长“并驾齐驱”(*pari passu*)。也许在天花的预防性接种之后最伟大的里程碑就是巴斯德（1822—1895年）关于山羊和绵羊炭疽的工作，他通过热处理和石炭酸减弱了炭疽芽孢杆菌（*B. anthracis*）的毒性(1880年)。他推测牛痘是天花的一种，天花经过牛的作用而被减弱或被改变。因此人们可以探索其他方法更大地降低毒性。这使他产生了减毒的想法。

据说巴斯德一直在自问究竟种痘（vaccination）能否成为一种普遍的技术这个问题。也许在这里使用“接种”（inoculation）这个词更为确切，因为病原体一般而言是同样的，所以与攻击其他哺乳动物的病原体并没有关系。大约同时，巴斯德通过在厌氧的环境中培养鸡霍乱病菌（*Pasteurella septica*）一段时间或使之生长的方法减弱了此病菌的毒性，并且发现它完整地保留了抗原。接下来就发生了那个有关狂犬病的英雄故事，以及巴斯德烘干实验动物的脊髓，因此减弱了狂犬病病毒的毒性，使之能适于接种（1885年)[32]。

124 此后，免疫学的发展呈现爆炸性的态势，以至在今天显而易见的所有主要的可能性都被探究和应用过了。巴斯德的狂犬病减毒活疫苗已与用于小儿麻痹症［萨宾(Sabin)］和黄热病［索耶（Sawyer)］的减毒活疫苗有相似之处。他的绵羊炭疽和鸡霍乱减毒活菌苗在抗击人类的霍乱［费兰（Ferran）和哈夫金（Haffkine)］、肺结核［卡尔梅特（Calmett)］和鼠疫［斯特朗（Strong)］等疾病中，同样拥有后继者。灭活菌苗第一次成功地用于猪瘟［沙门（Salmon）和史密斯（Smith)］，人类的霍乱［科勒(Kolle)］、瘟疫［哈夫金（Haffkine)］和伤寒［赖特（Wright)］的免疫中。接下来就使用无细胞和无毒的毒素来诱发抗毒素的形成。人们注射这类抗毒素来治疗白喉［贝林（Behring）和北里柴三郎］、破伤风（贝林和北里柴三郎）以及气性坏疽［布尔(Bull）和普里切特（Pritchett)］。最后，结合其他的方法并使用类毒素或“去除毒性的”毒素来进行预防性接种，如用来预防破伤风［拉蒙（Ramon）和格伦尼

---

[31] Parish（1965），pp. 325，136 ff.。为了阻止血清变态反应，需要做仔细的蛋白水解处理。

[32] Parish（1965），pp. 2，43 ff.，53。直到今天我们都不知道巴斯德的猜想是否正确，因为至少在西欧，天然的牛痘似乎已经灭绝了（如同马痘一样）。虽然相当困难，但牛被天花（variola）感染是有可能的。

(Glenny)] 及白喉（格伦尼）[33]。

要想把免疫学的历史压缩在上文的三段文字之中是不可能的。这个简短的概述只不过意在脱离这样的思维和逻辑的主线：从中古时期中国最早的接种，经过詹纳的阶段，到19世纪和20世纪期间对抗原和抗体研究的大幅度扩充并进入成熟时期。没有任何领域曾产生过比免疫学更多无所畏惧的调查者及为医学探索而献身的殉道者；没有任何思想和实验的结果曾比免疫学为人类带来过更巨大的福利[34]。

(2) 历史上的天花

天花病毒的起源已经消散在历史的迷雾之中。埃及国王拉美西斯五世（King Rameses V，卒于公元前1157年）的木乃伊上的那颗著名的隆起脓疱并不能得到确认；从早期的美索不达米亚、埃及、希伯来（Hebrew）及印度文献中所取得的证据也是含混不清的。希波克拉底并不知道天花，也许盖伦及其后继者们对此也一无所知。似乎对其进行了描述的最早的西方文献，是中世纪早期的编年史作者的那些作品，尤其是图尔的格雷戈里（Gregory of Tours，约540—594年）的作品。在他的《法兰克人史》（*Historia francorum*）一书中，他谈到了一种严重的流行病，这种病表现为皮肤生出有脓疱的疹子，并在公元580年对南高卢（Gaul）造成了毁灭性打击。直到阿拉伯世纪，我们才找到了对天花第一次清楚的描述。在亚伦神父（Aaron the Priest；Ahrūn al-Qass；7世纪中期的亚历山大里亚人）所著的《医学汇要》（*Kunnāsh* 或 *Pandectae medicinae*）中，以及在归于泰伯里（Alī ibn Sahl Rabban al-Ṭabarī；鼎盛于850年）名下的医学百科全书《智慧的乐园》（*Firdaws al-ḥikma*）中，都附带提到了看起来像是天花的某种疾病[35]。

伟大的医生及炼金术士拉齐（公元865—约923年）的出现是个转折点，他所著的

125 《天花与麻疹》（*Kitāb al-jadarī wa'l-ḥaṣba*）现在仍被认为是医学文献史上的里程碑[36]。它首次在西方世界清晰地描述了这些疾病以及它们之间的区别。拉齐相信天花在本质上是由某种内因引起的。妇女在孕期没有排出的腐坏经血剩在了孩子体内，在成长期及青春期潮湿度有所降低时，这些经血就会在邪恶的发酵中沸腾。此后，阿拉伯人、

---

[33] Parish（1965）。对于非减毒天花接种，一处奇特的相似是1887年休厄尔（Sewall）的工作，他成功地通过逐步提高响尾蛇毒液对鸽子的次致死剂量，从而使鸽子对其产生了免疫。谢灵顿［Sherrington（1948）］所撰述的有关英格兰最早的白喉抗毒素接种的报告，将长期作为一种经典医学文献。

[34] 除了上文中所引用的著作及帕里什［Parish（1968）］的著作，参见麦克尼尔［McNeill（1977）］的广泛调查。

[35] 关于拉美西斯，参见 Crosby（1993），p. 1009 外，另见 Ruffer & Ferguson（1911）。麦克尼尔［McNeill（1977），p. 116］认为，罗马在公元65年、165年、251年等发生的瘟疫就是此病，但这纯粹是个猜测。*Historia francorum*，V. 8. 14，译文见 Dalton（1927）。关于亚伦，见 Sarton（1927—1948），vol. 1，p. 479，以及关于《智慧的乐园》，见 Mieli（1938），pp. 71—72 以及 Browne（1921），pp. 37 ff.。

[36] Major（1955），p. 196；本书第五卷第四分册 p. 398 以及各处。

希腊人以及拉丁人的所有医学论著都同样对天花有所涉及㊲。我们对该病历史的了解仍然和马查蒙特·尼达姆（Marchamont Needham）在他1665年所著的《医学精义》（*Medela medicinae*）中所叙述的几乎一样：

> 在希波克拉底及盖伦的时代，天花及麻疹要么都不为人所知，要么人们对它们过于忽视，以至于它们在希腊学家中从未被当成特殊的疾病，而仅仅被视为意外之疾，一种带有皮肤腐烂及恶性高热症状的急性皮疹：此后，直到阿拉伯人开始将天花当成一种与其他疾病相区别的疾病进行描述的时候，我们才听到了有关此病的消息；但是当时它们非常温和，并且就这样一直延续至大约不到40年前。里威里努斯（Riverinus）告诉我们，就是这样，在西班牙人到达之前，此病还仅流传于西印度群岛（West-Indies），然后一个黑奴偶然染上了带有瘟疫症状的天花，这些致命和有毒的症状就由此通过接触传染的方式在人群中传播开来，这场大瘟疫的来势是如此之凶猛，以致大部分印度人（Indians）被它夺去了性命，然而它之前却表现得相当温和，因此它并不被认为值得去麻烦医生或行医者。

中国对天花的精确描述，要比伊斯兰教国家早几个世纪。在伟大的医生和炼丹家葛洪大约于公元340年所撰成的《肘后备急方》中，有一段关键性的文字，这段文字曾由陶弘景（也是一位伟大的医生和炼丹家）在公元500年前后作了修订。它的内容如下：

> 近来一些人患上了季节性的流行出疹病，疹子出现在人的头、脸及躯干上。疹子很快遍布全身。它们看起来就像［红色的］“火疮”，都包含着白色的脓液。脓包全一起发出来，然后会同时收水变干。如果他们没有马上得到治疗，许多状况严重的患者过几天就会死亡。那些痊愈的患者会在身上留下紫色或黑色的疤痕，疤痕的颜色过几年才会褪去。这源于一种剧烈的毒“气”。人们说此病最早在永徽四年从西方传入，并向东推进，然后传遍全国……㊳在建武年间中期，［我们的士兵］在南阳与入侵者作战时染上此病；因为这个原因，这个病的名字仍然还叫做“虏疮”㊴。

〈比岁有病时行，仍发疮头面及身，须臾周匝，状如火疮，皆戴白浆，随决随生，不即治，剧者多死。治得差后，疮瘢紫黑，弥岁方灭。此恶毒之气。世人云，永徽四年，此疮从西东流，遍于海中……以建武中于南阳击虏所得，仍呼为虏疮。〉

㊲ 关于此病的治疗，确切地说，直到18世纪他们中都没有人能够预防它。关于拉齐及他的著作，见Ullmann（1978），pp. 83—84，以及Browne（1921），p. 47。这部著作在1565年及1766年被翻译为拉丁文；有一部英文译本，书中还包括一些拉齐其他著作中的相关章节，见Greenhill（1848）。“酵素”是我们已经提到过的亚里士多德对“先天种子”和“胎毒”的说法（p. 119），我们还将继续探讨这个问题（p. 129）。拉齐还作了区分，例如，分出了典型天花（variola major）与轻型天花（variola minor）；Greenhill（1848），pp. 71 ff.。

㊳ 我们省略了几行关于治疗的文字。

㊴《肘后备急方》卷二，第35页。这段文字被一再引用，并有稍微的变异，见《诸病源候论》（610年）卷七，第四十四页。参见王焘的《外台秘要》（752年）卷三，第119页，以及李涛（*1954*），第189页。在葛洪的文本中“季节性的”用“时行”，在王焘的版本中用“天行”；在意思上没有本质区别。

不幸的是，要确定这段文字的年代并不像看起来那么容易。葛洪的书可能在宋代就失传了。现存的是经过陶弘景扩充的版本。在中国历史上只有一个“永徽”年号，是在唐朝（公元650—655年），但那就太晚了。至于“建武”的年号则更难于处理，因为在中国历史上，有七段时期的纪年用“建武”二字，如果葛洪的书写于约公元340年的话，那么就有四段时期与之吻合，而在陶弘景的修订本之前还有两段时期[40]。

126

学者们想出了两个方法来解决第一个问题，他们肯定地将之归于抄写者所犯的一个错误。范行准认为那个时期应该是南宋朝的“元徽”（公元473—477年），可能为元徽四年，即公元476年，这与陶弘景的生平相吻合[41]。当时在湖南和南阳周围有战事发生。在此基础上，范行准认为上面这段文字为陶弘景所写。

但是马伯英最近指出，王焘的《外台秘要》（公元752年）所收录的这段文字分别引自葛洪和陶弘景的论述。在公元8世纪这么做还是可能的，因为陶弘景所增益的内容通常用红色墨水抄写。随着印刷术的出现，印刷通常都是单色的，这样的区别就消失了。我们在上面的引文中用着重号标出的内容是王焘归于陶弘景的部分[42]。

马伯英建议对年代作另一种修改，即修改为“永嘉”。这就打开了早于葛洪和王焘的两个时间段选项，即东汉（公元145年）和西晋（公元307—313年）。只有后一个纪年才有“四年”，而第一个纪年的年号还存在争议[43]。范行准和马伯英的校勘同样巧妙，也同样缺乏辅助证据的支持。我们不可能在公元310年与公元476年之间做出选择。

既然葛洪记录了“建武”的年号，那么接下来我们必须考虑直到他所生活的时代，哪一段可能的时期能够长到足以有中段。在这些“建武”年间中，只有公元25—56年以及公元335—348年这两段符合上述条件。答案是前者，而不是后者，这为已知的历史事实所支持。马援（卒于公元49年）在公元42—44年，“建武”中期的一次战役中征服了现在越南的一部分，此时正处于“建武”年间中期。他的传记记载，军队回到京城时，“每十个将士中就有四到五个死于瘴气病和流行病（‘瘴疫’）”（“振旅还京师，军吏经瘴疫死者十四五”）。

马伯英敏锐的论点与《痘疹心法》（1549年）的作者万全的观点一致。但是这仍然不是决定性的。在南方的战役即将开始前，马援曾在南方或者遥远的西北待过几年，但是没有记载表明马援曾在南阳作战过[44]。我们只能概括起来说，第一次有记载的天花

127

---

[40] 它们是：东汉，公元25—56年；西晋，公元304年；东晋，公元317—318年；以及后赵，公元335—348年。葛洪指的可能是其中的一段时期。接下来分别是：西燕，公元386年；南齐，公元494年；北魏朝的一个非常短暂的时期，公元529年。马伯英［(*1994*)，第805页］令人难以置信地将葛洪的书的年代定在约公元303年，这就排除了汉代之外其他所有时期的可能性。

[41] 范行准（*1953*），第107页起。

[42] 《外台秘要》卷三，第119页。王焘将丘疹的描述，第一处下有着重号的部分以及第二处下有着重号的部分的第一句话，归于葛洪与陶弘景两人，但是这并不能妥善解决马伯英的论点。

[43] 李崇智（*1981*），第10页。

[44] 马伯英（*1994*），第803—806页。马伯英用将“南阳”校改为“南疆”的方式来解决后一个问题。这非常有想象力，但是几乎不能解决问题。范行准或马伯英所校改的字、词既不是字形上与原文相近，也不是原文的同音异义词。关于南方的战役，见《后汉书》卷二十四，第838—840页。

流行病可能约发生在公元45年，是由葛洪在三个世纪后记录下来的，第二次这样记载的要么是发生在公元310年要么是发生在公元476年的一次天花暴发，是由陶弘景在公元500年前后记下来的。历史上最先对这种可怕的疾病进行明确描述的仍是中国人[45]。

我们可以进一步追问谁是传说中第一个满脸痘痕的人。答案可能是崔赡，一位学者型的诗人。他的传记记载："他得过高热之症，脸上留下了许多伤痕（'瘢痕'）。但是他对此泰然处之，举止高贵，他看上去友善，他的诗也文雅而精炼。南方人十分尊敬他。"（"赡经热病，面多瘢痕，然雍容可观，辞韵温雅，南人大相钦服。"）"瘢痕"是一个非常常见的术语，并不特指痘痕。崔赡生活在北齐王朝统治时期，卒于公元567—570年。在公元9世纪后期，我们可以从李商隐的《杂纂》中读到这样的诗句，"得过天花的女孩儿羞于脸上的疤痕，而不愿上街去"[46]〈羞不出·子女豆瘢〉。也许在陶弘景之前的类似而具体的叙述终将会为大家所知。

(3) 中国的病因说及理论

现在是仔细审视天花起因及中国传统的天花预防理论的时候了。这二者的关系如此紧密，以至于它们必须被放在一起来谈论。在经由汉代的主题发展而来的古典医学思想中，疾病是由三种原因（"三因"）中的这种或者那种所引起的。首先是"外因"，即环境或外在的反常情况。它包括"外邪"，即周围世界中的恶"气"，或"外淫"，即周围空气中过度显现了某种特征的"气"，它攻击人类并且诱发各种疾病[47]。

汉代之前强调的重点是环境因素，从与气象学有关的角度进行猜测[48]，比如"六气"致病说。随着时间的推移，环境的因素逐渐扩展，以至于包括了所有外在的事物，尤其是特殊的传染病因素，虽然并不知道它们的属性，但是它们要比天气因素具体得多。当伟大的病理分类学家（pathological systematist）巢元方在公元610年撰写《诸病源候论》的时候，他谈到了特别的传染性因素。古典医学中的"温病"

> 是由不协调的季节现象引起的，温暖和凉爽的天气出现不正常。[当这些现象发生时，] 人体会通过生病对这些不正常和狂暴的气（"乖戾之气"）做出反应。这种病"气"会移动，感染其他的人，甚至能使全家人都身染重疾并且向外扩散。因此明智的做法是服用药物或举行宗教仪式对其进行预防。

128

〈此病皆因岁时不和，温凉失节，人感乖戾之气而生病，则病气转相染易，乃至灭门。延及外人，故须预服药及为法术以防之。〉

---

[45] 我们无意贬低拉齐头上的荣誉，但是我们必须提到他与中国人的联系。他在自己家中长时间款待了一位来自中国的医生（本书第一卷 p. 219）；并且中国的炼丹术对他以及其他伊斯兰炼金术士的工作都有所影响（见本书第五卷第四分册 pp. 388 ff.）。

[46] 关于崔赡，见《北史》卷二十四，第876页。《北齐书》（卷二十三，第336页）中并没有关于疤痕的短语。后来所用的术语通常是"瘢皮"。《杂纂》卷五，第二十三页。

[47] 读者可在空闲时通过以下这两本书对"三因"理论进行了解，即《注解伤寒论》（1144年）以及《三因极一病源论粹》（1174年）。

[48] 这与欧洲的"瘴气"（miasma）概念非常相似。

(a)

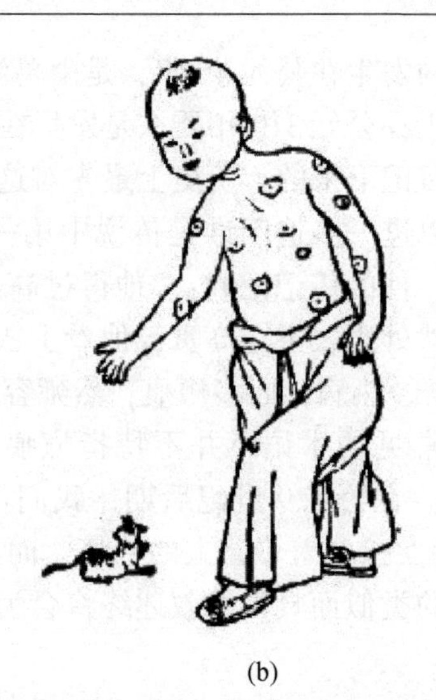
(b)

图8 天花症状的变化是由于内部失常：(a)“空壳”（无浆）天花脓疱，是由于身体的“气”异常地高或低。(b) 类似小型指甲形状疖子的脓疱，这是毒“气”的标志，此毒“气”潜伏于皮肤之下。采自《医宗金鉴》(1743年)。

这意味着接触传染，尽管它并没有描述流行病⑲。

对照环境原因，还有“内因”（内部异常），即天花是由各种不同形式的“内邪”或“内淫”所引起的。这只是谈论现代医生称之为器质性机能障碍症状的一种方式⑳。它包括所有阴阳失调的状态，所有健康要素没有达到完美“融合”（*krasis*）的状态。

第三种病因是“不内不外因”；这包括各种外伤，如摔跤、蛇咬或在战争中所受的伤。我们很自然地会将它们视为外因，并且认为应当由“外科”专家去处理它们，但是在这个分类系统中，“外”已经被界定为毒气的和可传染的。

在古代还存在另一个词，“免疫”。虽然它后来意味着免疫力（immunity），但是在最初它包含了从逃避流行病，到有驱邪作用的对天庭疾病诸神的安抚仪式，再到预防接种本身的任何事物。

129 现在我们必须更进一步审视“胎毒”这个术语㉑。这个词指的是可以导致出疹疾病的先天病原体。正像经常指出的那样，自古以来在中国的治疗方法中就一直包含着“有效成分”。基本的治疗方法之一就是“以毒攻毒”㉒。例如，最古老的药物学汇编

---

⑲《诸病源候论》卷十，第八页。为温病学派开辟道路的季节失调的思想要更古老一些；见《伤寒论》序，第七页。巢元方提出了特殊传染因素的思想，利用了与环境相关的身体失常。

⑳〔这是有争议的，因为“内因”在很大比例上是过剩的、未疏导的情绪。〕

㉑ 关于“胎毒”，见《小儿药证直诀》(1119年) 卷一，第十二页。傅芳 (*1982*) 简要讨论了“免疫”的概念，而刘正才和尤焕文 (*1983*) 则专述了此词如今在中医中的运用。

㉒ 这里我们回想起帕拉塞尔苏斯的简洁陈述：“唯有剂量才能决定一物是否为毒药。”(*Sieben Defensiones*, 1537年) 参见本书第五卷第三分册 p. 135〔注意：例如，《圣济总录》(卷四，第179页) 中的表述。奥布兰热 (Obringer) 将它放在他对这种两重性研究工作的最开始的部分，“我们最好始终将所有‘毒’都翻译成‘toxic’，因为必须记住治疗行为与毒性是不可避免的……似乎中国医学凭直觉对这点一直有所注意”；见 Obringer (1983), p. 151，特别见 Obringer (1997)。——编者〕

《神农本草经》（公元1世纪晚期或公元2世纪）指出，毒药的用量可以通过系统的小剂量测试来控制。在《周礼》的“医师”条目下，注释者郑玄在公元190年前后写道，“药物通常都含有大量毒性”（“药之物恒多毒”），这意味着它们含有很多有效成分[53]。本草学著作通常将它们的药品按特性分为“大毒”（非常有威力，因为其毒性很强）、“小毒”（毒性温和，可以有效地预防疾病）及“无毒”（无论剂量多少，完全没有毒性）。

在欧洲人看来，中国人所考虑的小儿先天性发疹疾病的倾向或许并不是易受感染性。现存最早的儿科疾病专论在解释小儿先天性发疹疾病时并没有使用“胎毒”这一术语：“胎儿会在子宫中成长十个月，它吸收了［母亲的］五脏的阴气（‘血’）所带来的污秽之物。在孩子出生之后，此毒就要释放出来。疹疾的类型取决于与［占主导地位的］脏腑相关的液体。”（“小儿在胎十月，食五藏血秽，生下则其毒当出，故疮疹之状，皆五藏之液。”）也就是说，如果毒性和母亲的心脏功能有关，此病就会以麻疹的形式出现；如果和脾脏功能相关，则会出现天花，以此类推[54]。

“胎毒”不是一个非常古老的词。也许它最先出现在《小儿病源方论》（约1180年）中[55]。这个词到了元代才开始通用，例如，见于戴元礼1380年所著的《证治要诀》。张琰在《种痘新书》（1741年）的序言中写道[56]：

> 天花是一种“先天之毒”，它根植于怀胎之际的阴阳结合。一旦“五运”和季节的流行病之“气”刺激了它，［此病］就必然会爆发。如果人们等到它爆发了才采取措施，则因为流行病之“气”已经很猖獗了，病症通常就难以控制了。
>
> 〈痘乃先天之毒，方阴阳交感之际，早已植根于胎元，一遇五运变迁，时行疫气之感，从未有不发者。若俟其既发而始图之，则疫气流行，症多不顺。〉

几十年后，朱奕梁在其《种痘心法》（1808年）中也表达了同样的观点。 130

作者常常声称此毒源于性交中过度欢娱，这种看法与腐坏的胎便或经血的观念相伴而生，但是并不常见[57]。中国病原学家也把胎毒归因于胎儿出生时嘴中没有被清除干净的血块或胎粪。性学角度的解释肯定会受到质疑。所有医生都同意，每个男孩和女孩身上的隐秘缺陷是天生的。这种民间的看法，伴随着很多的修正和反复出现的争执，一直延续到现在[58]。

接下来我们必须对在上文（p. 120）所作的有关“活的接触传染物”（*contagium vivum*）的陈述进行提炼。微粒并不是中国自然哲学中特有的，而另一个方面，弥漫的、

---

[53] 《周礼》卷一，第三十三至三十四页；卷二，第一页。

[54] 《小儿药证直诀》卷上，第十二页。〔中国人常常计入所有的阶段来估算用去的时间。——编者〕

[55] 《小儿病源方论》卷一，第二页。

[56] 《种痘新书》，第二页。1681年，张琰为皇族的王子们进行过接种。

[57] 《小儿病源方论》卷一，第一页。与肉体的欢娱相联系，看上去像是儒家对其的约束与节制，但是也会感到或许这其中存在着某种古代摩尼教（Manichaean）的影响。

[58] 关于20世纪此领域的研究，见Topley（1974）以及Kleinman（1980），pp. 87—88，93—94。

千变万化的“气”则是活性的物质[59]。它包括了在某种意义上是有生命的许多种“气”，而不是那种微粒式有生命的“微生物”（animalcule）或传染力极强的“微粒”。一种对《易经》的注释称，古老的字“几”表示事物最微小的起源，吉与凶均源于此[60]。就我们所知，医生并没有采用这个字来作为术语，但是人们可以说他们采用了“苗”字加以取代。字典将“苗”解释为“萌芽”，但是我们理解为“种子”及“胚芽”也是恰当的。当然，传统中国医学并不了解19世纪后期在欧洲兴起的疾病生源说。但是，“苗”相当于“微生物”（germ）较早的词义，即新生物体由之生长出来的存在形式。生命的含义就在眼前。

通常，“谷苗”与“草苗”指称植物和草的萌芽或子叶的常用术语，但是在与动物有关的语境中也可以使用“苗”，如“鱼苗”，就是指刚刚从卵中孵化出来的小鱼。但是这个字至少从15世纪开始被赋予接种物的含义后，就变得盛行起来。

正如我们所知（p. 118），接种被称为“种痘”，即植入或移植萌芽或胚芽（“种苗”）。只要你回想起种植水稻的程序，尤其是用秧苗栽植，秧苗间的间距要远远大于它们在“苗田”（苗床稻田）中发芽时相互之间的间距，这种语言的用法就容易理解了。一部18世纪的本草著作在讨论熏香的效果时就说过，“天花脓疱的‘靥’或‘痂’被称为‘苗’，天花的暴发被称为‘花’”[61]（“夫痘靥曰苗，痘发曰花”）。所以

131 郑望颐在他的《种痘方》（约1725年；现已失传）中也说，选“苗”的人非常小心地从已接种的孩子身上取下痘痂（“种出之痘”）。与从自然发作或流行天花的患者身上取下的痘痂（“时苗”）相比，这种痘痂是真正的经过移植的新芽（“种苗”）。

把“种苗”倒过来读就是“苗种”，此时“种”字的声调也有所不同，“苗种”是指各“种”的“苗”。最早的接种者的技能和专门知识其实主要就是挑选或选择痘痂（“择苗”、“选苗”）。俞天池（1727年）偏爱又厚又硬、形似蜗牛的痘痂，而避免选择薄而未干透的形状不规则的痘痂。《医宗金鉴》（1743年）推荐挑选大而厚、表面呈蜡质且微微泛蓝的痘痂。朱奕梁说（1808年），痘痂的大小没有关系，但应该是又厚又圆，且略带清澈的紫色[62]。

作者常常会警告人们不要使用自然形成的“时苗”的痘痂。朱奕梁指定使用成熟的、经过被接种人七次继代移种（seven passages）提炼（“炼”）的接种物（“熟苗”）。最好的接种物也称作“纯苗”、“丹苗”、“神苗”或“仙苗”[63]。从此后的描述中判断，

---

[59] 仅需要考虑到人体中的各种“气”，满晰博［Porkert（1974）］对它们作过描述。他喜欢将它们都翻译为各种不同的能量，但是我们对此持保留态度；见 Needham & Lu（1975）。〔最后一句话过于简单化了满晰博的解释。——编者〕

[60] 关于此术语的历史，见本书第二卷 p. 80。

[61] 《本草纲目拾遗》卷二，第三十一页。随后的几处引文，据范行准（*1953*），第118页。其他来自天然痘疱的材料的名称为“野苗”和“祸苗”。

[62] 《痧痘集解》，1727年；《医宗金鉴》卷六十，第一一八页；《种痘心法》，第六页。

[63] 《种痘心法》，第六页。参见《种痘指掌》（1796年之前）。“丹”的主要含义当然是指“丹药”；参见本书第五卷第二至第五分册各处。它的第二种意思，即“红色的”，在此并不适用。这个词本身就清楚地指明了接种的道教起源（见下文 p. 156）。〔这种解释假设，“丹”意指炼丹术，而炼丹术又暗示着道教。如今大多数学者会觉得这些联系是很牵强的。见本册“编者导言”。——编者〕

这些应该是指经减毒的，要么是从已经被接种的患者身上所取下的痘痂，要么是用稍后（p. 143）我们将会谈到的特殊方法人为地减弱了其毒性的接种物。最后，仿照詹纳，使用“牛痘苗”。这个名称表明，在中国医生头脑中所存在的从接种人痘到接种牛痘的连贯性。

还要接着说一些不太引人注意的细节，中国的接种者在仔细挑选“最好的”痘痂时，总是选择毒性轻、不会致命的轻型天花（minor variola）或类天花（alastrim）的微小个体，而不是选择典型天花（major variola），拉齐可能已经注意到了差别。中国医生也知道有两种类型的天花。成书于公元610年的伟大的病原学手册《诸病源候论》，对“轻”、“重”病痛程度进行了区分[64]。对类天花的挑选可能并不是有意识的，但这正是“以毒攻毒”的经典范例（见上文 p. 115）。正如我们已经看到的，有益的“毒”必须经过格外小心地挑选。所有的书都给出了严格的指导：当天然的天花已经在住宅内传染时，就不要进行接种，只有在事先相对隔离若干时间的适当条件下，才可以接种。

传统中国医学对接种特性的理论说明异常详细。为了阐明这点，我们不得不回忆一个泌尿内分泌学（urinary endocrinology）的概念，“引导”，即“将某些东西由导向媒介自身先前进入时所用的同一路径引导出来”[65]。尿液，或从中分离出来用作药物的蛋白质、类固醇和其他激素，能够“引导导致疾病的过度之热（‘引火’）向下排泄出来并且去除干净”（“引火下行”），因为尿液物质自身就是以那种方式排泄出来的。如果沿着尿液排泄的路径是它们的特性，它们就可能与导致疾病的另一种物质或“气”结合起来，并且将它引导出来。这些思想的起源相当久远。被认为是褚澄（卒于公元501年）医生所著的《遗书》就清楚地阐明了这一点。孙思邈（鼎盛于公元673年）和朱震亨（1231—1358年）的著作再一次表达了这些观点[66]。 132

清代最直言不讳的接种者之一张琰，强调了引导物的重要性。他在《种痘新书》（1741年）的作者序言中写道：

> 如果有人用上等的接种物引导出阴性胎毒，胎毒就不会随意地扩散［至全身］，其症状也易于处理，而不会有进一步的妨碍。他可能敢将［接种］都视为一种很好的方法……借用这种方法，人做的设计就可以从自然的塑造力量中夺取它们对疾病的控制![67] 他可以催促吉运，远离凶恶，保持平和与安全，避开危险。这种技术是一种人们可以向孩子们表达他们的爱怜的奇妙方式[68]。
>
> 〈以佳苗而引胎毒，斯毒不横，而症自顺。敢曰人谋能夺造化之柄哉。亦趋吉免凶，保安无危，仁人慈幼之善术耳。〉

---

[64] 《诸病源候论》卷九，第五十八页。

[65] 本书第五卷第五分册，p. 311。

[66] 《本草纲目》卷五十二，第十六至十九页。

[67] 在本书第五卷第五分册中，我们搜集了很多这类对人与自然的关系持乐观主义观点的例子，乍看上去这些例子在现代科学出现前的时代中是意料之外的。“塑造力量”通常是指阴阳。

[68] 《种痘新书》，第二至三页。该书被收入皇家医学汇编《医宗金鉴》（1743年；见下文 p. 141）

在另一段中，张琰更加准确地阐述了他以及与他同时代的人所设想的方法：

> 个人的天花之毒是天生的，是一种真正固有的不幸之污点（“孽”）。此毒储藏于命门（heimartopyle）。
>
> 〈夫痘毒藏于命门，此先天之毒，是固有之孽也。〉

“命门”（heimartopyle）是什么[69]？在传统中国医学中，“命门”一词具有多种含义。在早期，它是一处针灸穴位（TM 4），但是显然此处并不是这种含义。那么，它指的是一个肾脏，右边的肾脏，之所以把它称为“命门”，是因为在古时候人们认为它是生命活力的储藏室，全身的生命活力汇聚于此来形成精液（“精”）[70]。也有将其描述为两肾之间心形的膜状物。还有认为它的顶端与肾脏相连，而底部则与膀胱相连；也许古代的解剖学者看到的是肾上腺和输尿管。在16世纪后期，李时珍将胰脏视为“命门”，并且给出了相当清晰的描述[71]。总而言之，正如古代医学思想中很多其他的事物一样，不论是东方还是西方，命门与现代解剖学没有任何准确的联系。与张琰一样，133 我们必须乐于简单地将其视为一个场所，在那里外部和内部的萌芽或者种子之间发生着相互作用。我们在上文中所使用的译名源自希腊语中的词根——“*pyle*”（*πύλη*；门）以及“*heimarmenê*”（*εἱμαρμένη*；命运或者天命）[72]。张琰继续写道：

> 种痘正好就是利用外部的苗（“外苗”）来引导出内部的毒物。通过吹气法接种以后，种苗进入到腹部区域，渐渐深入，每天横穿［六条］经脉中的一条，六天后到达命门[73]。受来自于外部的种苗刺激，内部的毒物就做出反应（“动”）。在你数过七天之后，毒物就会［作为反应］自己显现出来。如果这种情况发生在第八天或第九天，那是因为用于接种的苗的“气”比较弱，以至于它的传送缓慢。因此天花反应也就有所延迟。但是在正常情况下，它应当在第七天或第八天发生[74]。
>
> 〈种痘者不过以外苗引其内毒耳。吹苗之后，其苗入腹由浅入深，一日传过一经，要六日方到命门。外苗相感，内毒乃（乃）动，至七日其毒乃发。若八九日后而发者，其苗气弱，而传送缓，故痘发亦稍迟耳。七八日必发者，乃常数也。〉

这段不平凡的文字似乎在想象：外部微生物与内部微生物以某种方式发生了联系，并且在产生了预期中的轻微反应之后，外部微生物将内部微生物引出人体表面，这样此病就再也不会发作了。但是它所反映的要比上述内容更多。

张琰当时对相互作用持什么观点呢？这不是另一种引发了免疫的生殖形式吗？在

---

[69] ［这是鲁桂珍与李约瑟创造的新词，它常常被译为“生命之门”或“命运之门”。——编者］

[70] 《医籍考》，第1485页，引自《难经》卷三十六。

[71] 《本草纲目》卷五十（第35页）。

[72] 正如我们在本书第二卷 p. 107 所见，此词与“*moira*”（*μοῖρα*；应得的份额）同源，与“分”的意思相近。

[73] 正如我们将要看到的，从最适合的脓疱痂中提取的水状的汁液被涂在棉线上，塞入鼻孔中（下文 p. 141），但是像这个例证中的一样，干痘痂粉也常常被吹入鼻孔中。我们在上文 p. 130 已经讨论了“种苗”（germ）一词。此“经（脉）”非针灸的经脉，而更像是《伤寒论》中所提到的含义。

[74] 《种痘新书》卷三，第九页。

"命门"处，外苗与内部的毒物相遇。用来描述二者相遇的词是非常容易令人产生联想的。"刺激"可能也适用于性交过程中互相激发性欲。外来的种苗自然应该是"阳"，藏在体内的胎毒也就是"阴"[75]。阳性与阴性本能地相互作用来产生出永久的免疫力，因为旧的毒素通过皮肤排出了体外。如果"种"的种类正确，则移种种苗是一个阳性的动作。将接种物插入鼻子，可能在潜意识中对应着性交中的射精。

总而言之，这些解释表明，将近17世纪末时，在中国从事接种的行医之人已经详细叙述了关于接种机理的思想，虽然这些思想根本算不上是现代的。也许大家应该记住，以上所引的文字出自于一个亲自接种过将近一万人，只有二三十例失败（依据他自己的统计）的医者之笔。

在此，最后一个应该被注意的概念是"同类"[76]。在中古时期中国的炼丹术及本草学中，这个概念扮演了一个重要角色。接种的思想是中国格言"以毒攻毒"（like responds to like）的一个绝好例证。一提到天花，则类别亲和力（categorical affinity）的观念对治疗的影响要远大于对预防的影响。一旦疾病得以确定并且需要姑息治疗直到它按常规发展，类别亲和力的观念就开始发挥作用[77]。类别亲和力的观念属于珍贵的古代思想，因为郑玄曾经带着崇敬之情对《周礼》中的"疡医"进行评论："［用］适合类别的［药物］增加病人营养。增加营养意味着建立秩序（'治'），而处理则意味着康复和治疗（'疗'）。"[78]（"以类相养也。""养犹治也，止病曰疗。"）

134

（4）关于接种的最早论述

可以说，天花接种的公开化发生在16世纪前半叶的某段时间内。为了看清楚以后发生的情况，我们必须依据倒叙和事后的认识，医学著作家们不断重复的传统，以及关于"接种者"的称号已经传承了好几代的家族之实践的叙述，拼凑出这段历史。最早的文献（除了我们将要在下文 p. 154 中单独讨论的道教传统之外）似乎是万全所著的关于天花和麻疹的一本书《痘疹心法》，该书初刊于1549年，并在清代重印了六次。谈到治疗时，他随意地提到，天花接种容易引起妇女意外地行经[79]。在书中他没有提供任何有关技术的资料。尽管没有其他人在书中述及此事，但是他的评论暗示着接种在他那个时代是很普遍的。

到了1727年，出现了很多关于天花的著作，其中包括当年刊印的俞天池的《痧痘集解》。此书是在翁仲仁《痘疹金镜录》的基础上完成的。俞天池写道：

---

[75] 确实，郭子章于1577年表述了这样的观点，即胎毒属性为火阳，但是任何事情完全依赖于"阳"的程度。见《博集稀痘方论》。〔"阴"与"阳"并不是绝对的属性。每一个总是相对于具体配对中的另一个而言的。除非另一个的性质被指定了，否则说某物属阳还是属阴是没有明确意义的。——编者〕

[76] 本书第五卷第四分册（pp. 307 ff.）讨论了分类理论对于化学亲和力理论最早期发展的重要影响。

[77] 《东医宝鉴》卷十一，第655页。

[78] 《周礼》卷二，第二、三页。参见 Needham & Lu（1962），p. 436。

[79] 《痘疹心法》卷十，第三页。

天花接种兴起于隆庆年间［1567—1572年］，尤其是在宁国府［今安徽］的太平地区。我们不知道接种者的姓名，但是他们是从一个古怪的非凡之人手中得到此法的，此人的方法又源自炼丹家（“丹家”）。从那以后，此法传遍天下。即使现在，接种的医生也大多来自于宁国府，但是不少来自溧阳［江苏］的人也学会了此法并偷偷施行。从陌生的古怪男人处得到的接种物的株被保存并沿用至今，但是你必须付出二到三枚金币才能得到足够接种一个人所用的量[80]。想从中得利的医生从自己亲戚的孩子那里得到苗种并从冬天保存到夏天，这种苗种不会造成损害。其他想通过此术牟利的人则盗取［严重］天花病例身上的痘痂并且直接使用。这就叫“败苗”。用此苗接种的，百人中要死亡十五人[81]。

〈又闻，种痘法起于明朝隆庆年间，宁国府太平县。姓氏失考，得之异人，丹家之传，由此蔓延天下。至今种花者，宁国人居多。近日溧阳人窃而为之者亦不少。当日异传之家，至今尚留苗种，必须二三金方得一枝丹苗。买苗后，医家因以获利。时当冬夏，种痘者，即以亲生族党姻戚之子女传种、留种，谓之“养苗”。设如苗绝，又必至太平再买。所以相传，并无种花失事者。近来昧良利徒，往往将天行已靥之痂，偷来作种，是名“败苗”。虽天行之气已平，而疫疠之性犹在，所以一百小儿难免三五受害也。〉

因此我们可以相当自信地说在托马斯·利纳克尔（Thomas Linacre）、约翰·凯厄斯（John Caius）及亨利八世（Henry VIII）时期，中国的天花接种已然是一种普遍的做法，它要远远早于18世纪蒙塔古夫人的时期。

135 同样地，刊印于1627年的《正字通》也对天花进行了这样的描述：

天花（“痘疮”）。处方集将它归于一种先天缺陷或胎毒。［尽管如此］有些人永远不会发病。一种对付此病的特效之法（“神痘法”）是取脓包中的脓汁（“痘汁”）植入鼻中，这样患者就可以很容易地通过呼吸轻微地感染上此病［并由此得到保护］[82]。

〈痘疮，方书胎毒也。有终身不出者。神痘法：凡痘汁纳鼻，呼吸即出。〉

这段文字除了出现的年代较早之外，其有趣之处在于，它清楚地认识到呼吸过程在感染中所扮演的角色。

下一步就和几代行医的朱氏家族有关了。朱纯嘏（1634—1718年）撰有《痘诊定论》（1713年）一书，该书描述了接种之法。该书作为朱氏家族的一位年长成员朱惠明[83]所著《痘诊传心录》（1594年）的附录刊印于1713年。极有可能，这位朱氏长辈

---

[80] 这里我们首次接触到了为接种物支付酬金的观念（参见下文 p. 138）。这很重要，因为正如我们将要看到的，这与欧洲原始接种中的类似做法有关联。

[81] 《痧痘集解》卷二，第二十三页起。

[82] 引自范行准（*1953*），第117页。我们从范行准处还得知，现在一般用来表示麻疹的“疹”字，后来便和“痘”字连用，特别是由民众用来指称天花。

[83] ［我没能找到任何有关《痘诊传心录》的1713年版本的记录，例如，见《全国中医图书联合目录》第7720条。鲁桂珍和李约瑟相信，《痘诊定论》约撰于1680年，但是在其1713年的序言中作者宣称，作为一名太医，他撰写此书与康熙皇帝六十吉寿在同一年，“吉”是因为它完成了六十年的轮回。所有的序言都在严世芸（*1990-1994*）的《中国医籍通考》（第4353—4355页）中有转载。——编者］

了解并且实施过接种之法，虽然在他所生活的时代，将接种记述下来的做法并不常见[84]。此外，周晖所撰的小说《金陵琐事》（撰于1610年）在1621年面世。它提到了万历年间（1573—1619年）两件接种的事例，其中的小孩都受到了严重的感染。

就在明朝灭亡前一年，喻昌讲述了一次在北京的接种经历：

> 顾諟明的儿子们要接种天花，他邀请我去观看。“豆苗”是暗红色的并且清晰，看上去很吸引人，水盈盈的，呈现出很有光泽的样子。里面的固态颗粒就像散落在夜空中的繁星。他们的家庭医生肯定这就是“最适宜的接种物”［“状元痘”，也就是可以得到的最好的痘苗］[85]。
>
> 〈顾諟明公郎种痘，即请往看。其痘苗淡红磊落，中含水色，明润可爱，且颗粒稀疏，如晨星之丽天，门下医者，先已夸为状元痘。〉

喻昌不同意家庭医生的观点，通过观察他认为此接种物的捐献者染上了季节性传染病并且还没有痊愈。医生只好选择“佳苗”，即以天花最温和的形式感染的接种物，谨慎态度由此可见一斑。

也大约是在此时，聂尚恒（生于1572年）作为一个医生和接种者而极为活跃。他的著作《活幼心法》于1616年付梓。该书没有提及接种技术。

下面的这段引文出自张琰1741年的《种痘新书》的序言。董含在1653年谈到张氏家族时说，这个家族的成员至少连续三代从事接种工作，这与下文中张琰所声称的相吻合，他说有一位祖先曾跟着聂尚恒学习，据推测是在17世纪早期[86]。张琰的整个序言，向传统医生拒绝接种的做法提出了挑战，值得引用。其中包含了许多对这段故事有趣的和有用的间接说明。 136

> 那些发明出古人所未知的巧妙事物（“奇”），并且利用他们独特的知识拓宽了医生所见所闻的人所著述的书，应该理所当然地称为“新”。在治疗天花的专家中，有许多声名显赫的杰出人士。治疗天花的方法充满了整个书斋。［医生］关起门来做研究，坚持自己狭窄的见解，不可能理解［此类书中的］内容。那些循规蹈矩的人，陷入传统治疗的泥沼中不能自拔，对变化一无所知。他们只是遵从旧的准则。
>
> 如果我们继续遵从旧的准则看待广泛传播的医疗处方集，将忽略接种的学说。可能是这样的吗，即虽然治疗天花的药方可以通过文字自由传播，但是接种的技术却不能向任何人泄露？似乎行医者通过口头传播的方式保守这个秘密，并且不愿意将其记录成书。他们把此项技术当成了私有财产，并且不愿意为了公众的利益将其公开。
>
> 现在我将泄露（“泄”）别人没有泄露的秘密，并传播别人没有传播的内容。如果这本书都不应当被称为新的话，还有什么可被称为新呢？

---

[84] 〔因为这位朱氏长辈的书没有提到接种，所以他施行接种的可能性并不高。——编者〕

[85] 《寓意草》，第五十二页。看起来好像是一些血液及脓疱在一起提取。喻昌的书中还提到了有助于完成接种的一些饮食戒律。

[86] 《三冈识略》。董含是清代的进士。

有人反对说："天花是一种最危险的疾病。当一种流行病暴发的时候，人们惊恐万状，并且担心不能远远逃离此地。你却凭空出现，还想把婴儿和孩童集合起来并给他们接种。这就等同于将没有病的人集中起来，并且毫无好处地使他们染病。仁慈的人将会如何看待此事呢？"

我回答说，那是不正确的。天花是一种天生之毒……人们可能会将自己的病交到不会区分疾病症状并且不明白药物功能的庸医的手上。他们不但不能使将死之人恢复健康，而且他们还将其失败归于天降之罚产生的损害。这种情形让我非常痛心和焦虑。我不禁对那些在麻烦露出端倪之前就将之解决，并且在灾难降临前就使大家得到安全保障的人充满了敬意。他们的功劳是巨大的……

几代以来，自从一位祖先从聂尚恒大师那里获得了指导，我的家族就一直将天花接种当作一种家传之业（"箕裘"）。我［依次］学习了我父亲的著述。我在各地［为孩童］接种，也许已经有上万人。我用很多年的时间对治疗天花的方法进行了艰难的思考以及孜孜不倦的探索。我施用了我的老师的古老的方法，但是没有陷入其中。我读了很多书，但是没有迷信它们。我能区分不同疾病的症候，并且据此开出药方，对症下药。我为重病者减轻病痛，让不利的症状得以改善，转危为安，有时甚至起死回生。

唉，我现在老了也累了，对世界丧失了野心。我将我毕生研究的成果写成书。我不敢说我发明了古人所不知道的新方法。我只是在公众面前罗列我独特的知识以丰富这门技艺，表达我对孩童的怜悯之心，并且更新医生的见闻。正因为如此，我将这本书命名为"种痘新书"[87]。

137

〈今夫创千古未有之奇，裁一心独得之蕴，以新岐黄之耳目者，乃得谓之新。若治痘之家，名贤济济，即治痘之法，汗简盈盈，但墨守一室者，拘管见而不能通；循行故辙者，泥常法而不知变，率由旧章，陈陈相因已耳。即以旧章而论，宇内方书，总无种痘之说。岂治痘之方，则宜传之于世，而种痘之术，不可向人言乎？盖秘其诀而不肯笔之于书，私其技而不欲公之于世也。余今乃泄人之所未泄，传人之所不传。书不云新，亦何云乎？或谓痘为最险之症，当天行疠疫，人皆惶恐，方思远避之不暇，况集婴孩小子，无影无端取而种之，是举无疾之人凭空而授之以病也。仁者将安忍乎？余曰：不然。痘乃先天之毒……又或付之庸手，表里虚实之莫辨，温凉和解之不明。既不能起死以回生，反归咎于天灾之作孽。此余所以痛心疾首，不能不致叹于消患于未萌，保安于未危者，其功甚钜也。……余祖承聂久吾先生之教，种痘箕裘，已经数代。余读父书，遍临痘症，几及万人，用数十年艰苦之思，日忧勤于治痘之法。师古而不泥于古，读书不尽信其书，辨症施药，因病制方。重可使轻，逆可使顺，危可使安。虽遇不治之症，亦或为之治矣。但年暮力疲，无复四方之志。爰将生平学力，悉笔于书，非敢曰创千古未有之奇也，特以独得而心裁者，公之于世，以补慈幼之术，而新岐黄之耳目云尔。故题之曰：种痘新书。〉

从这段文字中可以清楚地看出，17世纪后半叶朱纯嘏及其他人身上的一种新的精神，揭开了一直遮盖在种痘之上的面纱，他们出版图书并宣传种痘的方法。多么奇怪

[87] 两段被省略的文字在上文中曾分别被引用，见 p. 132 及 p. 129。

的巧合，这是一种与同时期的英国皇家学会的精神同样的精神，不过后者处于遥远的西方世界，并且不为张琰及其同辈人所知[88]。

在另一篇由章玉琢为该书所撰写的前言中，章玉琢说道，张琰的工作太值得称道了，以至于充满感激的父母和患者将他称为“二天”。

> 当张琰被问起他的行家技术的出处时，他是这么回答的：“很久以前，当聂尚恒在宁阳为官时，我的祖父拜在他的门下，除了接受他的口头教授之外，还得到了他治疗痘症（“痘科”）的个人笔记。于是，我们家作为治疗痘症的医生行医已经有了三代。”
>
> 我又问道：“你的家族将这些秘密代代相传，为什么不为了公众的利益将之公开传播呢？”
>
> 张医生叹了一口气，说道：“医书充满了书斋，但是却对接种的技术只字不提。这是因为那些行医者（“术家”）的自私。他们独占这门技艺的核心知识是为了给自己带来财富。而我自己已经用了几十年了，并且积累了许多临床经验，护理过很多天花病例并看到过所有的危险。我已经在此问题上深思熟虑，并且总结了很多行之有效的药方。现在在我垂老之年，我确实想公布和传播这门技术，所以我准备了这份书稿，其中还包含了我从祖父那继承的全部细节。”
>
> 〈余乃问先生高术何自而传，先生为余言曰：“昔聂久吾先生莅任宁阳，余先祖拜其门下于痘科，得其手书，又兼口授袭箕裘者，已三世矣。予曰：公家既有秘传，曷不公之于世，普利群生？先生叹曰：医书充栋，惟种痘之术不传，盖术家欲专其利，故秘其术以自私也。余行术数十年，阅历既深，临症亦众，痘疹之险，变幻多端。余已斟酌万全，投剂辄应。今余年将就衰，欲将其术传之天下，故缵述遗篇，详加参考，且将祖父秘传，一一书之于册，意欲付之剞劂，以为济世良方。〉

正如我们将要看到的，对于为什么明代早期的接种者普遍保持沉默，可能还存在其他的说法。就所涉及的这个领域而言，中国人也与中古时期作了决裂，这与欧洲科学革命中所发生的与中世纪的决裂是一样的。没有秘密，只有所有人都可以读懂的简单语汇，这个口号就好像是格雷沙姆学院（Gresham College）的口号。

在 17 世纪末，《医通》提供了几种方法的细节，它后来被收录到了一本官方的汇编书中，我们将会仔细地谈到它（见下文 p. 140）。1707 年，《痘科大全》刊行。这部珍贵著作的作者史锡节提到，他在 1673 年做过一次人数特别多的成功接种[89]。

我们现在可以仔细查阅俞天池《痧痘集解》（1727 年）中的两篇：“种痘说”和“种痘法”。俞天池最先捅破了这层纸，他说接种现在或多或少地已经普及了。“虽然它是一门［表面上看］违背了自然的技术，但是它对世上的人有很大的功劳。”（“虽逆天行事，实有功于世。”）他没有特别迷信“先天种子”的理论。“如果它全都被归因于胎毒，为什么有些病例会那么严重而有些又那么轻微呢？”（“只归重于先天胎毒一条，

138

---

⑱ 正如我们将要看到的，英国皇家学会被卷入了英格兰接种的第一个阶段之中（p. 146）。

⑲ 《痘科大全》序，第三页。

岂有轻症变重，险症为逆者哉？"）许多事情也许会走错路，但是一千个接过种的孩子当中仅有一到两个死亡。这些例外可能是由于缺少护理，而不是接种者的某种过失。接种者必须是一位专家（"妙手"），并且必须使用经过几道接种后得来的成熟接种物（"老苗"）。俞天池指导行医者用轻症患者的痂调配成水样的汁液（"蓄"），然后把一个棉棒浸泡在其中，再将棉棒插入孩童鼻中一晚。三天之后，就会出现红色斑点的疹子，它们会变成几个脓疱，脓疱最后会带有白色的内容物，就像自然发作的天花一样，但是非常轻微。如果接种物的"气"没有被吸收，或者不起作用，有可能小孩的先天之"气"强大到足以抵抗它（"元气素足"），那么隔一段时间后，可以重新进行接种[90]。

在第二篇中，俞天池嘱咐接种者不要强迫并不真正想要他们服务的家庭，也不要给已经长了疖子或已经受到损伤的，或发生过抽搐的虚弱孩子进行治疗。因为"丹苗"和"神苗"并不是随处可得的，此时就需要从正好拥有这些接种物的同行中购买这些纯净品种。这样接种物就像其他药物一样变成了商品。

俞天池明确说明使用又厚又硬、螺蛳状的脓痂，而不要使用没有均匀形状扁平的脓痂。一次接种中脓痂要使用 7 块，研碎后与少许麝香一起放入乳汁；然后把棉纱浸入其中，再把此棉纱放入一个鼻孔中。放入时间不需要超过 6 个小时。一周之后，就会出现发烧症状，脖子上会出现被称为"痘母"的肿块[91]，接着红色的皮疹变成斑点，最后变成几个脓疱，此时就到了结痂的时候了。这些痂又可以给其他人使用。如果胎毒比较轻微，那么只会出现很少的脓疱，并且不需要用药。如果很严重，就会出现很多脓疱，孩子就需要被当作普通天花患者来医治。

俞天池又讲述道，在 1725 年他观看了一个溧阳人接种的过程，技法粗糙并且草率，没有采取防范措施。所有的孩子都发了高烧并且出了很多脓疱。

> [据俞天池记述] 史锡节说，人们应该只选择"神苗"；这看似荒唐，却是非常敏锐的[92]。它将胎毒引出来，并且甚至不允许其中混有一块受流行性疾病污染的小斑点。这样才是绝对安全的。正是这个原因，我认为杀死人们的不是胎毒而是流行病的"气"["疫疠之气]。
>
> 139　作为此门技术的附属物，有些人咽下浸泡了 [已经被烧成灰烬的] 手写符咒（"符"）的水，或者使用咒语（"咒"）[93]。毫无疑问，这是神灵崇拜的异端技艺

[90] 《痧痘集解》卷二，第二十三页起。一般而言，在成功的接种之后会出现低烧的情况，有轻微的呼吸道感染，上颌淋巴结会肿大。"老苗"，在这里指一个"成熟的"、好的移植体，而在别处也指称由于保存时间太长或者保存条件不好而丧失了活性的"旧"痘痂。

[91] 《痧痘集解》卷二，第二十五页。颈部、下颚及乳头淋巴结会有肿块。正如很多其他的医书所说，棉条要塞入男孩的左鼻孔，女孩的右鼻孔。要用红线将棉条系起来挂在耳朵上。如果它遗失了，则需再换一个作为替代（"替苗"）。其中也谈到要选择吉日以接种。俞天池重复了此理论（上文 pp. 131—132），即接种物与胎毒相遇并将之引发出来，在这个例子中，是通过胃经完成的。

[92] 这里所提到的参照意见又是从症状最轻的病例 [可能是轻型天花（variola minor）] 那里选择痘浆或痘痂。

[93] 请注意此处与道士宗教活动的联系。〔正如下一句话清楚陈述的，作者所想的并不是道教而是民间宗教（"神道"）。——编者〕

（“神道邪术”）。然而，如果你仔细地检查这些［方法］想要达到的目的，会发现它们只是想消除邪恶的影响并避免感染。它们不产生实际的伤害。有一群无知的人只知道把老师说的当成永恒的真理，却对医学治疗一无所知，并且不能跟上疾病的变化。很多孩子因此而受害。最重要的是，你需要知道如何选择最好的接种物的医生……

〈史晋公书种痘称为神痘，曰神痘之说，似属荒唐，殊不知实有至理。盖此第就其胎毒引而出之于外，并不使一毫时气杂于其间，所以得能保全。此即余所谓胎毒本不能以杀人，而所以杀人者，疫疠之气，为之之说。第其术每用符水咒诵，不无神道设教、邪术之疑。然详究其义，不过驱邪避疫，实无妨于痘症，只因继其业者，多有卤莽之辈，株守师言，未晓医治，不能变通，因而遗祸婴孩，往往有之。故须选择善种神痘妙手，方能得法。〉

在18世纪，还有很多讨论天花而又不提及接种的书，如陈复正的《幼幼集成》（1750年），以及庄一夔的《福幼遍》（1777年）。看起来，这些人主要对治疗严重病例感兴趣。也许陈复正已经代表了张琰所抱怨的保守派；他书中的卷五至卷六删节了两个世纪前的《痘疹心法》[94]！

朱奕梁曾写了一本有趣的书，书名为《种痘心法》。很难确定该书的成书年代，因为虽然我们知道它直到1808年才刊行，但是其内在的证据将它向前推了差不多一个世纪[95]。与其他接种的书一样，朱奕梁重复了许多相同的内容，强调了选材的重要性。他的术语“贮苗”中显示了一些关于减毒的知识（参见下文p. 143），他提倡通过相继的患者来多次减毒，比如多到七次。他告诉大家在过去这项技术是如何“通过口头传播及记忆从师傅传授给门徒的”（“至于方法多出于口授心传，或未备载”），并对此项技术所赋予的长期免疫力表达了应有的敬意。“只要我们相信世间的轮迴，我们怎么能够否认人的工作可以超越自然呢？”[96]（“讵得谓人事不能胜天，尽委诸气运也哉。”）

我们从朱奕梁那里得知，在18世纪发展出了两种接种的学派[97]，坚持使用流行病患者痘痂的“湖州派”，以及坚信（我们已经给出的保守派的说法）这么做是最危险的“松江派”。他们将“时苗”称为“凶苗”（*inoculatio nefas*）。他们只从症状最轻微的病例身上提取接种物。不幸的是，在御纂《医宗金鉴》的博学编纂者中，湖州派的观点占了上风。

在结束这一节的时候，我们必须谈谈康熙皇帝（1661—1722年在位）。当他的父亲，清朝的第一个皇帝顺治死于天花时，玄烨（康熙的本名）才8岁。据说，他被选中继位的部分原因是他已经得过此病并活了下来，这样他就会对此病有免疫力，也因此有希望实现长期的统治，事实也确实如此。在他的后半生中，他常常自责没有在他 140 父亲临终时再去看一眼，但是从接种的角度而言他有很好的理由来解释，正如下段从

---

[94] 宋向元（*1958*）已经指出了这一点。

[95] ［没有任何文献上的证据显示该书在刊印前很久就已经完成了。朱奕梁的序言表明，他对出版于1741年的《医宗金鉴》很熟悉，这部御纂的书直到18世纪下半叶才广为外围的官员们所知。——编者］

[96] 《种痘心法》序，第二页；正文，第四页。

[97] 《种痘心法》，第五页。张琰和俞天池也注意到了这两个学派。

他的《庭训格言》中摘抄的文字所说的：

> 我朝建立之初，每个人都受到天花的侵袭，人们使用了上千种方法进行防范，而这种疾病非常令人畏惧。在我的统治期内人们发现了接种的方法，我已经在我的儿女们，以及我的子孙们身上施用了此法，你们都在一种尽可能愉悦的状态下闯过了天花这一关。蒙古族的四十九旗，甚至喀尔喀族人的首领，都已经接受了接种，并且他们都完全恢复了健康。最初，当我在一两人身上试验此法时，一些老妇人指责我做出格的事，并且极力反对接种。让我振作起来坚持施行此法的勇气拯救了百万人的性命和健康。这是非常重要的事，我为此感到自豪。
>
> 老一辈的人通常认为，必要的防范之法是绝不要进入天花病人居住的屋子。他们甚至不敢提到它的名字，就像他们对其他恶兆所采取的禁忌一样。但是现在的人们已经不再注重这样的事了[98]。
>
> 〈国初人多畏出痘。至朕得种痘方，诸子女及尔等子女皆以种痘得无恙。今边外四十九旗及喀尔喀诸藩俱命种痘。凡所种皆得善愈。尝记初种时，年老人尚以为怪。朕坚意为之，遂全此千万人之生者，岂偶然耶?〉

这些值得纪念的文字记录下了另一个“第一”。康熙皇帝在1681年或稍后进行了实验，这要远远早于1721年在伦敦的新门监狱（Newgate Prison）所做的实验（下文p. 146）。我们从他的另一种著述中得知，他“就像对待自己的孩子那样”，让他军队中的正规军也进行了接种[99]。

(5) 接种的方法

官方的《医宗金鉴》(1743年）一书收录了一卷有关接种的内容。人们也许会说，这是在经过许多世纪之后，免疫技术首次获得的官方认可。恰好就在这一时期，伦敦的英国皇家医师学会（Royal College of Physicians）也在1755年决定确立其天花接种的权威[100]。

《医宗金鉴》的编纂由满族人鄂尔泰总管，并由以吴谦为总修官组成的规模庞大的医生委员会来筹备[101]。他们吸收了早期的著作，尤其是1695年的《医通》。

《医宗金鉴》中有四卷用于收录《痘疹心法要诀》。卷五十六详细考察了这些疾病的病因、症候以及疗法。卷五十七及五十八论述了可能伴随天花的并发症或是表现出

---

[98] 译文见de Poirot（1783），p. 111，由作者译成英文。范行准［（*1953*），第125—126页］给出了中文的版本。最后一段只有在满文的版本中才能见到。莫斯科的东方学研究所图书馆（the Library of the Oriental Institute in Moscow）中保存有4本关于天花和接种以及12本关于其他医学问题的满文书。我们感谢汉堡的哈特穆特·瓦尔拉芬斯（Hartmut Walravens）博士为我们提供了这一信息。

[99] Spence（1975），p. 18。满族人在他们征服中原以后，特别容易感染天花，所以他们制定了很多措施以控制此疾病，见Chang（1996），pp. 171—176。

[100] Miller（1957），pp. 24，169—170。可能其中任何一家医学团体都不知道其他家的工作。

[101] 参见Hummel（1943—1944），pp. 601 ff.。鄂尔泰（1680—1745年）当时负责很多著名的官方出版物，如农业方面的概要《授时通考》(1742年)。

的后遗症。这些卷册中包含了40多幅插图（参见p.128的图8），显示了脓疱在身体不同部位的分布情况。这么做的目的是为了用经络体系来帮助解释症状，并且讨论其对内部器官的危害[102]。他们尤其注意眼部、口部及喉部溃疡的后果。卷五十九给出了对其他伴随着发烧及出疹症状的疾病的病因、症状以及治疗方法的说明，如麻疹及水痘，尤其是包括孕妇在内的成年人的麻疹及水痘。 141

卷六十，《种痘心法要旨》，最使我们感兴趣。尽管起了这样一个标题，但是它并不是基于朱奕梁的书，而是根据张琰的“新法”，这是当时有关这个问题的最新出版物。我们马上就会看到《医宗金鉴》中所描述的四种接种方法。但是首先，读一读黄廷鉴对《医宗金鉴》的评价是很有意思的，它出现在价值很高但佚名的《种痘指掌》的序言中，该书成于1796年之前。

> 接种，在古旧的处方集中根本没有涉及。御纂《医宗金鉴》首次加入了这个题目的内容。它揭露了要点，所以学者们现在当然可以对此问题进行大概的了解[103]。但是这门技艺的大师们仍然坚持，在这项诊断、选择接种物及接种的技术中保留了自己的秘技——其借口就是将其作为一门专长保存下来并以此为生。那些研究这门技艺的人，如果没有得到这样的秘密传授，就不敢尝试这些方法，因而人们也就不会相信他们。这真的令人遗憾。
>
> 1796年春，我偶然得到了这本仅一卷的《种痘指掌》。上面没有记录作者的姓名。它论述了使用接种物以及选择接种物的方法，以及相关的禁忌。它和《医宗金鉴》相互阐明。那些所谓专家讲授的内容并没有超出这本书的范围。接种的方法事关用人类的干预去控制自然的塑造力。那些真的按照［此书的］方法去做的人，一万个病人中也不会死亡一个。
>
> 即使经验丰富的行医之人也不能避免犯错误，其中有两个原因。一是没有在时疫流传的高峰期接种，二是对不需要接种的孩童进行了接种，那么他们就犯了错误。当医生不尊重这些禁忌，并且没有好的理由进行尝试时，就会带来灾难，怎能把责任推到接种［的技术］身上呢？
>
> 〈种痘一科古方书所未载。御纂《医宗金鉴》始备门目，提纲挈领，学者固可得其宗旨矣。但一切看种择苗之法，术家以为另有秘授，作专门衣钵之计，故习是业者苟不得秘授，有其法而不敢轻试，而人亦不之信，良足慨也。丙辰春，偶得《种痘指掌》一卷。其书不著撰人姓氏。论种痘用苗选择禁忌之法，与《金鉴》足相发明，而所谓专门授受者亦不外是。夫种痘一法，全以人事斡旋造化，果循此法行之，真可万不失一。乃老于医者犹不免有误，其故有二：非见于时痘盛行之日，即出于不宜种痘之儿。医者不守禁忌，苟且尝试，致失万全，此岂种痘之咎欤？〉

这段文字正好确认了这样的观点，至少在18世纪中期前紧随着《医宗金鉴》出版的时候，接种者是谨慎而隐秘的，因为他们要保持这个商业秘密的价值。

---

[102] 〔这里指的并不是器官损伤，而是与器官相联系的重要机能的损伤。——编者〕

[103] 即这部百科全书的威望最后使得这项技术也普遍为非专业人士所了解。

那么《医宗金鉴》所描述的四种方法是什么呢？我们按顺序来对这些方法进行概括。

水苗法。做一个吸取了由许多痘痂研末制成的水提出物的湿棉花塞子，然后把它塞入要接种的孩童的鼻孔中。这个棉花塞子要在鼻孔中至少放置六个小时，如果被喷嚏打出来的话，可以重新放入[104]。

142

旱苗法。使用缓慢变干的痘痂，将它们研磨成细小的粉末，然后用一根合适的银管把它们吹入孩童的鼻孔中。

痘衣法。把孩童或病人用天花患者在患病期间穿过的衣服包裹起来。

痘浆法。将一个棉花塞子用天花病人完全成熟的痘浆浸透，然后把这个塞子塞入要接种的孩童的鼻孔中。

〈水苗种法。种痘之时……方可用上好痘痂种之……置于净磁鍾内，以柳木作杵，碾为细末，以净水滴三五点入鍾内，春温用，冬热用。干则再加水几点，总以调匀为度，不燥不湿。用新棉些须摊极薄片，裹所调痘屑在内，捏成枣核样，以红线栓定，仍留寸许，长则剪去。将苗纳入鼻孔……或被嚏出，急将苗塞鼻内，不可稍缓，恐泄苗气。下苗后必以六个时辰为度，然后取出……

旱苗种法。用银管约长五六寸，曲其颈，碾痘痂极细，纳于管端。按男左、女右，对准鼻孔吹入之，至七日而亦发热……

痘衣种法。小儿出痘者，当长浆浆足之时，彼痘气充盛，取其贴身里衣，与未出痘之儿女服之，服三三日，夜间亦不脱下，至九日、十一日始发热，此乃衣传……

痘浆种法。择小儿出痘之顺者，取其痘浆以棉拭之，分男左、女右，塞入鼻中，亦能发痘。〉

所有这些方法中，首选第一种[105]。这些方法的列举顺序并不是历史的顺序。范行准的说法似乎比较可信，他认为第三种方法是最先发明出来的，然后是第四种，最后才接着是第二种和第一种方法[106]。人们可以很容易地设想，痘衣法是最为原始的，也许在唐或宋代时就被人使用了，而到接种写入明代医书的时候，另外三种方法想必都已经在使用了。但是对于它们中的任何一种，都没有任何明代之前的证据。

痘衣法在17世纪仍被使用，因为董含1653年的一段奇特的记述中提到了此法[107]。从轻症病人的少数脓疱中取出的痘浆，在一个小瓷器中保存一段时间，然后就被涂抹在孩童睡衣上，这样就传染给了他们（“染”）。

为了进行此法，其他方法无疑也一样，一粒黄豆被裹上药物并埋入土中，接下来它的发芽和萎缩标志着接种引发的发烧及退烧，并且在供桌上焚香，把孩子的名字写在祈愿纸上，等等。正像俞天池可能说过的，这种感应巫术（sympathetic magic）并没有实际的伤害。

---

[104] 如果可能，痘痂取自正在接受接种的人；换句话说，使用了温和天花的继代移种。

[105] 《医宗金鉴》卷六十，第122—124页；吕尚志（*1973*），第58页。

[106] 范行准（*1953*），第118页起。

[107] 《三冈识略》卷二。全文可以从范行准的论述中找到。

中国人还使用另一种方法，即雇佣一位刚刚护理过患天花的孩童的乳母。我们相信只有富裕的人家才会使用这种方法。

还有一个问题悬而未决。中国医生很敏锐地猜测出，天花的正常传染途径是呼吸道，因此他们才会通过鼻子进行接种。在世界的所有其他地区，通过划痕法来进行接种是普遍的，这样苗种就可达到表皮深层或是毛细循环以及血液循环。这是否是一种源自中国通过蒙古人和满族人的统治区域，再传到了新疆和西方各地的技术的土耳其变种?

中国的接种者是否有时也会使用划痕法，而在同时代的医书中没有提及呢? 这个猜想可以引发很多论述，因为后来外国人对中国人痘接种的记述将其描述成了一种另类的方法，即将痘浆或痘痂放入身体的伤口处，或是放入上臂三到四个划过的斑点上[108]。

我们在下文（p. 146）中会提到，1721年，理查德·米德（Richard Mead）在伦敦的新门监狱所进行的实验中包括了中国的鼻式接种法。但是如果说米德使用的就是来自中国未经变动的接种技术还为时过早。

(6) 减　　毒

143

中国人发现了减毒原理这一事实是值得注意的。从科学的角度来看，也许最值得注意的是所采用的减弱接种物毒性的标准。现在我们知道，减毒现象包括两件截然不同的事情，一方面是要减少具有完全活性的病毒微粒或细菌的总数；另一方面是诱发产生遗传上截然不同的菌株或先天毒性弱的微生物克隆。中国古代的方法可能主要涉及的是前者。单独的病毒微粒的毒性可否被人工地降低仍然是一个病毒学家争论未决的问题，但是在一个群体中活性微粒的数目无疑是可以减少的。以下是张琰（1741年）所著的《种痘新书》中所记载的“藏苗法”。

> 在收集到痘痂之后，用纸将它们仔细包好，再把它们放到一个小瓶子中。用瓶塞塞紧以防其“气”外泄。容器不能在阳光下暴晒，也不能在火边烘烤。最好让人将它随身携带，以使痘痂自然变干。容器上应标明痘痂被采集的日期。
>
> 在冬季，此物中含有“阳气”，因此它甚至在30至40天后仍可保持大部分活性。在夏季，“阳气”外泄，但是甚至直到20多天后，它仍然可以保持轻微的活性。最重要的是接种物是新的，因为这样它的“阳气”才会充足。通常十人中有九人可以使用。当它变得有些陈旧时，它的活性便会减轻，可能十人中只有五人可以使用。如果它继续变旧，那么就没有“气”存于其中了；当它被植入人体中时，就根本不起作用了。当新痘痂稀少而病人很多时，就必须掺入旧一点的接种物。在这种情况下，就应该向鼻孔中吹入稍微多一点的粉末量。接种后，它仍然可以起作用[109]。

[108] Besenbruch (1912), Seiffert & Tu Chêng-hsing (1937) 以及 Manson (1879), 采自 Wong & Wu (1936), pp. 275, 293。

[109] 《种痘新书》卷三，第四至五页。

〈既取苗来，用纸包固，再纳小竹筒中，以塞其口，勿令泄气。不可晒于日中，亦不可焙于火上。须带在身边，令其自干。且苗包须写取苗月日。盖冬月之苗，阳气在内，虽留三四十日，种之犹发大半。夏月之苗，阳气外泄，即过二十余日，亦少发矣。总之苗必以新为主。新则气胜，十常发九；稍旧则气弱，只发其半；再旧则无气，虽种亦不发矣。若新苗少而人又众，则须兼旧苗而用之。但吹苗时，要多放些，种之亦自能发。〉

其他18世纪的书大体上也给予了相同的指导。举例来说，在《种痘指掌》中提到接种物，不论是痘浆还是痘痂，都应该放在一个小竹筒的两个隔片之间，并且仔细地用塞子塞紧[110]。然后，应让人将它随身携带，这样它就可以吸取足够的人“气”。如果天气很热，就应把容器储藏在阴凉之处。接着是通常的关于痘痂变干研磨并提取，以及再用棉花塞子植入鼻孔中的指导。作者很清楚地知道，接种将可以提供终身的保护。尽管詹纳最初十分乐观，但关于牛痘接种所能说的远比这要多。

这样，常规的体系就是要将接种物样本在人体体温（37℃）或低于体温的环境下保存一个多月的时间。这种轻微的热度可以阻止大约80%的活性病毒微粒的活动。因为死的蛋白质已经被引入，接种就可以强烈刺激干扰素的产生以及抗体的形成[111]。

无法说清这些减毒程序到底达到了什么样的水平，很多18世纪的论述忽略了它们，《医宗金鉴》就属于其中之一。减毒程序逐渐成为16世纪中期以来所积累的临床经验，这种猜测是合理的，在那时接种开始广泛传播并在医学著作中占据了一席之地。

144

正如我们将要见到的，欧洲人可能大约自1700年起从在中国的西方人所写的报告中得知了有关接种的知识（下文p. 145）。他们没有怎么注意将这些与1720年后土耳其版本所产生的强大影响力进行比较。减毒，并不是奥斯曼帝国（Ottoman）技术中刻意追求的部分，对此我们没有多少了解。

1723年，当接种在西方快速普及时，德拉科斯特（de la Coste）用法文发表了一部关于接种活动“已经在土耳其和英国盛行”的评论。关于这本书的一个书评在1724年发表，它激发了在北京的耶稣会士殷弘绪（d’Entrecolles）于1726年写下了一篇报道（发表于1731年）。这篇报道中有减毒的消息，但是没有得到重视。他描述了1724年中国的接种者是如何因紧急需要而被送到鞑靼地区的，以及他自己又是如何从等级较低的朝廷医生那里得到这份关于此项秘技的报告的，并且只把它传到了欧洲。殷弘绪知道要把痘痂放在密封的管子中长期保存，并且评论道：“在使用之前，让一个健康人将它们随身携带一段时间，通过此人温和的排汗作用将可以使它们的性质变得温和。”他还知道其他干扰微粒毒性的方法，他说道，“对新的痘痂需要做一项准备工作，以缓和它激烈的特性”。例如，有一种方法就是将痘痂与黑皮婆罗门参（*Scorzonera austriaca* 或 *Scorzonera glabra*；“野葱菊”）和“甘草”（大概是 *Glyrrhiza uralensis*）一起蒸[112]。这种加热的方法无疑很好地“驱散了毒素的毒性”。殷弘绪还说，废弃的蚕茧也被当成鼻

---

[110] 《种痘指掌》第二十五页起。

[111] 关于干扰素，见 Burke（1977）。

[112] 鸦葱（*Scorzonera*）：Steward（1930），p. 416；*ECMM* 2025；江苏新医学院（*1977*），第3386条，在“鸦葱”词条下。甘草（*Glycyrrhiza*）：*ECMM* 617。

塞使用。他翻译了一份已遗失的手稿《种痘干法》，此书描述了将痘痂密封及储藏一年的方法，在将它们注入鼻孔之前，还要用雄黄对其进行处理[113]。最后，他给出了自己的结论，他认为鼻孔接种法要比当时在欧洲被接种者普遍使用的深层切口法好得多。多年以后，1779 年，另一个耶稣会士韩国英（P. M. Cibot）也对天花和接种进行了记载，对《医宗金鉴》的五卷内容进行了概括，但是对减毒只字未提。

历史学家一直没有普遍地认识到，只要史锡节和俞天池的预防之法在 18 世纪早期传到了欧洲，数千性命就会因此而得救。欧洲人不得不自己找出减毒的方法，这是一条艰辛之路[114]。18 世纪中期柯克帕特里克已经知道，当一个已接种人的痘浆用于另一个人身上时（“臂至臂”的转移），会发生减毒现象，但是他并不认为这是必需的或是更为理想的形式（1743 年、1754 年）。1740 年，拉梅特里（Offray de la Mettrie）首次清楚地阐明了这一点，但是他没有坚定地向大家推荐减毒。可是安杰洛·加蒂（Angelo Gatti）作了推荐（1763 年、1764 年、1767 年）。他使用了痘浆，并且在空气中将痘痂风干，并研磨成粉，用中国的方法制成水溶液，连续地完成了几例接种[115]。在他之后，丹麦人克里斯滕·弗里斯·罗特伯尔（Christen Friis Rottbol，1727—1797 年）以及其他人也这么做过。到了 90 年代，詹纳的时代来到了，天花的减毒也就没有什么前景了。现在应该对人痘接种在欧洲所经历的情况作一简要描述了。 145

(7) 西方的天花接种

人们通常并不了解，欧洲人所获得的有关接种方法的最早知识来自中国。这种从一个文明向另一个文明的“灌输”，直到英格兰即将强烈地感觉到土耳其的影响时才被“认可”[116]。1698 年，东印度公司（Honourable East India Company）驻厦门的职员约瑟夫·利斯特（Joseph Lister）开始和他的同姓者，英国皇家学会会员，在伦敦从事植物学、贝类学以及相关领域研究的马丁·利斯特（Martin Lister）通信。他在 1699 年 1 月 5 日所写信的内容如下：

> 我在中国当地已经通过可靠的人得知一件事情，我相信此事只在这里出现，因此我自作主张向你讲述它，那就是一种在希望的时间将天花传染到希望的人身上的方法，他们切开天花病人身上已经长成熟的脓疱，用少许棉花将它沾干，棉花再被保存在一个密封的盒子中，然后将它放入将要被感染的人的鼻孔中。他们自称这么做可以得到的好处是：他们能够调整好病人的身体，并在一年中他们认为最合适的季节或为最合适年龄的人施行此术。

---

[113] 此处是与道教炼丹术有联系的另一个暗示。〔这则评论意指雄黄尤其与道教的惯常做法相关，但情况并非如此。——编者〕

[114] 关于这段历史的恰当的记述，见 Miller（1956）。

[115] 这使人联想到更古老的中国医书中所提到的指定要进行七次继代移种。参见上文 p. 131。

[116] 我们论述的主要依据是以下这些资料：Miller（1957），Klebs（1913a，1913b，1914），Stearns & Pasti（1950），以及 Langer（1976）；这些资料读起来非常有趣。

他并没有说明，此项技术的目的是使人得到终身的保护，远离这种可怕的疾病。也许是因为对此技术所能带来的效果表示怀疑，马丁·利斯特并没有传播此事。但是仅仅在六周之后（1699/1700 年 2 月 14 日），英国皇家学会会员克洛普顿·哈弗斯（Clopton Havers），必定是从其他渠道得到了这个消息，在一次皇家学会的会议上报告了此事。因而可以说，直到 1700 年，相当数量的英国人，其中包括著名的医生，注意到了接种技术⑰。但是没有人依此进行尝试。也许是因为他们并不确定它的可信度、效果、合法性以及它在神学上的地位。他们不知道水土、人种甚至病理学上的区别是否会影响接种的结果。

直到 1721 年沃尔特·哈里斯（Walter Harris）的论文问世之后，世人才对中国式接种的细节有所了解，不久之后，在伦敦进行了第一例接种。同年，作为新门监狱皇家实验的一部分，理查德·米德使用注入鼻孔的技术为一个女孩进行了接种。碰巧，她的天花发作得比其他受验者要严重，但是整个操作还是有效的。后来她被送到了流行病肆虐的赫特福德郡（Hertford），并一直未受传染。并不出人意料，这种方法没有流传⑱。我们已经看到了不论是殷弘绪对中国式操作的经典报告（发表于 1731 年），还是韩国英的《医宗金鉴》译本（1779 年）都没有对西方世界产生影响。

146 给西欧留下重要记忆的，是生活在以伊斯坦布尔（Istanbul）为中心的土耳其文化区域中的西方人的经历。在 1700 年之前的好几代人中，土耳其的行医者通过划痕和痘浆已广泛地施行了接种。每一个作者都将它的起源归于不同的人。某些接种者是来自伯罗奔尼撒半岛（Peloponnese）的希腊妇女。通常，他们则是来自于黑海（Black sea）旁高加索（Caucasus）山区北面，切尔克西亚（Circassia）的切尔克斯人（Tcherkess），否则就是来自靠近里海（Caspian）的格鲁吉亚（Georgia）。此项技术可能是由新疆的突厥人（Turks）经由吉尔吉斯（Kirghizia）、乌兹别克斯坦（Uzbekistan）和哈萨克斯坦（Kazakhstan）传播的。最有意义的工作是能够从土耳其语的文献中弄清楚这项实践有多古老，但是几乎找不到证据来说明这一点。德拉莫特雷（de la Mottraye）在 1727 年的著述中描写了他到那些地方旅行时，所看到的实际操作过程。爱德华·塔里（Edward Tarry）在 1721 年描述 15 年前发生在阿勒颇（Aleppo）的一场天花大流行时，对奥斯曼帝国的接种作了很多介绍⑲。

与此同时，英国皇家学会一直在加倍努力地忙于与外国及殖民地的科学及医务人员的“哲学通信联系”。1713 年 10 月 22 日，在皇家学会，“泰勒（Taylor）先生说长期居住在土耳其的威廉斯（Williams）先生告诉他，当天花属于一种有良好预期结果的类型时，它常常通过接种健全的人的痘痂的方式传播，这样就把它传染给了别人，结果他们也得上了有良好预期结果种类的天花……”⑳

---

⑰ Stearns & Pasti（1950），p. 108。

⑱ Miller（1957），pp. 75，80 ff.，86。关于米德自己的论述，见 Mead（1748），pp. 88—89。

⑲ 勒法特·奥斯曼［Rifat Osman（1932）］提出，土耳其文献中第一次提到的内容是说，一个来自安纳托利亚（Anatolia）的人于 1679 年在伊斯坦布尔为很多儿童进行了接种，但是奥斯曼没有给出相关的参考文献。在阿德南·阿迪瓦尔［Adnan Adivar（1943），p. 194n］关于人痘接种的讨论中也没有找到相关文献。

⑳ *Journal-book*（《日志》），vol. 10，pp. 512—513。

两个月之后，一位在牛津及帕多瓦（Padua）获得学位的希腊医生——蒂莫内（Emanuel Timone），给英国皇家学会写了一封信，随信附有一份对土耳其施用此技术的情况的完整记述；此信刊登在1714年出版的《哲学汇刊》（*Philosophical Transactions*）（也在德国出版）上。一个奇特的对中国的模仿似乎是："把这种东西收集到合适的量，要密封保存，让人随身放在胸部保温，并且尽可能快地将之带到满怀希望的病人那儿去。"

这暗示着由中国人的做法（见 p. 143）而得知的37℃减毒法已经被观察到了，但是并没有被理解，因为保存的时间应该是很重要的。1715年，出现了进一步的记述，使内容更为正确，这个记述出自另一位毕业于帕多瓦的希腊医生雅各布·皮拉里尼[Jacob Pylarini，驻士麦那（Smyrna）的前威尼斯领事]之笔，他在威尼斯已经刊行了一个篇幅较长的版本。一位苏格兰的外科医生，曾经在伊斯坦布尔学习了这门技术的彼得·肯尼迪（Peter Kennedy），也于同年对这些出版物作了增补。

其后首次在欧洲人身上施行了天花接种，最先接种的是外交官的家庭。驻土耳其宫廷（Sublime Porte）的英国外交大使的秘书罗伯特·萨顿爵士（Sir. Robert Sutton）的两个儿子，在1716年回到英格兰时带有手术的痕迹。随后便是著名的蒙塔古夫人于1718年首先在自己的儿子身上施行了接种，她是一位英国的贵族妇女，其丈夫是萨顿的接任者。次年在她回国之后，她便开始四处宣传接种。她曾给一个朋友写道，她想要"促使有用的嫁接天花的发明在英格兰风行起来"。蒙塔古夫人严厉批评了医学界，147 她预料他们会因为从治疗中得到的收入而排斥任何形式的预防措施。她在某种程度上有机会得到宫廷的旨意，谨慎地说，她还获得了皇家学会主席汉斯·斯隆爵士（Sir Hans Sloane）的有力支持[121]。

曾经在大使馆当过医生的查尔斯·梅特兰（Charles Maitland；1723年）也回到了英格兰，他于1721年完成了欧洲的首例接种。不止于此，该年年底前新门监狱的实验也完成了。1722年，两位王室的公主也接受了接种，就像40年前在北京的皇宫中所做的一样。此时还出现了许多支持接种的论文，如卡斯特罗、哈里斯和勒迪克（à Castro, Harris & le Duc）的著作。他们知道此法源自东方，但是他们没有说明究竟是在哪里。

但是反对的声音也渐渐出现了，如威廉·克林奇（William Clinch）的书（1724年）中所表述的。直到18世纪中叶，反对的声音仍很强硬。某些反对的声音来自于神学家，如爱德华·马西（Edward Massey）在1722年的一次著名的布道中称接种危险而且罪孽深重。他说，神圣定例将世上出现的疾病看作对我们信仰的一种考验，或作为对我们原罪的惩罚。约伯（Job）的痛苦可以变成天花，"可能会以接种这样的形式传到他的身上"。这种思想变得非常著名，以致产生了一首后来流传很久的押韵诗[122]：

黑袍人告诉我们说，
魔鬼接种的是约伯。
料想所言是实话，

---

[121] Halsband（1953，1956）。

[122] 这首诗与1752年的流行病有关，然而直到1774年此诗才得以印发。

祈祷吧，邻里们，难道是约伯没做妥？

我们很惊奇地发现，这与很早以前印度的婆罗门（Brahmin）的信仰类似，而且也与中国早期道教的哲学类似（见下文 pp. 163 ff.）。后者并没有出现能够抑制接种的发明[123]。与在中国一样，在英格兰，来自神学的反对之声并不能阻挡此技术的进步。到了 1752 年，风向又转了回来。伍斯特（Worcester）的主教伊萨克·马多克斯（Isaac Maddox）就在同一个讲坛布道，此次布道的内容成为文献中最具影响力的支持接种的小册子之一。

那时开始了用统计学的证据来决定问题的首次努力。1722 年，约翰·阿巴思诺特（John Arbuthnot）用 12 年来作为统计伦敦的死亡率的时段计算出，如果某人染上天花，则他的死亡几率是九分之一，但是对那些已经接种的人而言，情况则要好得多。最主要的影响来自于詹姆斯·朱林（James Jurin；1722 年，1724 年），他是皇家学会的秘书之一。他着手处理大量的信件，并在城镇及教区中组织了系统的问询工作，想要确定其中的真实情况。这是一种具有欧洲特征的手法，适合正在发展中的科学革命。朱林详细地证明了他的观点。例如，有一组数字是从一个新英格兰的牧师那里寄给英格兰的亨利·纽曼（Henry Newman）的，给出了马萨诸塞州（Massachusetts）的波士顿（Boston）的详细情况[124]：

148

情况	病/例	死/例	比例	百分比/%
自然天花	5742	841	1 : 6. 8	14. 6
接种之人	282	7	1 : 40. 3	2. 5

朱林的数字有力地为支持天花接种提供了理由[125]。这些数字并没有转变所有他的对手的观点，但是到了 1730 年，天花接种行为基本上已被认为是正当的。然而，争论仍在继续。布拉德利［Bradley（1971）］已经描述了 1760—1770 年的那场在丹尼尔·伯努利（Daniel Bernoulli）与达朗伯（Jean d'Alembert）之间展开的关于接种的数学论战。这是在数学流行病学方面最早的正式的努力之一，不仅仅包括死亡率而且还包括了发病率。对欧洲的人痘接种的全部人口统计学结果进行调查是非常困难的，因为数据是不完整的，并受到了生理学上的复杂情况的困扰。例如，怀孕的妇女异常容易受到天花传染，而男人在受到一次非致命性的攻击后易丧失生育能力。拉泽尔（Razzell）找出了有说服力的实例使人相信，接种所带来的普遍结果使所有的人都大为受益。他成功地摧毁了那个貌似真实存在的，习惯性地把“非科学的”人痘接种与“科学的”牛痘接种区别开来的分水岭[126]。

1743 年，接种已成为育婴堂（Foundling Hospital）的孩子们必须接受的，1748 年，

---

[123] 〔公元 3 世纪的天师道中进行的当众忏悔的行为，事实上是认为罪孽等同于疾病。这种（几乎不能被称为哲学的）思想以及事实上的社团存在的时间太短暂，而不能对接种的思想产生影响。——编者〕

[124] Stearns & Pasti（1950），p. 118。

[125] 后来得到的平均数字至少达到了 1 : 60，然后是 1 : 100。

[126] Luckin（1977）。拉泽尔［Razzell（1977a）］认为，在 18 世纪，表皮部位及臂至臂（arm-to-arm）的接种不言而喻地选择毒性不强的“冷”毒株。随着时间的推移，接种者逐渐放弃了前辈们所采取的深切口的接种方式。

米德为这项技术提供了重要支持，1755 年，接种得到了官方以及皇家医师学会的权威认可。在此之前的 12 年里，接种已经被美国的柯克帕特里克非常成功地施行，在此后的 12 年里，则由萨顿家族、罗伯特及其儿子丹尼尔（Daniel）积极从事这项技术活动。

与一个被人频繁表达的观点相反，在 1728—1740 年间，此项技术没有呈现出衰退的趋势，但是法国、德国以及其他欧洲国家接受这项技术的脚步确实要比英国慢得多。米勒［Miller（1957）］指出，在法国，人们对待新知识的态度有更多的等级界限（class-bound），这与认同经验主义的英国人相反，英国人非常乐意向工匠及“老妇人”学习。一个很好例子就是，1785 年威廉·威瑟林（William Withering）认识到，原先的一种民间药物洋地黄是一种重要的强心剂[127]。在法国，哲学家们则在努力突破反对使用来自下层，尤其是来自出身低微的医生以及异族人的知识的藩篱。

1793 年，就在詹纳的发现的前夜，约翰·海加思（John Haygarth）出版了《在不列颠消除天花并推行普遍接种的计划草案》（*Sketch of a Plan to Exterminate the Smallpox from Great Britain, and to Introduce General Inoculation*）。这是一个大胆的提议，预示着通过世界卫生组织（World Health Organization）来总体杀灭天花。如果没有牛痘接种，这个目标能否实现值得怀疑，但是克勒布斯（Klebs）的话引人深思：“在任何地方都可以找到大量的建议，它们导致人们推论在牛痘接种没有出现的情况下，人痘接种也可以为世界提供同样的安全，并且可能是更加有效的预防性免疫方法……”[128]　149

有一件事是确定的：正如米勒所指出的，天花接种为支持接触传染和特异性学说的系列证据提供了有用的资源[129]。如果取一滴痘浆并且把它刮入患者的皮肤，就会带来轻微的天花感染并随即会获得免疫力，这就不可避免地会得出这样的结论，即活性物质就是一种独特的毒药（*venenum sui generis*），尤其对谈论中的疾病更是如此。托马斯·富勒［Thomas Fuller（1730）］说：“构成天花、麻疹或者其他毒热的物质和病因的微粒，都属于特殊的种类；它们相互之间本质的区别就像不同种类的植物、动物和矿物相互之间的区别一样。”[130]

这样，接触传染的学说最终并正式地建立起来了，只是它必须要等到现代细菌学的到来之后才能得到普遍的承认。“致病液”（peccant humours）以及内部“融合”（*krasis*）的破裂都不足以解释这种现象。中国的“乖戾之气”（上文 p. 127），虽然没有被视为微粒，但是两者并非完全不同。

俄罗斯帝国（Russian Empire）的情况要区别对待。在 1689 年俄罗斯与中国确定边界线的《尼布楚条约》签订五年后，大量俄国学生被送到中国的京城学习天花接种的技术。他们还询问了一种由北京政府推广的新的天花检疫体系，并有一个专门的官员负责。一位在俄罗斯服务的英国医生托马斯·哈温（Thomas Harwin）加入了这个使团。我们对这些学生回国之后中国的技术在俄罗斯到底产生了多大影响并不太了解，但是

---

[127] Garrison（1929b），pp. 356—357。

[128] Klebs（1913a），p. 83。关于海加思，见 Fenner（1977）和 Henderson（1976）。其附加的功效来自由接种带来的终身免疫，这与牛痘接种所带来的有限保护形成了鲜明的对比。

[129] Miller（1957），p. 259。

[130] Thomas Fuller（1730），pp. 95—96。

吴云瑞（*1947*）相信他们将此技术传到了土耳其[131]。事实上，这应该发生得早得多，很可能是经由新疆的路线而传播的。可笑的是，1768 年当俄国皇室决定进行接种时，他们从西方请了一位医生托马斯·迪姆斯代尔（Thomas Dimsdale）来施行此术，并因为他的辛劳授予了他男爵封号。

(8) 牛痘接种

天花接种［人痘接种（variolation）、灌入法（engrafting）或移植法（transplanting）——在英文中有很多名字来称呼它］存在缺陷。接种后可能会产生严重的反应，150 在某些病例中甚至会导致死亡。当然，1% 或 2% 的死亡率要远远低于未加抑制的自然天花的死亡率，后者是 20%—30%，并且在严重的流行病的时期要更高[132]。到了 18 世纪末，死亡率仅仅是二百分之一，事实上有人估计死亡率只有六百分之一[133]。即使如此，这个结果也要次于牛痘接种，牛痘接种的严重发病或死亡的比率极低。

天花接种所带来的最大麻烦是其菌株的不安全性及多变性[134]。其次，已接种的患者可以把病毒传给与其有密切接触的人。虽然隔离是理想的解决办法，但这不是能经常做到的。在不利的环境中，接种确实会导致传染病的流行，但是专家们都认同，“痘痂中所含的病毒似乎缺乏造成流行病的潜力”[135]。但是活性病毒可以长期保持其活性，简单地说，在室温下，活性病毒在痘痂中可以保持毒性超过三年[136]，所以中国的减毒方法很有价值。因为眼前的风险要比终身保护的好处更显而易见，任何有望更加安全的方法都会适时地被普遍采用。

我们已经对詹纳（1749—1823 年）以及牛痘接种起源的故事耳熟能详，以至于已经没有必要再在这里重复其细节了[137]。他是英国格洛斯特郡（Gloucestershire）的一个乡村医生，他注意到一件在乡村人民中广泛流传的被人们相信的事，即给患有轻微天花的奶牛挤奶的挤奶女工从来都不会得天花。他是第一个严肃看待这件被相信的事的

---

[131] 《癸巳存稿》（1833 年）卷六（第 163—164 页）和卷九（第 250 页）详细记载了这个使团。另见 Cordier（1920），vol. 3，pp. 273 ff.，以及吴云瑞（*1947*）。［原始文献并没有记载俄国人被传授接种技艺。书中说，他们被作为“痘医”来训练，技能中可能包含了也可能没有包含那些技术。俞正燮的《癸巳存稿》（卷九，第 332—339 页）对中俄关系讨论的部分，提到了天花，但是同样并没有暗示接种。——编者］

[132] 这一点直到最近印度发生了重型天花（variola major）都表现得很明显。非洲的轻型天花（variola minor）的发病率不会高于 15%，并可能低至 0.1%。我们感激弗兰克·芬纳（Frank Fenner）博士的那些有益的讨论。

[133] 见 Simpson（1789），Woodville（1796），Downie（1951）。

[134] 正如巴克斯比［Baxby（1978）］所解释的那样。

[135] Dixon（1962），p. 298。在马萨诸塞州的波士顿，以及在英格兰和阿富汗（Afghanistan）等地发生流行病时进行接种的结果，完全肯定了这一点。

[136] C. H. Kempe，见 Beeson & McDermott（1963），p. 389。

[137] 已经有了几种传记，特别是巴伦［Baron（1827）］和西蒙［Simon（1857）］的撰述，以及菲斯克［Fisk（1959）］的一种更个人化的作品，但是所有这些传记都是圣徒传式的。克赖顿的著作［Creighton（1889，1891—1894）］以及克鲁克香克［Crookshank（1889）］的著作都是学术性的，并且很有帮助，但是他们对詹纳及其牛痘接种持敌对态度。关于这两位作者，见 Miller（1957），pp. 285—286。有一本很好的现代的记述，见 Parish（1965）。

受过医学训练的人[138]，接着他就开始接种牛痘浆并且用天花痘浆来测试已经被接种的对象。詹纳简短的著述已经变成了经典之作。

1798 年，在遭到英国皇家学会的拒绝之后，他自费出版了《种牛痘的原因与效果的探讨》(*An Inquiry into the Causes and Effects of the Variolae Vaccinae*) 一书。除了第二年他所出的续篇之外，这就是他的全部著述，但是这项新技术很快就传遍了世界[139]。

詹纳并不是第一个尝试将牛痘浆作为对抗天花灾难的防护物的人。1774 年，在耶特敏斯特（Yetminster）附近的多塞特（Dorset）爆发了一场严重的天花之疫。本杰明·杰斯蒂（Benjamin Jesty）是当地的一个富足的农民和牲畜养殖者，他知道这件被普遍相信的事。因为他在小时候曾感染过牛痘，所以他根本不惧怕天花。但是他的妻子和两个儿子的身上没有这种防护屏障，所以他为他们接种了牛痘浆，并且生效了。151 可想而知，此举让他在当地相当不受欢迎，但是他并不在意。他对儿子们的天花接种在 15 年后显示，他们仍是有免疫力的。1791 年，在荷尔斯泰因（Holstein）发生了与之类似的事件，那里一个名叫彼得·普勒特（Peter Plett）的年轻人，指导了一户在申瓦尔德（Schönwaide）的人家用牛痘浆成功地对家中的孩子进行了接种。不论是杰斯蒂还是普勒特，他们都没有在接下来的时间里系统地研究此事，他们也没有得出任何普遍性的结论[140]。如果知道欧洲早期对在动物身上发生的类似于天花的疾病所做的观察记录，并看看人们有没有从中受益，将是非常有趣的事情。

中国人以及其他东亚人做了这样的观察记录，并根据这些观察记录来行事。由此所得来的治疗方法的价值仍然是不确定的。首先，孙思邈在他的《千金方》（公元 659 年）中谈到了用于治疗人类流行性天花的某种处方，他说这个处方对六畜（牛、马、羊、狗、猪、鸡）同样有效[141]。孙思邈显然相信这些动物也会得天花（他称之为“豌豆疮”）。大约在 1270 年，叶寘在他的《坦斋笔衡》中记录的一件奇闻中也表达了同样的观点。这是关于一位兽医（“牛医”）的故事，著名诗人苏轼（1036—1101 年）的一头水牛得病之后请他去看病。这位兽医对牛的症状十分困惑，苏轼的妻子王氏是一位博学广闻的妇女，便插嘴说她知道这是怎么回事，她说此牛感染了一种天花痘疹（“痘班”）。她接着为此病开出了正确的药方[142]。从这里可以看出人们已经对某些“牛痘”有所认识。

接下来，周密在他撰于 1290 年的《齐东野语》中记述了 1273 年的严重的天花流行，他告诉我们，他有一位同僚在街上偶然遇到一位绅士，绅士给了他一种用狗身上的虱蝇（“狗蝇”）制成的药物，他得以挽救了得了重病的孙子一命。周密没有提到是否有其他人使用过此药。1596 年，李时珍在他那本非常有影响的《本草纲目》中也毫无保留地推荐了此法。此种犬虱蝇（*Hippobosca capensis*）是否含有能够给予人类交叉

[138] 威廉·哈维（William Harvey）与威廉·威瑟林之间存在明显的相似之处。哈维之前的解剖学家“完全没有后来被我们称为‘瓣膜’（valve）的结构、机能或名称的概念”；French（1994），pp. 350—361。

[139] 当然很多人反对这项技术，反对的主要依据是将家畜用作了接种物的来源；Baxby（1978）。但是牛痘接种获得了胜利，而直接的天花接种于 1840 年在英国已经被视为违法。

[140] Parish（1965），pp. 14—15。

[141] 《千金方》卷十，第 189 页。

[142] 《坦斋笔衡》卷一，引自《说郛》卷十八，第二页；参见范行准（*1953*），第 112 页。〔关于几乎不为人所知的叶寘，见余嘉锡（*1958*），第 885—886 页。——编者〕

保护作用（cross-protection）的狗病毒，是一个很难给出答案的问题[143]。

一个更重要的事件是，自15世纪以来人们使用牛身上的虱子来进行天花预防。李时珍的书中有一个出人意料的专门论述这些昆虫（“牛虱”）的条目，这些昆虫今天可确定为瘤突血虱（*Haematopinus tuberculatus*）。他说它们的形状像蓖麻籽。它们生在水牛身上，并且在吸完血之后落下[144]。把它们烘烤、研磨并口服之后，就可以“预先趋散孩童身上的天花之毒”（“预解小儿痘疹毒，焙研服之”）。李时珍对此方法的价值表示怀疑，因为在早期的本草著作中并不能找到此方面的记载，但是医学著作家们提到它是从明代开始的[145]。例如，高仲武在那本已经失传并且年代不详的《痘诊管见》中说，这是一种民间的用法，就像詹纳的挤奶女工和威瑟林的洋地黄一样。

152

更有趣的是，谈伦专门在《试验方》和《医家便览》中给出了对此的详细描述。因为谈伦是在1457年得到他的医生资格的，所以他所说的牛虱法是一种值得尊敬的古老之法。孩童时期一年服一个牛虱。将牛虱晒干、捣烂再和大米混合制成米糕，然后慢慢地吃掉。另外一种方法，也可以使你“终身免患天花”[146]，即如果水牛的血细胞中含有牛痘病毒的微粒，并且吞咽过程可以使其中的一些进入呼吸系统的黏膜中，就像天花病毒一样，那么就会得到一种轻微的类似于天花的症状，并会取得持久的免疫力[147]。

最后，戴笠（两个著名的同名同姓医生中的一个，也以戴曼公闻名）辨别出了猴痘。1653年，在被清朝征服之后，戴笠定居日本。他变成了一名佛僧和一名教授许多学员的医学老师，这些学员日后都变成了专治天花的医师，尤其是为池田家族服务。他那本著名的《痘科键》可能提到了接种[148]。池田独美在《痘科辨要》（1811年）中对猴“天花”进行了描述[149]。

因此，我们注意到了动物所得的五种类似于天花的疾病。在孙思邈所提到的家畜“天花”中，只有一种是在公元1000年天花接种刚刚兴起（按照传统的说法；见下文p. 154）的那个转折点之前被发现的。所以在孙思邈和周密的时代，这项医疗很可能已经众所周知了，当然在谈伦、高仲武、李时珍和戴笠的时代就更不用说了。现在我们知道，正痘病毒属（ortho-pox viruses）包括天花、已消失的“牛痘”（cowpox）、牛痘苗（vaccinia）和鼠痘（先天性缺肢畸形）。在野兔、浣熊以及沙鼠身上也发现了相关的病毒，而有一种不同的病毒属还包括禽痘。更远的还有绵羊、山羊以及猪的天花，最远端的是野兔身上的多发黏液瘤病毒（myxomatosis virus）。交叉保护作用究竟可以延

---

[143] 《齐东野语》卷八，第七页；《本草纲目》卷四十（第109页）。关于昆虫，见R/43。

[144] 《本草纲目》卷四十（第109页）；R/44；范行准（*1953*），第111页。

[145] 杨元吉［（*1953*），第20页］引用了我们在下文中讨论的文献。〔在杨元吉书中的第20页以及其他地方并没有找到这些舍此便无人知晓的著作。〕

[146] 明代的作者也提到了没有任何疗效的治疗方法。例如，郭子章在《博集稀痘方论》（1577年）中推荐将虱子烧成灰烬并且服食。

[147] Wang & Wu（1936），p. 216。

[148] 根据辻善之助［（*1938*），第203页］的研究，戴笠将接种传到了日本。另一个中国的医生李仁山，于1746年在长崎施行了接种之术，他在那里写的书中有一本名为《种痘医谈笔语》。

[149] 《痘科辨要》卷四，第58页。戴笠的许多著作可见《杏雨书屋藏书目录》，尤见第556—557、830、846页；关于池田的书，见第50页以及第649—650页。

伸到多大范围，至今根本不清楚，但是可以确定，不论是从历史学还是病毒学的角度而言，有关动物天花的每一条资料都是非常有价值的[150]。

我们可能永远也不会知道在牛痘接种的早期究竟发生了什么事情。正如我们在本文开头所说的，从血清学的角度来讲，牛痘苗是一种与牛痘病毒（cowpox virus）和天花（variola）截然不同的毒株。它差不多是人类的一项创造物，通过实验室动物继代移种的方式培养和保持而得到，这是詹纳所没有预见到的情况[151]。 153

在早期阶段，很可能牛痘病毒与天花互相混合。最具魅力的可能性之一是，牛痘苗是天花与牛痘的一种遗传杂种（genetic hybrid）[152]。如果将所有这些病毒体在混合细胞中培养成熟，那么这些病毒体就会自由地互相交换重组脱氧核糖核酸（DNA）。拉泽尔［Razzell（1965b，1977a）］曾经为18世纪接种的人口统计学价值提供了如此令人满意的证据，也许这次走得太远，他说最初的几年之后，所有的牛痘苗（vaccine）事实上都是天花，它们无疑都是混合的，天花（variola）被引入以“加强”牛痘苗（vaccine）。不过，他已经十分清楚地证明了他所说的情况，即不能将牛痘接种从东方及西方的接种历史中分离出来单独地进行考虑。

牛痘接种在世界范围内传播的速度用“壮观”这个词来形容是很恰当的。它很快就传到了北美。到了1805年，居住在新英格兰（New England）最小的镇子中的人都接受了接种。载着男孩们之间接力传递保存痘苗的轮船从西班牙到了南美，并且在一名葡萄牙商人的鼓动下，从菲律宾传到了澳门。直到1805年，俄罗斯的医生们一直在中国边境上的恰克图（Khiakta）进行接种。1812年，布哈拉（Bokhara）和撒马尔罕（Samarqand）的鞑靼商人，四处分发在喀山（Kazan）以阿拉伯文和察合台突厥文（Chagatay Turkish）印刷的有关詹纳发现的小册子[153]。

中国人的确热烈地接受了牛痘接种，尽管那个年代的人们普遍对现代西方医学持有一种当然的怀疑态度（*méfiance*）[154]。有关牛痘接种的第一本小册子是由亚历山大·皮尔逊（Alexander Pearson）编写的，并由斯当东爵士（Sir George Staunton）和郑崇谦翻译成中文。1805年，它以“暎咭唎国新出种痘奇书”为名出现在广州。它被重印了多次，并印上了诸如“泰西种痘奇法”之类的其他书名[155]。此后这方面的图书的数量迅速增加。邱熺的《引痘略》（1817年）就出现了61个版本，并且传到了日本。他的诸如

---

[150] 我们很感谢弗兰克·芬纳博士为此段文字提供的资料。

[151] 大约从1840年始，牛、马、绵羊以及水牛等动物都被使用过。

[152] Bedson & Dumbell（1964）。关于其他的可能性，见Baxby（1978）。

[153] 关于印度的情况，见de Carro（1804）；关于美国的情况，见Waterhouse（1800—1802），White（1924）；关于西属美洲（Spanish America）的情况，见Cook（1941—1942）；关于澳门的情况，见Wu Lien-Tê（1931）；关于俄国的情况，见McNeill（1977），p. 256。

[154] 这个故事可见于彭泽益（*1950*），陈胜昆（*1979*），第28页，以及范行准（*1953*），第135页、第147页起、第182页、第184页。劳弗［Laufer（1911）］以及宫岛幹之助［Miyajima（1923）］对中国及日本的牛痘接种传播过程也有描述。

[155] 1806年，罗存德（William Lobscheid）在香港重印了此书。1817年在广州，以及1828年在上海和北京还有另一种版本。这些小册子的书目复杂，我们还没有见到任何对此的详细研究。旧有的研究，见Klaproth（1810），vol. 1，p. 111，以及Rémusat（1825—1826），vol. 1，p. 249。

《牛痘新法》（约1825年）等几个书名，则专门标明了牛痘。后来出现了其他的著作，到了18世纪的后半叶，牛痘接种已经传播得相当广泛了⑯。

154

(9) 作为背景的中国宗教传说

(i) 王 旦

现在终于到了考查那个与在现存年代最久远的有关天花接种的著述出现之前持续了差不五个世纪，并且一直在严格和保密的状态下被信守着的信念的时候了。

此传说围绕的中心人物是王旦（公元957—1017年），他是两位宋朝皇帝（太宗与真宗）的宰相。王旦于公元990年出仕为官，并于公元998年升为翰林学士。1004年，他帮助宋朝与辽国媾和。他一生都是一位反战派的领袖。他安抚敌人的本事非比寻常，以至于获得了“太平宰相”的俗名。他的名声也因与人合谋假造祥符、安排盛大典礼来获得对不受欢迎的政策的支持而受损。他异常善于组织官僚机构考试和科举考试，并且总的来说，作为一名有德行的宰相而留传于后世⑰。

他与天花接种发生联系是因为他的长子就死于此病。当他最小的儿子王素还是个孩子的时候，王旦就在全国寻找某种方法以防止同样的灾难再次发生。他请教了各种各样的医生和萨满教巫师（“巫方”），直到最后，上天出于怜悯，为他送来了一个施行接种的“神人”。从此之后，这项技术就在严格的保密防范措施下在从业者之间流传下来⑱。

这些也是朱奕梁在他的《种痘心法》（1808年）中所给出的说法。其他有关接种的书也包含了同样的记述，但是相互间有许多差异。最早的说法可以追溯到1713年前后，出现在朱纯嘏的《痘疹定论》中。朱纯嘏将接种者称为“神医”。其他的称谓还有“天姥”、“僧”和“乩仙”。《种痘指掌》（1796年之前）的作者说，王旦家族的医药仆从是一位“古仙”，“三白真人”。伟大的医学史家徐大椿在《医学源流论》（1757年）中把他称为“仙”，也就是一位具有超自然能力的道士⑲。与此也有可能相关的是，王旦自己要求在他死后将他穿戴成“僧侣”的样子⑳。所有这些都可以使人确信，

---

⑯ 详细的研究，见 Wang & Wu（1936），pp. 273—301，以及 Ball（1892），pp. 750 ff.。杨家茂［（*1990*），第84页］列举出了29本早期的关于牛痘接种的中文著作。关于《牛痘新法》及其他类似标题的著作［例如，武荣纶和董玉山（*1885*）的《牛痘新书》］，见中国中医研究院图书馆（*1991*），第7947条起。

⑰ 王旦的传记，见《宋史》卷二八二，第9542—9553页。

⑱ 考虑到王旦的生平年表，他家中施行接种的时间应该在公元995年左右。但是，很多文献认为此事发生在公元998年他出任真宗的宰相之职以后。

⑲ 《医学源流论》卷下，第120页，译文见 Unschuld（1989），p. 339。看到这个联系，我们不禁想到古时人们对接种物的称呼——“神苗”与“丹苗”（见上文 p. 131），两个名称都带有强烈的道教色彩。我们已在上文得知（见 p. 134），1727年俞天池也曾说到一个“异人”将接种之术带到了宁国府，此“异人”也是位“丹家”。

⑳ Franke（1976），vol. 3，p. 1152。

非凡的接种者来自于四川西南的峨眉山，该山因其与道教和佛教的关联而闻名[161]。 155

张琰在他的1741年的《种痘新书》中重复了朱纯嘏所叙述的奇闻逸事。1743年，御纂《医宗金鉴》收入该书，给它打上了正统的标记。这样这个传说就被所有人接受了[162]。

如果我们更仔细地审视这个峨眉山的传说，我们会发现，与佛教的关联可能在一定程度上是误导。有大量证据表明，在此山之上及周围有道教存在。这其中包括仙峰石以及像九老仙府这样的建筑。还有道士隐居的山洞，如李仙洞和葛仙洞；相传伟大的炼丹家及医生孙思邈就曾在峨眉山上炼丹，“玩丹石”可作为见证。总而言之，即使处于从属的地位，在峨眉山及其周围仍存在着强烈的道教的元素[163]。

只有微弱的迹象显示接种开始的年代有可能比王旦的时代早得多。一个最近的观点认为它兴起于唐代的开元年间（公元713—741年），但是它从未得到很多人的支持[164]。伟大的病理学家巢元方在他的《诸病源候论》（公元610年或其前后）中，强调了避免伤寒一类的发热疾病传播的预防性措施，在这些疾病中他列入了天花的“登豆疮”种类。但是，他对预防之法的讨论并没有指出或者甚至没有暗示那个种类[165]。

我们还没有尝试着去广泛地考查各个世纪中有关天花的中国文献。仔细研究公元7—16世纪所有讨论了天花的医书，以揭露可能隐藏其中的有关接种的更深层的证据，是颇有价值的[166]。考虑到我们已经强调过的与道教的联系，清代一位叫调元复的所撰写的书题名为《仙家秘传痘科真诀》一事就非常重要了。该书似乎已经失传[167]。 156

(ii) 接种的宗教联系

接种的发现被环绕在广阔的宗教及巫术观念和带有强烈道教色彩实践的氛围之中，而这种道教色彩的实践一直延续至相当晚近的时代。回溯过去并且审视整个传说，人

---

[161] 参见范行准（*1953*），第114、117页。伍连德和王吉民［Wang & Wu（1936），pp. 215—216］相信这个说法，但是在没有正当理由的情况下声称接种者是一位印度哲人。西方的著述自韩国英［Cibot（1779），p. 309］开始，曲解了这段奇闻逸事。冯扎伦巴［von Zaremba（1904），p. 205］写道，有“一个名叫‘峨眉山’（Yo-mei-schan）的人”。雒魏林［Lockhart（1861），p. 237］声称“1014年，峨眉山（Go-mei Shan）的一位哲人为‘宰相’（Tchiu-siang）王子进行了接种”，错把姓氏“王”当成了一个头衔，并且错把他的官职当成了人名，而这段文字还被波乃耶［Ball（1892），pp. 683，689 ff.］照搬引用。怀斯［Wise（1867），p. 543］则写道，“峨眉山（Yo-meischan）为真宗皇帝的孙子进行了接种”。玛高温［McGowan（1884）］对王旦家族的这一事件做出了一份非常详细的，事实上是圣徒传式的报告。我们无法确定其来源，因为他仅仅给出了像“天花的正确疗法”（Correct treatment of smallpox）这样的标题，而没有中文原文。在这一版本中，接种者变成了某位尼姑，事实上是观音娘娘的化身。所以，我们可能没有遗漏太多。

[162] 《医宗金鉴》卷六十，第一页。详见：陈邦贤（*1953*），第371页；*ICK*，第1381页；程之范（*1978*），第471页。

[163] Phelps（1936），pp. 226，248，284—286，337。至于与峨眉山有关的道教书籍，见本书第五卷第三分册，pp. 75-77，以及书中各处。

[164] 武荣纶和董玉山（*1877*）。

[165] 见上文p. 127。范行准［（*1953*），第113—114页］拒绝接受接种的唐代起源说，但是如果巢元方在头脑中有接种的概念，则唐代起源也是可信的。〔在巢元方的著作中没有一点有关接种的痕迹。——编者〕

[166] 尤其是晋代、元代与明代的“医案”文献尚没有得到足够的调查与研究。

[167] Wylie（1867），p. 103；并没有被中国中医研究院图书馆（*1991*）所编的《全国中医图书联合目录》收录。

们可以从这盆“浆糊”（magma）中分离出几种成分。首先有诸神祇、道教天宫官员，他们享有尘世间庙宇的供奉。也有供奉接种者鼻祖以及其他后来的优秀接种者的庙宇。天花病例中神符、咒语以及咒法的运用加强了它与道教的联系，而且当某人染上此病时就会建起拜神所用的祭坛。自然，隐秘和慎重支配着驱邪疗法装备的使用，但是其他的治疗方法也有自己的机密之处（见上文 p. 118）。

最有声望的炼丹家和最博学的儒医使用了“禁方”，而且不难想象，他们也对那些“出身低微的医生”或铃医的接种产生了巨大的影响。天花接种的起源可能包含着宗教的暗示，而且还有相当多的胡言乱语，然而从另一方面说，并不是所有的胡言乱语都是哄骗[168]。我们应该把这些方面都依次考虑进去。

我们可以从与西方世界存在重大差异的文化中的那些安排有序的宗教结构里学到很多东西。道教的诸神祇是众所周知的，它映射出了尘世间的文职官僚机构的模式[169]。它的“天医院”中包括三类造物之神：首先是中国远古的神与神化了的鬼怪，如盘古、伏羲、神农与黄帝；其次是“药王”，原初是一个佛教的健康之神，药王菩萨（bhaisājya-rāja）；第三类是掌管某些疾病的神。有一位专司疹类疾病的女性神灵——“斑疹奶奶”。掌管更危险的疾病天花的也是一位女性——“痘神娘娘”。她的儿子，四位男性的神，又代表了此病的四个主要方面。“瘢神”当然专司各种致命的出血性质的疾病；“疹神”负责处理天花或者麻疹；“痧神”并不像他名字所显示的那样司掌霍乱或腹泻，而是主管猩红热、水痘或风疹；“麻神”主管的是脓疱及痘痕[170]。

人们对天花所带来的灾难实在是太恐惧了，以至于在永生的道教诸神中还出现了

157　一个十分独立的“天痘院”，由一位男性的神（“痘神”）主持[171]。根据已将他神化的传说，他的姓名是余化龙。商代末期（约公元前 1030 年），在保卫潼关以抵抗周朝军队进攻的过程中，他使用带有病毒的衣服在周朝军队中传播天花。后来周朝的军队势不可挡地取得了胜利并将他杀死[172]。和“痘神娘娘”一样，他也有儿子帮助，并且是五个儿子而不是四个；他们分别掌管东、西、南、北、中五个方位。

这并不是全部的掌管天花的神灵，因为还有一些特设的祀庙是为已神化的官员张元帅修建的，据推测他出生于公元 703 年，他的辖区曾在周围天花流行病到处肆虐时

---

[168] 见许烺光［Hsü Lang-Kuang（1952）］的著作，他在第二次世界大战期间一个四川小镇霍乱流行时，对与现代接种和科学医学相伴的宗教以及驱魔巫术进行了经典性的研究。

[169] 本书第五卷第二分册，p. 110；Doré（1914—1929），vol. 10，pp. 53 ff.，特别是见 p. 59。

[170] Werner（1932），pp. 505 ff.，354，46，408 以及 300；Doré（1914—1929），vol. 10，pp. 739，748，其中附有痘神娘娘及其四子的插图。

[171] Werner（1922），pp. 175，246—247；Doré（1914—1929），vol. 10，p. 757。

[172] 周朝军队的主帅是传说中的姜子牙。这个出自明代小说《封神演义》的故事是杜撰的，但是它留下了部分史前时期细菌战的内容。见《封神演义》第八十一、八十二、九十九回，译文见 Grube（1912）。关于这段历史的概要，见 Veil（1954）。据说阿美士德勋爵（Lord Amherst）于 1763 年也重演了余化龙的计谋，当时他试图组织在敌对的美国印第安部落中散发受天花病毒污染的毛毯。Long（1933），pp. 186—187；McNeill（1977），pp. 251，349。

免受其害[173]。所以他被提拔到天庭成为流行病的管理者及免除孩子天花之灾的保护神，这可能是一种名誉上的晋升。他和接种有关系吗？

还有些是供奉其他人的祀庙。据湖州的地方志记载，明代末年，湖州（现在浙江吴兴）一位叫胡璞的年轻人于1644年从家中出走，义无反顾地当上了一名医生。在他于1712年失踪之前，已经为很多人施行了接种之术。据说有人曾于1723年在南京见过他，但是这看起来几乎是不可能的。至少自康熙即位的1662年开始，苏州和湖州都还有供奉“种痘仙师”和“宋峨眉山人”的庙宇。其形象看起来常常很像“纯阳法师”，即那位著名的真人和炼丹家吕洞宾，吕洞宾可能是公元8世纪的人物[174]。这可能是另一条将接种与道教炼丹家的活动联系起来的线索。

今天我们从众多对道教文献的研究中受益匪浅，这些文献有些出自那些有权亲身参与宗教仪式与典礼的道士之手。我们知道，大量的这样的文本已经被保留下来，不论是收录到《道藏》中的还是没有收录到其中的，都以祷文及仪式规程的形式在与祭司有关的家族中流传下来。在相关的专设供奉庙宇中，必定存在大量从未被记录下来的惯例和咒语。那些应该都是管理祈愿者事务的道士的秘密保管物。这些与驱魔人及医生的秘方之间没有明显的区别，只是处于道士与行医者界限的另一边。既是医生又是炼丹家的孙思邈，对唐代早期的“禁经”（秘密手册）是如此评论的：

> 天师说：“那些接受了我的技术的人，上等的绅士会升天成仙；下等的绅士会升官，而普通的人则会增加寿命。这些秘密甚至都不要传给你的儿子和兄弟，而只传给真正值得传授的人。如果没有人值得传授，就不要把它传下去。否则的话，灾难将会降临在你的子孙后代身上！”[175]

158

> 〈天师曰：得吾法者，上士升仙，下士迁官，庶人得之益寿延年。父子兄弟不得相传，传必贤人，非贤勿传，殃及子孙。〉

“禁经”中包含了各种保健及通过“画符念咒”来使自己免受恶魔侵扰的技术[176]。其中有“护身符”、“驱邪符”、迎接新年的“桃符”以及对巫术行为进行记录的“符禄”。很多医学著作都有关于护身符或驱邪符的章节，如官方授权编纂的《圣济总录》（1122年）卷二〇〇以及贾黄中的《神医普救方》（公元986年）。1596年，孙一奎在讨论天花的引言中抱怨：“如今此技术的专门施行者把他们对天花的［治疗方法］视为秘术和禁方。”每个人只传授他们自己门派的观点，所以不同观点从没有协调融洽，也没有出现某种最好的方法[177]。（“矧今之业专门者，以痘为秘术，为禁方，因不道其道，心其心，各师其见，各颛其法，而不思融洽众理以契所归。”）徐大椿写道（1757年），

---

[173] Doré（1914—1929），vol. 9，p. 634，vol. 10，p. 758；Werner（1932），p. 42。〔民间存在着大量带有“元帅”头衔的天花之神，表明不同地区有不同的历史人物；例如，见Katz（1995）。也应该注意到下文（p. 161）中的天花之神的别名。——编者〕

[174] 范行准（*1953*），第113—114页；关于吕洞宾，见本书第五卷第三分册，pp. 147—148，以及图1360。

[175] 《千金翼方》卷二十九，第345页。

[176] 不时在坟墓中发现纸符。如在新疆高昌（吐鲁番）公元551年的墓穴中，发现黄纸上写有红字。见Anon.（*1978b*），第36—37页以及图13。它上面写了我们所熟悉的道教符咒用语——“疾疾如律令”。

[177] 《赤水玄珠》卷二十七，第一页起。

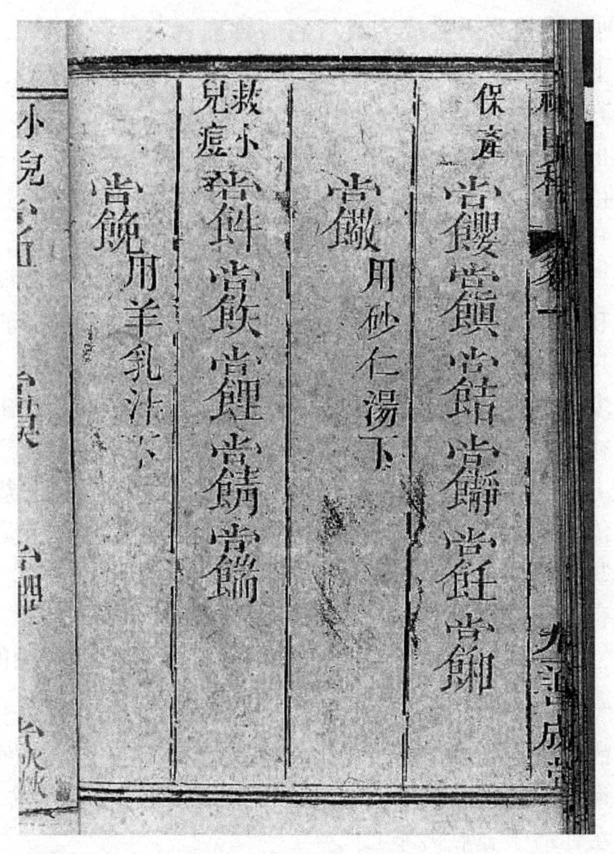

图9 为小孩儿驱邪治疗天花而使用的护身符。采自《祝由十三科》(晚于1456年)。

此项技艺一直都存在。其中某些不对外人公开的技术只能经由古怪的隐士、道教真人、佛教高僧，甚至鬼神流传下来。这些技术应该远离粗俗之辈，因为他们对获得及掌握这些技术的艰辛程度毫不知情，会轻视它们并忽略特殊的预防措施，甚至在头脑中已经丧失了对它们的虔诚，而这些是要想它们有效所必需的[178]。天花接种似乎一开始就恰好是这一类事物，一直以这样的方式从宋代或宋代之前传到了明代[179]。

有关“出身低微的医生”、游走行医的郎中还存在一个问题，他们有些人有着非凡的知识与技术，但是他们中没有人能把这些记录下来。穷苦的农夫几乎完全依赖他

---

[178] 《医学源流论》卷上，第78页起。在西方，很多世纪以来，医生们在很大程度上通过他们自己发展出来的学术性语言来保护自己，直到今天这个情况依然存在。现代科学带给我们的一个问题是外行人对强效药物的不明智的使用，而这个问题也许正是“禁方”所能避免的。中国的职业医生们明显地感到自己的行话还不够多。〔对药方的提及以及对《黄帝内经·灵枢·禁服第四十八篇》的引用，表明在这一段落中徐大椿的脑中既没有仪式疗法也没有天花接种。——编者〕

[179] 徐大椿在《医学源流论》(第102页)中明确提到了这一点。〔徐大椿在书中没有提到任何朝代，他所说的仅仅是接种“由仙人传播”。(“种痘之法，此仙传也。”)接着此书便解释接种的诸多好处，这表明此段文字并非对接种的历史进行评论，而是对接种价值的一种常见的赞扬。——编者〕

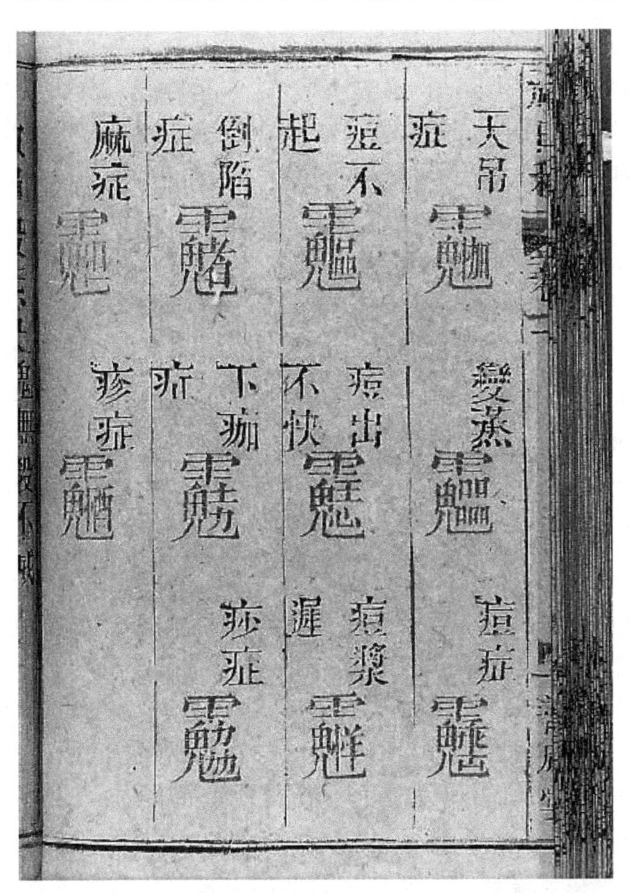

图 10　为天花中所出现的异常症状，如脓疱未形成、成形慢等，而做的护身符。采自《祝由十三科》。

们[180]。他们被称为“走方医”，因为他们在乡村中挨家挨户地服务，他们也被称为“铃医”，因为他们会摇动随身携带的木杖上的铃铛，用铃声表示自己的到来，或被称为“庸医”，这是一个对普通医生轻视的专用词。他们的方法恰好与上文中所提到的相符，即用于驱散邪恶的影响的“巫术”，以及用来帮助人们恢复健康的“禁方”。他们有自己的行话，排毒药叫“截”，催吐药叫“顶”，泻药叫“串”；他们的治疗便宜而有效。　159

他们的最好的记录者是赵学敏，一位为最伟大的本草学著作《本草纲目》写了续篇的学者。1759 年，他完成了《串雅》。在书中，他编辑了他的朋友，一位著名的走方医宗柏云 30 多年的笔记。宗柏云的著作中包含了许多疾病预防及治疗的有用的建议。也有一些口头传统的禁方非常醒目，与其说是这些行医者不愿意把它们记录下来，不如说是他们不能用文言文写作。

令人欣慰的是，我们获得了一些抗天花的护身符（图 9 与图 10）。它们采自于一本具有多个书名的奇书，这本书的编辑情况未知而且成书年代不详，这就是《祝由十三科》　160

[180] 这让人想起作家吉卜林（Rudyard Kipling）《内科医生》（A Doctor of Medicine）故事中的草药医生尼克·卡尔佩珀（Nick Culpeper）。

(可能晚于1453年)[181]。步骤总是相同的：用朱砂墨水在纸上写下具有法力的字，烧成灰，然后冲在水中给孩子服下。在张浩的《仁术便览》(1585年)中，甚至在一本有关辟邪治疗的匿名手册《江湖医术秘传》(约1930年)中，也可以看到相同的符咒[182]。

著名的18世纪的小说《红楼梦》中，有一段有关富人家孩子出天花的描写：

161

> 必须将一间屋子打扫干净以备供奉痘疹娘娘。授命下人们不要做任何油炸和炒的食物……嘱咐患儿的父母在此期间不要同房。要取深红色的长布，由保姆、女仆以及和患儿关系最亲密的女性亲戚一起为患儿制成衣服。最后，要为两位轮流照看患儿并喂她服药的医生准备一间经过仪式净化的房间，他们在十二天之后才能被允许回到自己的家中[183]。
>
> 〈一面打扫房屋供奉痘疹娘娘，一面传与家人忌煎炒等物，一面命平儿打点铺盖衣服与贾琏隔房，一面又拿大红尺头与奶子丫头亲近人等裁衣。外面又打扫净室，款留两个医生，轮流斟酌诊脉下药，十二日不放家去。〉

这段说明与医学文献，如1610年的中-朝医学汇编《东医宝鉴》中的内容十分吻合。此段文字后面的部分，强调要保持病人房间的整洁与安静，要避免不洁之物。“看起来似乎人的‘气’在嗅到熏香之后会移动（也就是可以全身循环流动），而嗅到污秽之味后会停止。”（“盖人之气闻香则行，闻臭则止。”）局外人、佛教徒和道士不受欢迎，显然是要避免喧嚣。这里并没有对红色的衣服或幔帐有所叙述，但是张琰的书中提到了它们，书中谈到了一种在接种时用来敬神的祭坛[184]：

> 在用苗种痘之后，要尽快地选择一个吉日建起一个神坛。按照要求献上由两种牲口的肉所做的五道菜，以及五种不同的水果。神坛必须建在一间干净的空屋子内，悬挂起红色布。在红纸抬头写下神仙的名字，在底部写上他们男孩和女孩的名字。神的名字是“掌痘元君”和“司痘娘娘”。
>
> 〈凡下苗后，须选吉日起坛。要备三牲及斋仪果供各五味。供奉神圣要红布四尺，在神位上挂彩，将红纸一张写神位，神位下书童男童女姓名，要择净之室以建坛。
> ……碧霞仙府至尊神圣掌痘元君，天后仙宫至慈圣母司痘娘娘。〉

我们怀疑在天花病中强调红色是否不仅仅出于宗教仪式的惯例，而且很奇怪，现代对有色光作用的研究表明，红色减轻了天花的化脓现象并且抑制了疤痕的产生，因为排阻了更具化学活性的波长的射线[185]。将红色与天花，或许还有其他流行病联系起来，是欧洲的一种古老的思想。我们仍不清楚它源自何处，但是13世纪很多欧洲医生都在自

---

[181] 《祝由十三科》卷一，第九、四十一页。一般相信这个藏品源于一块据说1188年出土的碑铭，但是该书第四部分的序言的年代是1328年。

[182] 《仁术便览》卷三，第二十六页。在接种之书，如《种痘新书》(卷三，第十一页)，以及大多数其他形式的医学文献中，也有很多使用符咒的例子。

[183] 《红楼梦》第二十一回，译文见Hawkes（1973—1986），vol. 1，p. 424。

[184] 《东医宝鉴》卷十一，第661页；《种痘新书》卷三，第九页起。我们中的一位（鲁桂珍）仍然生动地记得她小时侯在南京所经历的这个风俗。

[185] Vollmer（1938），Fields（1950）。

己的著作中推荐使用红光，比如，吉尔伯特·安格利库斯（Gilbertus Anglicus，卒于1250年）、亨利·德蒙德维尔（Henry de Mondeville，1260—1320年）、伯纳德·德戈登（Bernard de Gordon，鼎盛于1285—1307年），以及加德斯登的约翰（John of Gaddesden，1280—1361年），他的《英格兰玫瑰》（*Rosa anglica*，1314年）出版于1492年[186]。大部分人都读过爱伦·坡（Edgar Allen Poe）的小说《红死病的假面舞会》（*The Masque of the Red Death*，1842年）；尼尔斯·芬森（Niels Finsen，1860—1904年）的著作也是尽人皆知[187]。但是色光疗法除了对如狼疮这样的特殊情况有效外，它在现代医学中几乎没有产生影响。

（iii）疾病与原罪

下面将在中国和印度之间作一个单独的比较。所围绕的核心问题是，疾病是否被视为一种对过去的罪行及过失所给予的神罚，以及由此伴随而生的负罪感，或原罪感，或羞愧感，可以达到什么程度。我们已经看到，在中国，一些人是如何相信胎毒来自于父母在生殖活动中过度的性欢愉的（见上文 p. 130）。我们刚刚简单涉及了为供奉与献祭天花诸神而设立的家庭祭坛。供奉通常意味着悔悟，而悔悟意味着认识到了以前所做的错事。与此相反，理性的医生则坚信天花起因于自然，并且他们可以将之治愈，或者至少他们可以通过治疗减轻与缓和它的症状。更大胆的是最早的接种者坚信，用最轻微的形式感染此种疾病的方式，他们就可以给予抵御其即使是最危险症状的终身保护。 162

矛盾的是，这种技术正好兴起于一种充满宗教意味的氛围。但是道教也许并不像其他宗教那样听从于命运？尽管其本质上是一种自然神秘主义（nature-mysticism），甚至在它为自己设立了具有人性、实际上三位一体（Holy Trinity）的神灵之后也是如此，而且总是相信自然的方式是最好的，也许它会产生从大自然的工场中借用工具的思想？

如果人们研究了恰托巴底亚耶［Chattopadhyaya（1977）］关于古印度科学与社会的杰出著作，就会发现对比是非常有益的。该书所写的是在那个文明中为了理性的医学而作的努力。最伟大的古印度医学典籍《妙闻集》（*Suśruta-saṃhitā*）和《遮罗迦集》（*Caraka-saṃhitā*）[188] 都有一种含义模糊的特点，部分是科学的，部分不是。恰托巴底亚耶的剖析揭露了神学哲学家与理性医生间的激烈斗争。前者想要把所有的事都归于因果报应（*karma*）的法则，认为所有疾病都是由违反了伦理和道德的行为或原来本就存在的原罪所引起的。印度的医生正在为树立起一种真正的科学世界观而奋斗。他们相信，疾病并不是因为原罪而由神引起或驱使的，相反，是由于他们所找出的自然原因。与中国的文献一样，《遮罗迦集》一书显然是科学、巫术和宗教的混合物。例

[186] Garrison（1959a），pp. 155，164—165。

[187] Castiglioni（1947），p. 1125。

[188] 众多的医学汇编，很难确定其年代，但是其中大多数可能成于公元1世纪和公元3世纪。Renou & Filliozat（1947—1953），vol. 2，pp. 147，150。

如，它将“*yukti-vyapaśraya bheṣaja*”（合理用药治疗）定义为基于使用诸如药物及食物等天然材料制成物的治疗体系，这是与“*daiva-vyapaśraya bheṣaja*”（祈求神灵恩泽治疗）相对的，后者是基于抚慰或忏悔的咒语、符咒和祭品的治疗体系。这正是我们在中国所看到的避邪疗法与理性科学的疗法之间的区别。经过了几个世纪，前者已让位于药物疗法与物理疗法。要说接种源起于驱邪之人，仍是有些荒谬。

在古印度文献中有一个关键词是“*svabhāva*”（本性），可以译为“内在本性”（inherent nature）、“先天真如”（innate thus-ness），或者“事物的本性”（essential nature of things）。在某种程度上，它必定和表示“自然秩序”（the Order of Nature）或者自然运转方式的“*ṛta*”（规律）甚至“*dharma*”（法）相关联——这些都令人回想起中国的“道”。医生们[189]在寻求自然之理，寻找事物为什么是如此和为什么表现得如此的终极原因（当然最终是不可解的）。

看看佛教哲学家如何将这些梵语词汇翻译成中文是件很有趣的事。“*svabhāva*”变成了“性”，被定义为具体的原因，隐藏在一切事物的表现或表达背后的不变的、独立的、自立的、基本的“天性”。有时它的意思会被扩大为“自性”，“所有物质表象由之演化而来的原胚（primary germ）［聪明人一听则明（*verb. sap.*）］，物质现象世界的首要来源”。其他更奇怪的用语还有“私婆婆”和“自体体”，即本质的或内在的性质，天生的或特有的性格，天然的体质或体格。“自然”的本性，最终从梵语传入了汉语，并在道教哲学中找到了一处天然的居所（natural home）。

163

在中国，投胎转世的思想从来没有像在印度那么强烈过。堆在一起的原罪并不那么具有压倒性，但是它的确存在。在早期的道教中流传着一些与“因果报应”（*karma*）非常相似的概念[190]。在公元2—6世纪十分兴旺的天师的教区中[191]，所有疾病都被视为因为先前的罪行或不当行为而受到的天罚。祭酒主持我们今天应该称之为信仰疗法（faith-healing）的仪式。（在大多数自然情况下的）痊愈要归于对错误的忏悔，有时是当众忏悔。在张角（约公元180年）早期的神权团体中，病人要进入静居处以反省他的过错，而同时也为他做祈祷，只要病人为公共基金捐钱，就会把他的姓名和来历写在纸上呈达天庭。这样病人就得到了治疗与豁免[192]。通过近似疯狂的仪式，如“三元斋”、“涂炭斋”，以及画圣符的仪式“和气斋”，达到了心理上的宣泄[193]。

关于中国文明就整体而言应该视为一个“罪感社会”（sin-and-guilt society）还是一个“耻感社会”（shame society）的问题已经讨论过很多，在此我们仅能简要提及。“过”可以翻译为“违犯”（transgression），但是“罪”到底在何种程度上可以被视为（犹太教、伊斯兰教和天主教）“圣经民族”（The People of the Book）所认识的那种“原罪”（sin），还是让人高度怀疑的，因为在中国从来就没有表现出一神教的特征。

---

[189] 他们的反对者将他们称为“自然论者”（*svabhāva-vādins*）。

[190] Maspero（1971），pp. 43，357—358，411—412，415—416；Welch（1957），pp. 115 ff.，120 ff,，133—134；Eberhard（1967），pp. 12—13，20；Eberhard（1971），pp. 316，360；Kandel（1979），p. 44。

[191] 本书第二卷，pp. 155 ff.。

[192] 范行准（*1947—1948*），第21页。

[193] 本书第二卷，p. 150。

从另一个角度来说，有羞耻含义的字词是非常显眼的：如“耻”，该字与脸红有根本上的联系；“辱”，其字义来自“污”，所以有“污辱”一词；“羞”，该字开始假借为“丑”，渐渐在“尴尬”的意思上指“羞耻”，与其同义词“惭愧”相同。最后还有“失脸”，也就是“丢面子”，这是中国通都知道而在现代中国被人竭力避免的。

在这里我们只需要认识到，将原罪或“因果报应”作为发病的主因的思想，的确在中国某一特定的时期出现过。就它被认为是羞耻而不是神学上的原罪或内疚来说，它可能接近于受心理影响的发病机理。这种拒绝对灵魂与肉体做出明确区分的有机自然主义（organic naturalism）一直是中国医学特有的。

现在到了结论部分。当在印度“因果报应”（*karma*）的神学观念在若干世纪中始终趋向占据统治地位的时候，在中国这个更崇尚理性主义的文明中，这一观念终究没有取得那样的地位。我们已经看到，天花的治疗甚至预防，长期与道教以及巫术有着密切的联系。在那样的环境中，接种技术出现了。当然，这必须回到建立道教所依赖的道教哲学中的自然神秘主义上来，这种哲学思想相信人类干预得越少，那么事物就发展得越好。曾经一度盛行这样的观念，即疾病是对恶行的惩罚。其实，人们怀疑它本质上是不是一种印度的舶来品，它也许和佛教有关联。不久以后，道士的技术热情地重申了这一点。激动人心的想法产生了，人类可以从大自然的工场中借用某些工具，并且通过顺应自然来为人类带来福祉[194]。毕竟，道教伟大的“无为”学说——“不做任何有违自然的事情”——当可以引上游之水，沿一条地势较高的水渠，将其导入目的地时，就避免派一百个人去制作提水机械来达到同样的结果[195]。所以在适合的条件下，聪明地利用大自然本身的天花病毒，就能够终身抵御天花的严重侵害。如果正如某位虔诚的西方天主教徒所说，这是“想神所想”（thinking god’s thoughts after him），那么谁会吝啬给道士提供香火呢？

164

（10）人种学角度

在17世纪末以前，医学观察者在记录西欧各地区的“民间”疗法，后世的作者认为这些疗法是与接种同源的。随后，从18世纪中叶开始，旅行者以及后来居住在外国的医生，报告了发生在整个旧大陆和非洲大陆许多地区的可辨识的接种方法，这些接种方法通常和划痕有关[196]。于是，医学史家想当然的看法就成为合乎习俗的了，他们认为天花接种一定起源于各地的原始社会，并且一定被施行了无数个世纪。例如，乔治·贝克爵士（Sir George Baker）在1766年写道：“不能不承认，在好几个例子中，医学技术极大地得益于意外事件，并且一些最有价值的进步得自于无知者和愚昧者之手。”[197]

---

[194] 我们在本书第五卷第五分册（pp. 293—296）中对使用这个术语的许多例子做出了详细分析。

[195] 本书第二卷，pp. 68 ff.。

[196] 这方面最好的指南手册是克勒布斯［Klebs（1913a，1914）］的评论文章以及米勒［Miller（1957）］的书。我们在做研究的时候注意到了个人的报告。

[197] Baker（1766），p. 1。

汉学家们对这段论述也许会不以为然。当贝克写下这段话的时候，欧洲人正在卖弄式地赞美中国社会的文雅特性。除此之外，他的论断的历史撰述基础是有问题的。如果某人在文字出现前的或者半文字的社会找到了一项技术，尤其是，如果它也存在于文字社会并且它在这个文字社会的起源有文字记录，他就不能简单地断言在远古之时它已经存在。在当前的例子中，在中国得到的可靠文献要比世界其他地方的要早，而且其中不包含任何外部起源的迹象。可能的情况显然是，这项发明最先在中国取得，然后向周围扩散到它后来出现于其中的所有其他民族。

为了检验这个推测，我们必须看看对于接触交往的可能路线知道些什么。在这么做了以后，结论自己就会呈现出来：推定的在中国的年代公元1500年，甚至更早的那个传说的年代公元1000年，能够给予足够的时间将这项知识传到整个旧大陆和非洲的其余地区。

165

通过中亚和小亚细亚的突厥人，这项技术传到了希腊及西欧（见上文 pp. 116 ff.）。我们已经在别处绘制过闻名于世的古丝绸之路，就是一条显而易见的路线[198]。新疆（曾译作 Chinese Turkestan）存在已久的维吾尔族（Uighur Turks）让我们可以很容易地看到正是通过他们的接种技术向西传播的过程。1726年，耶稣会士殷弘绪写到：

> 但是，如果人们不是在鞑靼人［即满族人；1644年］征服中国之前很久就已经决定普及这种“人工天花”，那么这项发明还是在这个帝国中诞生的吗？或者它是从邻国传过来的？如果我们打算相信某些英国绅士所说的，君士坦丁堡的希腊人从里海周边的国家获得了这个秘密，这就可能导致这样的看法，即中国人通过在土耳其待了很多年的美国商队从同一渠道知晓了这个秘密。然而，这个推测也同样可以证明，这个秘密就来自中国，并传给了里海周围国家中的居民。

他指出，北方大草原的各民族，如满族，在进入中国之前对这项发明一无所知。一个半世纪之后的雒魏林（Lockhart）也这样评论道：

> 从大约八百年前的宋代开始，中国人就已经知道并施行了接种。它由英国驻君士坦丁堡的大使之妻，蒙塔古夫人，于1721年首次引入欧洲，那么无疑它已经找到了从中国穿越中亚传到土耳其的路径。住在中国边境的突厥人在他们向西迁徙的时候肯定也带走了这项知识。

怀斯（Wise）在大约同时的撰述中，则倾向于一条较为绕道的路线。他认为“可能中国人将他们的接种方法直接传授给了西方人，并且它更容易被伊斯兰教徒而不是印度教徒学习，因为接种的本质与伊斯兰教徒的性格与信仰更加相符，然后他们把他们关于这项减轻痛苦的治疗方法的知识传给了突厥人，这项知识再经由后者被传到了欧洲”[199]。

---

[198] 本书第一卷，pp. 181 ff.；第五卷第四分册，pp. 406—407。

[199] D'Entrecolles（1726），pp. 312—313；Lockhart（1861），pp. 237 ff.，重刊于 Ball（1892），p. 752；Wise（1867），vol. 2，p. 546。

无论如何，18 世纪的印度也在施行天花接种[200]。最早的记述，如谢（Chais）在 1754 年的记述，就推测这种疗法在遥远的古代就存在了。后来还是在 18 世纪，有一些旅行者，如索纳拉（Sonnerat，1774—1781 年在印度），曾对天花女神湿陀罗（Śitālā）作过描述，而像霍尔韦尔（Holwell，1767 年）这样的医生，则记述了僧侣接种者的活动，他们在一年的特定季节里巡回[201]。较晚些从西方来的旅行者，包括沃德（Ward），以及后来的医生安斯利（Ainslie），他们对可以利用的知识作了概述[202]。

当全世界对比 19 世纪早期才出现的牛痘接种更早的技术有了充分了解时，有关它的文字资料还非常稀少。印度通们承认，在古老的医书中既没有提到天花也没有提到接种。被认为是提到天花的一处记载，见于一位值得注意的医学著作家薄婆弥室罗（Bhāvamiśra）于 1558 年所撰的《薄婆明解集》（*Bhāva-prakāsa*），也有可能这是篡改的[203]。其他我们所找到的唯一的文献是一本作品《性力信徒宝典》（*Sacteya-grantha*），作者被认为是昙梵陀利（Dhanvantari）。他是公元 6 世纪的一位真正的医生，他的名字与世界最早的医学词典之一——《昙梵陀利辞典》（*Dhanvantari-nighaṇṭu*）联系在一起[204]。但是如果引用这个文献以支持古代印度使用牛痘的说法，这就可能是一种误解，并且几乎经不起严格的验证。 166

至于中印交流的可能性，就没有必要重述这些常识了。印度的传教士与中国的佛僧来来回回已经采用了很多条海上航道与陆地路线，它们是过去两千年中从来没有关闭过的交流通道。天花接种可以通过海上或陆地的路线传播。甚至连一些杰出的中国医学史家，如王吉民和伍连德［Wang Chi-min & Wu Lien-tê（1936），p. 216］、范行准（1953）以及陈邦贤（1937），都倾向于认为天花接种是由印度传入中国的[205]。总体而言，赛费特和杜振兴［Seiffert & Tu Chêng-hsing（1937）］未经证明地依据峨眉山的传说推断，天花接种是一位印度专家经西藏传入中国的。直到在印度能够发现重要的历史传说和可靠的文献来确立这项发明的年代在公元 1500 年或确实在公元 1000 年之前为止，中国的证据一直有效。

乍一看，似乎很难将非洲与中国的影响联系起来。自从库克（Cook）于 1780 年在塞内冈比亚（Senegambia）发现接种以来，各种报告一直不断。韦尔逊和费尔金（Welson & Felkin）已经提供了巴里人（Baris）的情况说明，施塔尔曼（Stahlmann）则提供了索马里人（Somalis）的，勒瓦扬（Levaillant）和米肖（Michaux）提供了乌干达人（Ugandans）的，此外还有许多其他的报告[206]。布鲁斯（Bruce）发现了在努比亚人（Nubians）中间所使用的技术，还有其他很多人描述了接种技术在马格里布

---

[200] Garrison（1929a），p. 71；Castiglioni（1947），p. 89。

[201] 摩尔［Moore（1815），pp. 26 ff.］对索纳拉及霍尔韦尔的情况进行了概述。

[202] Ward（1795），vol. 1，p. 174；Ward（1795），vol. 4，p. 339；Ainslie（1830）。

[203] Jaggi（1969-1973），vol. 4，pp. 41—42，128；Klebs（1914），p. 11。

[204] Von Schrötter（1919），和 Ainslie（1830），pp. 66—67，采自 Calvi Virambam（1819）。关于字典，见 Sarton（1927—1948），vol. 3，p. 1730；Jaggi（1969-1973），vol. 4，pp. 2，28，49。

[205] 本书第一卷，pp. 170 ff.，176 ff.，206 ff.。

[206] 我们已经无法仔细检查这些文献了。它们在被列举［Anon.（1913）］时，未附文献目录的细节，同样的情况也发生在克勒布斯［Klebs（1913a）］那里；在他的文献目录［Klebs（1913b）］中也没有将它们标注出来。

(Maghrib)，在突尼斯（Tunis）、的黎波里（Tripoli）以及阿尔及利亚（Algeria）的使用情况[207]。德巴雷斯和塔农［des Barres & Tanon（1912）］已经研究了下尼日尔（Lower Niger），罗森沃尔德（Rosenwald）（1951）研究了坦噶尼喀（Tanganyika），潘克赫斯特［Pankhurst（1965）］研究了埃塞俄比亚（Ethiopia），以及因佩拉托［Imperato（1968，1974）］研究了马里（Mali）的情况（在马里划痕法是法定的）。

当克勒布斯写下“在非洲……发现了最早的人痘接种迹象”的时候，他自己已经陷入了一个常见的谬误之中[208]。社会科学家过去曾假定，一些“原始的”或者尚未使用文字的民族停滞在人类社会进化的初级阶段。这种观念已经被遗弃多时，同样被遗弃的还有进一步的假设——这样的民族的所有工具、技术以及实践经验都从最古老的历史时期得以幸存下来。

对它们与更高级文明间联系的研究已经在不断地质疑这类推断。有关东非的知识，167 在中国文献中可以追溯到公元9世纪。13世纪以来，中国人与那里建立了牢固的贸易关系。中国与非洲的关系，在15世纪上半叶郑和统率中国的宝船队进行伟大航行的时候达到了顶峰。这些远航中有许多医学官员随行[209]。最显而易见的用于评价的假设是，非洲人从这些来访者那里学到了中国的天花接种方法。密切联系了半个世纪，接下来是相互交往的频率有所降低的三或四个世纪，这两段时间为各种可能性提供了广阔的范围。一段在医学著述中频繁出现的陈述，即接种更多是在东非民族而不是西非民族中见到，加强了这个印象[210]。

作为这段历史的附属品，注定要去开垦殖民地的非洲奴隶把接种的知识带到了新大陆。卡德瓦拉德·科尔登（Cadwallader Colden）在1753年认识到了这一点，而1757年的一本奇怪的匿名荷兰人的著作也承认了这一点，该书按发病率和死亡率排列成并列的栏，制成了接种的有益结果的一览表。这项来自非洲的实用知识似乎对及早并成功地将接种引进到美洲有所帮助[211]。

最后，我们来看看欧洲早期的类似于接种的做法。其中包括穿上天花患者的衣服，触摸他们的被褥，用脓疱中痘浆或者痘痂涂擦全身各部分，偶尔也用针刺或划破。这些做法通常包括“购买”天花痘痂，这种交易与中国的情形类似（见上文 p. 138）。这些方法首先由巴托林和福尔格纳德［Bartholinus & Vollgnad（1671）］报告给了德国，然后巴托林［Bartholinus（1673）］报告给了丹麦，接着格鲁贝［H. Grube（1674）］再次报告给德国，舒尔茨［Schultz（1677）］报告给了波兰[212]。在土耳其式接种开始在英格兰传播之后，《哲学汇刊》（*Philosophical Transactions*）刊发了威尔士的两位医生，佩罗特·威廉斯（Perrot Williams）和理查德·赖特（Richard Wright），讨论当地接种做

---

[207] Bruce（1790），vol. 1，p. 516；关于北非，见 Gros（1902）及其他参考书［载于 Klebs（1913b），p. 65］；关于阿拉伯半岛，见 Russell（1768）。土耳其的影响解释了北非的来源，但是撒哈拉沙漠（Sahara）南部的情况则并非如此简单。

[208] Klebs（1913a），p. 70。

[209] 本书第四卷第三分册，pp. 491，494 ff.。

[210] 例如，Klebs（1914），p. 8。

[211] Colden（1757）；Anon.（1757）；关于科顿·马瑟（Cotton Mather），见 Kittredge（1912）。

[212] Miller（1957），pp. 42 ff.。

法的信件(1723年)。第一封信是写给英国皇家学会秘书朱林医生的，朱林后来组织了有关此项技术价值的首次统计学研究(见上文 p. 147)。之后，肯尼迪 [Kennedy (1715)] 和门罗 [Monro (1765)] 提供了有关苏格兰的类似情况。在整个18世纪，此类报告不断出现。里贝罗·桑谢斯(Ribeiro Sanches；布尔哈维的学生)于1764年以及格梅林(S. G. Gmelin)于1771年在俄国发现了类似的做法，其中有一种与吸入法有关。1769年，巴赫拉赫特(Bacheracht)记录了瑞典的类似做法[213]。

我们怀疑所有这些"民间的"做法都是对中国施行已久的接种之术浅显的模仿或仿照。如果它们如此远的向西的传播似乎有些令人吃惊的话，我们就可以回顾一下我们对典型的中国寂静无声传播方式的探究。它从中古时期后期开始传播，从斯拉夫(Slavonic)文化区一直传到了爱尔兰(Ireland)最遥远的边界，在那里你理应见到希腊文化的遗产[214]。除非有证据表明，最初的接种方法——欧洲的一般性报道大约自1670年开始——是独立起源的，那么最简单的猜测就是，这类方法是来自世界上有最古老天花接种历史的地方(即中国)的辐射传播的反常结果。资料提供者所叙述的一种既定的做法"很久以前"已经在施行的情况，仅仅表明民间传说的存在。它们不能证明在某个独特地域中的历史起源。 168

(11) 结 论

在世界医学和科学的历史上，天花接种是一项非常重要的课题，因为它是免疫学方法的开端。正如魏夏特(Weichardt)所说，"人痘接种是有效免疫的基础实验"。

我们已经描述过的总体模式与我们在本书各卷册中所见到任何其他模式都不同。接着从近往远看，有四个关键的转折点：公元1800年，大约就在此时，爱德华·詹纳的异种的牛痘疫苗开创了一个近乎完善的安全免疫新纪元；公元1700年，土耳其的接种之法传入英格兰随后传遍了整个欧洲及北美；公元1500年，此做法从隐秘的阴影中走出并开始被载入中国的医书中；最后，公元1000年，根据持续的(并且，正如我们所相信的，相当可靠的)中国传说来看，是此项技术的开端时期。我们在上文(p. 156)已经描述了似乎导致了接种产生的道教、巫术和医学的氛围。中国文明中有关接种的文献证据要比其他任何文明早得多，并且在此之前还有五个世纪的时间此项技术处于秘密施行的状态之中。

如果不是七个世纪，就是两个世纪的时间，使天花接种得以传到了奥斯曼土耳其帝国，他们又及时地将这项发现传递给了欧洲人。古丝绸之路是向西传播的现成途径。同样地，这项技术传往印度的通道也毫无阻碍。但是这两种传播情况以及其他各处的资料，都是属于人种志的。没有文献证据确定其历史年代。人们不能排除一系列独立起源的可能，以及各种并未将病毒置于黏膜之上或将其介入表皮和皮肤毛细血管的原

---

[213] 一个世纪之后，格罗特(Grot)与休伯特(Hubert)报告了在堪察加半岛(Kamchatka)通过鱼骨划痕的接种法；Klebs (1914), p. 7，未附参考文献资料。

[214] 本书第五卷第四分册，pp. 103 ff.，110 ff.。

始接种方法的存在。如果在中古时期旅行者的记述中没有更进一步的发现，众多的发现就不可能得到检验。中国的医学著述也必须用来搜寻相关的文献。中国之外可以得到文献的唯一希望是在印度，但是在那里，要是发现了文献的话，确定文献年代的困难也是众所周知的。

总而言之，对我们而言最明智的结论似乎是，天花接种确实是产生于宋代早期或之前的一种道教的环境中，也许会早到隋代，并且在此之后就围绕这个中心向外传播，有时是以一种成熟的方法，而更多的时候则是以一种隐约的和断断续续的形式传播，传遍了整个旧大陆和非洲的许多地方。这花费了2—7个世纪甚至更多的时间来完成。

我们认为，麦克尼尔（McNeill）在写下以下这段文字时，对博学多闻而又善于表达的中国医生严重不公平：

169

> 即使，这似乎是可能的，在1700年之前的若干世纪中，天花接种在中国及亚洲其他地方一直具有人口统计学上的重要意义，它是一种民间做法，像其他数不清的卫生习俗和守则一样，都是人类在各地形成和制订出来的，并且用各种幼稚和精巧的神话向他们自己证明其有效。

但是我们相当喜欢他后续的评论："不论这一做法起源于何处，人们可以很容易地猜测，商队听说了它，尝试了它，并且此后将它作为一种民间做法，传遍了由商队流动构成其间长途贸易主要形式的欧亚大陆以及非洲的各地。"[215]

附录：编者的评注

本节关于免疫学的起源，展示了很多新奇的事物。它集中论述了两点独立的论证。第一点（p. 134）揭示了1549年中国的医书作者首次提到了人痘接种，而且，在此后的几十年中接种技术变得普遍了。1549年的引文是个重要的发现，而医书作者们则充分证明了他们所记述的接下来发生的事情，首先是发生在中国，然后是整个世界。

第二点（p. 156）是表明道士曾秘密施行人痘接种，也许早在公元8世纪，但是至少是从宋朝的宰相王旦的时代开始，也就是约公元1000年。虽然这个划时代的创新之举并没有夭折，但是直到18世纪才有人提到或间接提到它。这样的沉默是由于和王旦有关的神秘的道教传说。医生们都毫无例外地遵守这样的禁忌，因为他们都是道教徒。第二点所提出的整套主张值得展开更多的评述，而不只是提供几个脚注。

王 旦

王旦和传说中被接种的他的儿子王素都是高官。《宋史》为二人都作了传记，此传记部分地建立在家族文献的基础上。有关两人的记述都没有提到这桩轶事[216]。事实上，

---

[215] McNeill (1977), pp. 254, 255。

[216] 《宋史》，卷二八二、卷三二〇。傅海波［Franke (1976), vol. 3, pp. 1147—1153］对有关王旦人物性格的争论作了概括。

直到1713年才有人提到它，这比万全写的接种文章的时间要晚了一个多世纪。认为这项秘密的传承开始于公元8世纪的观点首先出现于1884年。

至于王旦与道教的关系，最明显有关的事是他“要求在他死后穿戴成‘僧侣’的模样”。传记记载，王旦要求一位朋友“在把他放入棺材之前，剪去他的头发并穿上僧侣的衣服”（“遗令削发披缁以殓”）。剃发明显是佛教的做法。宋代的道士留有长发，而佛教徒剃光头。传记作者将王旦的要求解释为，是由于一种他在政治上的妥协所引起的挫败感，一种明显的为了死后加入僧伽（*sangha*）的动机。

170

争论的另一个方面是各种版本中描述那位接种者时所使用的称谓。许多后世的作者称其为圣人、神仙，等等。没有任何一种记述使用了“道士”这个含义明确的专名，他反而被称为佛教大师。李约瑟，就像他所利用的20世纪50年代和60年代的资料一样，相信“仙”、“圣人”等是道教独有的术语。他肯定地表示，当徐大椿把这位行医者称为“仙”的时候，他的意思是指他是一位“具有超自然能力的道士”[217]。

今天的宗教学者将会看到这些术语所指的范围是非常宽泛的，正如我在导言中所说，它们最先是和民间宗教密切相关的。事实上，朱奕梁有关王旦请教过“巫”的断言也指向民间的神职人员；“巫”是蔑视用语，文人用于指称民间神职人员以及任何他们不能费心与民间神职人员区分的任何人。

李约瑟也相当重视18世纪的那个接种者是一位“古仙三白真人”的传说。“三白”并不是道教用语，而是佛教用语，意思是：遵守三条饮食方面的戒规，以及在行走、思考及诵经时遵循的某些戒律[218]。

常见的王素的接种者与四川峨眉山——该山“因其与道教和佛教的关联而闻名”——的联系，引起了想将此山即使“次要”也要牢固地与王素的接种者联结在一起的一桩学术争论。在传说居于峨眉山的“道教”隐士、神仙以及炼丹家中，有一些让人产生与道教有关的联想，另外一些则不会。但是人们几乎不可能得出这样的结论：因为这座山除汇集了与民间宗教及佛教有联系的人物之外还有与道教有关的人物的传说，传说中与此山有联系的任何人都可能是个道士。

最后，我们必须考虑集聚权威（massed authority）的分量。李约瑟断言，王旦与峨眉山关系的传说“是被所有人接受的”。这是言过其实的。俞天池在1727年显然没有接受这一点。正如文献所清楚表明的（上文p. 134），俞天池比较详细地记述了接种在1567—1572年产生于安徽，并从那里向外传播的情况。

后来的作为普遍接受的例子而提供的资料，并不都能达到这个目的。《医籍考》[丹波元胤（*1819*），在上文脚注162中引作*ICK*]并不能充当证据，因为它仅仅是一种书目资料的实录性汇编。既然这样，汇编者只不过是引用了《种痘新书》的序言，并不是因为他赞同它，而是因为他抄录了所有可以收集到的序言。

1949年以来用中文出版的最重要的医学史著作也没有表达与之一致的意见。历史

---

[217] 事实上，徐大椿并没有提到王旦的故事，而只是说人痘接种“由仙人传播”（“此仙传也”）；他说的是一个“仙”还是几个“仙”，这段历史的要点是什么，都是无法说清的。

[218] 《高僧传》卷二十三，第七页。

学家范行准在他1953年的专著中确实复述了这段历史（上文脚注161）。他在其1986年的历史著作中改变了他的这一想法。他直截了当地说道：“至十六世纪中叶，即明隆庆间（1567—1572年），终于发明人痘接种法了。”赵璞珊也持这种观点。贾得道也认171 为只有明代才有足够的支持证据，并给出了新的证据。李经纬和李志东提出了唐、宋和明代的假设，并且继续说道：“究竟哪种说法最可靠呢，一般学者出于论据充分，有旁证资料，大多赞成始于公元16世纪一说，这当然是无可非议的。”他们补充说，尽管唐代可能性的看法隐藏不露达一千年“确有不可信之处”，但是也不应该完全地把唐代排除在外，因为唐代早期的有关用来治疗而不是预防疣和痣的划痕法实验——这几乎不是一种有说服力的观点。这个讨论一直没有中断对宋代传说的关注。刘伯骥的历史著作不加评论或犹豫地接受了宋代的传闻，而马伯英的著作只接受了其中一些：“它显得比较可信，大约在11世纪，在四川和河南，已经施行了接种。”这些不同的评价足以证明“所有方面”还没有达成一致[219]。

接种的宗教联系

论证的结论部分声称，“我们已经看到，天花的治疗甚至预防，长期与道教以及巫术有着密切的联系”。它将预防接种的动机追溯到“建立道教所依赖的道教哲学中的自然神秘主义上，这种哲学思想相信人类干预得越少，那么事物就发展得越好”。但是论证没有将这种联系建立在具体的、贴切的证据之上，而是建立在高的归纳层面的众多推论之上。根据历史和礼拜仪式方面的文献来看，太清、天师、神霄以及其他活动团体，唐宋时期的“道教”，绝不是过着庄子的梦的生活的自然神秘主义。他们的领袖，就像佛教中的地位相当的人一样，在社会及政治方面都很活跃。至于我们所知道的宋代的几位对治疗有独特兴趣者，人们只能说其中一些是医疗的最低限要求者，而其他的不是。道教活动团体与医学的关联是一个被大量研究了的问题，这并不是通过有关不具体的学说（isms）的推理，而是通过研究个人与明确界定的群体的具体联系。

还存在另一个焦点，即接种者和治疗者所使用的“广阔的宗教及巫术观念和带有强烈道教色彩实践的氛围……神符、咒语以及咒法……加强了……而且建起拜神所用的祭坛”。李约瑟通过强调支配这些和治疗的其他方面的“隐秘和慎重”，把这一点与更重要的问题联系在一起。特别有说服力的是“禁方”，在本节中它被描述成一种在每一个社会阶层中都使用的治疗秘方。其实“禁方”是一个宽泛而模糊的术语，但是本172 节的讨论并没有依照汉语的用法。例如，如此标记的处方，通常并不包含特殊的专门用语，也不必然地具有任何道教的含义[220]。

有关传播的警告的例子确实碰巧与道教有点关系。这个例子收录在医生兼炼丹家孙思邈的一部书中。但是所引用的评论却不是孙思邈的。他的《千金翼方》中的卷二

---

[219] 范行准（*1986*），第213页；赵璞珊（*1983*），第226—227页；贾得道（*1979*），第226—227页；李经纬和 李志东（*1990*），第245—251页，尤见第247页；刘伯骥（*1974*），第284页；马伯英（*1994*），第809—812页，尤见第811页，我标的着重号部分。

[220] 例如，见李建民（*1997*）专门的研究。

十九至卷三十，是一份关于仪式的禁忌的手册，评论即出于此。其中的一些禁忌是有关治疗的，但是这些专门的仪式与本节各处所述及的“禁方”之间没有多大的联系。在孙思邈的时代（公元7世纪中叶）之前，这份年代不详的手册，在追随诸天师的道教入道者中传播，但是巴瑞特［T. H. Barrett（1991）］主张，它是在孙思邈时代的一般信众中流传的。

一般而言，在印刷成为惯常做法之前，这样的警告可能伴随着任何一本医书，或者任何一本其上写有从大师到信徒传播谱系的书。它们并不标志着一种特殊类别的书。促使宋代及以前的某些书上出现“禁止”标记的原因是，它们被，或者宣称已经被，不顾这类警告而出版。这为它们神秘的性质做了广告[221]。

其他“口头传统的禁方”的例子，来自于赵学敏（1759年）收集的走方医宗柏云的材料，以及一本不具名的20世纪的辟邪手册。李约瑟对于前者的看法是，前者对方法的保密“与其说是这些行医者不愿意把它们记录下来，不如说是他们不能用文言文写作”。这种论点也很难评价，因为存在着大量写有“禁方”的书籍，并且没有任何理由将其体裁视为典型的口述。正如罗友枝［Rawski（1979）］所说，到了清代，能读能写的情况非常普遍。

这两个例子都不是将先前的口头传统整理成文字。赵学敏在书中清楚地表明，他是从宗柏云自己所写的材料着手的。赵学敏简单地从中进行了摘录，当他这么做的时候无疑改进了文体，但是为了使这些民间治疗方法让他的精英同行来看显得得体，也随意且不加掩饰地删去了他所选择的一些名目。事实上，第二个例子［Anon.（约*1930*）］是对“神秘”而又随处可得的明代《祝由十三科》（见上文 p. 160）的一种未被接受的重新整理，使其内容适合于现代中国城市中的辟邪治疗者的环境。编辑者所增加的内容，如果算不上是纯文学的，也是具有相当文学性的。这两本书都没有宣称和任何道教团体有关联。

“道教诸神祇”（上文 p. 156）中罗列的医学之神显然包括民间的和出自佛教的神。它们只不过是受到广泛崇拜的神的集合。各种瘟神并不是由道教大师创造出来的，而是由普通百姓创造的。李约瑟坦率地推测，“在相关的专设供奉庙宇中，必定存在大量从未被记录下来的惯例和咒语。那些应该都是管理祈愿者事务的道士的秘密保管物”（上文 p. 157）。还没有人从浩繁的道教经文中，识别出宋代以前的被秘密保存下来的有关天花的内容。人们不可能从未被记载和不为人知的礼拜仪式的做法中，推断出一种秘密地将接种方法流传了几个世纪，而在大量保存至今的医学文献或神秘的道教著述中却找不到一丝记载的治疗传统。 173

疾病与原罪

对人痘接种的各种早期道教起源的探寻，其最后的部分通过与印度的对比暗示，道教是一种与其他宗教相比不那么“听从于命运”的宗教。鲁桂珍和李约瑟将这种达观的态度与那种激发了“为了供奉与献祭天花诸神而设立家庭祭坛”的态度作了对比。

---

[221] 见 Sivin（1995c）。

这些作为仪式的一部分的供奉，同时也作为接种程序的一部分，意味着“悔悟，而悔悟意味着认识到了以前所做的错事”。如今研究中国民间宗教的学者中几乎没有人会同意这种概括，这种概括就等同于犹太教和基督教所共有的用祭品敬神。专家们发现在礼拜仪式的内容里表达的一种不同的动机：各种供奉建立或重申了一种彼此所承担的义务的关系。汉学家通常赞同罪感与羞耻感的组合在民间宗教中扮演了一个重要的角色，尽管他们并没有就这两者如何取得协调而达成一致。但是这些情感并不能解释礼拜仪式的结构与功能。

李约瑟将仪式上的悔悟与相信治疗可以减轻或治愈天花的“理性医生”的道教行动主义相对比。他有时将“出身低微的医生”描述为仪礼精通者，有时又描述为“理性”的行动家。他相信，他们因为向“不朽的道教神灵”祈求而都是些坚定不移的道教徒，但是，他也相信，他们是深信道教“自然神秘主义”的医生，因此他们可能以为“从大自然的工场中借用了工具”。留给读者的疑惑是，“隐藏了五个世纪”的接种者在哪里安身。

结 论

这是一个未完成的论证，因为它求助于“Taoist”（道士、道教徒、道教的）这个多变的词的太多的含义，以致不可能使它们趋于聚合在单一的假设里。只是熟悉大多数汉学家在一代或更早以前就看到的宗教图景的读者，可能会发现一两个主张是他们赞同的。但是这种解释太普遍了，以致不能回答具体的问题。从公元8世纪到16世纪中国的每一个作者都对接种保持沉默的假设，就正好构成了这样的一个具体问题。

有关隐藏了五百年的论证会由于更详尽的知识而成立吗？我们在所引用的文献资料中并没有发现王旦与同时期的任何道教团体或大师有清晰的联系。在接种技术在某个秘密的道教发源地隐藏了几个世纪之类的论证中，没有一个是建立在原始证据或早期的明确断言的基础上的。一旦人们撇开这样的假定，即每一个接种者并且甚至每一个医生都是一位道教真人，发誓保守秘密，那么对于为什么没有人泄露这五百年来的密谋，就根本没有任何答案了。最后，我们如何评价这样的论证，即道教摆脱了其他宗教的无能的自责（disabling remorse），鼓舞了理性主义的治疗专家去战胜疾病？虽然有疑问，但它是新颖的和发人深省的。然而，对于它与保持沉默的协定有怎样的关系，永远不可能弄得清楚。留给我们的问题是：“哪种道教？”

174

王素接种的传说在几个世纪以来已经广为流传。它最常出现在后来接种者的特许证般的神话中。历史学家已经反复地对其进行考查，得不出确定的结果。本节包括了一些历史学家所做的最详细的证据调查，以及对人痘接种宋代起源说最广泛的争论。鲁桂珍和李约瑟当然是被有关中国宗教的陈旧观点分散了注意力。然而，如果他们无与伦比的学习与分析能力相结合都不能确定这一点的话，我们最终也只能就此罢休。

（e）法 医 学

175

自文明开端以来，公正这个伦理学上的概念一出现，所有地方的地方官员和法官就必定有义不容辞的责任来区分意外死亡、谋杀和自杀。很快其他类似的问题也开始出现，这些问题涉及中毒、受伤、纵火、流产以及有关贞洁的各种争论等。某人是被推下水而溺亡，还是在落水前已经死亡？法官和医生在发展它的过程中的相关参与，则是一段非常令人感兴趣的故事。解剖学、生理学及病理学的进步对其演化产生了显著的影响。

一般地说，欧洲在维萨里（Vesalius，1514—1564 年）及伽利略（Galileo，1564—1642 年）的时代，正值近代科学诞生，那时就有医生涉足这个领域，并写下了关于所有这些论题的学术论文。我们将详细地审视这类著作的历史（下文 p. 196），但是我们的焦点将是早几个世纪在中国出版的一部书。

在科学革命之前，最伟大的法医学著作是《洗冤集录》（1247 年），它的作者不是医生而是一个精通医术的法官宋慈。没有明显的证据表明，在古埃及、古巴比伦（Babylonia）或古希腊，医学知识曾被正式地用作法庭上的证据。希波克拉底文集确实讨论过一些法医学的问题，诸如身体不同部位创伤相应的致命性、异期复孕（superfoetation）的可能性、正常的妊娠期、产下前的胎儿生存能力，以及诈病等。希腊的法庭必定经常考虑到了这些问题，但是并没有留下任何与它们有关的记录。在罗马时期，似乎也没有医生被传唤来对此类案件提供意见，尽管好像有一位医学专家研究了恺撒（Julius Caesar，卒于公元前 44 年）尸体上 23 处刺伤伤口，宣称只有刺在胸部的那一处才是致命的[①]。既然在医学学科中包含了如此多的巫术和神秘事物，法庭不重视医生所说的话就不会令人感到惊讶了。

从一开始，中国医学里的非理性成分就不是那么显著。我们在（a）节中已经特别提到，古代的中国医学，就像我们从医和、医缓、扁鹊以及淳于意这些人的生活起居和言论中所看到的那样，是完完全全理性的。阴阳、五行以及人体机能与脏腑的特殊联系，是与现代科学不相容的，但在这些概念形成的年代里却是极其自然的。虽然审理案件的地方法官一般不愿意征求医生的意见，但是他们自己也希望对人体有足够的了解，以便解决法庭上的问题。

176

当我们写到“中国法官”的时候，我们是指那些主要职责包括调查和审理刑事案件的地方官员。法律官员也包括政府高层中的立法及复审案件的专家。这两类人都来自学者或文人阶层。他们认为自己在社会地位及知识方面不同于以给世人看病为生的医生[②]。多少世纪以来，人文主义的教育一直轻视科学家和技师。北宋时期，这不再成为一种障碍。许多文人开始积极地关注科学与技术了。到了明代，这种开明又不再那

① Smith（1951），p. 600。

② 行医并不是一条通往高官地位的途径。见（c）节。关于戏剧及小说中所反映出的大众对医生的嘲讽，见李涛（*1948*）及 Idema（1977）。

么普遍了。

古典学者从一开始就阅读了很多医学书籍，并且经常为减轻他们年迈双亲的病痛而学习治疗[③]。同样地，宋代的学者通常更希望自己由一个社会地位相同的人，而不是由一位铃医来治疗。因此你可以看出，为何学者型的法官会认为自己即使不用医生的证据也能做得很好[④]。他们仅倾向于在需要解决一些实际问题的时候才会把医生找来，诸如某种特殊形状的伤口是什么造成的，或者死亡是否是由于医疗失当等。

正如我们在（c）节所看到的，12 世纪早期，官办的医学学校不断培养出受过良好训练的行医者。中国医生缺乏他们欧洲同行那样的行会组织，通过这个组织他们有可能要求到更多法庭指派的任务。但是也许最好的解释就是，他们的目的是护理生者，治疗病患，使大家恢复健康；他们永远也不会为帮助断案而对验尸感兴趣。

我们将会看到（下文 p. 191），在中古时期中国的大部分案件审理中，除了法官本人外的唯一“专家”就是“仵作”（验尸助手），他的社会地位很低且没受过什么教育。因为他们通常以承办丧事为生，所以他们可能在处理尸体方面有很丰富的经验，但却没有医学方面的训练或兴趣。

在适当的时候我们将会向大家说明，公元前 3 世纪初期，在中国有一种悠久的有关法医学的专论的传统，这些专论混杂在供法官使用的案例汇编之类的书籍中。为什么中国人竟然会这么早就将法医学的传统做法编成法典呢？这个问题的答案确实很有趣。

战国时期结束后，中国文明再也不是贵族军事封建主义的了，而欧洲直到文艺复兴时期还处于这个阶段。与此相反，它一直被称作官僚封建主义，在这个阶段，整个国家由朝廷凭借一支庞大的文官队伍——如果你愿意也可以使用“官僚阶层”这个词——的运作来统治。简言之，为每个有才华的年轻人提供开创事业的机会的思想，并不是拿破仑一世（Napoleon I）的创新。中国的文官制［相关讨论见（c）节］体现了这一思想，从公元 1 世纪起就通过考试来挑选文职官员。

177　中国的体系是以刑法为中心的。虽然它高度发达，但是早期的哲学家们却没有给予它多高的评价[⑤]。较高级别的司法官员会重新审查地方官员的判决，而人们可以向这些高级官员上诉，但是在金字塔式的行政体系中，司法职责与行政职责之间并没有本质的区别。举例而言，这个体系更像在英属非洲殖民地流行的体系，在那里，“政务专员”（District Officer）通常也是初审法官。

中古时期中国的地方行政官，必须不仅是一位法官，还是公诉人、辩护律师、主管侦查的负责人，也同样是福尔摩斯（Sherlock Holmes）式的角色。这个过程依赖于个

③　正如一句俗语所说的，“为人子者不可不知医”。例如，《黄帝甲乙经》（3 世纪）的作者皇甫谧，最初对医学产生兴趣就是因为他的母亲生了病。

④　研究清代法律制度的施普伦克尔［van der Sprenkel（1962），p. 74］，还尝试着提出了其他的理由。

⑤　谈到研究中国法律及其历史的专题论著，我们必须提到以下一些书：Escarra（1936），Chhü T'ung-Tsu（1961），van der Sprenkel（1962）和 Bodde & Morris（1967），以及富有启发性的论文：Bodde（1954，1963）。关于清代的法律，见 Alabaster（1899）。在本书第二卷（pp. 518 ff.）我们在讨论中国和西方的人间法律与自然法则的几个方面中，已经简单涉及了法律的哲学问题。关于一般意义上的法律概念，见 Hart（1961）。

人智慧以及对动机的深入洞察。在某种程度上政府使之规范化了，但总还是明确留给了行政官员很大的任意决定权。官僚阶层中的任何成员都有可能被选派到法官的职位上，并且此后专门从事审理案件的工作。宋慈本人的情况便是如此，他作为法官始终享有名望。

这些特点都无法说明激励着宋慈及其前辈与后继者的那种对公正和洗刷冤屈或不当罪名（“冤”）的特别热爱。尽管中国社会是官僚主义的，但在本质上它也是儒学的，是由一种既没有也不需要超自然的鬼神赏罚的伦理体系所支配的。它是一种现世（this-worldly）的道德规范，来自于对人类基本的社会本性的信心，并因它不依赖于任何神灵（higher being）而更加引人入胜⑥。学者们对于宗教是持几分怀疑和超然的态度的，但是许多民众却有可能追随佛僧和道士而去。他们尽心服从的是一种在康德（Immanuel Kant）之前2000年就已确定了的道德使命。它使无辜者清白，让寡妇和孤儿宽慰，将残暴之徒绳之以法，这是宋慈及其声名显赫的前辈狄仁杰和包拯这样的人的强烈愿望。经过若干世代，狄仁杰（卒于公元700年）藉由歌谣与传说已经家喻户晓，而包拯（卒于1062年）在民间传说中有着同等的声誉。这些因素也许或多或少有助于解释法医学在中国文明中兴起得这么早，而且可能比在世界任何其他文明中都要早的原因。

(1) 宋慈和他的时代

宋慈于1186年出生在一个名副其实的官宦和儒学家庭中；他的父亲曾是一个中级法官。年轻时，他师从吴稚，吴稚是最伟大的理学家朱熹的弟子。1205年宋慈20岁，他进入太学学习，没过多久太学正就称赞了他的文学才华。1217年，宋慈学成，中进士乙科，被任命为浙江一个下属辖区的县尉。由于当时他的父亲去世，他没能到任。但是在1226年，他当上了信丰县（江西）的主簿。接下来的几年中，他因镇压农民起义，用分发官府粮仓粮食来消解农民起义的根源，而获得了很大的声名，但他的成功冒犯了他的上司，他也因之多次受到指控。1238年，他又被派往南剑（福建）任职，在那里，他发现富人都在囤积粮食。他将那里的人分成五类，并通过重新分配最富有人家过剩财富的方式来救济那些最贫困的穷苦之人。 178

1239年，宋慈被任命为广东提点刑狱，这是他所担任的第一个全职司法职务。在那个职位上，他释放了很多无辜的囚犯，并在八个月内审理了大约200宗谋杀、自杀和意外死亡的案件。在常州（江苏）做法官的时候，他参与了修撰地方志。1245年，他当上了知州。1247年，在湖南任提点刑狱的时候，他完成了不朽的《洗冤集录》。1249年，宋慈逝世，时年64岁，当时担任广东经略安抚使的职务。他似乎是一位最具优良品德的官员，他富有同情心并头脑冷静，确实在用“科学的”（如果在他那个时代

⑥〔确实，官方对民间宗教持有轻蔑的态度，但是自南宋以降，当国家承认了很多地方崇拜（local cults）后，这种态度又变得非常模棱两可。但是，尽管汉学家惯常称之为“儒学”的价值观在政治上占有统治地位，官员、官员的家庭、地方政府以及中央政府在整个历史中都是承认并敬畏“神灵”的。所有的官员在立法及执法时都承认神的赏罚。我们还可以补充一点，即在未受教育的普通百姓的歌谣与传说中，对正义的热爱也非常显著。这一问题需要进行更加细致的辩论。——编者〕

可以使用这个形容词的话）方法来解决他非常感兴趣的法医学问题[⑦]。

(2)《洗冤集录》

《洗冤集录》是人类文明史上第一部系统的法医学论著。宋慈之所以要写这本书，是因为在他之前尽管前人已经做了很多工作，包括编辑案例选集（见下一小节），引入了标准符号和图表等，但是在审理程序中仍然存在低效和渎职的情形。他希望终结那些由之而来的不公正的审判。

宋慈于1247年所写的序言经由现存最早的1308年的版本流传至今。序言形象地说明了他那个时代的情形[⑧]。

> 在司法事件中，可判处死刑的案件是最重要的。在可判处死刑的案件中，最重要的是最初收集到的资料（“初情”）[⑨]。正因为如此，进行验尸是最重要的。准予生死、出入的权利，支持或否决不公正指控的决定（原字义为“板机”）：在［审理的］基础上，在法律范围内的任何事物都是可以被判定的。这引发了人们对司法官员职责的最大的关切。
>
> 近来在州县的城市中，执行审理的责任已经被委派给新上任的政府官员和军官，他们缺少丰富的经验但是却指望突然应付自如。此外，验尸助手（ostensor；“仵作”）的欺骗行为和小官吏的腐败行为，导致了各种空想及弄虚作假，使案件在被调查之前就搞得很混乱。即使有人感觉敏锐，但是［受限于］自己的一副头脑及两只眼睛，也没有办法运用自己的智慧。更糟糕的是，即使他从远处旁观，还不屑地捂住鼻子！
>
> 我曾经当过四次法律官员。由于缺乏其他的才能，我全身心地投入到了刑事案件中，对它们反复思考，从不敢有丝毫的懈怠及自满。如果我清楚地看出了一个案子似是而非，我会立即将其发回重审。如果我不能判定什么是可疑的，什么又是可信的，我会在自己的脑子中翻来覆去地思考。我就是害怕草率行动，让死者遭受徒劳无益的调查。我常常反省，刑事案件中所做出的错误决定主要来自于案件审理初期的偏差。以查验为基础的结论中的错误，都可以追溯到肤浅的问讯及检验。
>
> 我已经收集了许多新近关于这个问题的书籍，它们是自《内恕录》之后的。我挑出了最重要的条目，纠正了它们，以我自己的看法对它们进行补充，然后将

179

---

⑦ 1957年，在福建省建阳县昌茂村附近的小山上发现了宋慈的墓。宋慈的传记可见：诸葛计（*1979*），韧庵（*1963*），第63页起；杨文儒和李宝华（*1980*）；高铭暄和宋之琪（*1978*）；宫下三郎（Miyasita Saburō）的文章，载于Franke（1976），vol. 3，p. 990。关于中国的法医学，已经有很多学者做过相关研究：陈邦贤（*1937*），第189页；宋大仁（*1957*a）；施若霖（*1959*）；陈康颐（*1952*）；张贤哲和蔡贵花（*1971*）。其中一些作者仅仅利用了元代以后的《重刊补注洗冤录集证》版本。宋大仁以及张贤哲和蔡贵花的论文中收有详细的宋慈生平年表。宋慈编撰的地方志是《重修毗陵志》（1268年）。关于朱熹，见本书第二卷，pp. 455 ff.。

⑧ 《洗冤集录》，第一至三页，由作者译成英文，借助于McKnight（1981），pp. 37—38。宋慈的书不是一种官方出版物。它比后世的官方增补版本的篇幅要小得多。

⑨ 在任何有疑义的案件中，反复调查都是必需的；McKnight（1981），p. 5。

之整理成书。我将其命名为《洗冤集录》。在湖南提点刑狱司刊刻印刷。我希望展示本书给我的同僚，这样他们就可以在实践中检验它。

这类似于精通医术的医生们在讨论古代的方法。如果你一开始就清楚地了解脉络体系及“表”与“里”的区别，那么一旦运用［这一知识］来扎针，你就绝不会失败。这样，［本书］在洗刷冤屈及行善方面，就会发挥［像医学著作］让人起死回生［那样］的巨大功效。

〈狱事莫重于大辟，大辟莫重于初情，初情莫重于检验。盖死生出入之权舆，幽枉屈伸之机括，于是乎决。法中所以通差令、佐、理、掾者，谨之至也。年来州县悉以委之初官，付之右选，更历未深，骤然尝试，重以仵作之欺伪，吏胥之奸巧，虚幻变化，茫不可诘。纵有敏者，一心两目，亦无所用其智，而况遥望而弗亲，掩鼻而不屑者哉。慈四叨臬寄，他无寸长，独于狱案审之又审，不敢萌一毫慢易心。若灼然知其为欺，则亟与驳下；或疑信未决，必反复深思，惟恐率然而行，死者虚被涝漉。每念狱情之失，多起于发端之差；定验之误，皆原于历试之浅。遂博采近世所传诸书，自《内恕录》以下凡数家，会而粹之，厘而正之，增以己见，总为一编，名曰《洗冤集录》，刊于湖南宪治，示我同寅，使得参验互考。如医师讨论古法，脉络表里先已洞澈，一旦按此以施针砭，发无不中。则其洗冤泽物，当与起死回生同一功用矣。〉

在这篇序言的末尾，这位湖南提点刑狱签上了他所有的官阶及头衔。

宋慈强调了贯穿于全书的主题：从追求真正的公正中看到压放在法官良心上的沉重负担；助手和随从的不可靠，他们急切地想接受贿赂而篡改证据；过去人们已接受的检验、鉴定和证明的不确定。宋慈用一段明确与医生力图做的工作的比较来结束他的序言，也许是意味深长的。他在对刑法中医学证据具有的特殊地位作出回答。当时还不可能在医学与法律之间建立完全有系统的联系，但是它们的目标同样高尚。

(3) 宋慈之前的中国法医学

在宋慈时代之前，法医学也有自己悠久的历史。他在书中说，除了年代不详的《内恕录》之外，他还发现了三种有用的法律著作。这三种著作均已失传。它们的标题看起来都不像书名，它们的作者也不为人知晓。它们有可能只是宋慈的北宋前辈们所写的短文。其中一篇是《慎刑说》，另一篇是《未信篇》，第三篇为《结案式》，显然是供那些调查死因的审讯人员使用的[10]。 180

比宋慈的书更早的一本很有名的书是《折狱龟鉴》。该书由郑克撰于1133年，即北宋朝被金朝打败之后。比这更早的时候，和凝与他的儿子和㠓编撰了《疑狱集》(公元907—960年)[11]。

和氏家族的书绝不是此类书的开山之作。在公元6世纪时，徐之才就写了《明冤

⑩ 仲许 (*1956*)。在正史的“经籍志”、“艺文志”中找不到这些标题。

⑪ 《折狱龟鉴》一书于1261年重刊，并附有赵时橐写的跋；见宋大仁 (*1957b*)。明代的重要法医学著作中包括张景的《补疑狱集》(约1550年?)。

实录》[12]。徐之才的著作并没有流传下来，尽管有可能依据引文进行辑复。

正如我们已经提示的那样，法医学的专论是在那些被称作“案例集”的作品之后问世的。1211 年，桂万荣编撰了一本题为“棠阴比事”的著名的书。这是一本杰出知名法官判决案件的汇编，并按类别编排[13]。书于 1222 年刊行，1234 年重刻，所以宋慈可能了解这本书。桂万荣（大概约 1170—1260 年）本人就是一名法官。1208 年，他被任命为建康（今南京附近）的司理参军。桂万荣是个成功的行政长官、专注的理学家和业余的医学爱好者。

从他的书中，我们可以举出一个将试验法运用于法医学的突出例子，这个例子早前已被记载在了《疑狱集》中。宋慈肯定知道这个例子：

吴朝（公元 220—280 年）的张举在句章担任地方官时，一个妇人谋杀了自己的丈夫接着纵火烧毁了房屋。她伪称丈夫是被烧死的。她丈夫的家族怀疑她，并到官府控告了她。妇人否认指控，拒不承认她的罪行。于是张举就取来了两头猪。一头被他杀了；另一头，他让它活着。然后他把它们放在柴堆上的棚屋里烧。检查［这两头猪的区别时，他发现］先杀的那头猪嘴中没有灰烬，而另一头被活活烧死的猪嘴中满是灰烬。他核实了死去的男人嘴中并没有灰烬。在这个证据面前，那个妇人果真承认了罪行。

〈吴张举为句章令。有妻杀夫，因放火烧舍，乃诈称火烧夫死。夫家疑之，诣官诉妻，妻拒而不承。举遂取猪二口，一杀之，一活之，乃积薪烧之。察杀者口中无灰，活者口中有灰。因验夫口中无灰，以此鞫之，妻果伏罪。〉

正如高罗佩（van Gulik）所评论的，有趣的是张举能选择猪来进行试验，因为现在人们都知道猪的解剖结构及一般尺寸都和人体的类似。

181　这并不是唯一一次出现在《棠阴比事》中的试验断案的话题。再如：

待制许元，在其事业开始时［约 1043 年］担任了运判官，他非常忧虑，因为大多数官船［被证明价格虚高，因为造船者］所用的铁钉要比他们收取了费用的铁钉少。［因为所有造得不好的船都已经沉没了，无法检测出他们究竟使用了多少铁钉；所以造船的承包人就可以无限期地欺骗下去。］一天，许元命人烧毁了一条刚造好的船。［在对灰烬搜索一番后，］他就称出了钉子的重量。结果证明这些铁钉只有已支付了费用的铁钉的十分之一。许元于是定出了要用的铁钉的数量[14]。

〈待制许元初为发运判官，患官舟多虚破钉鞠之数。元一日命取新造船一只，焚之秤其钉鞠，比所破才十之一，自是立为定额。〉

由此可见，中古时期中国官僚机构中的官员所要面对的问题并不仅仅是进行刑事审讯和调查。

---

[12] 陈邦贤（*1937*），第 189 页。《疑狱集》、《折狱龟鉴》及《棠阴比事》中的案例见汪继祖（*1958*）。

[13] 作者尤其参考了《疑狱集》及《折狱龟鉴》这两本书。

[14] 《棠阴比事》，译文见 van Gulik（1956），pp. 102—103，90—91；《洗冤集录》，第 75 页。

(4) 秦 简

宋慈之前原有的是各种案例汇编；只有他有独创性和组织精神，来使法医学系统化。后世所有关于此学科的著作，都以《洗冤集录》为蓝本。

最近的考古学研究已成功地将法医学的有关源头追溯到了秦代。1975 年，在湖北省云梦县睡虎地发掘了几座秦墓。考古学家在这个墓群的第 11 号墓中发现了 1155 片竹简，其中有竹简上记载了法律案例。几乎可以肯定墓主是秦国的一位法官，他生于公元前 262 年，卒于公元前 217 年。我们不知道他的姓，但是知道了他的名是“喜”。被命名为“封诊式”的 25 节有固定形式的文书，写在 98 片竹简上，埋在了头骨右侧。它们的年代应该在公元前 266 年到大约公元前 246 年之间。墓主一定很珍视它们。

在这 25 则典型案例中，有 4 则与我们的主题密切相关。让我们将卜德（Bodde）、麦克劳德和叶山（McLeod & Yates）的译文合并在一起，来对它们作一番考查。

1. 5.19（E20）暴力盗抢死亡

报告：隶属于某治安所的盗贼抓捕人甲发布了一个通告说：“在本管辖区内某地发生了一起谋杀事件。被害人是一个单身束发男性［即成年人］，但其身份不明。特此报告。”

我们立即命令地方官的办事员乙前往检查。

地方官的办事员乙提交的报告：

我与监狱奴隶丙一起陪同甲去检查。这具男尸直躺在某房屋里，面朝上，头朝南。在左太阳穴有一处刀伤，在头后部有一处大约四寸长、一寸宽的伤口，血从一侧流向了另一侧；从伤口的形状看像是由斧头造成的。尸体的胸部、太阳穴、两颊以及眼窝都在向外渗血，血流满了身上并流到了地上，所以无法确定血迹的长度及宽度。除此，尸体是完整的。

182

衣物有平布衫、裙子和短上衣各一件。上衣后面有两道垂直的切口，已经被血污染了，长衫中间也有血迹。尸体的西面有一双秦人式样的涂漆的鞋子，其中一只在距离尸体六步远的地方，另一只在十步远的地方。经试穿，鞋子与死者脚的大小相合。

地面很硬，我们找不到攻击者的足迹。被害人体格强壮，正值壮年，皮肤有光泽，身高七尺一寸，发长二尺。在他的腹部有两处旧艾灼疤痕。

从男子尸体所在的地方到盗贼抓捕人甲的治安所大约有 100 步的距离，到村庄一位普通成员［也就是平民］丁的农舍（“田舍”）是 200 步的距离。

我们命令甲用死者的布裙包裹尸体，将其埋葬在某地，并在将死者的上衣及鞋子带回司法机关后等待进一步的命令。甲所在的治安所中所有的人，以及住在丁附近的人都会被问讯，以确定［男子］死亡的日期，及他们是否听到了“强盗”（“寇”）的呼喊声⑮。

〈贼死　爰书：某亭求盗甲告曰：“署中某所有贼死、结发、不智（知）可（何）男子一人，来告。”即令令史某往诊。令史某爰书：与牢隶臣某即甲诊，男子死（尸）才（在）某室南首，正偃。某头左角刃痏一所，北（背）二所，皆从（纵）头北（背），袤各四寸，相耎，广各一寸，皆臽中类斧，䐈（脑）角出皆血出，柀（被）污头北（背）及地，皆不可广袤；它完。衣布禅裙、襦各一。其襦北（背）直痏者，以刃夬（决）二所，应痏。襦北（背）及中衽□污血。男子西有髹秦綦履一两，去男子其一奇六步，一十步；以履履男子，利焉。地坚，不可智（知）贼迹。男子丁壮，析（皙）色，长七尺一寸，发长二尺；其腹有久故瘢二所。男子死（尸）所到某亭百步，到某里士五（伍）丙田舍二百步。·令甲以布裙剡狸（埋）男子某所，侍（待）令。以襦、履诣廷。讯甲亭人及丙，智（知）男子可（何）日死，闻謼（号）寇者不殹（也）?〉

这份令人惊奇的文件也许标志着法医学的最初起源。因为在公元前3世纪，要求检查者做出这么精确的描述本身就是很惊人的。你也许想知道小偷是怎样成功作案的，以及他后来有没有被绳之以法；但是这些文书都是按固定形式写成的范例。

2.　5.20（E21）吊死

报告：某村庄的村长甲报告说，“村民丙，一个平民，在自己家中吊死了；原因未知，特此报告”。

我们马上命令地方官的办事员乙前往调查。

地方官的办事员乙提交的报告：

我与监狱奴隶丁一起，陪同甲以及丙的妻女去检查丙的尸体。尸体悬挂在居室东边卧室内北墙横梁上，居室面南，所用麻绳有拇指粗。绳子被套在颈上，绳结在后颈部。绳子上端在横梁上缠了两道并打了结，留下绳尾约两尺长。头顶离横梁两尺，脚悬在地面之上有两寸。头与背附着墙，舌头稍稍伸出；下面，排泄的大小便已经弄脏了双腿。在松开绳索时，从口和鼻中呼出了一股气。除了后颈上宽约两寸外，绳索留下了一道[环绕脖子的]挤压瘀痕⑯。尸体的其他部位见不到刀伤或[由]木头[棍棒]或绳索[损伤]的痕迹。横梁圆周为一拃，长三尺，向西伸出[地面上的]土台边缘两尺。从土台的上部，[死者]可以引绳环绕在梁上。地面坚硬，未能发现任何人的脚印。绳长十尺。衣物包括一件平布的短衫及一件原色丝织的裙子，赤脚。

183　我们立即命令甲及丙的女儿将丙的尸体搬到司法机关。

在检查[尸体]时，首先必须对证据进行一次彻底的、仔细的检查。假定他或她在死亡地点是独自一人，你就应该注意[环绕在受害者颈部的]绳子在哪里

⑮ Anon.（*1976*, *1977*）；Bodde（1982），McLeod & Yates（1981），Hulsewé（1978），p. 193，以及Hulsewé（1985），pp. 183 ff.。这些文章都建立在大量博学的周到考虑基础上，但我们不得已作了省略。本文所引用的案件属于何四维（Hulsewé）文中的E组；译文所依据的中文原文载于Anon.（*1976*），第35页起。以上给出的第一组数字是麦克劳德和叶山译文中的；第二组数字是何四维译文中的。

⑯ 参见Gordon & Shapiro（1975），p. 96。

会合，并察看在这个会合点是否有［环绕颈部的］绳子通路的痕迹，检查舌头有没有伸出，头和脚离［靠近梁上的］绳结以及离（下面的）地面有多远，是否排泄了大小便。

然后松开绳子并察看口及鼻中是否会呼出一股气。检查套索留下的淤痕的形状，并试试它是否可以从头上脱出来。如果可以，就除去衣物，从头到会阴部检查整具尸体。但是如果舌头没有伸出，如果嘴和鼻中没有喷出气体，如果绳索的印痕没有留下淤伤，如果绳结太紧而不能解开——那么就很难判定真正的死因了。如果死后很久才被发现，那么口和鼻中有时就不能喷出气体。

某人自杀，必定是有原因的。为了探出原因，就应该询问那些和死者住在一起的人。

〈经死　爰书：某里典甲曰："里人士五（伍）丙经死其室，不智（知）故，来告。"·即令令史某往诊。·令史某爰书：与牢隶臣某即甲、丙妻、女诊丙。丙死（尸）县其室东内中北廦权，南乡（向），以枲索大如大指，旋通系颈，旋终在项。索上终权，再周结索，余末袤二尺。头上去权二尺，足不傅地二寸，头北（背）傅壁，舌出齐唇吻，下遗矢弱（溺），污两卻（脚）。解索，其口鼻气出渭（喟）然。索迹椒郁，不周项二寸。它度毋（无）兵刃木索迹。权大一围，袤三尺，西去堪二尺，堪上可道终索。地坚，不可智（知）人迹。索袤丈。衣络禅襦、裙各一，践□。即令甲、女载丙死（尸）诣廷。诊必先谨审视其迹，当独抵死（尸）所，即视索终，终所党（倘）有通迹，乃视舌出不出，头足去终所及地各几可（何），遗矢弱（溺）不殹（也）？乃解索，视口鼻渭（喟）然不殹（也）？及视索迹郁之状。道索终所试脱头；能脱，乃□其衣，尽视其身、头发中及篡。舌不出，口鼻不渭（喟）然，索迹不郁，索终急不能脱，□死难审殹也。节（即）死久，口鼻或不能渭（喟）然者。自杀者必先有故，问其同居，以合（答）其故。〉

公元前3世纪的检查人员在细查尸体时的周密仔细和定量精确，再一次令我们感到吃惊。他们认识到了让人信以为真的自杀其实是谋杀的可能性；受害者有可能是在死后被悬挂起来伪装自杀的，此时最有可能是被毒死的。虽然我们没有理由相信宋慈见过这些文献，但他却是这一悠久传统的继承者。

3.　5.22（E23）流产

甲告发了丙，两者都是某村庄的成年女性平民，内容如下：

> 甲怀有六个月的身孕。昨天她和与自己同村的丙打了一架。她们互相抓扯对方的头发，丙把甲打倒在地，致使甲撞在了门内的屏风上。同村的绅士丁，出手相救并将甲与丙分开。甲一回到家，就感到腹部疼痛难忍。昨晚就流产了，小孩不幸夭折。今天甲就带着包裹的胎儿，来告发丙。

我们立即命令地方官的办事员乙去拘捕丙，然后检查胎儿的性别，头发长出了多少，以及胎盘的形状。我们还命令生养过几个小孩的女奴戊，检查从甲的阴道血液排出物的外观及甲的伤口。我们还讯问了甲的家人有关她到家时的情况，以及接下来所感到的疼痛的类型。

地方官的办事员乙提交的报告：

> 女奴戊和我被派去检查甲的胎儿。首先，当它被包裹在衣物中时，就像

一个［凝固的］血块，有拳头大小，并且无法看出像个小孩。把它放到一盆水中并摇动后，［就看出了凝固的］血块是一个胎儿。它的头、身体、胳膊、手及手指、腿下至脚，还有脚趾，呈现出了人形，但是眼睛、耳朵、鼻子及性别无法辨认。把它从水中拿出以后，就又看上去是凝固的血块。

另一份报告：

各自生养过几个小孩的女奴戊及被派去检查甲。她们二人都说在甲的阴道旁发现了已经变干的血迹，仍在轻微出血，但不是月经。戊也曾流产过一个小孩，并且当时出血的情况就像甲现在的情形。

184

〈出子 爰书：某里士五（伍）妻甲告曰："甲怀子六月矣，自昼与同里大女子丙斗，甲与丙相捽，丙偾庰甲。里人公士丁救，别丙、甲。甲到室即病复（腹）痛，自宵子变出。今甲裹把子来诣自告，告丙。"即令令史某往执丙。即诊婴儿男女、生发及保之状。有（又）令隶妾数字者，诊甲前血出及痈状。有（又）讯甲室人甲到室居处及复（腹）痛子出状。·丞乙爰书：令令史某、隶臣某诊甲所诣子，已前以布巾裹，如衁（衃）血状，大如手，不可智（知）子。即置盎水中榣（摇）之，音（衃）血子殹（也）。其头、身、臂、手指、股以下到足、足指类人，而不可智（知）目、耳、鼻、男女。出水中有（又）音（衃）血状。·其一式曰：令隶妾数字者某某诊甲，皆言甲前旁有干血，今尚血出而少，非朔事殹（也）。某赏（尝）怀子而变，其前及血出如甲□。〉

此段文字表明了公元前3世纪的法医学家是怎样试图像在其他案件中那样做同样精确的检查的，但是这是不可能的，因为他们没有足够的胚胎学知识。办事员乙的陈述很模糊，但是毫无疑问，他已经尽力了。将所谓的胎儿浸泡在水中并不能判定出它的特征。如果它确实有六个月大，那么它所有的特征即使不经水浸泡也会清晰可辨；也不会在离开水后再次呈现出凝固血块的模样⑰。

一种可能是，原文中所说的胎儿实际上是那个母亲偶然排出的凝固的大血块，而不是她和那个妇人打架造成的结果。如果是这样的话，办事员乙几乎想象不出人类胎儿的模样。我们能得出的结论是，公元前3世纪的法医学专家们在这个问题上也同样尽力了，但是因为没有可靠的胚胎学知识，他们无法做得更深入。

我们接着来看我们要从名叫喜的法官的竹简上引用的最后一则案例⑱。它与其他的案例不同，因为它与一种非常危险的疾病有关。在古代和中古时期，对它的唯一抵御方法，就是将患者隔离在麻风病院（"疠所"、"疠迁所"）中，使其远离其他人。麻风病患者似乎只有在犯有死罪的情况下才会被处死⑲。因为麻风病患者若是到处闲逛就会

---

⑰ 中国人认为怀孕周期是十个月，所以这个胚胎可能已有五个月左右。对胚胎发育过程的描述，见《洗冤集录》，第44页。卜德［Bodde（1982），p. 9］文中的讨论基于与妇科学家门努蒂（Michael Mennuti）的商讨，颇具启发性。

⑱ 《洗冤集录》中也有与前三则案例相似的条目。宋慈没有讨论麻风病，大概是因为在宋慈的时代，法庭不再处理此类疾病的案件了。《重刊补注洗冤录集证》中也没有提到此病。夏德安［Harper（1977），p. 104］也翻译了下一则案例。

⑲ 见 Bodde（1982），p. 11。其他的竹简（D101，D102）提到了麻风病患者的聚居地，并且还提到不愿意住在聚居地的麻风病人必须被溺毙；Hulsewé（1985），pp. 154—155。

被视为一种犯罪行为，就像下面这个例子中的情形。

4. 5.18（E19）疠[20]

报告：某村庄首领甲带来了村民乙，一个平民。他的控告如下："我怀疑他是麻风病人，所以我带他来［见官］。"

我们讯问了乙。他的回答如下："三岁时，我的头部突发剧痛，我的眉毛都掉光了。究竟是何病至今也不能确定。我不是有罪之人。"

我们命令医生丙去检查他。他的陈述如下："乙没有眉毛。他的鼻梁也没了，鼻孔正在腐烂。当我刺开他鼻中残留的东西时，他没有打喷嚏。他的手肘与膝盖下至双脚的脚底都有缺陷，并且有一个地方还在化脓。他的手［上］没有体毛。当我要他大声喊叫时，他的声音及呼吸都很虚弱。他得的就是麻风病。"

〈廲（疠） 爰书：某里典甲诣里人士五（伍）丙，告曰："疑廲（疠），来诣。"讯丙，辞曰："以三岁时病疕，麋（眉）突，不可智（知）其可（何）病，毋（无）它坐。"令医丁诊之，丁言曰："丙毋（无）麋（眉），艮本绝，鼻腔坏。刺其鼻不疐（嚏）。肘厀（膝）□□□到□两足下奇（踦），溃一所。其手无胈。令滹（号），其音气败。廲（疠）殹（也）。"〉

这段文字表现出，古代中国人对公众健康是多么关心。这也涉及旧大陆麻风病的起源。尽管有过很多讨论，但是公元前 2 世纪之前在中东及埃及是否存在过麻风病仍然是不清楚的[21]。西方现存的有关瘤型麻风（low-resistance leprosy）的记载是塞尔苏斯（Celsus，公元前 25—公元 37 年）的记载。与同时代的老普林尼（Pliny the Elder，公元 23—79 年）一样，塞尔苏斯把这种病称为"象皮病"（Elephantiasis），而老普林尼声称，这种病只是在差不多 100 年前才在意大利出现的。大约在公元 150 年，卡帕多西亚的阿雷提乌斯（Aretaeus of Cappadocia）作了西方对此病的最早的临床描述。 185

我们已经在别处提请大家注意《论语》中的一段文字，这段文字中提到孔子探望一名身染"恶疾"的弟子，后世几乎所有的注释者都认为"恶疾"就是麻风病。这位圣人只愿意从窗外把手伸进去接触弟子的手。这段描述可作多种解释。《黄帝内经·素问》（可能为公元前 1 世纪）中的一篇则提供了一种更为合理的界定方法。它描述的症状有，麻木、"鼻梁"陷塌以及皮肤变色等。这些就是竹简中所描述的症状[22]。

第一位提到麻风病人鼻中隔陷塌的非中国作者是阿拉伯的哲人及医生伊本·西那［Ibn Sina，即阿维森纳（Avicenna）；卒于 1037 年］。直到比利亚诺瓦的阿诺德（Arnold of Villanova，卒于 1312 年）时代，西方才出现了测试麻风病人麻风结节性麻木程度的记载。我们可以断定，至少到公元前 3 世纪时，麻风病就已经在中国出现了，

---

[20] 也称做"癞"。注意，在这则案例的讨论中，我们咨询了一位医学人士。麦克劳德和叶山［McLeod & Yates（1981），pp. 152 ff.］及卜德［Bodde（1982），pp. 8 ff.］论文中的讨论是很有启发性的。

[21] 例如，不同专家的大相径庭的观点可见 Kiple（1993），pp. 251，273，337 以及 834—839。大多数古代文献用来指称各种不同的皮肤病的词，历史学家们都倾向于翻译为"麻风病"（leprosy）。

[22] Lu Gwei-Djen & Needham（1967），pp. 12，15；《论语·雍也第六》、《论语·泰伯第八》，译文见 Legge（1861），p. 52；《黄帝内经素问·异法方宜论篇第十二》，第二页。

而地中海地区则在200年之后才认识到麻风病并将它记载下来㉓。

所有这些都表明了与法家学说的一种紧密的联系，而我们曾将法家学说与儒家的法律和公正的思想作过比较㉔。在如今这个时代，我们可以充分怀疑法家的威慑理论（theory of deterrence），事实上这个理论也并没有阻止法官喜的竹简上记述的所被调查的行为。

然而，法家学说表露出了一些原始科学的东西，这是法医学调查能够赖以成长的土壤。法家哲人认为，法律应该被清楚地记载，准确地陈述，并且不局限于个别性解释。他们自己必定有点天性冷漠，有点像“落在公正者和不公正者身上的雨滴”。因此，这差不多就可以说是“科学的客观性”，人类的行为必须以这种科学的客观性进行调查、解释、判断，并且如果需要，而给予惩罚。因为在特定的环境中，人性可能是不诚实的，所以为了确定当时究竟发生了什么，地方法官必须尽可能地利用当时的医学知识。对量化及量化标准的强烈偏爱也一再在法家的著作中表现出来。

这些或许就是有利于法医学萌生和发展的法家学说的几个方面。如果说历史上最终是儒家获得了胜利，那是因为他们允许在理想的审判中有某种人文主义的因素，认识到了人类不是机器人而是已知的最高度组织化和复杂化的有机体，他们的行为的根源非常深奥并难以捉摸㉕。最终完全可以证明，把科学及医学应用于法律正是法家学说的特有贡献。

186

(5) 早期的证据

秦代各项法律制定所达到的十分先进的程度表明，在此之前有一段长期的发展历程，但是就算我们将对法医学的考查深入到远古的迷雾之中，也不会有更多的发现。有关法律及诉讼的记载很多，但是有关法医学专门知识的记载却并不多见。例如，我们可以来看一下其年代肯定属于公元前3世纪的《月令》。人们可以找到下述秋季第一个月（即在包含秋分的太阴月之前的那个太阴月）的条文：㉖

> 本月，命令相应的官员修订法律及法令，修好监狱，预备好手铐脚镣，制止恶行，对犯罪及邪恶行为保持警惕，并尽最大努力抓捕罪犯。
>
> [还] 命令法庭主管官员调查表皮损伤（“伤”），检查裂开的［或在流血］的

㉓ 有关中国11世纪的一个著名的麻风病例，见 Wilhelm（1984），p. 280。诗人苏轼的朋友刘攽，1088年死于麻风病。

㉔ 本书第二卷，pp. 3，204 ff.。

㉕〔这段讨论反映了怀特海式的有机主义（Whiteheadian organicism），在本书第二卷中（pp. 472—493）怀特海式的有机主义也曾被用来描述理学的特点。人们可以有理由地说，因为我们并不知道什么样的个人及什么样的社会进程对法医学的早期阶段有贡献，所以不可能将它们归因于这个或那个脱离实际的主义。——编者〕

㉖ Legge（1885），p. 285。这篇文章于公元前239年被全文收入了《吕氏春秋》。两个世纪后该文又被收进了《礼记》，理雅各即据此翻译了它。我们引用的也是《礼记》版本。

伤口(“疮”),并查找损坏的骨头和筋(“折”)以及被弄断的骨头和筋(“断”)。[27]

在审案时,官员们必须正确而公平;那些犯了杀人罪的罪犯必须受到最严厉的惩罚。

〈孟秋之月,……是月也,命有司修法制,缮囹圄,具桎梏,禁止奸,慎罪邪,务搏执。命理瞻伤,察创,视折,审断。决狱讼,必端平。戮有罪,严断刑。〉

这是中国文献中关于法医学的最早的文书[28]。

在整个中国历史上,犯人应当只在秋季处决,以和该季节肃杀的气氛保持一致。关于秋季第二个月,该文以此方式接着说[29]:

命令相应的官员严格准确地修订[有关]各种刑罚[的法律]。斩首及[其他]死刑的执行必须根据[所犯的罪行],不要过轻也不要过重。与之不相称的过轻或过重,将会使其受到[上天的]判决。

〈仲秋之月,……乃命有司,申严百刑,斩杀必当,毋或枉桡。枉桡不当,反受其殃。〉

最后,关于秋季的最后一个月[30]:

按照[季节],他们抓紧对刑事案件的判决和处罚,不要将它们拖延不决。

〈季秋之月,……乃趣狱刑. 毋留有罪〉

这段文献显示,有一个法律体系在实施,并且还有对作恶者的各种惩罚,但是它并没有告诉我们地方法官活动中与法医学有关的内容。 187

在中国,有关法律案例的记录可以追溯到公元前第1千纪初期。例如,1975年岐山的考古发掘,从一处大约公元前820年的古墓里出土了一个带把手的青铜勺(“匜”),其上的铭文记录了一件法庭判例[31]。铭文讲述了诸如做出判决的根据、刑罚如何赦减,以及罪行最后如何处置等许多细节。一位著名的法官——白扬父——审理了这个案子。一个叫“牧牛”的人,对他的名叫“俽”的上司提起了诉讼。牧牛败诉,被判受烙刑或刺面之刑(“黥刑”)。但他被赦免了,甚至不必交纳罚金。他还提起了另一起案件的诉讼,也败诉了,结果被判鞭打1000下。这一处罚最初被减至鞭打500下,后来减为罚金,即付给俽青铜。后者用这些金属铸成了一个长勺,并把这件事刻在了上面。有时这些罚金也可以用铠甲来支付。该铭文没有说明那些案件的内容,所以我们不知道这件事情是否涉及刑事方面。

---

[27] 《礼记·月令第六》,第七十二至七十三页。理雅各[Legge(1885)]似乎认为这段文字主要适用于监狱的管辖官员。蔡邕的注释清楚地表明它们也适用于掌管审讯的法官。大多数注释者也同意这个观点。见《玉烛宝典》卷七,第六页(第424页),以及诸葛计(*1979*)。

[28] 张虙,案例集《棠阴比事》的编撰者桂万荣的姐夫,撰有《月令》的注释《月令解》;van Gulik (1956), p. 7。

[29] 《礼记·月令第六》,第七十五页,译文见Legge(1885),p. 288。

[30] 《礼记·月令第六》,第八十一页,译文见Legge(1885),p. 295。

[31] 盛张(*1976*),第42页;唐兰(*1976*a),庞朴(*1981*)。

还有一个公元前10世纪的案例[32]。这项判决的判词被刻录在了一件三足铜鼎上。一个名叫“旂”的军官声称他的下属们，也就是被告，并没有跟随自己去攻打周高王。法官白懋父，最后判处主要被告以罚金300“锾”的青铜（约30千克），但是直到这些被告被白懋父下令流放，他们才支付了这笔罚金。这件三足铜鼎就是用他们交付的青铜浇铸的。

在这些法律和诉讼程序的早期阶段，并没有任何法医学，因此，法医学似乎产生于战国时期的秦国——也许它和法家之间存在着联系。

（6）元明时期的法医学发展

随着法医学的蓬勃发展，宋慈的著作成了一张记录革新的表格。在我们罗列于［本节］附录（p. 200）中的许多后世的版本中，该书被悄悄地扩充，官方委托编辑的1662年的版本表现得尤为明显，该版本我们将在下文中叙述。那些信赖这些版本的学者（不仅有欧洲的，而且有中国的），都称赞宋慈具有后世的思想（p. 188）。

其他的法医学著作紧随宋慈的著作之后。另一位作者，大概是赵逸斋，撰写了一本《平冤录》。因为该书今已不存，作者是谁无法确定，我们只能说它晚于宋慈的著作，大约成书于1255年左右。在元朝统治了整个中国之后，王與以这两本书为基础，188 进行修改与增补，撰写了专著《无冤录》（1308年）[33]。这三本书有时被合编在一起作为《宋元检验三录》出版。

接下来是关于向朝鲜与日本传播的一些细节。1384年，《无冤录》在朝鲜刊行。在朝鲜和日本，该书成为法医学的基础[34]。一部注释本《新注无冤录》（1438年），将中朝有关法医学的基本文献长久保存了下来。柳义孙1447年为此书撰写了一篇序言，他很可能就是该书的编者。有人说此书在16世纪末的时候传到了日本，并成为那里的权威著作。1736年，河合甚兵卫为它作序，并于1768年以“无冤录述”为名出版。

（7）清代的法医学发展

1827年，一位名叫瞿中溶的优秀学者，辨识出了编辑1662年的《律例馆校正洗冤录》版本所使用的，从《黄帝内经》到《奇效良方》（1470年）的20种医学和其他方面的书籍[35]。这与最近发现的原书的元代刻本一起，帮助我们区分出宋慈自己的原文与后来添加的思想，尤其是各种官修版本中所添加的内容。最近，管成学（*1985*）列举出了没有对这些增补加以辨别的学者所犯的许多错误。例如，某些解毒方法，像用鸡

---

[32] 唐兰（*1976b*），第33页。

[33] 《无冤录》对上吊自杀及被勒死谋杀作了比前辈们更加仔细的区分。它同样改正了古老的关于气管及食管相对位置的错误，认为气管位于食管之前；仲许（*1956*）。

[34] 有关具体情况的叙述，详见贾静涛（*1981b*）及宋大仁（*1957b*）。

[35] 《重刊补注洗冤录集证》第5册，卷六上，第三页；宋大仁（*1957b*），第281页。关于1662年的版本，见［本节］附录，p. 200。

蛋及催吐药来解砒霜中毒，原书中并没有提到。这类散布在新近的中国医学教科书及百科全书中的错误，提醒人们有必要去查阅原书。这就是为什么悉尼·史密斯（Sydney Smith）会如此激烈地说："如果哪位研究中国历史的学者搜寻到并翻译出确凿无疑的中古时期的《洗冤录》原本，那将是具有重大意义的。"马伯良（McKnight）在1981年及时地完成了此项工作。史密斯接着说，尽管他被迫依赖的翟理斯（Giles）的译本靠不住，但是"我深信中古时期中国的法医学已经远远超过了当时欧洲的做法"[36]。

19世纪中叶以后，尽管又出现了很多与《洗冤集录》一样讨论此类问题的书，但是它们并不那么重要。欧洲的解剖学和法医学逐渐传入中国，导致了今天的综合[37]。

在翟理斯翻译所使用的最新版本（1843年）中，《洗冤录》由四卷组成。卷一涉及区分真伤和假伤，检验腐烂的尸体，检验骨头以判定死者是在生前还是死后受的伤，以及观察在不同季节里尸体的腐烂情况。卷二涉及创伤，不管伤是由手足还是通常的武器造成的；用武器自杀，自缢，以及焚烧，不管是发生在生前还是死后。卷三讨论各种可疑的表现，以及由于从高处落下或挤压造成的死亡。其中还包括多种毒药及其效果。卷四考虑到了抢救的办法，如上吊、溺水、烫伤或冻伤后的抢救办法，并且接着对毒药作药理学解释。 189

我们最好引用一下《重刊补注洗冤录集证》（1837年）的首卷：

> 没有任何东西比人的生命更重要；也没有任何罪行大过该处以死刑的罪行。杀人者必须偿命；法律毫不留情。如果此类刑罚不适当，遗憾就是不可避免的。因此，供词和所作判决的正确性依赖于对伤害所进行的恰当的检验。如果情况属实，并且被告的供词与之吻合，那么就会以命偿命。知道法律的人就会畏惧法律，人们的犯罪行为就会减少，人类的生命就会经常显现出它应有的价值。如果没有真诚地进行审讯，死者的冤屈没有洗雪，对生者而言，新的冤屈就会产生，被夺去的就不是一条生命，而是两条甚至更多条，双方都会燃起复仇的火焰，没有人能预见它的终结。
>
> 在涉及人命的严重案件中，当人还没有死亡时，一切都依赖于官员及时地亲自对受害者所进行的检查，记录下要害部位所受的伤，并判断它们的严重程度。他们确定一个"死亡期限"，希望医学技术可以将其治愈。即使必须在死后再进行检查以确定合适的处罚，也可以避免由完全解剖所带来的不愉快。
>
> 在已经由创伤造成死亡的地方，更有很大的必要在当天作解剖检验，此时更容易对每一处伤口的大小及严重程度进行记录和标注。如果时间上有所延误，尸体就会腐烂。防止捏造假的创伤或篡改真的创伤，是谋杀案中最重要的关键。法官由仵作［见下文 p. 191］陪同，应以最快的速度赶往案发地点，以使有罪的当事

---

[36] Smith（1951），p. 602；格拉德沃尔［Gradwohl（1954），p. 7］对此作出了回应："当它首次被记录下来的时候，就已经远远领先于世界上任何其他地方。"

[37] 关于这一发展过程的描述，见仲许（*1956*）以及郭景元（*1980*）。更进一步的研究，见陈康颐（*1952*）以及贾静涛和张慰丰（*1980*）。〔这些论著没有表明传统中国的与现代西方的法医学的综合已经形成，但是在法庭上西方的法医学已经取代了中国的。——编者〕

人不可能有时间编造逃脱罪责的借口。

如果死亡刚刚发生，首先要检查的是头顶，然后是背部、耳朵、鼻孔、咽喉、肛门以及阴部，事实上，身体中任何可被塞入东西的部位都要检查，希望在这些地方发现使用了尖锐器具的痕迹。如果没有任何发现，就继续系统地检查尸体。

如果必须对尸体进行检查，首先要仔细询问死者的亲属及邻居，以查明凶手的特征。命令他们清楚地陈述谁用什么武器攻击谁，伤在了身体的什么部位。清楚地记下每个人的证词。

随后带着你的助手、仵作、上诉人以及被告一起去陈尸地点，检查尸体并以规定的格式起草报告。记载死因是否与致命之处的创伤有关，是否在皮肤或肌肉上可以看到创伤，或者创伤已经达到了骨骼。记下它的颜色［青、红、紫或黑］，以准确的尺寸记录下它的圆周及长度；是由手还是由脚造成的，或是由某种武器造成的；是否严重，是新伤还是旧伤。核对每一处创伤的记录，以保证每一个记录都清楚无误。自己动手填写并注解用于记录尸体详情的表格。不要把这些事留给你的助手完成。不要让自己被尸体的气味（“气”）所阻止而坐在远处，你的观察会被去气味的熏烟所阻止，让仵作说出伤口情况并让你的下属填写表格，以致他们隐藏了重要的情况而报告些微不足道的事情，并增加或减去细节。

190

考虑到由自缢、自刎、服毒、焚烧、溺水以及其他各种原因所引起的死亡的差异，为了揭露每个细节从而保证裁决的可靠，你必须详细地审视［尸体］。如果有所疏忽，仵作和秘书就会歪曲报告的内容；犯人会想出逃避刑罚的办法，死者的亲属会对你的判决提起上诉，讼师会小题大做，恶棍会玩弄他们的诡计。在这种情况下，裁决常常会变成不可相信的。如果下令再进行一次审讯［以消除那些不确定的因素］，可能就有必要蒸煮尸体并剔刮骨头，这是对死者的暴行也令生者重负不堪。这些就是因拖延和敷衍履行你自己的职责而产生的弊端[38]。

〈事莫重于人命，罪莫大于死刑。杀人者抵，法固无恕。施刑失当，心则难安。故成招定狱，全凭尸伤检验为真，伤真招服，一死一抵。俾知法者畏法，民鲜过犯，保全生命必多。倘检验不真，死者之冤未雪，生者之冤又成，因一命而杀两命数命，仇报相循，惨何底止。人命重狱，关系匪小。被伤之人未死以前，全在官司据报即时亲验，注明受伤在何要害之处，辨别轻重，立限保辜医治，冀其平复。即死后复验定抵，可免通身拆检之惨。至受伤已死人命，更须即日相验，尸未变动腐烂，伤之轻重分寸，易于执定填格。迟久尸溃肉化，恐防揑假溷真。此人命之第一关键也。印官带领仵作，迅速前往，令作奸犯科之徒，忙中难以措置。相验初死之尸，先看顶心、发际、耳窍、鼻孔、喉内、粪门、产户，凡可纳物去处，恐防暗插钉签之类。无故，然后沿身相验。若果应检，须于未检之先，详鞫尸亲邻证凶犯，令实供明，某以何物伤某何处，立明供状。随即亲督吏仵带同两造，齐至尸所，如法检报。定执要害致命系在某伤，或见于体肤肢肉，或已破断人骨，青红紫黑颜色，围圆长短分寸，手足他物凶器，轻重新旧，比对伤痕，件件明白。尸格挨次亲手填注，不得假手吏胥。切勿厌恶尸气，高坐远离，香烟熏隔，任听仵作喝报，吏胥填写，以致匿重报轻，减多增少。况人命自缢、自刎、服滷、服毒、

[38] 译文见 Giles（1874），p. 61，经作者修改。关于“致命之处”，见下文 p. 192。

火烧、水溺，种种致死不同，必细察审视，各情输服，方成信案。否则仵作吏书，作奸舞文。检验之后，开凶犯之巧辩，尸亲之告发，讼师挑唆，光棍挟诈，每致狱案难成，别委检验，蒸骸剔骨，死者惨遭洗罨，生者拖累不堪，是皆检验不速、不实之弊也。〉

对上文中的几个要点需要作些解释。第一，就我们所知，在西方中世纪的法律中没有与中国广泛使用的“死亡期限”（“保辜”或“守辜”）类似的说法。也许将这个术语翻译成“责任期”或“责任的时间期限”会更加恰当。受伤者会被交给攻击者的家庭照顾一段规定的时间。这么做是因为有罪的当事人会非常希望避免谋杀的刑罚，所以他会花钱请最好的医生，他的家庭也会照料受害者直到康复。如果受害者在这个期限内没有康复，攻击者就得负责任；但是如果发生死亡，即使只超过这个期限半天，那就不会认为死亡是攻击者的过失。这个体系保护了双方当事人㊴。

第二，虽然在审讯过程中由法官填写标准化表格的做法带有一种现代的味道，但是郑兴裔于1174年在《检验格目》中就采用了这个方法。郑兴裔是一名“提刑”，在审理过程中出现的含糊不清、欺骗及误判使他深受其害。他设计了一系列的数字表格，把案件的很多方面都包括了进去，特别是受害者及攻击者的姓名、犯罪的日期和时间、案发地点与法官办公地点相隔的距离、伤口的数目以及死因，还包括相关官员的姓名㊵。1204年，有一位法官引进了尸体的前面和后面的外形示意图，所以验尸官可以用有色墨水标出伤口或挫伤的位置来增强可视性。元代版本的《洗冤集录》中包含了这些内容。这些表格要一式三份，一份呈送州府，一份给受害人亲属，最后一份由“提刑”保管。这种表格自然是对公正的热情及中国社会官僚主义特色的产物。

填写表格的做法在西欧是近代才有的㊶，但是在18世纪，需要在中国海岸维修船只的船长们惊讶地发现沿岸的地方官员在填写表格：需要多少木头，需要多少木工，等等。这正是中国的官僚机构领先于欧洲好几个世纪的又一例证。 191

第三，还有一个关于“仵作”的问题。这个官职最终变得级别低微，且不是任命的，他（或者她，如果检验的是女尸）注意观察尸体上的伤口，并向法官大声报告它们的类型。他还要准备好尸体以供检验并完成一些简单的必需程序。需要强调的是，

㊴ 例如，当四肢被刀以外的器具所伤时，期限为20天；刀伤、沸水烫伤或者烧伤，30天；其他损伤，10天。骨折或流产，期限为50天。这是《斗殴律》中所作出的规定；《重刊补注洗冤录集证》卷一，第十页。

这些做法在公元1世纪的辞书《急就篇》（第六十七页）中被提到。更多的细节，见 van Gulik（1956），p. 92，以及 Alabaster（1899），pp. 229 ff.。

㊵ 《建炎以来朝野杂记》（1127—1130年间）乙集，卷十一，第474页。《宋会要》中的一篇相似的记载加入了当需要时进行第二次讯问的细节；第一七〇册，刑法六之五、之六。

㊶ 见 Gradwohl（1954），pp. 60，76，101-103。这一做法也许可以追溯到德布莱尼［de Blégny（1684）］和德沃［Devaux（1703），p. 9］书中医学报告的标准化。关于帕雷［Ambroise Paré（1575）］的报告，见下文p. 197。

关于安森海军上将（Admiral Anson）于1740—1744年间环球航行的一段关键的文字（1742年12月19日的条目），可见沃尔特［Walter（1750）］的论述。一个“满清官吏”受广州总督的委托在澳门的停泊处参观了安森的船“百夫长”号（*Centurion*），并在事先准备好的表格上记录下了所有需要维修的细目。我们之所以掌握了这个情况，要感谢皮克（G. F. Peaker）先生及埃文斯（Ulick R. Evans）博士。

他们用醋清洗尸体，醋无疑是作为一种防腐剂[42]。至于中古时期的中国协助检验女尸的"老妇人"（"坐婆"、"稳婆"），她们通常都是些接生婆。在秦代早期，她们通常是女奴隶（"隶臣妾"）。

在15世纪后期欧洲反映解剖的图画中，教授穿着长袍，高高地坐在一个小隔间中读着书。底下，有一个仆人模样的演示者或解剖员在实际地解剖。一个验尸助手在旁边用木棍把各个部位指给并不动手解剖的学生们看[43]。"验尸助手"，即"演示的那个人"，勾画出了"仵作"的职责。

"仵作"早先的名称是"行人"，因为他必须立刻赶往发现尸体的地方。不当班的时候，他很可能就是殡仪事务的承办人，卖棺材的老板，也许是理发师或者屠夫，工资少，在社会上受鄙视，没受过正规教育。有句话就强调"永远不要只把仵作所说的话作为你报告的基础"[44]（"切莫任听仵作喝报"）。

自1268年以后，法律赋予了仵作更多的职责。尽管法官仍需参与对尸体的检验，仵作则必须确保所查明的内容是真实的。在下毒的案件中，会立即找来行医之人。仵作最初由平民担当，但是在清末，出现了专门训练此类人才的学校。最后他们得到了"检验吏"或"检验官"的头衔，在官僚体系中位于第九品。

192　最后，"讼师"可能被看作法律职业的非正规的先驱。尤其是在清代，当很多通过了地方考试的人没有希望得到官方任命的时候，其中的一些人就在刑事案件中充当了没有法律地位的中间调解人的角色，为了其中一方或另一方的利益而提出书面异议。确切地说，这并不是一种职业，但是却使很多人以此为生。与他们写辩护状的能力相比，他们的法律知识也许就显得不是那么重要了。

(8) 与医学有关的有趣问题

现在当我们转而讨论这些论著中特有的医学内容时，会发现其中有许多十分有趣，因为政府坚持调查者要近距离检验死于未知情况者的身体[45]。正如我们已看到的，1247年的《洗冤集录》强化了以前所有的法医学知识。其各个修订版本的作者们以各种方式重新编排了这本书，并改变了书名。在后文中，我们会将《洗冤集录》原书与被称作《洗冤录》（翟理斯所使用的1843年版引用此名）的经大幅增补的1662年版《律例馆校正洗冤录》区分开来。

---

[42] van Gulik（1956），pp. 60，171—172。这个专名在宋慈的书中（《洗冤集录》，第23页以及各处），以及在诸如1133年的《折狱龟鉴》这样的早期著作中均有使用。贾静涛（*1982*）和仲许（*1957*）已经对仵作及其工作的历史进行过描述。和𡸣在《玉堂闲话》中也就此问题作了大量阐述。

[43] 例如，见意大利的《医学汇编》（*Fasciculo di medicina*）中的插图，该书印于1493年的威尼斯（Venice），以及蒙迪诺·德卢齐（Mondino de Luzzi，约1270—1326年）的《解剖学》（*Anothomia*）意大利文译本的首页，见Singer（1957），fig. 35，p. 7。

[44] 《洗冤录解》（1831），引自贾静涛（*1982*）。宋元时期，此官职常被称为"仵作行人"；《洗冤集录》，第40—41页。

[45] 阿拉巴德［Alabaster（1899）］研究了清代过失杀人（pp. 288 ff.）、谋杀（pp. 292 ff.）、自杀（pp. 303 ff.）以及袭击（pp. 346 ff.）案件中的做法。

宋慈及其后继者们仔细地列出了“致命之处”，这些部位的任何外伤、挫伤或击打都是异常危险的，可能会导致内伤或死亡，并且有时还没有任何外在的症状。它们的名称和穴位（acu-point）的名称类似。这些特别危险的，可能成为致命损伤的部位（“致命之处”）[46]，在身体前面有16处（或22处，如果把身体两侧的一起算上的话），在身体背面有6处（算上身体两侧是10处），这样加起来总共就有32处。这其中有许多已经被现代医学所证实，如头骨的囟门，枕骨及颈部区域，胸骨的上下部位，会阴部及阴囊等[47]。

该书提醒检验者注意，在检验尸体时，不要被尸体令人厌恶的状况所吓住，而是在每一个案件中都要和仵作一起完成从头到脚的系统检验。书中特别建议检验者要辨别伪造的创伤，以及由拳打、脚踢和各种武器造成的创伤，辨别勒死和溺死。意外的溺死必须要分清是被人强按水中所导致死亡还是跳水自杀。它还讲解了如何查明勒死被伪造成了自杀，如何辨别一个人是溺水而亡还是在死亡后被人投到水中。它还说明了死后焚烧与活活烧死之间的区别，以及各种毒药的痕迹之间的区别。它还忠告检验者要尽量仔细地研究地点、周围的事物以及周边环境；任何事物都不能以无关紧要为由而被忽略[48]。 193

《洗冤录》中描述了许多实验与测试，其中一些按照现代医学科学来看也是很明智的，其他的则兼有原始科学及民间信仰的成分。例如，用一些值得注意的技巧，来使创伤、严重挫伤、淤伤或者骨折等清晰地呈现在身体的表面。特别是，用红油纸伞过滤掉阳光中的直射光，就使得某些变色更加醒目。

标题为“论沿身骨脉及要害去处”一节中的文字说道：

> 检验骨头时，必须是晴朗明亮的日子。首先要用水把它们洗干净，然后在把它们放置在席子上之前，要用麻线把它们系在一起[形成骨架]。接着在地上挖出一个五尺长、三尺宽、两尺深的凹槽，在里面焚烧木柴和炭块直到把地面烧得非常热。清空槽中灰烬，倒入两升好酒及五升浓醋。当它们仍在冒蒸汽的时候，把骨头放入凹槽中，并盖上草席，等待2到4个小时[49]。当地面变冷时，移开草席，把骨头拿到一处平坦明亮的地方，在那儿就可以在抹上防水油的红色丝绸伞或红色纸伞下检验它们了。如果骨头上有被击打的地方，就会有红色的微痕。骨折的两端会显现出血红色的晕轮。如果你把骨头放在光下，它显现出鲜艳的红色，就证明损伤是在死前造成的。反之，如果骨折了，但是没有红色的微痕，那骨折就

---

[46] “致命之处”的术语出现在《洗冤集录》中，但是仅仅在《重刊补注洗冤录集证》中才给出了“致命之处”的示图。见 Lu & Needham (1980)，图79、80；其中的年代应该被改为17世纪。我们还（pp. 302 ff.）讨论了与“武术”有关的“致命之处”。

[47] Camps & Cameron (1971)。

[48] 大部分此类讨论都在《重刊补注洗冤录集证》中被大大扩充了。

[49] 骨头应该已彻底清理干净。

是死后发生的……[50]

〈检骨须是晴明。先以水净洗骨，用麻穿定形骸次第，以簟子盛定。却锄开地窖一穴，长五尺，阔三尺，深二尺，多以柴炭烧煅，以地红为度。除去火，却以好酒二升、酸醋五升泼地窖内，乘热气扛骨入穴内，以藁荐遮定，蒸骨一两时，候地冷取去荐，扛出骨殖向平明处，将红油伞遮尸骨验。○若骨上有被打处，即有红色路微荫，骨断处，其接续两头各有血晕色。再以有痕骨照日看，红活，乃是生前被打分明。○骨上若无血荫踪，有损折，乃死后痕……〉

这种使用滤光器的方法，是现代法医学中运用红外光及其他类似辅助性方法的鼻祖[51]。

这种做法非常古老。大约在11世纪末，沈括在他的《梦溪笔谈》中讲述了一个有趣的故事：

"太常博士"李处厚在庐州慎县任知县时，发生了打人致死的案件。李处厚前去检验受伤处。他在骨头上涂抹上酒糟、灰烬的浸液及此类的物质，但是没有发现受伤的痕迹。一个年老的随从请求进见，并说"我是以前本地的办事官员。我知道你的检验没有查出［干坏事的］痕迹。它们很容易显露出来。在阳光下，取出一把新的红色的浸过油的［纸或丝的］阳伞［支在尸体上］。往尸体上倒水，痕迹就会变得可见"。李处厚按照他说的做了，受伤处马上就清晰可见。从那以后，淮河和长江地区的官员们就经常使用这种方法了[52]。

〈太常博士李处厚知庐州慎县，尝有殴人死者，处厚往验伤，以糟胾灰汤之类薄之，都无伤迹，有一老父求见曰："邑之老书吏也，知验伤不见其迹，此易辨也：以新赤油伞日中覆之，以水沃其尸，其迹必见。"处厚如其言，伤迹宛然。自此江淮之间官司往往用此法。〉

194　因为同样的故事出现在了公元880年左右的《玉匣记》中，所以"红光验尸"的做法至少可以追溯到唐代。这样的记述还再现于1133年的《折狱龟鉴》及1643年的方以智的《物理小识》中[53]。

发现这些文献的王锦光（*1984*）对滤光器进行了实验。他发现，只让可见光中最长波长（大约6500埃［650纳米］）通过的红色玻璃或红色尼龙，就具有与文献所说的那些滤光器物类似的效果。如此过滤后的光线甚至可以把最深的皮下血管显现出来。另外，不可见的淤伤则显现出略带紫色。

我们也在《洗冤集录》中发现了大量骨骼学的和解剖学的描述。它使用把生者的血滴在死者的骨头上的方法，来检测他们的遗传亲属关系：

使用将血滴在骨头上的方法来鉴别亲属关系：你有一个样本甲，是一位已死

---

[50] 《洗冤集录》，第十八节，第52—54页；译文见McKnight（1981），p. 102，由作者译成英文，经修改。参见杨奉琨（*1980*），第45页起，第136页，以及《重刊补注洗冤录集证》［卷一，第四十九至五十六页，译文见Giles（1874），p. 66］中对应的段落。

[51] Walls（1974），pp. 69 ff.。关于滤光伞的另一个用法，见第八节（p. 41），译文见McKnight（1981），p. 81。

[52] 《梦溪笔谈》卷十一，第十页（第209条），由作者译成英文。灰烬的浸液必定是呈弱碱性的，用于去油并漂白骨头。

[53] 《物理小识》卷三，第二十四页。

去的父亲或母亲，他（她）的骨头是可以得到的。乙来要求承认是儿子或女儿。你要如何鉴别？让要求者轻轻地割破他或她自己，挤出一两滴血，并把它滴在双亲的骨头上。如果乙确实是儿子或女儿，并且只有在是的情况下，血液就会渗入骨头中。这就是平常所说的“滴血认亲”。

〈检滴骨亲法，谓如某甲是父或母，有骸骨在，某乙来认亲生男或女，何以验之？试令某乙就身刺一两点血，滴骸骨上，是的亲生则血沁入骨内，否则不入。俗云“滴骨亲”，盖谓此也。〉

《洗冤录》则更加详细一点：

孩子可以通过以下的方法来确定其父母的骸骨：让查询者用一把小刀把他或她自己割破，把血滴在骨头上。如果确实存在亲属关系，并且只有在存在的情况下，血液就会渗入骨中。注意：如果骨头事先用盐水清洗过了，则即便他们之间存在亲属关系，血液也不会渗入骨中。这是一个需要预防的伎俩[54]。

〈父母骸骨在他处，子女欲相认。令以身上刺出血，滴骨上。亲生者则血入骨，非则否。(……骨经盐水洗过，虽实为父子，滴血亦不能入，此作奸之法，不可不预防。)〉

这种“滴血”检测的出现要远早于13世纪。在公元3世纪的陈业的故事中就提到了这种检测。陈业在一次海难后，用这种方法鉴别出了他兄弟的尸体。在公元6世纪的豫章王萧综的传记和民谣《孟姜女》中也提到了这种检测，《孟姜女》讲述的是公元前3世纪的事情[55]。

也许这些传统的做法并没有合理的基础，但是人们永远也不会确定无疑，因为这其中可能涉及一些免疫学特性；毕竟，血型在今天已被用于检测亲属关系[56]。也许写下这些事情要冒着被当成迷信的危险，因为科学的进步有时会揭示人们最初无法理解的解释。无论如何，这种古老的检测是利用现代免疫学方法来测定亲缘关系的鼻祖。 195

还有一段关于火化发生后对植被的地植物学影响的有趣陈述。在论述检查谋杀地点的章节中有一条评注，评注所在段落是关于核实一个凶手的焚尸灭迹的供词的[57]：

---

[54] 《洗冤集录》，第十八节，第53页，译文见 McKnight（1981），pp. 101—102，由作者译成英文，经修改；《重刊补注洗冤录集证》卷一，第五十七至六十页，译文见 Giles（1874），p. 73。

[55] 仲许（*1957*）以及李仁众（*1982*）也列举了其他的一些案件。第一个记载于《梁书》卷五十五，第824页，第二个记载于《会稽先贤传》。在歌谣中，这个检测在丈夫与妻子间进行，宋慈及后世的医学法律专家们一直反对这样的检测用途。后来兄妹（姐弟）间的亲缘关系检测是观察双方的血滴在完全纯净的水中是否“凝结”（即沉淀）（《重刊补注洗冤录集证》卷一，第五十五页）。无论如何，歌谣正是此种检测为众人所知的力证。〔这首非常流行的歌谣的原形可能最初出现在唐代，大概在它所讲述的事件之后一千年。见 Nienhauser（1986），pp. 88-89以及各处。——编者〕

[56] 我们的已故的朋友莱曼（Hermann Lehmann）教授告诉我们，除了O型血，所有其他的血型都可以在骨头上沉淀。如果死亡时间不长，它们也会沉入亲属的尸骨中。在《洗冤录》的各种版本中，很多报告的案件证实了这种检测的有效性及准确性（例如，《重刊补注洗冤录集证》卷一，第五十七页起）。关于法医学中所使用的凝集素和红细胞抗原，见 Walls（1974），pp. 133 ff.，155 ff.。亲缘关系的检测，现在是用脱氧核糖核酸（DNA）“指纹”来做的；见 Jeffreys *et al.*（1985）以及 Hill *et al.*（1986）。

[57] 《重刊补注洗冤录集证》卷一，第六十一至六十二页；《洗冤集录》中未载。

在焚烧尸体的地方，草就会变成深黑色并显油润，比它周围［的草］要高。这些特征在很长一段时间内都不会改变，因为尸体的脂肪和油膏已经深深地渗入到草根之中。随着时间的推移，它将一直茂盛。如果这个地点在一座山上或是靠近草地的荒野之地，那么尽管那里的草自然会长得很高，但是这个地点的草会比它们长得更高，最后它会长得像人形。如果焚烧发生在多石之地，你可以依据石头的碎片及破裂情况［来描出受害者的轮廓］；这是很容易辨别的。

〈盖焚尸之地，其草必深黑油润，高大异于众草，至久不易。因人之脂膏深入草根，为日虽久，草终畅茂。如系山野草泽之旁，素产蒿莱之所，则更加高大，竟同人形。若于有山石处焚烧，则以石之碎裂为凭，更复显而易见。〉

《洗冤录》中还描述了由某些疾病所引起的死亡，如狂犬病或者破伤风等，它们相当容易辨认，另外也描述了各种物质所引起的中毒，包括砒霜、纯碱等，以及其他的中古时期自杀案件中最常用的急救方法。它还用较长篇幅介绍了止血剂、解药、催吐药以及各种能在下毒案件中使用的急救方法。它还顺便介绍了对怀疑被下毒的食物做动物试验[58]。试验法是中国法医学的特色，可以追溯到汉代，毫无疑问它非常重要。

这本书也描述了一氧化碳中毒。这并不意外，因为屋子是用炭盆来取暖的[59]。另一方面，书中包含了很多复活与重生的内容，包括我们今天所说的“口对口人工呼吸”（kiss of life），并得到呼吸反射从而重新开始呼吸[60]。所有这些方法都是属于17世纪后期的。

总而言之，康熙时期的校刊者具有广博的医学知识。作者们知道疾病和药物的医学术语，并且知道它们的用法。他们频繁地提到医生常说的“气”。和他们的前辈一样，他们引用了像张声道的《经验方》（1025年）这样的医书。他们也提到了《五脏神论》。这或许是某一版本的《黄帝内经》中某篇的标题。他们还吸收了一种更古老的法医学著作——无名氏的《内恕录》。这些书名都没有被那些书目编纂者提到。

196

（9）与欧洲的一些比较

最后，我们回到我们的起点，即法医学在欧洲的发展。在古希腊，法医学并没有太大的作用，尽管也许它在罗马所起的作用要大些。在希腊化时代的埃及，“公共医生”会向地方长官汇报可疑的案件[61]。

拜占庭人（Byzantine）做得要比早期的希腊人和罗马人多。在公元529—564年的查士丁尼（Justinian）的法律法规中，我们发现了许多引人注意的新东西。《查士丁尼

---

[58] 《重刊补注洗冤录集证》卷三，第十九页；卷四，第十七页；卷三，第三十六页；译文见 Giles（1874），pp. 92，103，94。

[59] 《重刊补注洗冤录集证》卷三，第五十二页，译文见 Giles（1874），p. 97。炕，是一种供坐卧的有通道引来火炉热空气的平台，尤多见于中国北方，它是另一个危险的因素。

[60] 《重刊补注洗冤录集证》卷四，第一页起，译文见 Giles（1874），pp. 98 ff.。

[61] 见 Ackerknecht（1950–1951），Gorsky（1960），Greene（1962）以及 Kerr（1956），pp. 340 ff.。关于埃及，见阿蒙森和费恩格伦［Amundsen & Ferngren（1978）］的论文，他们查阅了大量的纸草文稿残篇。

法典》（Code of Justinian）规定了医药、手术及助产术的规范，需要被承认的医生的等级，任何城镇中医生人数的限定，以及对治疗失当要施行的处罚[62]。医疗专家在法律程序中的地位和职责，变得比先前的著名格言“*Medici non sunt proprie testes*，*sed majus est judicium quam testimonium*”（医生不是普通的证人，要提供判断而不是证词）中所说的更为明确。悉尼·史密斯已未加修饰地对格言作了解释，它的意思是，医学专家如果仅仅是被当作一方或另一方的证人而出庭的话，他就没有起到恰当的作用；他的职责更应该是以基于专业知识的公正观点给予司法官帮助。正如他所言，这句格言直到今天仍是正确的[63]。

《查士丁尼法典》要求法官在多种案件中咨询医学专家的意见，所涉及的问题包括不育、怀孕、阳痿、强奸、投毒、嫡生、精神病以及生存者对共有财产中死者所有部分的享有权（survivorship）。史密斯的说法可能是对的：在古代，查士丁尼的法律法规最接近于所定义的法医学。但是目前仍然没有见到系统的论著。

罗马和拜占庭的法律通常更关注财产、遗产、遗嘱、监护人的职责等，而对于导致审讯的犯罪行为的关注则要少一些。另一方面，在中国，法律似乎一直主要是刑法，而其他的事务，如果可能的话，则由社会中的长者或领导者来处理。只有在不能通过其他方式解决的情况下，争议人才会把民事问题带到法庭上[64]。当然，如果由意见不合引起了斗殴，地方法官则会出面处理。

欧洲中世纪的法律体系保留了些许查士丁尼时期的遗风。亨尼西特（Hunnisett）所著的《中世纪的验尸官》（*The Mediaeval Coroner*，1961 年）是此类书中写得最好的，它差不多涵盖了从诺曼底征服（Norman Conquest）到 15 世纪末的整个时期。你在该书索引中查找任何显示医学发展证据的事物，只会无功而返；“内科医生”、“医疗”及“医生”这样的字眼并没有出现在其中。

这段黑暗的时期，似乎是在 1507 年结束的，当时班贝格的主教（Bishop of Bamberg）和施瓦岑堡的约翰（John of Schwarzenberg）颁布了一个全面的、系统的刑法典，它很快就被近邻的德国州郡所采用。在 1532 年和 1553 年，《班贝格法典》（*Bamberger Code*）发展成了更有影响力的《加洛林纳刑法典》（*Constitutio criminalis carolina*；Caroline Code），并由查理五世（Charles V）颁布，在整个帝国范围内遵守执行。这两部早期的德国法典首次清晰而明确地要求，法官在谋杀、伤害、投毒、吊死、溺死、弑婴、流产及其他涉及人的情况的案件中，要获得专家的医学证词作为他们审案的指导[65]。 197

介于这两部法典颁布之间的 1543 年，维萨里出版了他那本辉煌的专著《人体构造论》（*De fabrica humani corporis*）[66]，这几乎不可能是巧合。维萨里为后世的各种尸体解

---

[62] 参见 Thomas（1975，1976），Scott（1932），Pothier & de Bréard-Neuville（1818），以及 Tissot（1806）。

[63] Smith（1951），p. 601。彼得·斯坦（Peter Stein）教授在做了一番彻底的调查后告诉我们，这句话并不在《查士丁尼民法大全》（*Corpus Juris Civilis*）中。它有可能出自某条后世的注释，但出处尚未找到。

[64] 关于晚清时期的民法，见 Allee（1994）。

[65] Smith（1951），p. 602。

[66] 见 Singer（1957），pp. 110 ff.。

剖铺平了道路，他亲自从事解剖，废除了原来的演示者和验尸助手。他也是一位伟大的富有创造力的艺术家，他制作的插图格外有影响力。他和伽利略等人一起，使现代科学得以形成[67]。

正是在这样的氛围中，医学科学家开始意识到他们的证词对于指引法官做出正确判决是必不可少的。也许第一个意识到这一点的就是著名的法国外科医生安布鲁瓦兹·帕雷（Ambroise Paré）。他的《关于报告以及用防腐药物保存尸体的方法》（Traicté des rapports，et du moyen d'embaumer les corps morts）从未被单独出版，但刊载在了1575年于巴黎出版的他的合集《帕雷全集》（*Les oeuvres de M. Ambroise Paré*，*Conseiller et Premier Chirurgien du Roy*）中[68]。其后，这本文集被多次重印，并于1634年被翻译成了英文，其中这篇专题论文的标题是“如何做报告，以及如何对尸体作防腐处理”（How to make reports，and to embalme the dead）。

第一篇关于法医学问题的综合论文是意大利医生福尔图纳托·费代莱（Fortunato Fedele）所撰写的《医生的报告》（*De relationibus medicorum*），于1602年在巴勒莫（Palermo）出版。虽然费代莱是与王肯堂同时代的人[69]，但他却不知道对方的存在，更不用说对方所做的工作了。不久以后，费代莱的书就被另一部让人印象更加深刻的著作所掩盖了，那就是1628年在罗马出版的保罗·扎基亚（Paolo Zacchia）的《法医学问题》（*Quaestiones medico-legales*）。这本书讨论了所有可能困扰法官及其助手的问题。虽然书中的解剖学和生理学知识仍很贫乏，但是它长期保持着极高的声誉。法医学学科就此诞生了[70]。

自此以后，所有的欧洲国家都在这个领域中展开了竞争。人们可能会提到1614年在汉堡（Hamburg）出版的罗德里戈·卡斯特罗（Rodericus à Castro）的德文著作《具有政治责任的医生》（*Medicus politicus*），以及1684年在里昂（Lyon）出版的德布莱尼（Nicolas de Blégny）的法文著作《外科学》（*La doctrine des rapports de chirurgie*）。至此，哈维（Harveian）的血液循环学说已被普遍接受，医学也在进入自己的现代阶段。我们没有必要进一步追踪这门学科进入现代及当代以后的历史了。

198　现在剩下的只是考虑一下马伯良的有趣的意见了。他认为宋慈的榜样可能对后来中世纪的欧洲，尤其是对诺曼英格兰（Norman England），产生了影响[71]。早期的盎格鲁-撒克逊人（Anglo-Saxons）和德意志人（Germans）的法律，确实曾要求对创伤进行非常精确的描述，因为要为损伤进行货币赔偿。所有的法庭成员理应查验那些创伤。

---

[67] 自古代以来，大体解剖学在中国自然也得到了很好的发展；在《黄帝内经·灵枢》中记有器官的重量和血管的长度；Yamada（1991）。我们觉得，导致19世纪中国法医学落后于西方的主要原因，并非缺少解剖学而是缺少显微镜应用、生理学以及生物化学。

[68] Doe（1937），p. 107。

[69] 关于王肯堂，见下文 p. 200。这两篇论文同时问世似乎是某种奇特现象的又一个实例。虽然科学革命只发生在欧洲，但在16世纪后期及17世纪，很多不寻常的表现近代科学精神特质的例子也自然地在中国出现了；Needham（1983）。

[70] Smith（1951），pp. 602 ff.。

[71] McKnight（1981），pp. 24—25。

英国的体系也形成了与之非常相似的做法。自 1194 年之后，各郡挑选出来的“验尸官”（crowner）对所有死于凶杀或事故者进行验尸已经成为惯例。选任验尸陪审团成员，要求陪审团团长发誓，所有这些都在公众面前进行（*coram populo*）。从受伤到死亡的时间期限是设定的，但是受害人不会像在中国那样被移交给他的攻击者来进行尽可能的医治。马伯良还指出，当我们看到指控验尸官所犯过失的清单时，就会发现英国做法与中国做法的相似之处更加引人注目。这些违法行为包括：他们经常派代理人去查验，工作中拖延和耽搁，收受贿赂，记录中所填写的情况或并不源于审讯或明显是虚假的。

那时诺曼英格兰与西西里的诺曼底王国（Norman Kingdom）建立了紧密的联系，罗杰二世（Roger II，1098—1154 年）与腓特烈二世（1194—1250 年）都对智力问题（intellectual matters）非常着迷。西西里宫廷与远东地区的伊斯兰国家有着密切的联系。所以其中可能会有着某些关联。我们在（c）节部分中已经提出，医生资格考试的理念从中国经巴格达传到了诺曼西西里（Norman Sicily），并从那里传到了萨莱诺和整个欧洲；因为公元 931 年在巴格达，哈里发为所有要取得资格的医学学生设立了考试。

除非我们对阿拉伯国家中关于谋杀、意外死亡及自杀的调查做法有更多的了解，否则我们不能得出有关影响来自中国的结论。它应该比医学资格考试的理念晚得多。

最后，我们必须消除一个显而易见的矛盾。一方面，我们说，在现代科学兴起之前，对死亡及伤害案件中的医学证据的疏忽是欧洲中世纪的一个特征。我们也注意到，有关《查士丁尼法典》的注释曾给予了医学专家为法官提供建议的职责。当人们意识到前一表述特别适用于北欧，而拜占庭的看法则在南方，尤其是在意大利，始终保持不变，这就不自相矛盾了。直到 1252 年，当博洛尼亚成为欧洲首个确立“专家在所有对人实施犯罪的案件中提供医学调查服务”法规的城市之时，这才取得了成果[72]。惊人的巧合是，此事竟会如此紧密地跟随在旧大陆另一端的宋慈的《洗冤集录》（1247 年）问世之后。当然，博洛尼亚的医生并没有起草一部有关这个主题的有条理的专著。医生们似乎仅就诸如创伤是否是致命的，以及是在生前还是死后造成的问题作证。这与宋慈精细地划分各种杀人方式的做法相比，就显得过于简单了。在博洛尼亚的法规之后，接着出现的是布赖斯高地区弗赖堡（Freiburg im Breisgau）的城市法规，但是正如人们所预料的那样，它们要比前者晚 200 年，是在 1407 年及 1466 年出现的[73]。此时，作为解剖学知识缓慢发展的一部分，尸体解剖开始在意大利进行了。到了 16 世纪，近代科学开始在阿尔卑斯山脉（Alps）南北逐步发展；所以第一本关于毒药的书，即巴蒂斯塔·科德龙基（Battista Codronchi）的《论中毒》（*De morbis veneficis*），于 1595 年在威尼斯（Venice）出版就不是巧合了。正如我们在近代法医学奠基人费代莱和扎基亚的事例中已经提到的，近代科学的浪潮那时正在高涨。完全可以说，中国就处在经历若干世纪而抵达这一精确性和理解力的全新高度的跑道之中。

199

---

[72] Simili（1969，1973，1974），Münster（1956）以及 Samoggia（1965）。

[73] Volk & Warlo（1973）。

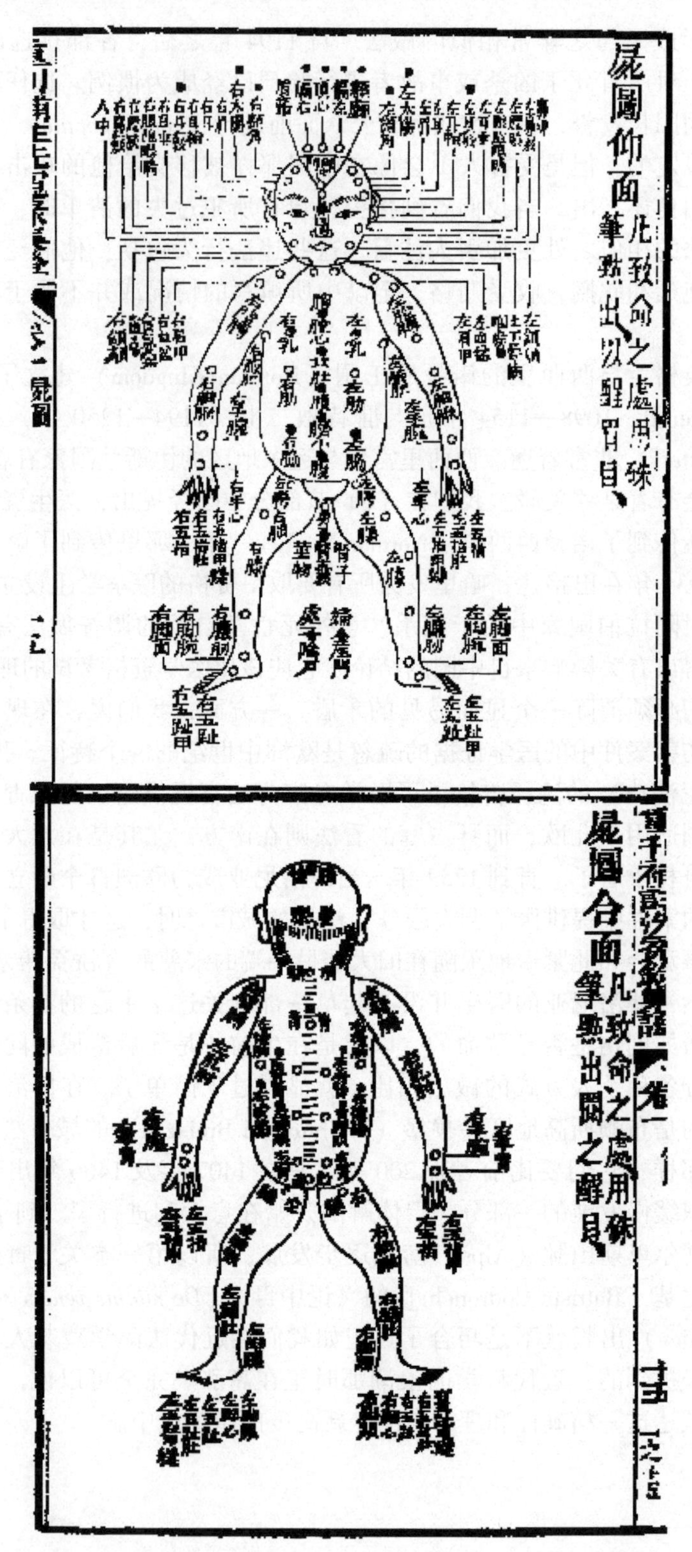

图 11　官方在案件审理中所使用的表格。要求地方官使用红色的墨水填充对应导致死亡的“致命之处”的圆圈。采自《洗冤录》。

附录:《洗冤集录》的版本及译本

(i) 译　　本

第一个西方语言的译本是耶稣会士韩国英的节译本(1779 年)。一个多世纪后,马丁(Martin)的较为完整的法文译本(1886 年)发表。利托尔夫(Litolf,1909—1910 年)由越南文版本译出的译本发表在一家河内(Hanoi)的期刊上。第一种完整的西方语言的译本,是德赫赖斯[de Grijs(1863)]从 1796 年的中文版本翻译为荷兰文的译本,随后布赖滕施泰因[Breitenstein(1908)]又将这个中文版本译成了德文。上官良甫(1974)提到了一位叫霍夫曼(Hoffman)的人的另一种德文译本,但是这一点在对西方图书馆目录的搜索中并没有得到肯定或验证。也许最有可能的翻译者是在 1834 年到 1877 年之间相当活跃的日本问题专家约翰·约瑟夫·霍夫曼(John Joseph Hoffman)。也有人说还有一个俄文译本,但是我们对此却一无所知[74]。 200

在一个多世纪里,权威性的译本是翟理斯于 1874 年在《教务杂志》(*Chinese Recorder*)上以系列文章的形式发表的译本。马伯良[McKnight(1981)]最终用现存最早的元代版本的译本取代了翟理斯的译本。

(ii) 版　　本

《洗冤集录》有过很多版本。现存最早的版本是元代的版本,该本保持了原初的五卷分法。古文物研究者孙星衍于 1808 年重新刻印了元版的校刊本,而马伯良则翻译了这个版本。该版本在首卷前附列了一些元代的案例和条例。该本还有一种杨奉琨(*1980* 年)的注释本。也可参见贾静涛(*1981a*)所做的出色的注释。

在清代,至少出版过 10 个版本。第一个版本,当然也是最重要的版本,是《律例馆校正洗冤录》,于 1662 年出版,并于 1694 年再版。受康熙帝委托的一个委员会,纳入了 12 本以上古代医书的内容,重新安排了小节标题,大大扩充了原书内容,并将卷数减为四卷。这些版本都没有前言或后记,也没有给出任何参考书目;可参考宋大仁(*1957b*)的论文。也许就是从这个时候开始,书名中略去了"集"字。后来所有的论著都是以这个修订本为基础的。100 年后,在 1770 年,乾隆帝批准将《检骨图格》附刊于《洗冤录》之后。

传统验尸官的手册大体上采取现存于《洗冤录集证》中的格式,该书是王又槐于 1796 年编辑的,并于 19 世纪增补。当伯希和[Pelliot(1909)]用他惯用的穷尽法给出各种版本的参考书目详情时,他忽略了一种衍生出的著作,即《洗冤录笺释》(约 1602 年),其作者是有声望的医生王肯堂。这本书现在已很少见,但是考虑到西方的医

---

[74] Anon.(*1978a*),第 479 页;杨文儒和李宝华(*1980*),第 121 页;施若霖(*1959*),第 37 页。

学同行在同一时期介入法律程序（见上文 p. 197），这本书的出版也是一件具有某种重要意义的事件。

更晚一些的版本包括《洗冤录解》（1831 年），附有阮其新的注释的《补注洗冤录集证》（1832 年），以及附有张锡蕃的注释的《重刊补注洗冤录集证》（1837 年）。各省司法部门所印刷的版本稍微有些不同。翟理斯［Giles（1874）］的译本依据的是一种 1843 年的刊本。1854 年出版的许梿的《洗冤录详义》标志着中国骨骼学向前迈出了重要的一步。在许梿当法官的 20 年间，每当他参加合适的审讯时，他就带上一位附属于他的部门的画家来画下骨骼的图形[75]。最后，我们应当提到贾静涛（*1981a*）的精审的现代注释本。

---

[75] 仲许（*1956*），第 501 页。

参 考 文 献

缩略语表

A　1800 年以前的中文和日文书籍

B　1800 年以后的中文和日文书籍与论文

C　西文书籍与论文

说明

1. 参考文献 A，现以书名的汉语拼音为序排列。

2. 参考文献 B，现以作者姓名的汉语拼音为序排列。

3. A 和 B 收录的文献，均附有原著列出的英文译名。其中出现的汉字拼音，属本书作者所采用的拼音系统。其具体拼写方法，请参阅本册书末所附的拉丁拼音对照表。

4. 参考文献 C，系按原著排印。

5. 在 B 中，作者姓名后面的该作者论著发表年份，均为斜体阿拉伯数码；在 C 中，作者姓名后面的该作者论著发表年份，均为正体阿拉伯数码。

6. 在缩略语表中，对于用缩略语表示的中文书刊等，尽可能附列其中文原名，以供参阅。

7. 关于参考文献的详细说明，见于本书第一卷第二章（ pp. 20 ff. ）。

缩略语表

ACLCNCE	*Academiae Caesaro-Leopoldinse Carolinae naturae curiosorum ephemerides*
ACTAS	*Acta Asiatica* (Bulletin of Eastern Culture, Tōhō Gakkai, Tokyo) 《亚洲学刊》(东洋文化研究所，东京)
ADVS	*Advancement of Science* (British Association, London)
AER	*Acta eruditorum* (Leipzig)
AGMN	*Sudhoffs Archiv für Geschichte der Medizin und der Naturwissens-chaften*
AHAW/PH	*Abhandlungen der Heidelberger Akademie der Wissenschaften* (Philol. -hist. Klasse)
AHR	*American Historical Review*
AJCM	*American Journal of Chinese Me-dicine*
AJDC	*American Journal of Diseases in Children*
AJSURG	*American Journal of Surgery*
AM	*Asia Major*
AMH	*Annals of Medical History*
ANS	*Annals of Science*
APTH	*Archives of Physical Therapy*
AS/BIHP	*Bulletin of the Institute for History and Philology, Academia Sinica* 《中央研究院历史语言研究所集刊》
ASREV	*African Studies Review*
ASTH	*Archiv für Schiffs- und Tropen-Hygiene*
BBACS	*Bulletin of the British Association for Chinese Studies*
BEFEC	*Bulletin de l'École Française de l'Éxtrême-orient* (Hanoi)
BIHM	*Bulletin of the Institute of the History of Medicine*, Johns Hopkins University (*continued as Bulletin of the History of Medicine*)
BLSOAS	*Bulletin of theSchool of Oriental and African Studies*, University of London
BMJ	*British Medical Journal*
BNYAM	*Bulletin of theNew York Academy of Medicine*
BSEIC	*Bulletin dela Société des Études Indochinoises*
BSHM	*Bulletin dela Société d'Histoire de la Médecine*
BSM	*Bollettino delle Scienze Mediche* (Bologna)
BSRCA	*Bulletin of the Society for Research in Chinese Architecture* 《中国营造学社汇刊》
CCHG	*CharingCross Hospital Gazette*
CCI	*Che-chiang Chung-i tsa-chih* (Chekiang provincial journal of traditional Chinese medicine) 《浙江中医杂志》
CHIS	*Chinese Science* 《中国科学》
CHS	《前汉书》(约公元100年)
CIBA/S	*Ciba Symposia*
CIMC/MR	*China Imperial Maritime Customs* (Medical Report Series)
CIMC/SS	*China Imperial Maritime Customs* (Special Series)
C1NC	*Chung-i nien-chien* 《中医年鉴》
CIT	严世芸(1990—1994),《中国医籍通考》
CJST	*Chinese Journal of Stomatology* 《中华口腔医学杂志》
CM	*Cambridge Magazine*
CSWT	*Chhing-shih wen-t'i* (continued as *Late Imperial China*, Pasadena, CA)

《清史问题》(后更名为 *Late Imperial China*，加利福尼亚州，帕萨迪纳)

CYTT 江苏新医学院（1977），《中药大辞典》

DOT Hucker, Charles O.（1985）. 引用条目编号

EARLC *EarlyChina*

ECL *Eighteenth-century Life*

ECMM Hu Shiu-ying（1980）. 引用条目编号

EHOR *Eastern Horizon*

EHR *Economic History Review*

END *Endeavour*

EPI *Episteme*

FEQ *Far Eastern Quarterly* (continued as *Journal of Asian Studies*)

FLS *Folklore Studies* (Peiping) 《民俗学志》（北平）

GI Giles（1874）

HCTHHP *Hang-chou ta-hsüeh hsüeh-pao* 《杭州大学学报》

HIT *Hua-hsi i-yao tsa-chih* 《华西医药杂志》

HJAS *Harvard Journal of Asiatic Studies*

HOR *History of Religions*

HOSC *History of Science*

HTNC/LS 《黄帝内经灵枢》（可能为公元前1世纪）

HTNC/SW 《黄帝内经素问》（可能为公元前1世纪）

HTNC/TS 《黄帝内经太素》(可能为公元656年或之后)

HYCL 《洗冤集录》（1247年）

HYL 《重刊补注洗冤录集证》(1837年)

ICK 丹波简胤（1819），《医籍考》（《中国医籍考》）

ISIS *Isis*

ISTC *Chung-hua i-shih tsa-chih* 《中华医史杂志》)

JAAR *Journal of theAmerican Academy of Religions*

JAN *Janus*

JAOS *Journal of the American Oriental Society*

JAS *Journal of Asian Studies*

JHHB *Bulletin of the Johns Hopkins Hospital*

JHMAS *Journal of the History of Medicine and Allied Sciences*

JHYG *Journal of Hygiene*

JPB *Journal of Pathology and Bacteriology*

JPISH *Japanese Journal of Medical History* (*Nihon ishigaku zasshi*) 《日本医史学雑誌》

JRAS/NCB *Journal of the North China Branch of the Royal Asiatic Society*

KHS *Kho-hsüeh* (*Science*) 《科学》

KHSC *Kho-hsüeh-shih chi-khan* (*Chinese journal of the history of science*) 《科学史集刊》

KKYK *Ku-kung Po-wu-yuan yüan-khan* 《故宫博物院院刊》

KSSM 宫下三郎等（1982），《杏雨書屋藏書目録》

LEC *Lettres édifiantes et curieuses des missions étrangères*

LHML 中国中医研究院图书馆（1991），《医学史文献论文资料索引·第二辑（1979–1986）》

LIC *Late ImperialChina*

LSYC *Li-shih yen-chiu* 《历史研究》

MADC *Madras Courier*

MCB *Mélanges chinois et bouddhiques*

MCHSAMUC *Mémoires concernant l'histoire, les sciences, les arts, les moeurs et les usages, des Chinois, par les missionaires de Pékin*

MCMP *Miscellanea curiosa medico-physica Academiae Naturae Curiosorum*

MCPT 《梦溪笔谈》（1086年）

MDGNVO *Mitteilungen der deutschen Gese-llschaft für Natur- und Völk-erkunde Ostasiens*

MH *Medical History*

MHSBAT *Mémoires pour l'histoire des sciences et des beaux arts de travaux*

MOFF *The Medical Officer*

MSOS *Mitteilungen der Seminars für orientalische Sprachen* (Berlin)

MTR/RCP *Medical Transactions of the Royal College of Physicians* (London)

N *Nature*

NCC *Nan-ching Chung-i-yao Ta-hsüeh hsüeh-pao* 《南京中医药大学学报》

NCR *NewChina Review*

NIZ *Nihon ishigaku zasshi* 《日本医史学雑誌》

NMJT *Chung-kuo I-yao Hsüeh-yuan hsin i chhao* (China Medical College, Taiwan) 《中国医药学院新医潮》(台湾)

NRRS *Notes and Records of the Royal Society*

OC *Open Court*

OSIS *Osiris*

PAPS *Proceedings of the American Philosophical Society*

PBM *Perspectives in Biology and Medicine*

PLPLS/LH *Proceedings of the Leeds Philosophical and Literary Society, Literary and Historical Section*

PMHS *Proceedings of the Massachusetts Historical Society*

PMV *Progress in Medical Virology*

PP *Past and Present*

PPSA *PSA Proceedings of the Biennial Meeting of the Philosophy of Science Association*

PRSM *Proceedings of the Royal Society of Medicine*

PTKM 《本草纲目》(1596 年)

PTRS *Philosophical Transactions of the Royal Society*

R Read, Bernard E. (1936). 引用条目编号

RAI/OP *Royal Anthropological Institute of Great Britain & Ireland, Occasional Papers*

RI *Revue indochinoise*

RSKSA *Research in Sociology of Knowledge, Sciences and Art*

S *Sinologica* (Basel)

SAM *Scientific American*

SF 《说郛》

SIC 冈西为人 (1958),《宋以前医籍考》

SOC *Sociology*

SOCH *Social History* (London)

SPMSE *Sitzungsberichte der phvsikalisch-medizinischen Gesellschaft Erlangen*

SPP *Sino-Platonic Papers*

STHP *Shan-tung Chung-i Hsüeh-yüan hsüeh-pao* 《山东中医学院学报》

TCULT *Technology and Culture*

TG/K *Tōhō Gakuhō* (Kyoto) 《東方学報》(京都)

TGM *Tropical and Geographic Medicine*

TJKHSYC *Tzu-jan kho-hsüeh-shih yen-chiu* 《自然科学史研究》

TP *T'oung Pao* (Leiden) 《通报》(莱顿)

TPYL 《太平御览》(983 年)

TRAS *Transactions of the Royal Asiatic Society* (continued as *Journal of the Royal Asiatic Society*)

TRSTMH *Transactions of the Royal Society for Tropical Medicine and Hygiene*

TS *Tōhō shūkyō* 《東方宗教》

TSCC 《古今图书集成》(1726 年)

WWTK *Wen-wu tshan-khao tzu-liao* (continued as *Wen-wu*) 《文物参考资料》(更名为《文物》)

ZAF *Zeitschrift für ärztliche Fortbildung*

A 1800年以前的中文和日文书籍

《抱朴子内篇》
Inner chapters of the Preservation-of-Solidarity Master
晋，约公元320年
葛洪

《抱朴子外篇》
Outer chapters of the Preservation-of-Solidarity Master
晋，公元335年之后?
葛洪

《北齐书》
History of the Northern Chhi dynasty
唐，公元636年
李德林及其子李百药

《北史》
History of the northern dynasties
唐，公元629年
李延寿

《备急千金要方》
Essential prescriptions worth a thousand, for emergency use
唐，公元650年至公元659年之间
孙思邈
常被简称为《千金方》。作者解释书名说，人的生命值千两黄金，所以任何能够救命的药方就值千金

《本草纲目》
The systematic pharmacopoeia; or, the pandects of natural history [mineralogy, metallurgy, botany, zoology, etc.]
明，1596年
李时珍
有关植物部分内容的表格形式的摘要，见Read (1936)；节译和释义：载于伊博恩(Read) 及其合作者的其他出版物

《本草纲目拾遗》
Supplement to theSystematic pharmacopoeia
清，编辑于1760—1803年或之后，刊印于1871年
赵学敏

《本草拾遗》
Gleanings from the materia medica
唐，公元739年
陈藏器

《本草图经》
Illustrated pharmaceutical natural history
宋，1062年
苏颂等

《博集稀痘方论》
Comprehensive collection of prescriptions for thinning out smallpox, with discussions
明，1577年
郭子章

《补疑狱集》
Additions to the Collection of doubtful criminal cases
明，约1550年?
张景

《补注洗冤录集证》
The washing away of wrongs, with collected and supplemental notes
清，1832年
阮其新

《巢氏诸病源候论》
见《诸病源候论》

《赤水玄珠》
Black pearl from the red stream
明，1596年
孙一奎

《褚氏遗书》
见《遗书》

《串雅》
The penetrator improved
清，1759年
宗柏云；赵学敏纂辑

《春秋》

Spring and Autumn Annals

周

作者不详

公元前 721—前 479 年之间的鲁国编年史

译本：Couvreur (1914), Legge (1872)

《大唐六典》

Six-part institutions of the great Thang dynasty

唐，公元 738 年

由李林甫领导编撰

中华书局本题为《宋本大唐六典》

《东医宝鉴》

Precious mirror of Eastern[i. e. Korean]medicine

朝鲜，1596 年敕令修纂，1610 年进呈，1613 年刊行

许浚

用古汉语撰写；包括中国和朝鲜的治疗法

《都城纪胜》

Famous places of the old capital

宋，1235 年

作者不详，署名耐得翁

描述 13 世纪初的杭州

《痘科辨要》

Assessing priorities in smallpox treatment

日本江户，1811 年

池田独美（或瑞仙）

《皇汉医学丛书》，第 9 卷

《痘科大全》

Comprehensive treatise on smallpox

也以《痘科大全金镜录》闻名

清，1707 年

史锡节

关于版本，见中国中医研究院图书馆（*1991*），第 7834 条

《痘科键》

Key to smallpox

清，约 1660 年？刊印于 1730 年，日本

戴笠

《痘疹传心录》

Smallpox：record of direct transmission

明，1594 年

朱惠明

《痘疹定论》

Definitive discussion of smallpox

清，1713 年

朱纯嘏

《痘疹管见》

Narrow examination of smallpox

明？

高仲武

已佚

《痘疹金镜录》

Golden mirror of smallpox

明，1579 年

翁仲仁

《痘疹论》

Treatise on smallpox

宋，1223 年

闻人规

《痘疹时医心法》

见《痘疹心法》

《痘疹心法》

Heart method for smallpox

明，1549 年

万全

此书比许多同类的书更确切地与天花有关

《二十五史补编》

Supplements to the 25 Histories

开明书店，上海，1936 年

《范文正公集》

Collected writings of Fan Chung-yen

宋，1186 年之前

范仲淹

《封神演义》

The enfeoffment of the gods

明，16 世纪后期？

传为许仲琳撰，但可能为陆西星撰

小说

部分译文：Grube (1912)

《福幼编》

For the welfare of children

清，1777 年

庄一夔

《高僧传》
Biographies of eminent monks
约公元550—1617年间汇集
慧皎等
《格物粗谈》
Simple discourses on the investigation of things
宋，公元980年
赞宁
《古今图书集成》
Imperially commissioned compendium of books and illustrations, old and new
清，1726年
陈梦蕾编辑
《观古堂所著书》
Books by the master of the Studio for Contemplating Antiquity
清，1875—1908年之间
叶德辉
《管子》
The book of Master Kuan
从公元前5世纪至前1世纪中期有不同的版本
作者不详，传为管仲撰
《广济方》
Formulae for widespread benefaction
唐，公元723年
已佚
此书是玄宗皇帝编撰还是他敕命编纂，仍然不详
《癸巳存稿》
Leftover notes of 1833
清，1833年，刊印于1847年
俞正燮
《癸巳类稿》
Classified notes of 1833
清，1833年
俞正燮
此书与《癸巳存稿》原属同一部手稿，分别刊印
《癸辛杂识》
Miscellaneous notes from Kuei-hsin Street, Hangchow
宋，1308年
周密
《会稽先贤传》
Biographies of former worthies of Kuei-chi
三国，公元3世纪
谢承
《韩诗外传》
Outer tradition of explication of the Han recension of the Book of Songs
西汉，约公元前150年
韩婴
收录于《汉魏丛书》。见海陶玮（J. R. Hightower）的论文，载于Loewe(1993)，p. 125
《汉书》
见《前汉书》和《后汉书》
《鹖冠子》
Book of the Pheasant-Cap Master
部分属于西汉，公元前242—前202年之间
作者不详
见Graham（1989b），Defoort（1997）；以及康达维（D. Knechtges）的论文，载于Loewe（1993），pp. 137—140
《红楼梦》
Dreams of red mansions
清，作者1763年去世时未完成，刊印于1792年
曹雪芹
译本：Hawkes（1973—1986）
《后汉书》
History of the Later Han dynasty, +25 to +220
刘宋，公元450年
范晔
《淮南万毕术》
The inexhaustible arts of the King of Huai Nan
西汉，公元前2世纪
传为刘安撰
已佚。《太平御览》等书存有佚文。有《观古堂所著书》等书的辑佚本
《淮南子》
The book of the King of Huai nan
西汉，公元前139年，部分在此之后
刘安

相关历史，见白光华（C. Le Blanc）的论文，载于 Loewe（1993），p. 189

《黄帝八十一难经》

Manual of 81 problems [in the Inner Canon] of the Yellow Emperor

东汉，可能在公元2世纪

《黄帝甲乙经》

A-B manual [of acupuncture]

三国和晋，撰成于公元256—282年

皇甫谧

据其卷次编序的方式而命名。也称作《针灸甲乙经》和《甲乙经》

《黄帝内经灵枢》

The Yellow-Emperor's manual of corporeal [medicine]: the vital axis

西汉，可能在公元前1世纪

作者不详

此书及下一个条目的通行版本都出自王冰（672年）

《黄帝内经素问》

The Yellow-Emperor's manual of corporeal [medicine]: plain questions [and answers]

西汉，可能在公元前1世纪

作者不详

《黄帝内经太素》

The Yellow Emperor's manual of corporeal [medicine]: the great innocence

唐，公元656年或更晚

杨上善

收录于小曾户洋等（*1981*），第1—3卷。关于年代见 Sivin（1998）

《活幼心法》

Heart method for saving childrens' lives

明，1616年

聂尚恒

《急就篇》

Handy primer

西汉，公元前48—前33年之间

史游

《检骨图格》

Standard chart for noting injuries to bones

清，1770年

增福

见《律例馆校正洗冤录》

《检验格目》

Inquest forms for examination of the corpse

宋，1174年

郑兴裔

《建炎以来朝野杂记》

Miscellaneous records of officials and commoners between +1127 and +1130

宋，约1220年

李心传

收录于《古今图书集成》

《江湖医术秘传》

见 Anon.（约 *1930*）

《金匮要略方论》

Essentials of prescriptions in the golden casket

东汉，约公元200年

张机

收录于《中国医药丛书》。

见《伤寒杂病论》

《金匮玉函经》

Prescriptions in the gold and jade caskets

见《伤寒杂病论》

《金陵琐事》

Trifling affairs in Nanking

明，1610年

周晖

小说

《经史证类备急本草》

Pharmaceutical natural history for emergency use, classified and verified from the classics and histories

宋，1097年

唐慎微

《经验方》

Tried and tested prescriptions

宋，1025年

张声道

已佚；见《宋以前医籍考》，第1138页

《景岳全书》

Collected writings of Chang Chieh-pin

明，1624年

张介宾
《开宝本草》
Pharmacopoeia of the Khai-pao era
指称两部已佚且难以分别的北宋时期的汇编著作，即公元973年的《开宝新详定本草》和公元974年的《开宝重定本草》。两部著作均由刘翰等人编撰。
见冈西为人（*1958*），第1267—1270页；概述载于Unschuld（1986a），pp. 55—60
《老子》
The book of the Old Master［？］
最古的部分属于周，可能在公元前350年；可能编辑于公元前3世纪后期
作者不详
译本：D. C. Lau（1982）；关于年代和版本，见鲍则岳（W. Boltz）的论文，载于Loewe（1993），p. 269
《礼记》
Record of rites
周，各篇的年代在公元前5—前3世纪之间，可能汇编于公元1世纪
作者不详
见王安国（J. Riegel）的论文，载于Loewe（1993），p. 293
《礼纬含文嘉》
Apocryphal treatise on the［Record of］rites; excellences of cherished literature
汉代中期
作者不详
《梁书》
History of the Liang dynasty
唐，公元629年
姚察及其子姚思廉
《两般秋雨庵随笔》
Jottings from the Twofold Autumn Rain Studio
清，1830年
梁绍壬
《灵枢》
见《黄帝内经灵枢》
《岭表录异》
Record of strange things from the deep south
唐和五代，约公元895年至915年之间
刘恂
《吕氏春秋》
Springs and autumns of Lü Pu-wei
周，约公元239年
吕不韦资助编撰
《律例馆校正洗冤录》
The washing away of wrongs, collated and verified by the Codification Office
清，1662、1694年
作者不详
《论衡》
Discourses weighed in the balance
东汉，公元70年至80年之间
王充
译本：Forke（1907-11）。见鲍格洛和鲁惟一（T. Pokora & M. Loewe）的论文，载于Loewe（1993），p. 309
《论语》
Analects; conversations and discourses of Confucius and certain disciples
周(鲁)，根据约公元前465年以来的作品，于周代末年编纂
作者不详
译本：Legge（1861），Waley（1938）。所引用的篇和章句的编号，依据《引得特刊》第16号。见Loewe（1993），pp. 313-323
《洛阳伽蓝记》
Record of the Buddhist temples and monasteries at Loyang
北魏，公元547年至公元550年之间
杨衒之
见Wang Yi-t'ung（1984）
《脉经》
The pulse manual
东汉，约公元280年
王叔和
《孟姜女》
The ballad of Mêng Chiang-nü weeping at the Great Wall
唐或唐之前
作者不详
译本：Needham & Liao Hung-ying（1948）

《梦粱录》
Dreaming of the idyllic past
宋，1274 年
吴子牧
收录于《知不足斋丛书》

《梦溪笔谈》
Brush talks from Dream Brook
宋，止于 1095 年
沈括
校本：胡道静（*1956*）。见 Sivin（1995a），ch. III

《梦溪忘怀录》
见《忘怀录》

《明冤实录》
Concrete discourse on bringing unjust imputations to light
公元 6 世纪
徐之才

《内经》
见《黄帝内经灵枢》、《黄帝内经素问》

《内恕录》
Record of inward empathy
宋，1247 年之前
作者不详
书名用典出自《礼记 · 孔子闲居第二十九》

《内外二景图》
Illustrations of internal and external views
宋，1118 年
朱肱
已佚。《宋以前医籍考》，第 217 页

《难经》
见《黄帝八十一难经》

《能改斋漫录》
Informal records from the Studio in which Reform is Possible
宋，1157 年
吴曾，其子吴复整理和编辑

《牛痘新法》
New method for using the cowpox
清，约 1825 年
邱熺

《平冤录》
Redressing of wrongs
宋，约 1255 年
赵逸斋？

《普济方》
Prescriptions for universal benefaction
明，1406 年
朱橚，明皇子

《七修类稿》
Seven-part classified notes
明，1566 年之后
郎瑛

《齐东野语》
Rustic anecdotes from eastern Chhi
宋，1290 年
周密

《奇效良方》
Excellent and remarkably effective prescriptions
明，1470 年
董宿和方贤
原名《太医院经验奇效良方》

《千金方》
见《备急千金要方》

《千金翼方》
Revised prescriptions worth a thousand
唐，公元 7 世纪后期
孙思邈
《备急千金要方》的续集

《前汉书》
History of the former Han dynasty，−206 to +24
东汉，约公元 100 年
班固和班昭

《仁术便览》
Handy guide to the humane art [of medicine]
明，1585 年
张浩

《三冈识略》
Notes from the Three Ridges
清，1653 年
董含

《三国艺文志》
Bibliographical treatise for the Three Kingdoms
清，19 世纪后期
姚振宗

收录于《二十五史补编》
《三国志》
History of the Three Kingdoms，+220 to +280
晋，约公元 290 年
陈寿
《三因极一病源论粹》
The three causes epitomised and unified：the quintessence of doctrine on the origins of illness
宋，1174 年或稍后
陈言
《痧痘集解》
Collected commentaries on smallpox
清，1727 年
俞天池
也通称为《痧痘金镜赋集解》、《痘科金镜赋集解》，还有一些其他的名称。“痧痘”是指一类斑疹疾病，而天花是其中最为严重的
《山海经》
Classic of the mountains and rivers
部分内容的年代有争议，可能在战国和东汉之间
作者不详
见弗拉卡索（R. Fracasso）的论文，载于 Loewe（1993），pp. 357—367
《膳夫经》
Chef's manual
唐，公元 856 年
杨晔
收录于篠田统和田中静一（*1972*）
《伤寒论》
见《伤寒杂病论》
《伤寒杂病论》
Treatise on febrile and miscellaneous diseases
东汉，约公元 200 年
张机
于1064 年或 1065 年被分成《伤寒论》、《金匮玉函经》、《金匮要略》。“伤寒”的字面意思是“为寒所伤”
《申鉴》
Extended reflections
东汉，公元 205 年
荀悦
《神农本草经》
Pharmacopoeia of the Divine Husbandman
东汉，1 世纪后期或 2 世纪
作者不详
《神医普救方》
The divine physicians' formulary for universal deliverance
宋，公元 986 年
贾黄中
敕令编纂；已佚
《圣济总录》
General record［commissioned by］sagely benefaction
宋，1111—1117 年编纂，1122 颁行
申甫等校
《食禁经》
Manual of dietary prohibitions
宋
高伸
《食经》
Catering guide
隋
谢讽
已佚
《食疗本草》
Pharmaceutical natural history：foodstuffs
唐，公元 670 年
孟诜
《食谱》
Menus
唐，约公元 709 年
韦巨源
收录于篠田统和田中静一（*1972*）
《食性本草》
Pharmaceutical natural history：foods
宋，公元 9 世纪后期
陈士良
已佚
《食医心鉴》
Essential mirror of nutritional medicine
唐，约公元 850 年

昝殷
1924年东方学会排印本

《史记》
Memoirs of the Astronomer-Royal
西汉，约公元前100年
司马谈及其子司马迁
部分译文：Chavannes（1895—1969）

《世说新语》
New account of tales of the world
刘宋，约公元430年
刘义庆
译本：Mather（1976）

《事物纪原》
Records of the origins of affairs and things
宋，约1085年
高承

《试验方》
Tried and tested prescriptions
明，15世纪后期
谈伦
已佚

《释名》
Explanation of names
东汉，约公元200年
刘熙
词典编纂
见米勒（R. A. Miller）的论文，载于Loewe（1993），p. 424

《寿亲养老新书》
New-book on longevity for one's parents and nurture for the aged
宋，约1085年
原名《养老奉亲书》，约于1300年续增并更名
陈直原著，邹铉续增

《授时通考》
Compendium of works and days
清，1742年
鄂尔泰奉敕纂修

《说郛》
Hearsay
元，1368年之前
陶宗仪
民间文献的汇集；120卷中仅70卷为原本

《说苑》
Garden of discourses
西汉，公元前17年
刘向

《宋会要》
Administrative statutes of the Sung dynasty
清，1809年
徐松

《宋史》
History of the Sung dynasty，+960 to +1279
元，约1345年
脱脱和欧阳玄

《宋史翼》
Supplements [lit. 'wings'] to the History of the Sung dynasty
清，约1880年
陆心源

《宋书》
History of the [Liu] Sung dynasty，+420 to +479
梁，公元488年
沈约

《宋元检验三录》
见《洗冤集录》、《平冤录》和《无冤录》

《素问》
见《黄帝内经素问》

《隋书》
History of the Sui dynasty，+518 to +617
唐，公元636年
魏徵等

《太平圣惠方》
Imperial grace formulary of the Thai-phing-hsing-kuo era
宋，公元982年
王怀阴等

《太平御览》
Encyclopaedia of the Thai-phing-hsing-kuo reign-period for the emperor's perusal
宋，公元983年
李昉

《太医局诸科程文格》
Model examination papers for diverse courses given by the Imperial Medical Service
宋，1212年
何大任
《坦斋笔衡》
Judicious jottings from the Candor Studio
宋，约1270年
叶寘
《唐会要》
Administrative statutes of the Thang dynasty
宋，公元961年
王溥
《古今图书集成》本
《棠阴比事》
Parallel cases from under the pear tree
宋，1211年
桂万荣
参见《折狱龟鉴》
《外台秘要》
Arcane essentials from the Imperial Library
唐，公元752年
王焘
《忘怀录》
Record of longing forgotten
宋，1088年至1095年之间
沈括
已佚，胡道静和吴佐忻（*1981*）有辑佚本
《卫生宝鉴》
Precious mirror for preserving life
元，1281年
罗天益
《卫生家宝》
Family treasure for preserving life
宋，12世纪前期
张永
已佚
《魏书》
History of the Northern Wei dynasty，+386 to +550，including the Eastern Wei successor state
北齐，公元554年；修订于公元572年
魏收
《温热经纬》
System of Heat Factor Disorders
清，1852年
王士雄
《温热论》
Treatise on Heat Factor Disorders
清，1746年？
叶桂
《温疫论》
Treatise on Warm-factor Epidemic Disorders
明，约1642年
吴有性
见Hanson（1997）
《温病条辨》
Systematic manifestation type determination in Heat Factor Disorders
清，1798年
吴瑭
《无冤录》
The avoidance of wrongs
元，1308年
王与
收录于杨奉琨（*1987*）
《无冤录述》
The avoidance of wrongs，faithfully transmitted
日本，1736年
河合甚兵卫编译
《吴医会讲》
Collected discourses of Soochow physicians
清，1792年
唐大烈
《五十二病方》
Treatments for fifty-two ailments
可能属于汉代，公元前2世纪，公元前168年之前
作者不详
收录于Anon.（*1985*）
《物类相感志》
On the mutual stimulation of things according to their categories
宋，10世纪后期
赞宁

《物理小识》

Little notes on the principles of the phenomena

明，主要完成于 1643 年

方以智

1884 年宁静堂本

《洗冤集录》

The washing away of wrongs [i. e., of unjust imputations]

南宋，1247 年

宋慈

译本载于 McKnight (1981)

台北，1946 年版

《洗冤录》

见《律例馆校正洗冤录》

《洗冤录集证》

The washing away of wrongs, with collected critical notes

清，1796 年

19 世纪增补

王又槐

《洗冤录笺释》

Commentary on The washing away of wrongs

明，约 1602 年

王肯堂

《洗冤录解》

Analysis of The washing away of wrongs

清，1831 年

姚德豫

《洗冤录详义》

Detailed interpretation of The washing away of wrongs

清，1852 年

许梿

《仙家秘传痘科真诀》

True instructions on smallpox, privately handed down by the adepts of the immortals

清.

调元复

《小儿斑疹备急方论》

Prescriptions, with discussions, for emergency use in children 's eruptive disorders

北宋，1093 年

董汲

《小儿病源方论》

Discourse on the aetiology of children's disorders, with prescriptions

金，约 1180 年

陈文中

《小儿药证直诀》

Straightforward explanations of paediatric medicines and syndromes

宋，1119 年

钱乙

《中医古籍小丛书》本

《新唐书》

New history of the Thang dynasty

宋，1061 年

欧阳修和宋祁

《新修本草》

Revised materia medica

唐，公元 659 年

苏敬

见尚志钧 (*1981*)

《新注无冤录》

The avoidance of wrongs, newly annotated

朝鲜，1438 年

崔致云等

《续资治通鉴长编纪事本末》

Unabridged comprehensive mirror for aid in government, chronologically arranged by topic

清，1903 年

李明模

《颜氏家训》

Mr Yen's advice to his clan

隋，约公元 590 年

颜之推

译本：Teng Ssu-yü (1968)

《养生方》

Prescriptions for nurturing vitality

公元 610 年之前

作者不详

《养生经》

Manual for nurturing vitality

约公元 5 世纪

上官翼
《养生书》
Book for nurturing vitality
公元3世纪或更早
作者不详
《医家便览》
Convenient expose for the physicians
明，15世纪后期
谈伦
已佚
《医通》
Compendium of medicine
清，1695年
张璐
《医先》
Antecedents to therapy
明，1550年
王文禄
《医学源流论》
Topical discussions of the history of medicine
清，1757年
徐大椿
《医宗必读》
Essential writings for orthodox physicians
明，1637年
李仲梓
《医宗金鉴》
Golden mirror of the medical tradition
清，1743年
吴谦等
《遗书》
Posthumous writings
一般认为属于5世纪后期，但可能在1226年左右
传为褚澄撰
《疑狱集》
Collection of doubtful cases
唐，公元907年至公元960年之间和凝及其子和嵘。
有时又分为父亲所撰的《疑狱前集》（公元907年至公元940年之间）和儿子所撰的《疑狱后集》(公元940年至公元960年之间)
参见《折狱龟鉴》
《易经》
The classic of changes [Book of changes]
公元前9世纪后期，附有公元前3世纪和前2世纪的传文
作者不详
译本：R. Wilhelm (1924/1950)。见夏含夷(E. Shaughnessy)的论文，载于Loewe (1993)，p. 216
《饮膳正要》
Standard essentials of diet
元，1330年
忽思慧
《饮食须知》
Essential knowledge about drinking and eating
元，1368年
收录于篠田统和田中静一(*1972*)
《英咭唎国新出种痘奇书》
Novel book on the new method of inoculation, lately out of England
清，1805年
皮尔逊(Alexander Pearson)著，斯当东(Sir George Staunton)和郑崇谦译
在中国未发现副本；在英国有三本副本，有题英文书名“*Treatise on the European Style of Vaccination*”的扉页
《酉阳杂俎》
Diverse offerings from the Yu-yang cavern
唐，公元863年之前?
段成式
见des Rotours (1948)，p. civ
《幼幼集成》
Compendium for the proper care of children
清，1750年
陈复正
《语林》
Grove of discourse
东晋，公元362年
裴启
《玉堂闲话》
Leisurely talks in the Jade Hall Academy
五代，约公元950年

和嶸

《玉匣记》

Jade box records

唐，约公元 880 年

皇甫枚

《玉烛宝典》

Jade candle treasury

隋，公元 595 年

杜台卿

收录于《宋史翼》卷二十二

《寓意草》

Indirect and preliminary ideas [of medicine]

明，1643 年

喻昌

《月令》

Monthly ordinances

晚周或汉，公元前 3 世纪？

作者不详

被纳入《吕氏春秋》且后来收录于《礼记》

《杂纂》

Miscellanea

唐，约公元 858 年

李商隐

《说郛》

《增修无冤录大全》

The complete Avoidance of wrong，enlarged and revised)

朝鲜，1796 年

具允明

《折肱漫录》

Dilatory notes by one whose arm has been broken

明，1635 年

黄承昊

书名借用了一句谚语：三折肱为良医

《折狱龟鉴》

Magic mirror for solving cases

宋，1133 年

郑克

有关此书的白话译本、《疑狱集》和《棠阴比事》，见陈霞村（*1995*）

《贞元广利方》

Medical formulae of the Chen-yuan reign-period for widespread benefit

唐，公元 796 年

德宗皇帝

《正字通》

Comprehensive guide to correct use of characters

明，1627 年

张自烈

《证类本草》

见《重修政和经史证类备用本草》

《证治要诀》

Essential oral instructions on diagnosis and treatment

明，约 1380 年

戴元礼

《种痘方》

Prescriptions for smallpox inoculation

清，约 1725 年

郑望颐

《种痘和解》

Smallpox inoculation，with Japanese explication

日本，1746 年

李仁山

《种痘心法》

Heart method for smallpox inoculation

清，1808 年

朱奕梁

《古今图书集成》本

从宋代开始，“心法”指某类知识或者实践中的“核心方法”。《全国中医图书联合目录》（第 7937 条）把附于该书出版的一种单独的佚名作品，作为了该书的一部分

《种痘新书》

New book on smallpox inoculation

清，1741 年

张琰

1871 年木刻本

《种痘指掌》

Handy method for smallpox inoculation

清，1796 年之前；刊印于 1808 年

作者不详

在此书和其他书名的翻译中，“天花”包括古代医生无法分辨的疵疹

《种痘医谈笔语》
Medical chats and jottings on inoculation
日本，江户，1746 年
李仁山
《重刊补注洗冤录集证》
Washing away of wrongs, with collected and supplemental notes, reprinted
清，1837 年
张锡蕃
《重修毗陵志》
Local history and geography of Changchow
宋，1268 年
史能之纂修，宋慈协助
《重修政和经史证类备用本草》
Revised materia medica of the Chêng-ho era, classified and verified from the classics and histories
宋，1249 年
张存惠
影印本：人民卫生出版社，北京，1957 年
《周礼》
Rites of the Chou dynasty
周或汉，公元前 4 世纪前期和前 2 世纪中期之间
作者不详
十三经注疏本
见鲍则岳（W. Boltz）的论文，载于 Loewe (1993), p. 24
《肘后备急方》
见《肘后救卒方》
《肘后救卒方》
Handy therapies for emergencies
晋，约公元 340 年
葛洪
经陶弘景（约公元 500 年）增补的版本题名为《补阙肘后百一方》（One hundred and one handy therapies, supplemented）
现在此书常被称为《肘后备急方》
《诸病源候论》
Aetiology and symptoms of medical disorders
隋，公元 610 年
巢元方
《注解伤寒论》
The treatise on febrile diseases, with commentary
宋，1144 年
成无己
《祝由十三科》
The thirteen departments of apotropaic medicine
可能属于明，1456 年之后
作者不详
这是最常用的书名。李约瑟研究所的清代副本在扉页上题名为《轩辕碑记医学祝由十三科》，而在目录的前面为《祝由科天医十三科》，首序则是《轩辕黄帝祝由科叙》
《庄子》
The book of blaster Chuang
最早的部分属于周，约公元前 320 年，其余部分约在前 200 年后
传为庄周撰
部分译文：Graham (1981)；关于年代和部分内容，见 Graham (1979) 和 Loewe (1993), pp. 56—57
《左传》
Master Tso's tradition of the spring and autumn annals
周，不同学者将年代定在在公元前 450 年至前 200 年之间，可能在公元前 4 世纪后期
传为左丘明撰

B 1800年以后的中文和日文书籍与论文

Anon. (约*1930*)
《江湖医术秘传》
Esoteric therapeutic methods of doctors of the demimonde
励力社，香港。再版，题名《江湖医术全书》，大方出版社，台北，1973年

Anon. (*1976*)
云梦秦简释文
Transcription of the Chhinbamboo slips discovered in the Chhin tomb near Yün-mêng
《文物参考资料》，**6**，11；**7**，1；**8**，27

Anon. (*1977*)
《睡虎地秦墓竹简》
Bamboo slips from the Chhin tomb at Shui-hu-ti
文物出版社，北京

Anon. (*1978a*)
《中国古代科技成就》
Achievements of ancient science and technology in China
中国青年出版社，北京

Anon. (*1978b*)
《新疆历史》
Historical antiquities of Sinkiang
文物出版社，北京

Anon. (*1980*)
《长沙马王堆一号汉墓·古尸研究》
Han Tomb 1, Ma-wang-tui. Studies of the ancient cadaver
文物出版社，北京

Anon. (*1982a*)
《宋史研究论文集》
Research papers on Sung history
《中华文史论丛增刊》，上海古籍出版社，上海

Anon. (*1982b*)
《中国医史文献研究所建所论文集》
Collected essays for the inauguration of the Institute for Medical History and Documents
中医研究院中国医史文献研究所，北京

Anon. (*1982c*)
《東洋の科学と技術——藪内清先生頌壽記念論文集》
Science and skills in Asia. A Festschrift for the 77th birthday of Professor Yabuuchi Kiyoshi
同朋舍出版社，京都

Anon. (*1985*)
《马王堆汉墓帛书》(四)
Silk MSS from the Han tombs at Ma-wang-tui
文物出版社，北京

蔡景峰 (*1982*)
藏医学和藏医学史——评甲白衮桑的西藏医学
Tibetan medicine and its history
载于Anon. (*1982b*)，第80页

陈邦贤 (*1937*)
《中国医学史》
History of Chinese medicine
商务印书馆，上海

陈邦贤 (*1953*)
几种急性传染病的史料特辑
Special selection of historical sources on several acute infectious diseases
《中华医史杂志》，**5** (4)，227

陈道瑾和薛渭涛 (*1985*)
《江苏历代医人志》
Physicians of Kiangsu through history
江苏科学技术出版社，南京

陈康颐 (*1952*)
中国法医学史
History of Chinese forensic medicine
《中华医史杂志》，4 (1)，1

陈可冀（*1990*）（编）
《清宫医案研究》
Studies of the medical case records in the Chhing Imperial palace
中医古籍出版社，北京
除摘录外，包括25个医案研究
陈可冀、周文泉和江幼李（*1982a*）
太医难当——从清代皇帝有关医药的硃批（谕）看御医
The difficult lot of the palace physician. The Imperial Physician as seen from Chhing emperors' rescripts pertaining to medicine
《故宫博物院院刊》，**3**，14
陈可冀、周文泉和江幼李（*1982b*）
清代宫廷医疗经验的特点
The special character of clinical experience in the Chhing court
《故宫博物院院刊》，**3**，19
陈奇猷（*1984*）
《吕氏春秋校释》
Critical edition of *Springs and autumns of Master Lü*
4 册
学林出版社，上海
陈胜昆（*1979*）
《中国传统医学史》
History of traditional Chinese medicine
时报文化出版事业有限公司，台北
陈霞村（*1995*）
《文白对照：断案智谋全书》
Complete books of resourceful legal decisions, with classical and vernacular texts
山西古籍出版社，太原
陈先赋和林森荣（*1981*）
《四川医林人物》
Notable physicians of Szechwan
四川人民出版社，成都
陈直（*1958*）
玺印木简中发现的古代医学史料
Ancient medical sources discovered on seals and wooden strips
《科学史集刊》，**1**，68
程之范（*1978*）
免疫法的先驱
Precursors of immunisation
载于 Anon.（*1978a*）
池田独美（Ikeda Hitomi）（*1811*）
痘科辨要
Assessing priorities in smallpox treatment
出版者不详［东京？］
赤堀昭（Akahori Akira）（*1978*）
陶弘景と集注本草
Thao Hung-ching and the Pharmacopoeia with collected annotations
载于山田慶兒（*1978*），第309页
赤堀昭（*1987*）
伤寒论的历史
The history of the Treatise on colddamage disorders
未出版，提交1987年7月中国科学史国际会议的论文
丹波元簡（Tamba no Motohiro）（*1809*）
《医賸》
Medical supererogations
第一版
综合论集
丹波元胤（Tamba no Mototane）（*1819*）
《医籍考》
Studies of medical books
1830年刊行。重排本增加了索引，题为《中国医籍考》，北京，1956年
范行准（*1947-1948*）
中华医学史
Chinese medical history
《中华医史杂志》，1947年，**1**，37；**2**，21；1948年，**1**，3—4，17
范行准（*1953*）
《中国预防医学思想史》
History of the conceptions of preventive medicine in China
人民卫生出版社，北京。第2版，1954年
范行准（*1986*）
《中国医学史略》
Outline history of Chinese medicine
中医古籍出版社，北京

冯汉镛（*1994*）
《唐宋文献散见医方证治集》
Medical formulae, diagnoses, and therapies scattered in Thang and Sung literature
人民卫生出版社，北京
傅芳（*1982*）
中医的免疫思想和成就
Thoughtand achievements related to resistance to epidemics in traditional medicine
载于 Anon. （*1982b*），第 103 页
冈西为人（Okanishi Tameto）（*1958*）
《宋以前医籍考》
Studies of medical books through the Sung period
人民卫生出版社，北京
冈西为人（*1974*）
中国本草の史的展望
Historical overview of the Chinese literature of materia medica
载于冈西为人《中国医書本草考》，第 265 页
南大阪印刷センター一前田書店，大阪
高丹枫和刘寿永（*1993*）
《古今性病论治》
Ancient and modern determination of treatment methods for venereal disease
学苑出版社，北京
高铭暄和宋之琪（*1978*）
世界第一部法医学专著
The first book in the world on forensic medicine
载于 Anon. （*1978a*），第 474 页
高也陶（*1991*）
中国古代医学考试管窥
A personal view of medical examinationsin ancient China
《中华医史杂志》，**21**（1），17
宫下三郎（Miyashita Saburō）（*1967*）
宋元の医療
Medical therapy in the Sung and Yuan periods
载于藪内清（*1977*），第 123 页
宫下三郎（*1982*）
《杏雨書屋蔵書目録》
Catalogue of the Apricot Rain Reading Room, Takeda Science Foundation library of medical history）
临川书店，京都
龚纯（*1955*）
元代的卫生组织和医学教育
Public health organisation and medical education in the Yuan period
《中华医史杂志》，**4**，270
龚纯（*1981*）
南宋的医学教育
Medical education in the Southern Sung period
《中华医史杂志》，**11**，137
关履权（*1982b*）
宋代广州香药贸易史述
A historical account of the incense and medicine trade in Canton in the Sung dynasty
载于 Anon. （*1982a*），第 280 页
管成学（*1985*）
论宋慈与《洗冤集录》研究中的失误及原因
On errors in research on Sung Tzhu and the *Washing away of wrongs*, and the reasons for them
吉林大学，吉林
郭景元（*1980*）
《实用法医学》
Practical forensic medicine
上海科学技术出版社，上海
郭子光（*1988*）
《中医各家学说》
Theories of the schools of medicine
贵州人民出版社，贵阳
何斌（*1988*）
我国疟疾流行简史（1949 年前）
A sketch of the history of malarial epidemiology in China to 1949
《中华医史杂志》，**18**（1），1
何时希（*1991*）
《中国历代医家传录》
Biographies of physicians in China through the ages
3 卷
人民卫生出版社，北京
从广泛的资料，包括地方志中，收录了有关 22 000 个人物的传记性评述；附医学教育

传承谱系
侯绍文（*1973*）
《唐宋考试制度史》
History of the Thang and Sung examination systems
商务印书馆，台北
胡道静（*1956*）
《梦溪笔谈校证》
Brush talks from Dream Brook, a variorum edition
2 册
上海出版公司，上海；第 2 版，中华书局，北京，1960 年
胡道静和吴佐忻（*1981*）
《梦溪忘怀录》钩沉——沈存中佚著钩沉之一
Wang huailu recovered
《杭州大学学报》，**11**（1），1
沈括佚著辑本之一
黄一农（*1990*）
汤若望与清初西历之正统化
Schall and the legitimation of the Western calendar at the beginning of the Chhing dynasty)
载于《新编中国科技史》，第 465 页。银禾文化事业公司，台北
加藤繁（Katō Shigeshi）（*1953*）
《支那経済史考証》
Studies in Chinese economic history
2 卷
东洋文库论丛，东京
贾得道（*1979*）
《中国医学史略》
Outline history of Chinese medicine
山西人民出版社，太原
贾静涛（*1981a*）
《洗冤集录》
The washing away of wrongs
上海科学技术出版社，上海
元代刻本的校注本，附录中国古代法医学发展史
贾静涛（*1981b*）
中国古代法医学与刑侦书籍在朝鲜与日本
Ch inese books on forensic medicine and investigation transmitted to Korea and Japan
《中华医史杂志》，**3**，148
贾静涛（*1982*）
中国古代法医检验的分工
Onthe division of forensic medical duties in ancient Chinese inquests
《中华医史杂志》，**12**（1），13
贾静涛和张慰丰（*1980*）
云梦秦简与法医学
The Chhin period bamboo slips found at Yün-mêng and forensic medicine
《中华医史杂志》，**10**（1），15
江苏新医学院（*1977*）
《中药大辞典》
unabridged dictionary of Chinese drugs
3 册
上海科学技术出版社，上海
金树文（*1983*）
我国人痘接种非始于宋时补证
Supplementary proofs that Chinese variolation did not begin in the Sung period
《中华医史杂志》，**13**（4），209
李崇智（*1981*）
《中国历代年号考》
Study of Chinesereign periods through history
中华书局，北京
在此类手册中最为全面
李鼎（*1952*）
本草经药物产地表释
Geographical origins of drugs in the Shên-nung materia medica, tabulated and explained
《中华医史杂志》，**4**，167
李耕冬（*1988*）
凉山彝族疾病观
Views of disease among the I people in the Liang-shan I Nationality Autonomous Region
《中华医史杂志》，**18**（2），113
李济仁（*1990*）
《新安名医考》
Famous physicians of Hui prefecture
安徽科学技术出版社，合肥
新安在汉代时曾是郡地，后称为徽州

李建民（*1997*）
中国古代禁方考论
The transmission of secret techniques in ancient China
《中央研究院历史语言研究所集刊》，**68**（1），117
李经纬（*1988*）
《中医人物词典》
Dictionary of medical personages
上海辞书出版社，上海
收录有6 000篇传记，其中包括1911年之后的800多篇
李经纬和李志东（*1990*）
《中国古代医学史略》
Outline history of ancient Chinese medicine
河北科学技术出版社，石家庄
李良松和郭洪涛（*1990*）
《中国传统文化与医学》
Chinese traditional culture and medicine
厦门大学出版社，厦门
若干世纪以来的文化各个方面中的医学
李仁众（*1982*）
滴血认亲并非始于《洗冤录》
Dripping blood to determine kinship did not begin with The washing away of wrongs
《中华医史杂志》，**12**（4），208
李涛（*1948*）
中国戏剧中的医生
Physicians in Chinese drama
《中华医史杂志》，**1**（3—4），1
李涛（*1954*）
南宋的医学
Medicine in the Southern Sung period
《中华医史杂志》，**6**（1），40
李孝定（*1974*）
《甲骨文字集释》
Collected explanations of words in oracle script
中央研究院历史语言研究所专刊：50
第2版，7册16卷
中央研究院，台北
李云（*1988*）
《中医人名辞典》
Biographical dictionary of Chinese medicine
国际文化出版公司，北京
梁峻（*1995*）
《中国古代医政史略》
Outline history of ancient Chinese medical administration
内蒙古人民出版社，呼和浩特
林乾良（*1984*）
医学文字源流论（一）——论疾病
The history of medical terms. [1] *Chi* and *ping*
《中华医史杂志》，**14**（4），197
林天蔚（*1960*）
《宋代香药贸易史稿》
A history of the perfume trade of the Sung dynasty
中国学社，香港
刘伯骥（*1974*）
《中国医学史》
History of Chinese medicine
2册
华冈出版部，台北
刘殿爵（D. C. Lau）和陈方正（*1992-*）
《先秦两汉古籍逐字索引丛刊》
The ICS ancient Chinese text concordance series
商务印书馆，香港
刘海波等（*1982*）
我国古代女医师
Female physicians in ancient China
《中华医史杂志》，**12**（4），221
刘时觉（*1987*）
明清时期徽州商业的繁荣和新安医学的崛起
On the commercial prosperity of Ming and Chhing Hui-chou and the eminence of its medicine
《中华医史杂志》，**17**（1），11
刘寿山（*1963—1992*）
《中药研究文献摘要》
Abstracts of research publications on Chinese drugs
4册。涵盖1820—1984年
科学出版社，北京
刘正才和尤焕文（*1983*）
《中医免疫》
Avoidance of epidemics in traditional medicine
重庆出版社，重庆

龙榆生（*1936*）
《东坡乐府笺》
Lyrics of Su Shih, critically edited
重刊，新华书店，上海，1950 年
瀧川亀太郎（Takigawa Kametarō）（*1932–1934*）
《史記会注考証》
Records of the Astronomer-Royal, annotated critical edition
10 册
东方文化学院东京研究所，东京
吕尚志（*1973*）
《中国古代医学家的发明和创造》
Discoveries and inventions of ancient Chinese physicians
上海书局有限公司，香港
罗竹风（*1987–1994*）
《汉语大辞典》
Unabridged dictionary of Chinese
12 册；索引册，1995 年
三联书店，香港
马伯英（*1991*）
中国古代主要传染病辨异
Discriminations concerning the most important epidemic diseases in ancient China
《自然科学史研究》，**10**，280
马伯英（*1994*）
《中国医学文化史》
A history of medicine in Chinese culture
上海人民出版社，上海
马伯英、高晞和洪中立（*1993*）
《中外医学文化交流史》
A history of cultural exchanges between Chinese and foreign medicine
文汇出版社，上海
马继兴（*1990*）
《中医文献学》
The study of Chinese medical literature
上海科学技术出版社，上海
马继兴（*1995*）（编）
《神农本草经辑注》
Pharmacopoeia of the Divine Husbandman reconstituted
人民卫生出版社，北京
包括 700 多页的研究
马继兴（*1996*）
双包山汉墓出土的针灸经脉漆木人形
A lacquered wooden figurine with acumoxa tracts excavated from a Han tomb at Shuang-pao-shan
《文物参考资料》，**4**，55
麥谷邦夫（Mugitani Kunio）（*1976*）
陶弘景年譜考略
Toward a chronological biography of Thao Hung-ching
《东方宗教》，**47**，30；**48**，56
梅开丰和余波浪（*1985*）
建昌帮中药简史
Concise history of trade in Chinese drugs in Chien-chhang
《中华医史杂志》，**15**（1），29
关于以江西东南一带为中心的中药贸易
倪云洲（*1984*）
上海中药行业发展简史
Concise history of the Shanghai medicine trade
《中药年鉴》，第 406 页
潘吉星（*1979*）
《中国造纸技术史稿》
A draft history of Chinese papermaking
文物出版社，北京
庞朴（1981）
七十年代出土文物的思想史和科学史意义
The meaning of the archaeological discoveries of the seventies for the history of thought and of science
《文物参考资料》，**5**，59
彭泽益（*1950*）
西洋种痘法初传中国考
A study of the early transmission of smallpox inoculation to China from the West
《科学》，**32**（7），203
邱熺（*1817*）
《引痘略》
Leading out the pox
再版，锦章图书局，上海
《全国中医图书联合目录》第 7947 条列有

60 种版本
邱熺（约 *1825*）
《牛痘新法》
New method for the cowpox
1895 年宏道堂版
此书似乎是《引痘略》的一种改编版本
任应秋（*1946*）
蜀医渊薮
The aggregation of physicians in Szechwan
《华西医药杂志》，**1**，1。又收录于任应秋（*1984*），第 262 页
任应秋（*1984*）
《任应秋论医集》
Collected medical essays of Jen Ying-chhiu
人民卫生出版社，北京
任应秋（*1986*）（编）
《黄帝内经章句索引》
Phrase index to the Inner Canon of the Yellow Lord
人民卫生出版社，北京
任应秋和刘长林（*1982*）（编）
《内经研究论丛》
Collected studies on the *Huang ti nei ching*
湖北人民出版社，武汉
韧庵（*1963*）
《中国古代医学家》
Ancient physicians of China
上海书局有限公司，香港
山本德子（Yamamoto Noriko）（*1982*）
唐代における太医署の太常寺への所属をめぐって–太医署の職務の史的変遷
The subordination of the Imperial Medical Service to the Court of Imperial Sacrifices in the Thang period- a historic change in the duties of the Imperial Medical Service
载于 Anon.（*1982c*），第 209 页
山本德子（*1983*）
中国の歴史における医
The word ‘physician’ in Chinese history
《日本医史学杂志》，**29**（2），99
山本德子（*1985*）
金元時代における社会と医家の地位
Chin and Yuan society and the status of medical doctors
《日本医史学杂志》，**31**（2），65
山田慶兒（Yamada Keiji）（*1978*）（编）
《中国の科学と科学者》
Chinese science and scientists
京都大学人文科学研究所，京都
山田慶兒（*1988*）
扁鵲伝説
The legend of Pien Chhueh
《东方学报》（京都），**60**，73
山田慶兒（*1990*）
《夜鳴く鳥 医学・呪術・伝説》
The bird that cries at night. Medicine，magic，legend
岩波书店，东京
上官良甫（*1974*）
《中国医药发展史》
The development of medicine and pharmacy in China
新力书店，香港
收集了 104 篇传记
尚志钧（*1981*）
《唐・新修本草》
Revised materia medica of the Thang era
安徽科学技术出版社，合肥
附有导言的辑校本
盛张（*1976*）
岐山新出 匜若干问题探索
Investigation of some problems connected with the newly excavated *i* vessel from Mt. Chhi bearing the name of the official Chen
《文物参考资料》，**6**，40
施若霖（*1959*）
《中国古代的医学家》
Ancient Chinese physicians
上海科学技术出版社，上海
石田秀実（Ishida Hidemi）（*1987*）
《気・流れる身体》
The body as a flow of *chhi*
平河出版社，东京
石田秀実（*1992*）
《中国医学思想史》
History of Chinese medical thought

东京大学出版社，东京

辻善之助（Tsuji Zennosuke）（*1938*）
日支文化の交流
Cultural exchanges between Japan and China
创元社，东京

宋大仁（*1957a*）
伟大法医学家宋慈传略
A biography of the great medico- legal expert, Sung Tzhu
《中华医史杂志》，**8**，116

宋大仁（*1957b*）
中国法医典籍版本考
A study of editions of Chinese classics of forensic medicine
《中华医史杂志》，**8**，278

宋向元（*1958*）
陈复正对小儿科学的贡献
Chhen Fu- chêng's contribution to the science of paediatrics
《中华医史杂志》，**3**，216

薮内清（*1967*）（编）
《宋元時代の科学技術史》
History of science and technology in the Sung and Yuan *periods*
京都大学人文科学研究所，京都

唐兰（*1976a*）
陕西岐山县董家村新出西周重要铜器铭辞的译文和注释
Transcription of and notes on inscriptions on Western Chou bronzes recently unearthed at Tung-chia Village, Chhi-shan County, Shênsi
《文物参考资料》，**5**，55

唐兰（*1976b*）
用青铜器铭文来研究西周史
Use of bronze inscriptions in studying Western [early] Chou history
《文物参考资料》，**6**，31

陶御风、朱邦贤和洪丕谟（*1988*）
《历代笔记医事别录》
Record of medical matters in collections of jottings through the ages
天津科学技术出版社，天津

田国华（*1986*）
疥疮简史
Brief history of scabies
《中华医史杂志》，**16**（2），114

丸山昌朗（Maruyama Masao）（*1977*）
《鍼灸医学と古典の研究—丸山昌朗東洋医学論集》
Studies in medical acupuncture and moxibustion and their classics. Collected essays of Maruyama Masao on Oriental medicine
创元社，大阪

万方和吕锡琛（*1987*）
宋代官药局的考察
A study of the Sung official pharmacy system
《山东中医学院学报》，**11**（3），32

汪继祖（*1958*）
疑狱集、折狱龟鉴、棠阴比事的释例
Examples from the *Collection of doubtful cases*, *Magic mirror for solving cases*, and *Parallel cases from under the pear-tree*
《中华医史杂志》，**1**，45

王锦光（*1984*）
关于红光验尸
On the use of red light for examining corpses
《杭州大学学报》，**11**（3），328

王筠默（*1958*）
从证类本草看宋代药物产地的分布
The distribution of drug production in the Sung period as seen in the materia medica of the Chêng-ho era
《中华医史杂志》，**2**，114

王致谱（*1980*）
消渴（糖尿病）史述要
Brief history of consumption- thirst syndrome [diabetes]
《中华医史杂志》，**10**（2），79

武荣纶和董玉山（*1885*）
《牛痘新书》
New book on the cowpox
州府衙门，广州

武云瑞（*1947*）
中俄医学交流史略

Outline history of medical intercourse between China and Russia
《中华医史杂志》，**1**（1），23
小曾户洋（Kosoto Hiroshi）、篠原孝市（Shinohara Kōichi）和丸山敏秋（Maruyama Toshiaki）（*1981*）
《東洋医学善本叢書》
Collected rare books on Oriental medicine
8 册
东洋医学研究会，大阪
第 8 册包含了索引、对照表以及简要的研究
篠田統（Shinoda Osamu）（*1974*）
《中国食物史》
A history of food in China
柴田书店，东京
篠田統和田中静一（Tanaka Seiichi）（*1972*）
《中国食経叢書：中国古今食物料理資料集成》
Collected Chinese dietary manuals. Complete materials for the foods and cooking of China, ancient and modern
第 1 册（晋至明）
书籍文物流通会，东京
谢观（或利恒，*1934*）
《中国医学源流论》
Discussions of the history of Chinese medicine
澄斋医社，上海
谢学安（*1983*）
中国古代对疾病传染性的认识
Knowledge of disease contagion in ancient China
《中华医史杂志》，**13**（4），192
熊秉真（*1995*）
《幼幼：传统中国的襁褓之道》
Proper care of children：the Way of infancy in traditional China
联经出版社事业公司，台北
16 世纪和 17 世纪的儿科学
薛益明（*1997*）
医学考核史略
Outline history of medical personnel evaluation
《南京中医药大学学报》，**13**（1），59
严世芸（*1990—1994*）
《中国医籍通考》
General compendium on traditional Chinese medical books
4 卷，1 册索引
上海中医药大学出版社，上海
实际上是一种序跋的汇编，间或附有对作者的评注。列有 9000 多部现存的和已佚的书籍
杨奉琨（*1980*）
《洗冤集录校译》
Collated version of *Washing away of wrongs*, with vernacular translation
群众出版社，北京
以 1308 年的版本为底本
杨奉琨（*1987*）
《无冤录校注》
The avoidance of wrongs，collated and annotated
上海科学技术出版社，上海
杨家茂（*1990*）
牛痘初传我国史略及其意义
An outline of the early transmission of vaccination to our country and its significance
《中华医史杂志》，**20**（2），83
杨文儒和李宝华（*1980*）
《中国历代名医评介》
Critical introduction to famous physicians of China through the ages
陕西科学技术出版社，西安
杨元吉（*1953*）
《中国医药文献初辑》
Collected documents on Chinese medicine and pharmacy，first series
大德出版社，上海
伊光瑞（*1993*）
《内蒙古医学史略》
Outline history of medicinein Inner Mongolia
中医古籍出版社，北京
于文忠（*1981*）
角法小议
Notes on the therapeutic method of cupping
《中华医史杂志》，**11**（2），95
于永敏（*1987*）
辽代契丹族医学史事简述

Brief account of the medical history of the Khitan people in the Liao period
《中华医史杂志》, 17（1）, 60
于永敏（*1990*）
《辽宁医学人物志》
Biographical notes on physicians of Liaoning
辽沈书社，沈阳
余嘉锡（*1958*）
《四库提要辨证》
Critical studies of the Four Repositories abstracts
初版，1937 年。修订本，科学出版社，北京，1958 年；影印，1974 年
余明光（*1989*）
《黄帝四经与黄老思想》
The ‘Four canons of the Yellow Emperor’ and Huang-Lao thought
黑龙江人民出版社，哈尔滨
余岩（云岫）（*1953*）
《古代疾病名候疏义》
Glosses on the names and symptoms of ancient diseases
人民卫生出版社，北京
张秉伦和孙毅霖（*1988*）
秋石方模拟实验及其研究
Experimental preparation and study of the ancient ‘autumn stone’ formula
《自然科学史研究》, **7**（2）, 170
张培玉等（*1993*）
《北京同仁堂史》
History of the Shared Benevolence Drug Shop of Peking
人民日报出版社，北京
始于 1669 年
张如青、唐耀和沈澍农（*1996*）
《中医文献学纲要》
Outline of the study of Chinese medical literature
上海中医药大学出版社，上海
涵盖了书目、注释等各个方面。对于学术分析和评论的技巧要少于马继兴（*1990*）
张贤哲和蔡贵花（*1971*）
《洗冤录》沿革疏
Notes on the vicissitudes of the *Hsi yuan lu*
《中国医药学院新医潮》, **1**, 29
张宗栋（*1990*）
医生称谓考
Designations for physicians
《中华医史杂志》, **20**（3）, 138
章次公（*1948*）
明代挂名医籍之进士题名录
Ming physicians who were Presented Scholars
《医史杂志》, **2**（1–2）, 5
赵璞珊（*1983*）
《中国古代医学》
Ancient Chinese medicine
《中国史学丛书》，中华书局，北京
郑文（*1992*）
北宋仁宗英宗医疗案件始末
The whole story of the incident sinvolving medical treatment of the Emperors Jen-tsung and Ying-tsung in the Northern Sung period
《中华医史杂志》, **22**（4）, 244
中国中医研究院和广州中医学院（*1995*）
《中医大辞典》
Unabridged dictionary of Chinese medicine
人民卫生出版社，北京
36000 多个条目
中国中医研究院图书馆（*1991*）
《全国中医图书联合目录》
National union catalogue of books on traditional medicine
中医古籍出版社，北京
中国中医研究院中国医史文献研究所（*1989*）
《医学史文献论文资料索引·第二辑（1979–1986）》
Index to essays and materials on the history ofmedicine and medical literature
中国书店，北京
1978 年版索引的续编，第一辑涵盖了 1903–1978 年
钟少华（*1996*）
《人类知识的新工具：中日近代百科全书研究》
New tools for human knowledge. Studies of encyclopaedias in modern China and Japan

北京图书馆出版社，北京
仲许（*1956*）
中国法医学史
History of Chinese forensic medicine
《中华医史杂志》，**8**，445；**9**，501
仲许（*1957*）
有关我国法医学史方面二事
On two topics in the history of Chinese legal medicine
《中华医史杂志》，**4**，286.
关于“滴血”和“仵作”
周宗岐（*1965a*）
植毛牙刷是中国发明的
Vegetable- bristle toothbrushes were invented in China
《中华口腔科杂志》，**4**，1
周宗岐（*1965b*）
辽代植毛牙刷考
Study of vegetable- bristle toothbrushes of the Liao period
《中华口腔科杂志》，**4**，3
朱建平（*1992*）
江陵张家山医简述要
Medical MSS on wooden strips from Chang-chia-shan，Hubei
《浙江中医杂志》，**11**，511
朱克文、高思显和龚纯（*1996*）
《中国军事医学史》
History of Chinese military medicine
人民军医出版社，北京
朱启钤（*1932–1936*）
《哲匠录》
Biographies of Chinese engineers，architects，technologists and master-craftsmen
《中国营造学社汇刊》，1932 年，**3**（1），123；**3**（2），125；**3**（3），91；1933 年，**4**（1），82；**4**（2），60；**4**（3–4），219；1934 年，**5**（2），74；1935 年，6（2），114；6（3），148
诸葛计（*1979*）
宋慈及其《洗冤集录》
Sung Tzhu and his Washing away of wrongs
《历史研究》，4，87。转载于杨奉琨（*1980*），第 170 页
宗田一（Sōda Hajime）（*1989*）
《図説 · 日本医療文化史》
Cultural history of clinical medicine in Japan
思文阁，京都

C 西文书籍与论文

ACKERKNECHT, ERWIN (1948). 'Anti-contagionism between 1821 and 1867'. *BIHM*, 22, 562.
ACKERKNECHT, ERWIN (1950–1). 'The Early History of Legal Medicine'. *CIBA/S*, 11, 128.
ADAM, N. K. & STEVENSON, D. G. (1953). 'Detergent Action'. *END*, 12, 25.
ADNAN ADIVAR, ABDULHAK (1939). *La science chez les Turcs ottomans*. Maisonneuve, Paris.
ADNAN ADIVAR, ABDULHAK (1943). *Osmanli turkerinde ilim* [Science among the Ottoman Turks]. Maarif Matbaasi, Istanbul. Considerably enlarged from *ibid.* (1939).
AINSLIE, W. (1830). 'Observations Respecting the Smallpox and Inoculation in Eastern Countries. With Some Account of the Introduction of Vaccination into India'. *TRAS*, 2, 52.
ALABASTER, E. (1899). *Notes and Commentaries on Chinese Criminal Law and Cognate Topics, with Special Attention to Ruling Cases; Together with a Brief Excursus on the Law of Property, Chiefly Founded on the Writings of the Late Sir Chaloner Alabaster, KCMG, Sometime HBM Consul-General in China*. Luzac, London.
ALLEE, MARK A. (1994). *Law and Local Society in Late Imperial China. Northern Taiwan in the Nineteenth Century*. Stanford University Press, Stanford, CA.
AMUNDSEN, D. W. & FERNGREN, G. B. (1978). 'The Forensic Role of Physicians in Ptolemaic and Roman Egypt'. *BIHM*, 52, 3, 336.
ANDREWS, BRIDIE J. (1995). 'Traditional Chinese Medicine as Invented Tradition'. *BBACS*, 6.
ANON. (+1757). *De Inenting der Kinderpokjes in hare groote Voordeelen aangewezen. Uit eene Vergelykinge derzelven met die door den Natuurlyken Weg komen. Uit't Gezag der Schryveren die voor en tegen de Inenting zich opentlyk hebben uitgelaten. Uit de Wederleggingen van alle de voornaamste Tegenwerpingen en Zwarigheden, die oort tegen dezelve Zyn ingebragt. Eindelyk getaasd door Eigen Ondervindigen*. Arrenberg, Rotterdam.
ANON. (1913). *The History of Inoculation and Vaccination for the Prevention and Treatment of Disease*. Lecture memoranda, 17th International Congress of Medicine, 1913. Burroughs Wellcome, London.
[ARBUTHNOT, JOHN] (+1722). *Mr Maitland's Account of Inoculating the Small-pox vindicated from Dr. Wagstaffe's Misrepresentations of that Practice, with some Remarks on Mr Massey's Sermon*. J. Peele, London.
BACON, ROGER (+1236 to +1245). *De retardatione accidentium senectutis*. . . . Little & Withington (1928). See R. Browne (+1683).
BAKER, SIR GEORGE (+1766). *An Inquiry into the Merits of a Method of Inoculating the Smallpox, which is now Practised in Several Counties in England*. J. Dodsley, London. Also in *MTR/RCP*, 1772, 1, 275.
BALL, J. DYER (1892). *Things Chinese. Being Notes on Various Subjects Connected with China*. Sampson Low, Marston, London.
BARON, J. (1827). *Life of Dr. Jenner*. 2 vols. Henry Colburn, London.
DES BARRES, DUPONT LEROY & TANON, M. (1912). 'À propos de la protection contre la variole. Coutumes des Peuplades Noires de la bouche du Niger, et coutumes chinoises'. *BSHM*, 11, 49.
BARRETT, TIMOTHY H. (1991). 'Some Aspects of the *Chin-ching* of Sun Ssu-mo'. Unpublished MS on *Chhien chin i fang*, ch. 29–30.
BARTHOLINUS, THOMAS (+1673). 'De transplantatione morborum dissertatio epistolica'. Art. in Grube (+1673).
BARTHOLINUS, THOMAS & VOLLGNAD, H. (+1671). 'Febris ex imaginatione'. *MCMP* (Jena, 1688), 2, 264.
BATES, DON G. (ed.) (1995). *Knowledge and the Scholarly Medical Traditions*. Cambridge University Press, Cambridge.
BAXBY, D. (1978). 'Edward Jenner, William Woodville, and the Origins of Vaccinia Virus'. *JHMAS*, 34, 134.
BEDSON, H. S. & DUMBELL, K. R. (1964). 'Hybrids derived from the Viruses of Variola Major and Cowpox'. *JHYG*, 62, 147.
BEESON, PAUL B. & MCDERMOTT, WALSH (ed.) (1963). *Cecil-Loeb Textbook of Medicine*. 11th ed., 2 vols. W. B. Saunders, Philadelphia.
BENEDICT, CAROL (1996). *Bubonic Plague in Nineteenth-century China*. Stanford University Press, Stanford, CA.
BENNETT, J. A. (1986). 'The Mechanics' Philosophy and the Mechanical Philosophy'. *HOSC*, 24, 1, 1.
BESENBRUCH, D. (1912). 'Zur Epidemiologie der Pocken in Nordchina'. *ASTH*, 16, 48.
BIAGIOLI, MARIO (1989). 'The Social Status of Italian Mathematicians, 1450–1600'. *HOSC*, 27, 1, 41.
BIAGIOLI, MARIO (1993). *Galileo, Courtier. The Practice of Science in the Culture of Absolutism. Science and its Conceptual Foundations*. University of Chicago Press, Chicago. A classic study of patronage.

BIELENSTEIN, HANS (1986). 'The Institutions of Later Han'. Art. in Twitchett & Loewe (1986), p. 491.
BIOT, E. (tr.) (1851). *Le Tcheou-li ou Rites des Tcheou.* 3 vols. Imp. Nat., Paris. Repr. Wên-tien-ko, Peking, 1930. Tr. of *Chou li.*
BLAKE, J. B. (1953). 'Smallpox Inoculation in Colonial Boston'. *JHMAS*, 8, 284.
DE BLÉGNY, NICOLAS (+1684). *La doctrine des rapports de chirurgie. Fondée sur les maximes d'usage et sur la disposition des nouvelles ordonnances.* T. Amaubry, Lyon. English tr., Amesbury, London, +1684.
BODDE, DERK (1942). 'Early References to Tea Drinking in China'. *JAOS*, 62, 74.
BODDE, DERK (1946). 'Henry A. Wallace and the Ever-normal Granary', *FEQ*, 5, 4, 411.
BODDE, DERK (1954). 'Authority and Law in Ancient China'. Art. in *Authority and Law in the Ancient Orient*, p. 41. *JAOS*, Supplements, 17.
BODDE, DERK (1963). 'Basic Concepts of Chinese Law. The Genesis and Evolution of Legal Thought in Traditional China'. *PAPS*, 107, 375.
BODDE, DERK (1982). 'Forensic Medicine in Pre-imperial China'. *JAOS*, 102, 1. Cf. Hulsewé (1978, 1985); McLeod & Yates (1981).
BODDE, DERK & MORRIS, CLARENCE (1967). *Law in Imperial China.* Harvard University Press, Cambridge, MA.
BODMAN, NICHOLAS CLEAVELAND (1954). *A Linguistic Study of the Shih ming. Initial and Consonant Clusters.* Harvard-Yenching Institute Studies, 11. Harvard University Press, Cambridge, MA.
BOERHAAVE, HERMANN (+1716). *Praxis medicinae Boerhaaveana, Being a Complete Body of Prescriptions Adapted to Each Section of the Practical Aphorisms of H. Boerhaave.* B. Cowse & W. Innys, London.
BOKENKAMP, STEPHEN R. (1994). *Time after Time. Taoist Apocalyptic History and the Founding of the T'ang Dynasty. AM*, 3rd ser., 7, 1, 59. On apocalyptic themes in dynastic succession from Six Dynasties on.
BRADLEY, L. (1971). *Smallpox Inoculation (Variolation). An Eighteenth-century Mathematical Controversy.* Adult Education Department, Nottingham.
BREITENSTEIN, H. (1908). *Gerichtliche Medizin der Chinesen von Wang-in-Hoai nach der holländischen Übersetzung F. M. de Grijs.* Grieben (Furnau), Leipzig. Wang Yin-huai wrote the +1796 preface to *HYL.*
BRETSCHNEIDER, E. (1881–98). 'Botanicon sinicum. Notes on Chinese Botany from Native and Western Sources'. *JRAS/NCB* (n.s.), 1881, 16, 18; 1893, 25, 1; 1898, 29, 1; repr., 3 vols., Kraus, Nendeln, 1967.
BRIDGMAN, R. F. (1955). 'La médecine dans la Chine antique, d'après les biographies de Pien-ts'io [Pien Chhüeh] et de Chouen-yu Yi [Shunyü I] (Chapitre 105 des *Mémoires historiques* de Sseu-ma Ts'ien [Ssu-ma Chhien]'. *MCB*, 10, 1.
BROOKS, E. BRUCE (1994). 'Review Article: The Present State and Future Prospects of Pre-Han Text Studies'. *SPP*, 46, 1. Review of Loewe (1993), mostly devoted to an outline of Brooks's own studies of the coming together of early texts.
BROTHWELL, DON R. & SANDISON, A. T. (eds.) (1967). *Diseases in Antiquity. A Survey of the Diseases, Injuries, and Surgery of Early Populations.* Thomas, Springfield, IL.
BROWN, THEODORE M. (1982). 'The Changing Self-concept of the 18th-century London physician'. *ECL*, 7, 31.
BROWNE, E. G. (1921). *Arabian Medicine.* Cambridge University Press, Cambridge. Repr., 1962.
BROWNE, RICHARD (+1683). *The Cure of Old Age and Preservation of Youth.* Tho. Flesher & Edward Evets, London. Tr. of Roger Bacon, *De retardandis senectutis accidentibus.*
BRUCE, JAMES (+1790). *Travels to Discover the Sources of the Nile in the Years 1768, 1769, 1770, 1771, 1772 and 1773.* G. G. J. & J. Robinson, London.
BULLOCH, W. (1930/1938). 'The History of Bacteriology'. Art. in *A System of Bacteriology in Relation to Medicine*, vol. 1, p. 15. Medical Research Council, London. Revised and enlarged as the Heath Clark Lectures at the University of London, and published with the same title, Oxford University Press, Oxford, 1938.
BULLOCK, MARY BROWN (1980). *An American Transplant. The Rockefeller Foundation and Peking Union Medical College.* University of California Press, Berkeley, CA.
BURKE, D. C. (1977). 'The Status of Interferon'. *SAM*, 236, 4, 42.
BYNUM, W. F., BROWNE, E. J. & PORTER, R. (1981). *Dictionary of the History of Science.* Macmillan, London.
CALVI VIRAMBAM (1819). 'Inoculation in Ancient India'. *MADC*, 12 January.
CAMPS, F. E. & CAMERON, J. F. (1971). *Practical Forensic Medicine.* Hutchinson Medical, London.
CAPRA, FRITJOF (1977). *The Tao of Physics: An Exploration of the Parallels Between Modern Physics and Eastern Mysticism.* Bantam, New York.
DE CARRO, J. (1804). *Histoire de la vaccination en Turquie, en Grèce, et aux Indes Orientales.* Geistinger, Vienna.
CASTIGLIONI, A. (1947). *A History of Medicine*, tr. and ed. E. B. Krumbhaar. 2nd ed., Knopf, New York.
À CASTRO, J., HARRIS, G. & LE DUC, A. (+1722). *Dissertationes in novam, tutam ac utilem methodum inoculationis, seu transplantationis.* Langerak, Leiden.
À CASTRO, RODERICUS (+1614). *Medicus politicus, sive de officiis medico-politicis tractatus.* Frobenius, Hamburg.

CHAFFEE, JOHN W. (1993). *The Thorny Gates of Learning in Sung China. A Social History of Examinations.* Cambridge University Press, Cambridge, 1985. Rev. ed., State University of New York Press, Albany, NY.
CHAN, WING-TSIT (1963). *The Way of Lao Tzu (Tao-te ching).* The Library of Liberal Arts, 139. Bobbs-Merrill, Indianapolis, IN.
CHANG CHE-CHIA (1997). 'The Therapeutic Tug of War. The Imperial Patient-Practitioner Relationship in the Era of Empress Dowager Cixi (1874–1908)'. Ph.D. diss., Asian and Middle Eastern Studies, University of Pennsylvania.
CHANG, CHIA-FENG (1996). 'Aspects of Smallpox and its Significance in Chinese History'. Ph.D. diss., History, School of Oriental and African Studies, University of London.
CHANG, CHUNG-LI (1962). *The Income of the Chinese Gentry.* Publications on Asia. University of Washington Press, Seattle, WA.
CHANG, K. C. (ed.) (1977). *Food in Chinese Culture. Anthropological and Historical Perspectives.* Yale University Press, New Haven, CT.
CHAO, YÜAN-LING (1995). 'Medicine and Society in Late Imperial China: A Study of Physicians in Suzhou'. Ph.D. diss., History, University of California, Los Angeles. Study of the period 1600–1850.
CHATTOPADHYAYA, DEBIPRASAD (1977). *Science and Society in Ancient India.* Research India Publications, Calcutta.
CHAVANNES, E. (1895–1969). *Les mémoires historiques de Se-Ma Ts'ien.* 6 vols. Leroux, Paris. Vol. 6 ed. Timoteus Pokora, publ. Maisonneuve, Paris. Tr. of *Shih chi*, ch. 1–52.
CHIA, LUCILLE (1996). 'Printing for Profit: The Commercial Printers of Jianyang (Fujian), Song-Ming (960–1044)'. Ph.D. diss., East Asian Languages and Cultures, Columbia University.
CHINA SCIENCE AND TECHNOLOGY MUSEUM & CHINA RECONSTRUCTS (1983). *China: 7000 Years of Discovery. China's Ancient Technology. Authorised Beijing Edition. China Reconstructs* Magazine, Peking. This replaced an 'unauthorised' catalogue less fixated on priorities and more historically accurate.
CH'Ü T'UNG-TSU (1961). *Law and Society in Traditional China.* Le monde d'Outre-mer, ser. 1, 4. Mouton, The Hague.
[CIBOT, P. M.] (+1779). 'De la petite vérole'. *MCHSAMUC*, 4, 392. Repr. in Dabry de Thiersant (1863), pp. 118ff., and more correctly in Lepage (1813).
CLINCH, WILLIAM (+1724). *An Historical Essay on the Rise and Progress of the Smallpox. To which is added a Short Appendix, to Prove, that Inoculation is no Security from the Natural Smallpox.* T. Warner, London.
CODRONCHI, GIOVANNI BATTISTA (+1595). *De morbis veneficis ac veneficijs.* F. de Franciscis, Venice.
COLDEN, CADWALLADER (+1757). 'Extract of a Letter . . . to Dr Fothergill, concerning the Throat Distemper'. In *Medical Observations and Inquiries* by a Society of Physicians in London, +1757, vol. 1, p. 227. Letter dated +1753.
COLOMBERO, CARLO (1979). 'Il problema del contagio nel pensiero medico-filosofico del Rinascimento italiano e la soluzione di Fracastoro'. *Atti della Accademia delle Scienze di Torino. Classe di Scienze Morali, Storiche e Filologiche*, 113, 245.
CONRAD, LAWRENCE I. *et al.* (1995). *The Western Medical Tradition. 800 BC to AD 1800.* Cambridge University Press, Cambridge.
COOK, S. F. (1941–2). 'F. X. Balmis and the Introduction of Vaccination to Spanish America'. *BIHM*, 11, 543; 12, 70.
COOPER, W. C. & SIVIN, N. (1973). 'Man as a Medicine. Pharmacological and Ritual Aspects of Drugs Derived from the Human Body', Art. in Nakayama & Sivin (1973), p. 203.
CORDIER, HENRI (1920). *Histoire générale de la Chine.* 4 vols. Geuthner, Paris.
DE LA COSTE, M. (+1723). *Lettre sur l'Inoculation de la Petite Vérole, comme elle se pratique en Turquie et en Angleterre. Addressée à Mons. Dodart . . . premier médecin du roi. Avec un appendix qui contient les preuves et répond à plusieurs questions curieuses.* Claude Labottière, Paris. Rev. *MHSBAT*, +1724, p. 1073.
COUVREUR, F. S. (tr.) (1913). *Li Ki, ou Mémoires sur les bienséances et les cérémonies.* (*Li chi*). 2 vols. La Mission Catholique, Hokien fu. Repr. Belles Lettres, Paris, 1950.
COUVREUR, F. S. (tr.) (1914). *Tch'ouen Ts'iou et Tso Tchouan. Texte chinois avec traduction française.* 3 vols. Mission Press, Hochienfu. Tr. of *Chhun chhiu and Tso chuan.*
COWDRY, E. V. (1921). *The Office of Imperial Physicians, Peking.* American Medical Association, Chicago.
CREIGHTON, C. (1889). *Jenner and Vaccination.* Sonnenschein, London.
CREIGHTON, C. (1891–4). *History of Epidemics in Britain.* 2 vols. Cambridge University Press, Cambridge. Vol. 2 covers +1666 to 1893.
CROOKSHANK, E. M. (1889). *History and Pathology of Vaccination.* 2 vols. Lewis, London.
CROSBY, ALFRED W. (1993). 'Smallpox'. Art. in Kiple (1993), p. 1008.
CSIKSZENTMIHALYI, MARK A. (1994). 'Emulating the Yellow Emperor. The Theory and Practice of Huanglao, 180–141 B.C.E.' Ph.D. diss., Philosophy, Stanford University.
CULLEN, CHRISTOPHER (1993). 'Patients and Healers in Late Imperial China: Evidence from the *Jinpingmei*'. *HOSC*, 31, 2, 99. On the Chhing novel *Chin phing mei* 金瓶梅.

DABRY DE THIERSANT, C. P. (1863). *La médecine chez les Chinois*. Henri Plon, Paris.
DALTON, O. M. (1927). *The History of the Franks, by Gregory of Tours*. Oxford University Press, Oxford.
DEFOORT, CARINE (1997). *The Pheasant Cap Master (He guan zi). A Rhetorical Reading*. State University of New York Series in Chinese Philosophy and Culture. State University of New York Press, Albany, NY.
DESPEUX, CATHERINE (1981). *Taiji quan. Art martial, technique de longue vie*. G. Tredaniel, Paris.
DEVAUX, JEAN (+1703). *L'art de faire les raports [sic] en chirurgie avec un extrait des arrests, status, & reglemens faits en conséquence*. . . . Laurent d'Houry, Paris. Written +1693.
DIKÖTTER, FRANK (1992). *The Discourse of Race in Modern China*. Hurst, London.
DIMSDALE, THOMAS (+1769). *The Present Method of Inoculating for the Smallpox*. 5th ed. W. Owen, London.
DIXON, C. W. (1962). *Smallpox*. Churchill, London.
DOBELL, CLIFFORD (1932). *Antony van Leeuwenhoek and his 'Little Animals'*. Bale, London.
DOE, JANET (1937). *A Bibliography of the Works of Ambroise Paré, Conseiller et Premier Chirurgien du Roy*. . . . History of Medicine Series, 4. Van Hensden, Amsterdam.
DORÉ, H. (1914–29). *Recherches sur les superstitions en Chine*. 15 vols. T'u-se-we Press, Shanghai.
DOUGLAS, MARY (1966). *Purity and Danger. An Analysis of Concepts of Pollution and Taboo*. Routledge & Kegan Paul, London.
DOUGLAS, MARY (1975). *Implicit Meanings. Essays in Anthropology*. Routledge & Kegan Paul, London.
DOWNIE, A. W. (1951). 'Jenner's Cowpox Inoculation'. *BMJ*, pt 2, 251.
DUDGEON, JOHN (1870). 'The Great Medical College at Peking'. *Chinese Recorder*, 2, 9.
EBERHARD, W. (1967). *Guilt and Sin in Traditional China*. University of California Press, Berkeley, CA.
EBERHARD, W. (1971). *Moral and Social Values of the Chinese. Collected Essays*. Chinese Materials and Research Aids Service Centre, Occasional Series, 6. Chhêng-wên, Taipei.
ELMAN, BENJAMIN A. (1984). *From Philosophy to Philology. Intellectual and Social Aspects of Change in Late Imperial China*. Harvard East Asian Monographs, 110. Council on East Asian Studies, Harvard University, Cambridge, MA.
ENGELHARDT, UTE (1987). *Die klassische Tradition der Qi-übungen (Qigong). Eine Darstellung anhand des Tang-zeitlichen Textes Fuqi Jingyi Lun von Sima Chengzhen*. Münchener Ostasiatische Studien, 44. Franz Steiner Verlag Wiesbaden, Stuttgart.
D'ENTRECOLLES, F. X. (+1731). 'Lettre du 11 Mai, 1726, au Père Duhalde. De l'inoculation chez les Chinois'. *LEC*, 20, 304.
EPLER, D. C., JR (1980). 'Blood-letting in Early Chinese Medicine and its Relation to the Origin of Acupuncture'. *BIHM*, 54, 337.
ESCARRA, JEAN (1936). *Le droit chinois*. Vetch, Peking.
FAIRBANK, J. K. & REISCHAUER, E. O. (1958). *East Asia. The Great Tradition*. Houghton Mifflin, Boston, MA.
FARQUHAR, JUDITH (1994). *Knowing Practice. The Clinical Encounter of Chinese Medicine*. Studies in the Ethnographic Imagination, 4. Westview Press, Boulder, CO.
FARQUHAR, JUDITH (1995). 'Re-writing Traditional Medicine in post-Maoist China'. Art. in Bates (1995), p. 251.
FEDELE, FORTUNATO (+1602). *De relationibus medicorum. Libri quatuor*. N.p., Palermo. Repr., Leizig, +1674.
FEHER, MICHEL (ed.) (1989). *Fragments for a History of the Human Body*. 3 vols. Zone, New York. Collected papers on several cultures.
FEIERMAN, STEVEN (1985). 'Struggles for Control: The Social Roots of Health and Healing in Modern Africa'. *ASREV*, 28, 2–3, 103.
FÊNG YU-LAN. See Fung Yu-Lan.
FENNER, FRANK (1977). 'The Eradication of Smallpox'. *PMV*, 23, 1.
FIELDS, ALBERT (1950). 'Physiotherapy in Ancient Chinese Medicine'. *AJSURG*, 79, 613.
FILLIOZAT, JEAN (1949). *La doctrine classique de la médecine indienne*. Imprimerie Nationale, Paris.
FISK, DOROTHY (1959). *Dr Jenner of Berkeley*. Heinemann, London.
FORBES, R. J. (1954). 'Chemical, Culinary, and Cosmetic Arts'. Art. in Singer *et al.* (1954–8), vol. 1, p. 238.
FORKE, ALFRED (tr.) (1907–11). *'Lun Hêng', Philosophical Essays of Wang Chhung*. Kelly & Walsh, Shanghai. Orig. publ. as *MSOS, Beibände*, 1906, 9, 181; 1907, 10, 1; 1908, 11, 1; 1911, 14, 1.
FORTE, ANTONINO (1988). *Mingtang and Buddhist Utopias in the History of the Astronomical Clock*. Istituto Italiano per il Medio ed Estremo Oriente, Rome.
FRANK, ROBERT G., JR (1980). *Harvey and the Oxford Physiologists. Scientific Ideas and Social Interaction*. University of California Press, Berkeley, CA.
FRANKE, HERBERT (1976). *Sung Biographies*. Münchener ostasiatische Studien, 16. Steiner, Wiesbaden.
FREIDSON, ELIOT (1970). *Profession of Medicine. A Study of the Sociology of Applied Knowledge*. Dodd, Mead, New York.
FRENCH, ROGER (1994). *William Harvey's Natural Philosophy*. Cambridge University Press, Cambridge.

FUKUI FUMIMASA (1995). 'The History of Taoist Studies in Japan and Some Related Issues'. *Acta Asiatica*, 68, 1.

FULLER, THOMAS (+1730). *Exanthematologia. Or, an Attempt to give a Rational Account of Eruptive Fevers, Especially of the Measles and Small Pox . . . to which is added, an Appendix concerning Inoculation*. C. Rivington & S. Austen, London.

FUNG YU-LAN (tr.) (1933). *Chuang Tzu. A New Selected Translation with an Exposition of the Philosophy of Kuo Hsiang*. Commercial Press, Shanghai.

FURTH, CHARLOTTE (1986). 'Blood, Body and Gender. Medical Images of the Female Condition in China 1600–1850'. *CHIS*, 7, 43.

FURTH, CHARLOTTE (1987). 'Concepts of Pregnancy, Childbirth, and Infancy in Ch'ing Dynasty China'. *JAS*, 46, 1, 7.

FURTH, CHARLOTTE (1988). 'Androgynous Males and Deficient Females. Biology and Gender Boundaries in Sixteenth- and Seventeenth-century China'. *LIC*, 9, 2, 1.

FURTH, CHARLOTTE (1995). 'From Birth to Birth. The Growing Body in Chinese Medicine'. Art. in Kinney (1995), p. 157. On schemata of conception, growth, stages of sexual activity, etc.

FURTH, CHARLOTTE (1996). 'Women as Healers in Ming Dynasty China'. Paper for Eighth International Conference on the History of Science in East Asia, Seoul, Korea, 26–31 August 1996.

FURTH, CHARLOTTE (1998). *A Flourishing Yin: Gender in China's Medical History 960–1665*. University of California Press, Berkeley, CA, in press.

GALLAGHER, CATHERINE & LAQUEUR, THOMAS W. (eds.) (1987). *The Making of the Modern Body: Sexuality and Society in the Nineteenth Century*. University of California Press, Berkeley, CA.

GALT, HOWARD S. (1951). *A History of Chinese Educational Institutions*. Vol. I. *To the End of the Five Dynasties (A.D. 960)*. Probsthain's Oriental Series, 28. Probsthain, London. No further vols. published.

GARCIA BALLESTER, LUIS, MCVAUGH, M. R. & RUBIO-VELA, A. (ed.) (1994). *Practical Medicine from Salerno to the Black Death*. Cambridge University Press, Cambridge.

GARRISON, FIELDING H. (1929a). *An Introduction to the History of Medicine. With Medical Chronology, Suggestions for Study, and Bibliographic Data*. 4th ed., Saunders, Philadelphia.

GARRISON, FIELDING H. (1929b). 'History of Drainage, Irrigation, Sewage-disposal, and Water-supply'. *BNYAM*, 5, 887.

GATTI, ANGELO (+1763). *Lettre de M. Gatti à M. Roux [sur l'inoculation]*. N.p., Paris.

GATTI, ANGELO (+1764). *Réflexions sur les préjugés qui s'opposent au progrès et à la perfection de l'inoculation*. 8 vols. Musier fils, Bruxelles.

GATTI, ANGELO (+1767). *Nouvelles réflexions sur la pratique de l'inoculation*. Musier fils, Bruxelles. English tr. by M. Maty, Vaillant, London, +1768.

GERNET, JACQUES (1959). *La vie quotidienne en Chine a la veille de l'invasion mongole 1250–1276*. Hachette, Paris. English tr. by H. M. Wright, *Daily Life in China on the Eve of the Mongol Invasion 1250–1276*. George Allen & Unwin, London, 1962.

GIBBS, F. W. (1957). 'Invention in Chemical Industries'. Art. in Singer *et al.* (1954–8), vol. 3, p. 676.

GILES, H. A. (tr.) (1874). 'The *Hsi yüan lu* or "Instructions to coroners" '. *CR*, 3, 30, 92, etc. Repr. *PRSM*, 1924, 17, 59.

GMELIN, SAMUEL GOTTLIEB (+1770–84). *Reise durch Russland zur Untersuchung der drey Natur-Reiche*. Kaiserlichen Academie der Wissenschaften, St Petersburg.

GOODALL, E. W. (1937). 'Fracastorius as an Epidemiologist'. *PRSM*, 30, 341.

GOODRICH, L. CARRINGTON & WILBUR, C. M. (1942). 'Additional Notes on Tea'. *JAOS*, 62, 195.

GORDON, I. & SHAPIRO, H. A. (1975). *Forensic Medicine. A Guide to Principles*. Churchill Livingston, Edinburgh.

GORSKY, J. A. (1960). 'The History of Forensic Medicine'. *CCHG*, 58, 31.

GRADWOHL, R. B. H. (ed.) (1954). *Legal Medicine*. Mosby, St Louis, MO. 3rd ed., ed. Francis E. Camps, Wright, Bristol, 1976.

GRAHAM, A. C. (1979). 'How Much of Chuang tzu did Chuang tzu Write'? *JAAR*, 47, 3. Repr. in Graham (1990), pp. 283–321.

GRAHAM, A. C. (1981). *Chuang-tzŭ. The Seven Inner Chapters and Other Writings from the Book Chuang-tzŭ*. George Allen & Unwin, London.

GRAHAM, A. C. (1989a). *Disputers of the Tao. Philosophical Argument in Ancient China*. Open Court, La Salle, IL.

GRAHAM, A. C. (1989b). 'A Neglected pre-Han Philosophical Text: Ho-kuan-tzu'. *BLSOAS*, 52, 3, 497.

GRAHAM, A. C. (1990). *Studies in Chinese Philosophy and Philosophical Literature*. State University of New York Press, Albany, NY.

GRANT, JOANNA (1997). 'Wang Ji's *Shishan yi'an*: Aspects of Gender and Culture in Ming Dynasty Medical Case Histories'. Ph.D. diss., History, School of Oriental and African Studies, University of London.

GREENE, L. B. (1962). 'Frontiers of Medical Jurisprudence. A Historical Background'. *CM*, 26, 1.

GREENHILL, W. A. (1848). *'A Treatise on the Small-pox and Measles' by Abú Becr Mohammed ibn Zacaríyá ar-Rází (commonly called Rhazes). . . .* Sydenham Society, London.
DE GRIJS, C. F. M. (tr.) (1863). *Geregtelijke Geneeskunde, uit het Chinees vertaald.* Lange, Batavia.
GROS, H. (1902). 'La variolisation'. *JAN*, 7, 169.
GRUBE, H. (+1673). *De arcanis medicorum non arcanis commentatio.* 2 vols. Danielis Paulli, Hafnia (Copenhagen).
GRUBE, H. (+1674). *De transplantatione morborum. Analysis nova.* Gothofredum Schulze, Hamburg. See Klebs (1934), pp. 6, 65.
GRUBE, W. (tr.) (1912). *Die Metamorphosen der Götter.* 2 vols. Brill, Leiden. *Fêng shên yen i*, ch. 1–46, with summary of ch. 47–100.
VAN GULIK, R. H. (1956). *T'ang Yin Pi Shih. Parallel Cases from under the Pear-Tree. A Thirteenth-century Manual of Jurisprudence and Detection.* Sinica Leidensia, 10. Brill, Leiden.
HAAS, P. & HILL, T. G. (1928). *Introduction to the Chemistry of Plant Products.* 2 vols. Longmans Green, London.
HALL, A. R. (1989). 'Antoni van Leeuwenhoek, 1632–1723'. *NRRS*, 43, 249.
HALSBAND, R. (1953). 'New Light on Lady Mary Wortley Montagu's Contribution to Inoculation'. *JHMAS*, 7, 395.
HALSBAND, R. (1956). *The Life of Lady Mary Wortley Montagu.* Oxford University Press, Oxford.
HANSON, MARTA (1997). 'Inventing a Tradition in Chinese Medicine. From Universal to Local Medical Knowledge in South China, the Seventeenth to the Nineteenth Century'. Ph.D. diss., History and Sociology of Science, University of Pennsylvania.
HARINGTON, SIR JOHN (+1607). *The English mans docter. Or, the schoole of Salerne. Or, Physicall obseruations for the perfect preseruing of the body of man in continuall health.* I. Helme & I. Busby, London. Translation of *Regimen sanitatis salernitanum.*
HARPER, DONALD J. (1977). 'The Twelve Qin Tombs at Shuihudi, Hubei: New Texts and Archaeological Data'. *EARLC*, 3, 100. Review of Chinese publications with translations of examples.
HARPER, DONALD J. (1982). 'The "Wu shih erh ping fang": Translation and Prolegomena'. Ph.D. diss., Oriental Languages, University of California, Berkeley, CA.
HARPER, DONALD J. (1990). 'The Conception of Illness in Early Chinese Medicine, as Documented in Newly Discovered 3rd and 2nd Century B.C. Manuscripts (Part I)'. *AGMN*, 74, 210.
HARPER, DONALD J. (1998a). *Early Chinese Medical Literature: The Mawangdui Medical Manuscripts.* Sir Henry Wellcome Asian Series. Kegan Paul, London.
HARPER, DONALD J. (1998b). 'Warring States Natural Philosophy and Occult Thought'. Art. in *The Cambridge History of Ancient China*, ed. M. Loewe & E. Shaughnessy. Cambridge University Press, Cambridge.
HARRIS, WALTER (+1721). *De peste dissertatio, habita Apr. 17, 1721 in amphitheatro Collegii Regalis Medicorum Londiniensium diu accessit descriptio inoculationis variolarum.* Gul. & Joh. Innys, London. With appendix on Chinese and other methods of smallpox inoculation.
HART, H. L. A. (1961). *The Concept of Law.* Oxford University Press, Oxford.
HARTWELL, ROBERT M. (1982). 'Demographic, Political, and Social Transformations of China, 750–1550'. *HJAS*, 42, 2, 365.
HAWKES, DAVID (tr.) (1973–86). *Cao Xueqin. The Story of the Stone.* 5 vols. Penguin, Harmondsworth. Vols. 4–5 tr. John Minford.
HAYGARTH, JOHN (+1793). *A Sketch of a Plan to Exterminate the Casual Small-Pox from Great Britain, and to Introduce General Inoculation; To which is added, a Correspondence on the Nature of Variolous Contagion. . . .* 2 vols. J. Johnson, London.
HE ZHIGUO & LO, VIVIENNE (1996). 'The Channels: A Preliminary Examination of a Lacquered Figurine from the Western Han Period.' *EARLC*, 21, 81. Publ. 1997.
HENDERSON, D. A. (1976). 'The Eradication of Smallpox'. *SAM*, 235, 4, 25.
HENDERSON, JOHN (1991). *Scripture, Canon and Commentary. A Comparison of Confucian and Western Exegesis.* Princeton University Press, Princeton, NJ.
HILL, W. G. *et al.* (1986). 'DNA Fingerprint Analysis in Immigration Test-cases'. *N*, 322, 290.
HOEPPLI, R. (1959). *Parasites and Parasitic Infections in Early Medicine and Science.* University of Malaya Press, Singapore.
HOLBROOK, BRUCE (1981). *The Stone Monkey: An Alternative, Chinese-scientific, Reality.* Morrow, New York.
HSÜ, ELISABETH (1992). 'Transmission of Knowledge, Texts and Treatment in Chinese Medicine'. Ph.D. diss., Social Anthropology, University of Cambridge.
HSU, F. L. K. (Hsü Lang-kuang, 1952). *Religion, Science and Human Crises. A Study of China in Transition and its Implications for the West.* Routledge & Kegan Paul, London.
HU SHIU-YING (1980). *An Enumeration of Chinese Materia Medica.* Chinese University Press, Hong Kong. Standard source for English names.
HUANG, H. T. *et al.* (1988). 'Preliminary Experiments on the Identity of the Chiu shi 秋石 (Autumn mineral) in Medieval Chinese Pharmacopoeias'. Art. in *Abstracts*, Fifth International Conference on the History of Science in China, University of California, San Diego, CA, 5–10 August 1988, p. 182.

HUCKER, CHARLES O. (1985). *A Dictionary of Official Titles in Imperial China*. Stanford University Press, Stanford, CA.

HUGHES, THOMAS P. (1981). 'Convergent Themes in the History of Science, Medicine, and Technology'. *TCULT*, 22, 550.

HULSEWÉ, A. F. P. (1978). 'The Ch'in Documents Discovered in Hupei in 1975'. *TP*, 64, 4, 175, 338.

HULSEWÉ, A. F. P. (1985). *Remnants of Ch'in Law. An Annotated Translation of the Ch'in Legal and Administrative Rules of the Third Century B.C., Discovered in Yun-mêng Prefecture, Hupei Province, in 1975*. Sinica Leidensia, 17. Brill, Leiden.

HUMMEL, ARTHUR W. (ed.) (1943–4). *Eminent Chinese of the Ch'ing Period (1644–1912)*. 2 vols. US Government Printing Office, Washington, DC.

HUNNISETT, R. F. (1961). *The Mediaeval Coroner*. Cambridge University Press, Cambridge.

HYMES, ROBERT P. (1987). 'Not Quite Gentlemen? Doctors in Sung and Yüan', *CHIS*, 8, 9.

IDEMA, WILT (1977). 'Diseases and Doctors, Drugs and Cures. A Very Preliminary List of Passages of Medical Interest in a Number of Traditional Chinese Novels and Related Plays'. *CHIS*, 2, 37.

IMPERATO, P. J. (1968). 'The Practice of Variolation among the Songhai of Mali'. *TRSTMH*, 62, 6, 868.

IMPERATO, P. J. (1974). 'Observations on Variolation Practices in Mali'. *TGM*, 26, 429.

ISKANDAR, ALBERT Z. (1988). *Corpus medicorum graecorum supplementum orientale*. IV. *De optimo medico cognoscendo*. Akademie-Verlag, Berlin.

JAGGI, O. P. (1969–73). *History of Science and Technology in India*. 5 vols. Atma Ram, Delhi.

JEFFREYS, A. J., BROOKFIELD, J. F. Y. & SEMEONOFF, R. (1985). 'Positive Identification of an Immigration Test-case using Human DNA Fingerprints'. *N*, 317, 818.

JENNER, EDWARD (+1798). *An Inquiry into the Causes and Effects of the Variolae Vaccinae; a Disease discovered in some of the Western Counties of England, particularly Gloucestershire, and known by the Name of the Cow Pox*. Pr. for the author by Sampson Low, London.

JEWSON, NORMAN (1974). 'Medical Knowledge and the Patronage System in Eighteenth Century England'. *SOC*, 8, 369.

JOHNSTON, WILLIAM (1995). *The Modern Epidemic. A History of Tuberculosis in Japan*. Harvard East Asian Monographs, 162. Council on East Asian Studies, Harvard University, Cambridge, MA.

JURIN, JAMES (+1722). 'A Letter to the Learned Caleb Cotesworth . . . Containing a Comparison between the Mortality of the Natural Small Pox, and that Given by Inoculation'. *PTRS*, 32, 374, 213. Repr. W. & J. Innys, London, 1723.

JURIN, JAMES (+1724). *An Account of the Success of Inoculating the Small Pox in Great Britain. With a Comparison between the Miscarriages in that practice, and the Mortality of the Natural Small-pox*. J. Peele, London. 2nd ed. was also +1724.

KAHN, CHARLES (1963). 'History of Smallpox and its Prevention'. *AJDC*, 106, 597.

KANDEL, BARBARA (1979). '*Taiping Jing*. The Origin and Transmission of the "Scripture on General Welfare". The History of an Unofficial Text'. *MDGNVO*, 75, 1.

KARPLUS, H. (1973). *International Symposium on Society, Medicine and Law (Jerusalem, 1972)*. Elsevier, Amsterdam.

KATZ, PAUL R. (1995). *Demon Hordes and Burning Boats. The Cult of Marshal Wen in Late Imperial Chekiang*. State University of New York Press, Albany, NY.

KEEGAN, DAVID J. (1988). 'The "Huang-ti nei-ching": The Structure of the Compilation; the Significance of the Structure'. Ph.D. diss., History, University of California, Berkeley, CA.

KEELE, K. D. (1963). *The Evolution of Clinical Methods in Medicine*. Fitzpatrick Lectures, Royal College of Physicians, 1960–1. Pitman, London.

KELLAWAY, W. (1969). 'The Coroner in Mediaeval London'. Art. in *Studies in London History*, ed. W. Kellaway, p. 75. Hodder & Stoughton, London.

KENNEDY, PETER (+1715). *An Essay on External Remedies*. Andrew Bell, London.

KERR, D. J. A. (1956). *Forensic Medicine*. 6th ed. Black, London.

KINNEY, ANNE BEHNKE (ed.) (1995). *Chinese Views of Childhood*. University of Hawaii Press, Honolulu.

KIPLE, KENNETH (1993). *The Cambridge World History of Human Disease*. Cambridge University Press, Cambridge.

KIRKPATRICK, JAMES (+1743). *An Essay on Inoculation, Occasioned by the Small-pox being brought into South Carolina in the Year 1738*. . . . J. Huggonson, London.

KIRKPATRICK, JAMES (+1754). *The Analysis of Inoculation; Comprising the History, Theory, and Practice of it: with an Occasional Consideration of the Most Remarkable Appearances in the Small Pox*. J. Millan, London.

KITTREDGE, G. L. (1912). 'Some Lost Works of Cotton Mather'. *PMHS*, 45, 418.

VON KLAPROTH, HEINRICH JULIUS (1810). *Archiv für asiatische Litteratur, Geschichte und Sprachkunde*. Im Academischen Verlage, St Petersburg.

KLEBS, ARNOLD C. (1913a). 'The Historical Evolution of Variolation'. *JHHB*, 24, 69.

KLEBS, ARNOLD C. (1913b). 'A Bibliography of Variolation'. *JHHB*, 24, 83.

KLEBS, ARNOLD C. (1914). *Die Variolation im achtzehnten Jahrhundert. Ein historischer Beitrag zur Immunitätsforschung*. Zur historischen Biologie der Krankheitserreger. Materialen, Studien, und Abhandlungen, 7. Töpelmann, Giessen.

KLEBS, LUISE (1934). *Die Reliefs und Malereien des neuen Reiches (XVIII.–XX. Dynastie, ca. 1580–1100 v. Chr.). Material zur ägyptischen Kulturgeschichte*. Pt 1. *Szenen aus dem Leben des Volkes. AHAW/PH*, 9. 1.

KLEINMAN, ARTHUR (1980). *Patients and Healers in the Context of Culture. An Exploration of the Borderland between Anthropology, Medicine, and Psychiatry*. Comparative Studies of Health Systems and Medical Care, 3. University of California Press, Berkeley, CA.

KRISTELLER, PAUL OSKAR (1945). 'The School of Salerno. Its Development and its Contribution to the History of Learning'. *BIHM*, 17, 138.

KUHN, PHILIP A. (1990). *Soulstealers. The Chinese Sorcery Scare of 1768*. Harvard University Press, Cambridge, MA.

KURIYAMA, SHIGEHISA. (1995). 'Interpreting the History of Bloodletting'. *Journal of the History of Medicine and Allied Sciences*, 50, 1, 1.

LANGER, W. L. (1976). 'The Prevention of Smallpox before Jenner'. *SAM*, 234, 1, 112.

LAQUEUR, THOMAS W. (1990). *Making Sex: Body and Gender from the Greeks to Freud*. Harvard University Press, Cambridge, MA.

LARRE, CLAUDE & ROCHAT DE LA VALLÉE, ELISABETH (tr.) (1983). 'Plein ciel. Les authentiques de haute antiquité. Texte, présentation, traduction et commentaire du *Su Wen*, chap. I'. *Méridiens*, 61–2, 13.

LAU, D. C. (1982). *Chinese Classics. Tao Te Ching*. Chinese University Press, Hong Kong.

LAUFER, B. (1911). 'The Introduction of Vaccination into the Far East'. *OC*, 25, 525.

LAYTON, EDWIN T., Jr (1976). 'Technology and Science, or "Vive la petite différence"'. *PPSA*, 2, 139.

LAYTON, EDWIN T., Jr (1988). 'Science as a Form of Action: The Role of the Engineering Sciences'. *TCULT*, 29, 82.

LEAVITT, JUDITH WALZER (1990). 'Medicine in Context: A Review Essay of the History of Medicine'. *AHR*, 95, 5, 1471.

LEE, THOMAS H. C. (1985). *Government Education and Examinations in Sung China*. Chinese University Press, Hong Kong.

LEGGE, J. (1861). *The Chinese Classics*. ... Vol. 1. *Confucian Analects, the Great Learning, and the Doctrine of the Mean*. Trübner, London.

LEGGE, J. (1872). *The Chinese Classics*. ... Vol. 5, pts 1 and 2. *The Ch'un Ts'eu with the Tso Chuen*. Trübner, London. Translations of *Chhun chhiu, Tso chuan*.

LEGGE, J. (1885). *The Lī Kī*. SBE, 3. 2 vols. Oxford University Press, Oxford. Translation of *Li chi*.

LEGGE, J. (1891). *The Texts of Taoism*. 2 vols. Oxford University Press, Oxford. Contains *Tao tê ching, Chuang-tzu*, and four other titles.

LEPAGE, FRANÇOIS-ALBIN (1813). *Recherches historiques sur la médecine des Chinois*. Didot, Paris. Diss., Faculty of Medicine, Paris. Repr. Cercle sinologique de l'ouest, n.p. (1986?).

LEUNG, ANGELA KI CHE (1987). 'Organized Medicine in Ming-Qing China: State and Private Medical Institutions in the Lower Yangtze Region'. *LIC*, 8, 1, 134.

LI GUOHAO *et al.* (ed.) (1982). *Explorations in the History of Science and Technology in China. Compiled in Honour of the Eightieth Birthday of Dr. Joseph Needham, FRS, FBA*. Shang-hai Ku-chi, Shanghai.

LI YUN (1995). 'Aspects of the Doctor-Patient Relationship in Ancient China'. Art. in *Proceedings*, 14th International Symposium on the Comparative History of Medicine – East and West. Ishiyaku EuroAmerica, Tokyo, p. 55.

LINDBERG, DAVID C. (1992). *The Beginnings of Western Science. The European Scientific Tradition in Philosophical, Religious, and Institutional Context, 600 B.C. to A.D. 1450*. University of Chicago Press, Chicago. Textbook, mainly concerned with philosophy and mathematical sciences.

LITOLF, C. H. (1909–10). 'Le livre de la réparation des torts. Constations légales dans les cas de crimes contre des personnes en vue de la réparation du préjudice causé'. *RI*, 1909, 531, 676, 765, 881, 1017, 1107, 1217; 1910, 418. Separately pub., Imprimerie de l'Extrême-Orient, Hanoi, 1910.

LITTLE, A. G. & WITHINGTON, E. (1928). *Roger Bacon's 'De retardatione accidentium senectutis' cum aliis opusculis de rebus medicinalibus*. Pubs. Brit. Soc. Franciscan Studies, 14. Oxford University Press, Oxford.

LLOYD, G. E. R. (1987). *The Revolutions of Wisdom. Studies in the Claims and Practice of Ancient Greek Science*. Sather Classical Lectures, 52. University of California Press, Berkeley, CA.

LOCKHART, WILLIAM (1861). *The Medical Missionary in China. A Narrative of Twenty Years' Experience*. Hurst & Blackett, London.

LOEWE, MICHAEL (1968). *Everyday Life in Early Imperial China. During the Han Period 202 BC–AD 220*. Batsford, London.

LOEWE, MICHAEL (1993). *Early Chinese Texts. A Bibliographical Guide*. Society for the Study of Early China, Chicago.

LOEWE, MICHAEL (1997). 'The Physician Chunyu Yi and his Historical Background'. Art. in *En suivant la Voie Royale. Mélanges en hommage à Léon Vandermeersch*, ed. Jacques Gernet & Marc Kalinowski, p. 297. École Française d'Extrême-Orient, Paris. On Shun-yü I.

LONG, J. C. (1933). *Lord Jeffrey Amherst, Soldier of the King*. Macmillan, New York.

LOUDON, IRVINE (1986). *Medical Care and the General Practitioner, 1750–1850*. Clarendon Press, Oxford.

LU GWEI-DJEN & NEEDHAM, J. (1951). 'A Contribution to the History of Chinese Dietetics'. *ISIS*, 42, 1, 13. Submitted 1939.

LU GWEI-DJEN & NEEDHAM, J. (1963). 'China and the Origin of (Qualifying) Examinations in Medicine'. *PRSM*, 56, 63.

LU GWEI-DJEN & NEEDHAM, J. (1967). 'Records of Diseases in Ancient China'. Art. in *Diseases in Antiquity* ed. D. Brothwell & A. T. Sandison. Thomas, Springfield, IL, ch. 17.

LU GWEI-DJEN & NEEDHAM, J. (1980). *Celestial Lancets. A History and Rationale of Acupuncture and Moxa.* Cambridge University Press, Cambridge.

LU GWEI-DJEN & NEEDHAM, J. (1988). 'A History of Forensic Medicine in China'. *Medical History*, 32, 357.

LUCKIN, WILLIAM (1977). 'The Decline of Smallpox and the Demographic Revolution of the Eighteenth Century'. *SOCH*, 6, 793. Conference report.

MACDONALD, MICHAEL (1981). *Mystical Bedlam. Madness, Anxiety, and Healing in Seventeenth-century England*. Cambridge University Press, Cambridge. Study of the voluminous case records of a healer *ca.* +1600; revealing about the connections in therapy between learning and faith.

[MADDOX, ISAAC,] BISHOP OF WORCESTER (+1752). *A Sermon Preached before His Grace John, Duke of Marlborough, President, the Vice-Presidents and Governors of the Hospital for the Small-pox, and for Inoculation, at the Parish-Church of St. Andrew, Holborn, on Thursday March 5, 1732* . . . H. Woodfall, London.

MAITLAND, CHARLES (+1723). *Mr. Maitland's Account of Inoculating the Small-pox*. J. Peele, London.

MAJOR, RALPH H. (1955). *Classic Descriptions of Disease. With Biographical Sketches of the Authors*. 4th ed. Thomas, Springfield, IL.

MALINOWSKI, BRONISLAW (1948). *Magic, Science and Religion, and Other Essays*, ed. Robert Redfield. Beacon Press, Boston, MA.

MANSON, PATRICK (1879). 'On Chinese Methods of Inoculation for Smallpox'. *CIMC/MR* (II, Special Series), 18, 59.

VON MARTELS, Z. R. W. M. (ed.) (1990). *Alchemy Revisited. Proceedings of the International Conference on the History of Alchemy at the University of Groningen. 17–19 April 1989*. E. J. Brill, Leiden.

MARTI-IBAÑEZ, FELIX (ed.) (1960). *Henry E. Sigerist on the History of Medicine*. MD Publications, New York.

MARTIN, ERNEST (1886). *Recueil des procédés au moyen desquels on lave quelqu'un d'une injure*. Leroux, Paris.

MASPERO, H. (1971). *Le Taoïsme et les religions chinoises*. Bibliothèque des histoires, 3. Gallimard, Paris. Collected posthumous papers; preface by M. Kaltenmark.

MASSEY, EDMUND (+1722). *A Sermon against the Dangerous and Sinful Practice of Inoculation, Preached at St. Andrew's, Holborn*. . . . W. Meadows, London.

MATHER, RICHARD B. (1976). *Shih-hsüo hsin-yü. A New Account of Tales of the World*. University of Minnesota Press, Minneapolis.

MATHER, RICHARD B. (1979). 'K'ou Ch'ien-chih and the Taoist Theocracy at the Northern Wei Court, 425–451'. Art. in Welch & Seidel (1979), p. 103.

MCGOWAN, D. J. (1884). 'The Introduction of Small-pox and Inoculation into China' in 'Report on the Health of Wenchow for the Half-year ended 31 March, 1884'. *CIMC/SS* 2, 27, 16.

MCKEOWN, THOMAS (1979). *The Role of Medicine: Dream, Mirage, or Nemesis?* 2nd ed. Princeton University Press, Princeton, NJ.

MCKNIGHT, BRIAN E. (1981). *The Washing Away of Wrongs*. Science, Medicine and Technology in East Asia, 1. Center for Chinese Studies, University of Michigan, Ann Arbor. Complete translation of *Hsi yüan chi lu*.

MCLEOD, KATRINA C. D. & YATES, ROBIN D. S. (1981). 'Forms of Chhin Law. An Annotated Translation of the *Feng chen shih*'. *HJAS*, 41, 111. On official forms for forensic examinations.

MCNEILL, WILLIAM H. (1977). *Plagues and Peoples*. Blackwell, Oxford.

MEAD, RICHARD (+1748). 'A Discourse on the Small Pox and Measles'. Repr. in *Medical Works of Dr. Richard Mead*. 2nd ed., 3 vols. A. Donaldson & J. Reid, Edinburgh, +1765. First publ. Leyden +1752?

MERTON, ROBERT K. (1938). 'Science, Technology and Society in Seventeenth Century England'. *OSIS*, 4, 360.

MIELI, ALDO (1938). *La science arabe, et son rôle dans l'évolution scientifique mondiale*. Brill, Leiden. Repr. Mouton, The Hague, 1966, with a bibliography and analytical index by A. Mazaheri.

MILLER, GENEVIÈVE (1956). 'Eighteenth-century Attempts to Attenuate Smallpox Virus – A Reappraisal'. *Actes*, VIIIe Congrès International d'Histoire des Sciences, Florence, 1956, vol. 2, p. 804.

MILLER, GENEVIÈVE (1957). *The Adoption of Inoculation for Smallpox in England and France*. University of Pennsylvania Press, Philadelphia.
MIYAJIMA, MIKINOSUKE (1923). 'The History of Vaccination in Japan'. *PRSM*, 16 (Hist. Med. Sect.), 23.
MIYASITA [MIYASHITA] SABURŌ (1976). 'A Historical Study of Chinese Drugs for the Treatment of Jaundice'. *AJCM*, 4, 3, 239.
MIYASITA SABURŌ (1977). 'A Historical Analysis of Chinese Formularies and Prescriptions. Three Examples'. *NIZ*, 23, 2, 283.
MIYASITA SABURŌ (1979). 'Malaria (*yao*) [i.e. *nüeh* 瘧] in Chinese Medicine during the Chin and Yüan Periods'. *ACTAS*, 36, 90.
MIYASITA SABURŌ (1980). 'An Historical Analysis of Chinese Drugs in the Treatment of Hormonal Diseases, Goitre, and Diabetes Mellitus'. *AJCM*, 8, 1, 17.
MONRO, ALEXANDER (+1765). *An Account of the Inoculation of Small Pox in Scotland*. Drummond & J. Balfour, Edinburgh. First of three physicians of this name.
MOORE, JAMES C. (1815). *The History of the Small Pox*. Longman, Hurst, Rees, Orme & Brown, London.
MORAN, BRUCE (ed.) (1991). *Patronage and Institutions. Science, Technology, and Medicine at the European Court, 1500–1750*. Boydell Press, Rochester, NY.
DE LA MOTTRAYE, AUBRY (+1727). *Voyages du sr. A. de La Motraye, en Europe, Asie & Afrique. Géographiques, historiques & politiques*. 2 vols. T. Johnson & J. van Duren, La Haye.
MOULE, A. C. (1921). 'The Wonder of the Capital'. *NCR*, 3, 12, 356. On two Sung books about Hangchow, *Tu chhêng chi shêng* 都城紀勝 and *Mêng Liang lu* 夢梁錄.
MÜNSTER, LADISLAO (1956). 'La Medicina legale a Bologna nel Quattrocento'. *Actes*, VIIIe Congrès Internationale d'Histoire des Sciences. Florence, 1956, p. 687.
NAKAYAMA, SHIGERU & SIVIN, N. (eds.) (1973). *Chinese Science: Explorations of an Ancient Tradition*. MIT East Asian Science Series, 2. MIT Press, Cambridge, MA.
NAQUIN, SUSAN (1976). *Millenarian Rebellion in China. The Eight Trigrams Uprising of 1813*. Yale University Press, New Haven, CT.
NAQUIN, SUSAN (1981). *Shantung Rebellion. The Wang Lun Uprising of 1774*. Yale University Press, New Haven, CT.
NEEDHAM, J. (1964). *Time and Eastern Man*. The Henry Myers Lecture. *RAI/OP*, 1964. Repr. in Needham (1969), p. 218.
NEEDHAM, J. (1967). 'The Roles of Europe and China in the Evolution of Oecumenical Science'. *ADVS*, 24, 83.
NEEDHAM, J. (1969). *The Grand Titration. Science and Society in East and West*. George Allen & Unwin, London.
NEEDHAM, J. (1970). *Clerks and Craftsmen in China and the West. Lectures and Addresses on the History of Science and Technology*. Cambridge University Press, Cambridge.
NEEDHAM, J. (1980). 'China and the Origins of Immunology'. *EHOR*, 19, 1, 6. Abbreviated version of Huang Chan Lecture, University of Hong Kong; cf. Needham (1987).
NEEDHAM, J. (1983). 'Science, Technology, Progress, and the Breakthrough. China as a Case Study in Human History'. Lecture given at the Nobel Conference, Royal Swedish Academy, August.
NEEDHAM, J. (1987). 'China and the Origins of Immunology'. Art. in *Venezia e l'Oriente*, ed. L. Lanciotti. Olschki, Florence, p. 23.
NEEDHAM, J. & LIAO HUNG-YING (1948). 'The Ballad of Mêng Chiang-nü Weeping at the Great Wall'. *S*, 1, 194.
NEEDHAM, J. & LU GWEI-DJEN (1962). 'Hygiene and Preventive Medicine in Ancient China'. *JHMAS*, 17, 429.
NEEDHAM, J. & LU GWEI-DJEN (1969). 'Medicine and Culture in China'. Art. in Poynter (1969), p. 255, discussion, p. 285.
NEEDHAM, J. & LU GWEI-DJEN (1975). 'Manfred Porkert's Interpretations of Terms in Mediaeval Chinese Natural and Medical Philosophy'. *ANS*, 32, 491.
NEEDHAM, J., WANG LING, & PRICE, D. J. DE S. (1960). *Heavenly Clockwork. The Great Astronomical Clocks of Medieval China*. Cambridge University Press, Cambridge.
N[EEDHAM], M[ARCHAMONT] (+1665). *Medela medicinae. A Plea for the Free Profession, and a Renovation of the Art of Physick, out of the Noblest and Most Authentick Writers; shewing, the Publick Advantage of its Liberty; The Disadvantage that comes to the Publick by any sort of Physicians imposing upon the Studies and Practise of others; The Alteration of Diseases from their old State and Condition; the Causes of that Alteration; The Insufficiency and Uselessness of meer Scholastick Methods and Medicines, with a Necessity of New; Tending to the Rescue of Mankind from the Tyranny of Diseases, and of Physicians themselves, from the Pedantism of old Authors and present Dictators*. Lownds, London.
NEUGEBAUER, OTTO (1951). 'The Study of Wretched Subjects'. *ISIS*, 42, 111.
NGUYÊN TRÂN-HUÂN (1957). 'Biographie de Pien Tsio [Chhüeh]'. *BSEIC*, 32, 1, 59.
NIENHAUSER, WILLIAM H., JR (ed.) (1986). *The Indiana Companion to Traditional Chinese Literature*. Indiana University Press, Bloomington, IN.

NIIDA NOBORU (1950). 'The Industrial and Commercial Guilds of Peking and Religion and Fellow Countrymanship as Elements of their Coherence'. *FLS*, 9, 179.

NUTTON, VIVIAN (1988). 'Archiatri and the Medical Profession in Antiquity'. Art. in *From Democedes to Harvey. Studies in the History of Medicine*, Collected Studies Series, CS 277, Variorum, Aldershot, p. 191.

NUTTON, VIVIAN (1990). 'The Reception of Fracastoro's Theory of Contagion. The Seed that Fell among Thorns?' *OSIS*, 6, 196.

O'BOYLE, CORNELIUS (1994). 'Surgical Texts and Social Contexts: Physicians and Surgeons in Paris, *ca.* 1270 to 1430'. Art. in Garcia Ballester *et al.* (1994), p. 156.

OBRINGER, FRÉDÉRIC (1983). 'Les plantes toxiques du *Ben cao gang mu*'. Thèse pour la maîtrise de l'Institut National des Langues et Civilisations.

OBRINGER, FRÉDÉRIC (1997). *L'aconit et l'orpiment. Drogues et poisons en Chine ancienne et médiévale.* Penser la médecine, 4. Fayard, Paris.

OFFRAY DE LA METTRIE, J. (+1740). *Traité de la petite vérole, avec la manière de guérir cette maladie.* Huart, Briasson, Paris.

OVERMEYER, DANIEL L. (1976). *Folk Buddhist Religion. Dissenting Sects in Late Traditional China.* Harvard University Press, Cambridge, MA.

PANKHURST, R. (1965). 'The History and Traditional Treatment of Smallpox in Ethiopia'. *MH*, 9, 343.

PARÉ, AMBROISE (+1575). 'Traicté des rapports, et du moyen d'embaumer les corps morts'. Tractate in *Les oeuvres de M. Ambroise Paré, Conseiller et Premier Chirurgien du Roy. . . .* Buon, Paris. See Doe (1937).

PARISH, H. J. (1965). *A History of Immunisation.* Livingstone, Edinburgh.

PARISH, H. J. (1968). *Victory with Vaccines. The Story of Immunisation.* Livingstone, Edinburgh.

PEARSON, ALEXANDER (1805). See *Ying-chhi-li kuo hsin chhu chung tou chhi shu.*

PELLIOT, PAUL (1909). 'Notes de bibliographie chinoise. II. Le droit chinois'. *BEFEO*, 9, 123.

PHELPS, D. L. (1936). *A New Edition of the Omei Illustrated Guide Book [O shan t'u shuo* or *chih] by Huang Shou-Fu & T'an Chung-yo. . . .* West China Union University, Harvard-Yenching Institute Ser., 1. Jih-hsin Yin-shua Kung-yeh-shê, Chengtu.

DE POIROT, LOUIS. S. J. (tr.) (+1783). 'Instructions sublimes et familières de Cheng-Tzu-Quogen-Hoang-Ti'. *MCHSAMUC*, 9, 65. Introduction by the Yung-chêng emperor to the admonitions of his predecessor, Khang-hsi. Italian tr. from the Manchu by de Poirot, done into French by Mme. la Contesse de M**.

PORKERT, MANFRED (1974). *The Theoretical Foundations of Chinese Medicine. Systems of Correspondence.* MIT East Asian Science Series, 3. MIT Press, Cambridge, MA.

PORTER, ROY (ed.) (1985). *Patients and Practitioners. Lay Perceptions of Medicine in Pre-industrial Society.* Cambridge History of Medicine, 9. Cambridge University Press, Cambridge.

PORTER, ROY & PORTER, DOROTHY (1988). *In Sickness and in Health. The British Experience 1650–1850.* Fourth Estate, London.

PORTER, ROY & PORTER, DOROTHY (1989). *Patient's Progress. Doctors and Doctoring in Eighteenth-century England.* Polity Press, Cambridge.

POTHIER, R. J. & DE BRÉARD-NEUVILLE, M. (1818). *Pandectes de Justinien, mises dans un nouvel ordre. Avec les lois du Code et les nouvelles qui confirment, expliquent ou abrogent le Droit des Pandectes.* 25 vols. Dondy-Dupré, Paris.

POYNTER, F. N. L. (ed.) (1969). *Medicine and Culture. Proceedings of a Historical Symposium Organised Jointly by the Wellcome Institute of the History of Medicine, London, and the Wenner-Gren Foundation for Anthropological Research, New York.* Publications of the Wellcome Institute of the History of Medicine, n.s., 15. The Institute, London.

PRYNS, GWYN (1989). 'But What Was the Disease? The Present State of Health and Healing in African Studies'. *PP*, 124, 159.

PYLARINI, JACOB (+1715). *Nova et tuta variolas excitandi per transplantationem methodus; nuper inventa et in usum tracta; qua ritè peracta immunia in posterum praeservantur ab hujusmodi contagio corpora.* Jo. Gabrielem Hertz, Venice. At the time Pylarini was Venetian consul at Smyrna. Shorter version in *PTRS*, 1716, 29, 347, 393.

RAMSEY, MATTHEW (1987). *Professional and Popular Medicine in France, 1770–1830. The Social World of Medical Practice.* Cambridge History of Medicine. Cambridge University Press, Cambridge. Social context of important changes.

RANGER, TERENCE & SLACK, PAUL (ed.) (1996). *Epidemics and Ideas. Essays on the Historical Perception of Pestilence.* Cambridge University Press, Cambridge.

RAWSKI, EVELYN S. (1979). *Education and Popular Literacy in Ch'ing China.* University of Michigan Press, Ann Arbor, MI.

RAZZELL, PETER E. (1965a). 'Population Change in Eighteenth-century England. A Reappraisal'. *EHR, 18, 131.*

RAZZELL, PETER E. (1965b). 'Edward Jenner. The History of a Medical Myth'. MH, 9, 3, 216.

RAZZELL, PETER E. (1977a). *Edward Jenner's Cowpox Vaccine: The History of a Medical Myth.* Caliban, Firle, Sussex.

RAZZELL, PETER E. (1977b). *The Conquest of Smallpox. The Impact of Inoculation on Smallpox Mortality in Eighteenth-century Britain.* Caliban, Firle, Sussex.

READ, BERNARD E. (1936). *Chinese Medicinal Plants from the Pên Ts'ao Kang Mu* 本草綱目 *A.D. 1596 . . . a Botanical, Chemical and Pharmacological Reference List.* (Publication of the *Peking Natural History Bulletin*). Third ed., French Bookstore, Peiping. First ed., Peking Union Medical College, 1923. Compiled with Liu Ju-chhiang. Indexes and précis of botanical chapters of the *Pên tshao kang mu.*

RÉMUSAT, J. P. ABEL (1825–6). *Mélanges asiatiques. Ou, choix de morceaux de critique et de mémoires relatifs aux religions, aux sciences, aux coutumes, à l'histoire et à la géographie des nations orientales.* 2 vols. Dondey-Dupré, Paris.

RENOU, L. & FILLIOZAT, J. (1947–53). *L'Inde classique. Manuel des études indiennes.* Vol. 1, with the collaboration of P. Meile, A. M. Esnoul & L. Silburn, Payot, Paris. Vol. 2, with the collaboration of P. Demiéville, O. Lacombe & L. Silburn, Imprimerie Nationale, Paris.

RESTIVO, SAL P. (1979). 'Joseph Needham and the Comparative Sociology of Chinese and Modern Science'. *RSKSA*, 2, 25.

RIBEIRO SANCHES, ANTONIO NUNES (+1764). *De cura variolarum vaporarii ope apud Russos, omni memoria antiquioris usu recepti.* Ratione Medendi, Paris.

RIFAT OSMAN (1932). 'Sur l'inoculation antivariolique au 18ᵉ siècle'. *Comptes-rendus*, 9ᵉ Congrès International d'Histoire de la Médecine, Bucarest, 1932, p. 226.

ROSEN, GEORGE (1958). *A History of Public Health.* MD Monographs on Medical History, 1. MD Publications, New York.

ROSENBERG, CHARLES (1977). 'The Therapeutic Revolution: Medicine, Meaning and Social Change in Nineteenth-century America'. *PBM*, 20, 485.

ROSENBERG, CHARLES & GOLDEN, JANET (ed.) (1992). *Framing Disease. Studies in Cultural History.* Rutgers University Press, New Brunswick, NJ.

ROSENWALD, C. D. (1951). 'Variolation and Other Observations during the Smallpox Epidemic in the Southern Province of Tanganyika'. *MOFF*, March, 1.

DES ROTOURS, R. (1948). *Traité des fonctionnaires et traité de l'armée, traduites de la Nouvelle Histoire des Thang.* Bibl. de l'Inst. des Hautes Études Chinoises, 6. 2 vols. Brill, Leiden.

ROUSSEAU, GEORGE (ed.) (1990). *Languages of Psyche: Mind and Body in Enlightenment Thought.* University of California Press, Berkeley, CA.

RUFFER, M. A. & FERGUSON, A. R. (1911). 'Note on an Eruption Resembling That of Variola in the Skin of an Egyptian Mummy of the XXth Dynasty (–1200 to –1100)'. *JPB*, 15, 1. Repr. in Brothwell & Sandison (1967), p. 346.

RUSSELL, PATRICK (+1768). 'An Account of Inoculation in Arabia. In a Letter from Dr. Patrick Russell, Physician, at Aleppo, to Alexander Russel, M.D. F.R.S'. *PTRS*, 58, 140.

SABBAN, FRANÇOISE (1986). 'Court Cuisine in Fourteenth-century Imperial China. Some Culinary Aspects of Hu Sihui's Yinshan zhengyao'. *Food and Foodways*, 1, 161.

SAMBURSKY, S. (1956). *The Physical World of the Greeks.* Routledge & Paul, London.

SAMBURSKY, S. (1959). *The Physics of the Stoics.* Routledge & Paul, London.

SAMOGGIA, L. (1965). 'I medici della famiglia Zancari all'inizio del secolo XIV in Bologna'. *BSM*, 137, 99.

SARASOHN, LISA T. (1993). 'Nicolas-Claude Fabri de Peiresc and the Patronage of the New Science in the Seventeenth Century'. *ISIS*, 84, 1, 70.

SARTON, GEORGE (1927–48). *Introduction to the History of Science.* 3 vols. Williams & Wilkins, Baltimore, MD.

SCHAFER, EDWARD H. (1956). 'The Development of Bathing Customs in Ancient and Mediaeval China, and the History of the Floreate Clear Palace'. *JAOS*, 76, 57.

SCHAFER, EDWARD H. (1967). *The Vermilion Bird. T'ang Images of the South.* University of California Press, Berkeley, CA.

SCHIPPER, K. M. (1975). *Concordance du Tao-tsang. Titres des ouvrages.* Publications de l'École Française d'Extrême-orient, 102. École Française d'Extrême-orient, Paris.

VON SCHRÖTTER, E. (1919). 'Inoculation for Smallpox in India. A Literary Reference in the *Sacteya* of Dhanwantari'. *ZAF*, 16, 244.

SCHULTZ, SIMON (+1677). 'De modo emtionis variolarum ab infectis'. *MCMP* (Breslau ed. of 1678), 8, 22.

SCOTT, S. P. (1932). *The Civil Law. Including the Twelve Tables, the Institutes of Gaius, the Rules of Ulpian, the Opinions of Paulus, the Enactments of Justinian and the Constitutions of Leo. Translated from the Original Latin, Edited, and Compared with all Accessible Systems of Jurisprudence Ancient and Modern.* 17 vols. Central Trust Co., Cincinnati, OH.

SEIFFERT, G. & TU CHÊNG-HSING (1937). 'Zur Geschichte der Pocken und Pockenimpfung'. *AGMN*, 30, 26.

SHEPPARD, H. J. (1962). 'The Origin of the Gnostic-Alchemical Relationship'. *Scientia*, 97, 146.

SHEPPARD, H. J. (1981). 'Alchemy'. Art. in Bynum *et al.* (1981), p. 9.

SHERRINGTON, SIR CHARLES (1948). 'Sir Charles Sherrington and Diphtheria Antitoxin'. *N*, 161, 266.

SHRYOCK, RICHARD HARRISON (1936). *The Development of Modern Medicine. An Interpretation of the Social and Scientific Factors Involved*. University of Pennsylvania Press, Philadelphia. Repr., University of Wisconsin Press, Madison, WI, 1979.

SIGERIST, HENRY E. See Marti-Ibañez (1960).

SIMILI, ALESSANDRO (1969). 'Tre caratteristiche inquisizioni a Bologna nel secolo 14'. *EPI*, 3, 2, 115.

SIMILI, ALESSANDRO (1973). 'The Beginnings of Forensic Medicine in Bologna'. Art. in Karplus (1973), p. 91.

SIMILI, ALESSANDRO (1974). *Storia della Medicina Legale. EPI*, Monograph Series.

SIMON, J. (1857). *Papers Relating to the History and Practice of Vaccination*. N.p., London.

SIMPSON, D. (+1789). *A Discourse on Inoculation for the Smallpox*. N.p., Birmingham.

SINGER, C. (1913). *The Development of the Doctrine of Contagium vivum, +1500 to +1700*. Privately pr., London.

SINGER, C. (1957). *A Short History of Anatomy and Physiology from the Greeks to Harvey*. Dover, New York. Revised from *The Evolution of Anatomy*. Kegan Paul, Trench & Trubner, London, 1925.

SINGER, C. & SINGER, D. W. (1913). 'The Development of the Doctrine of Contagium vivum (1500 to 1700)'. *Proceedings*, XVIIth International Congress of Medicine, London, Sect. 23, p. 187.

SINGER, C. & SINGER, D. W. (1917). 'The Scientific Position of Girolamo Fracastoro with Special Reference to the Sources, Character, and Influence of his Theory of Infection'. *AMH*, 1, 1.

SINGER, C. *et al.* (1954–8). *A History of Technology*. 5 vols. Oxford University Press, Oxford.

SIVIN, N. (1968). *Chinese Alchemy: Preliminary Studies*. Harvard Monographs in the History of Science, 1. Harvard University Press, Cambridge, MA.

SIVIN, N. (1976). 'Chinese Alchemy and the Manipulation of Time'. *ISIS*, 67, 513. Repr. in Sivin (1977), p. 108.

SIVIN, N. (ed.) (1977). *Science and Technology in East Asia. Selections from Isis*. Science History Publications, New York.

SIVIN, N. (1978). 'On the Word Taoism as a Source of Perplexity. With Special Reference to the Relations of Science and Religion in Traditional China'. *HOR*, 17, 303.

SIVIN, N. (1979). 'Report on the Third International Conference on Taoist Studies'. *Bulletin*, Society for the Study of Chinese Religions, Fall, 7, 1.

SIVIN, N. (1982). 'Why the Scientific Revolution Did Not Take Place in China – Or Didn't It? The Edward H. Hume Lecture, Yale University, 1981'. *CHIS*, 5, 45.

SIVIN, N. (1987). *Traditional Medicine in Contemporary China. A Partial Translation of* Revised Outline of Chinese Medicine *(1972) with an Introductory Study on Change in Present-day and Early Medicine*. Center for Chinese Studies, University of Michigan, Ann Arbor, MI.

SIVIN, N. (1988). 'Science and Medicine in Imperial China – The State of the Field'. *JAS*, 47, 1, 41.

SIVIN, N. (1989). 'A Cornucopia of Reference Works for the History of Chinese Medicine'. *CHIS*, 9, 29.

SIVIN, N. (1990). 'Research on the History of Chinese Alchemy'. Art. in von Martels (1990), p. 3. Repr. in Sivin (1995b), ch. VIII.

SIVIN, N. (1991). 'Over the Borders: Technical History, Philosophy, and the Social Sciences'. *CHIS*, 10, 69, repr. in Sivin (1995a), ch. VIII.

SIVIN, N. (1993). 'Huang ti nei ching'. Art. in Loewe (1993), p. 196.

SIVIN, N. (1995a). *Science in Ancient China. Researches and Reflections*. Collected Studies Series, CS 506. Variorum, Aldershot.

SIVIN, N. (1995b). *Medicine, Philosophy, and Religion in Ancient China. Researches and Reflections*. Collected Studies Series, CS 512. Variorum, Aldershot.

SIVIN, N. (1995c). 'Text and Experience in Classical Chinese Medicine'. Art. in Bates (1995), p. 177.

SIVIN, N. (1995d). 'Taoism and Science'. Art. in Sivin (1995b), ch. VII.

SIVIN, N. (1995e). 'The Myth of the Naturalists'. Art. in Sivin (1995b), ch. IV.

SIVIN, N. (1995f). 'State, Cosmos, and Body in the Last Three Centuries B.C.'. *HJAS*, 55, 5.

SIVIN, N. (1995g). 'Emotional Counter-therapy'. Art. in Sivin (1995b), ch. II.

SIVIN, N. (1998). 'On the Dates of Yang Shang-shan and the *Huang-ti nei ching t'ai su*'. *CHIS*, 15, 29.

SKINNER, G. WILLIAM (ed.) (1977). *The City in Late Imperial China*. Studies in Chinese Society. Stanford University Press, Stanford, CA.

SKINNER, G. WILLIAM (1985). 'Presidential Address: The Structure of Chinese History'. *JAS*, 44, 2, 271. For debate see *JAS*, 45, 4, 721 and 48, 1, 90.

SKINNER, G. WILLIAM (1987). 'Sichuan's Population in the Nineteenth Century: Lessons from Disaggregated Data'. *LIC*, 8, 1, 1.

SLEESWYK, ANDRÉ WEGENER & SIVIN, N. (1983). 'Dragons and Toads. The Chinese Seismoscope of A.D. 132'. *CHIS*, 6, 1.

SLOANE, HANS, SIR (+1707–25). *A voyage to the islands Madera, Barbados, Nieves, S. Christophers and Jamaica, with the natural history . . . of the last of those islands; to which is prefix'd an introduction, wherein is an account of the inhabitants, air, waters, diseases, trade, &c. . . . Illustrated with the figures of the things describ'd*. 2 vols. B. M., London.

SMITH, F. PORTER (1871). *Contribution towards the Materia Medica and Natural History of China. For the Use of Medical Missionaries and Native Medical Students*. American Presbyterian Mission Press, Shanghai.

SMITH, KIDDER, JR *et al.* (1990). *Sung Dynasty Uses of the I Ching*. Princeton University Press, Princeton, NJ.

SMITH, SYDNEY (1951). 'The History and Development of Forensic Medicine'. *BMJ*, 1, 599.

SMITH, WESLEY D. (1979). *The Hippocratic Tradition*. Cornell University Press, Ithaca, NY.

SPENCE, JONATHAN (1975). *Emperor of China. Self-portrait of K'ang-hsi*. Knopf, New York.

VAN DER SPRENKEL, SYBILLE (1962). *Legal Institutions in Manchu China*. London School of Economics Monographs on Social Anthropology, 24. Athlone, London. 2nd ed., 1977.

STEARNS, R. P. & PASTI, G. (1950). 'Remarks upon the Introduction of Inoculation for Smallpox into England'. *BIHM*, 24, 107.

STEWARD, ALBERT N. (1930). *The Polygonaceae of Eastern Asia*. Contributions, 88. Gray Herbarium, Harvard University.

STRICKMANN, MICHEL (1977). 'The Mao Shan Revelations. Taoism and the Aristocracy'. *T'oung Pao*, 63, 1.

STRICKMANN, MICHEL (1981). *Le Taoïsme du Mao Chan. Chronique d'une révélation*. Mémoires de l'Inst. des Hautes Études Chinoises, 17. The Institute, Paris.

STUART, G. A. (1911). *Chinese Materia Medica. Vegetable Kingdom. Extensively revised from Dr. F. Porter Smith's Work*. American Presbyterian Mission Press, Shanghai. Expansion of Smith (1871).

SUN, E-TU ZEN (1961). *Ch'ing Administrative Terms. A Translation of The Terminology of the Six Boards with Explanatory Notes*. Harvard East Asian Studies, 7. Harvard University Press, Cambridge, MA.

TAMBIAH, S. J. (1968). 'The Magical Power of Words'. *Man*, n.s., 3, 2, 175.

TARRY, EDWARD (+1721). 'Letter to Sir Hans Sloane on Smallpox Inoculation at Aleppo during the Epidemic of 1706' (written 1 August +1721). British Library, Sloane MSS, 4061, fol. 164. Pr. in Sloane (+1707–25), pp. 517ff., and Moore (1815), pp. 230–2.

TAYLOR, F. S. (1957). *A History of Industrial Chemistry*. Heinemann, London.

TAYLOR, F. S. & SINGER, C. (1956). 'Pre-scientific Industrial Chemistry'. Art. in Singer *et al.* (1954–8), vol. 2, p. 347.

TENG SSU-YÜ (1943). 'Chinese Influence on the Western Examination System'. *HJAS*, 7, 267.

TENG SSU-YÜ (tr.) (1968). *Family Instructions for the Yen Clan. 'Yen shih chia hsün' by Yen Chih-t'ui (531–591)*. T'oung Pao Monographs, 4. Brill, Leiden.

THOMAS, J. A. C. (1975). *The Institutes of Justinian. Text, Translation and Commentary*. North Holland, Amsterdam.

THOMAS, J. A. C. (1976). *Textbook of Roman Law*. North Holland, Amsterdam.

THOMPSON, LAURENCE G. & SEAMAN, GARY (1993). *Chinese Religions: Publications in Western Languages 1981 through 1990*. Association for Asian Studies, Ann Arbor, MI.

THORNDIKE, LYNN (1923–58). *A History of Magic and Experimental Science*. 8 vols. Columbia University Press, New York.

THORNDIKE, LYNN (1955). 'The True Place of Astrology in the History of Science'. *ISIS*, 46, 273.

TIMONE (OR TIMONI), EMANUEL[E] (+1712). 'Historia variolarum quae per insitionem excitantur'. Pr. in de la Mottraye (+1727) as Appendix I, vol. 2.

TIMONE, EMANUELE (+1714). 'Historia variolarum, quae per insitionem excitantur'. *AER* (Leipzig), 33, 382. Repr. *ACLCNCE* (Nuremberg), 1717, 5, obs. II. Also in 'An Account, or History, of the Procuring the Small Pox by Incision, or Inoculation, As it has for Some Time Been Practised at Constantinople' (letter of December 1713). *PTRS*, 29, 339, 72. MSS of Timone's account survive in Sweden, France and Germany. See Miller (1957), pp. 55ff.

TISSOT, P. A. (tr.) (1806). *Code et novelles de Justinien. Novelles de l'empereur Léon, fragments de Gaius, d'Ulpian et de Paul*. . . . Behmer, Metz.

TOMLINSON, GARY (1993). *Music in Renaissance Magic. Toward a Historiography of Others*. University of Chicago Press, Chicago.

TOPLEY, MARJORIE (1974). 'Cosmic Antagonisms: A Mother–child Syndrome'. Art. in Wolf (1974), p. 233.

TREASE, GEORGE EDWARD & EVANS, WILLIAM CHARLES (1989). *Trease and Evans' Pharmacognosy*. 13th ed. Baillière Tindall, London. 1st ed. 1902.

TWITCHETT, DENIS (ed.) (1979). *The Cambridge History of China*. Vol. 3. *Sui and T'ang China, 589–906, pt 1*. Cambridge University Press, Cambridge.

TWITCHETT, DENIS & LOEWE, MICHAEL (eds.) (1986). *The Cambridge History of China*. Vol. 1. *The Ch'in and Han Empires, 221 B.C.–A.D. 220*. Cambridge University Press, Cambridge.

TYLER, VARRO E. (1988). *Pharmacognosy*. 9th ed. Lea & Febiger, Philadelphia.

ULLMANN, M. (1978). *Islamic Medicine*. Islamic Surveys, 2. Edinburgh University Press, Edinburgh.

ULRICH, LAUREL THATCHER (1990). *A Midwife's Tale. The Life of Martha Ballard, Based on her Diary, 1785–1812*. Knopf, New York.

UNSCHULD, PAUL ULRICH (1978). *Medical Ethics in Imperial China. A Study in Historical Anthropology.* University of California Press, Berkeley, CA.

UNSCHULD, PAUL ULRICH (1985). *Medicine in China. A History of Ideas.* University of California Press, Berkeley, CA.

UNSCHULD, PAUL ULRICH (1986a). *Medicine in China. A History of Pharmaceutics.* University of California Press, Berkeley, CA.

UNSCHULD, PAUL ULRICH (1986b). *Medicine in China. Nan-Ching. The Classic of Difficult Issues.* University of California Press, Berkeley, CA.

UNSCHULD, PAUL ULRICH (ed.) (1988). *Approaches to Traditional Chinese Medical Literature. Proceedings of an International Symposium on Translation Methodologies and Terminologies.* Kluwer Academic Publishers, Boston, MA.

UNSCHULD, PAUL ULRICH (1989). *Forgotten Traditions in Ancient Chinese Medicine. The I-hsüeh Yüan Liu Lun of 1757 by Hsü Ta-Ch'un.* Paradigm Publications, Brookline, MA.

VEITH, ILZA (1954). 'Plague and Politics'. *BIHM*, 28, 408.

VERELLEN, FRANCISCUS (1989). *Du Guangting (850–933). Taoïste de cour à la fin de la Chine médiévale.* Mémoires, 30. Collège de France, Institut des Hautes Études Chinoises, Paris.

VESALIUS, ANDREAS (+1543). *De humani corporis fabrica libri septem.* Johannes Oporinus, Basel.

VOLK, PETER & WARLO, H. J. (1973). 'The Role of Medical Experts in Court Proceedings in the Mediaeval Town'. Art. in Karplus (1973), p. 101.

VOLLMER, H. (1938). 'Studies on the Biological Effects of Coloured Light'. *APTH*, 19, 197.

WALEY, ARTHUR (1938). *The Analects of Confucius.* George Allen & Unwin, London.

WALLS, H. J. (1974). *Forensic Science. An Introduction to Scientific Crime Detection.* 2nd ed. Sweet & Maxwell, London.

WALTER, REV. RICHARD (+1750). *Lord Anson's Voyage around the World, 1740 to 1744.* Society for Promoting Christian Knowledge, London.

WANG CHI-MIN & WU LIEN-TÊ (1936). *History of Chinese Medicine. Being a Chronicle of Medical Happenings in China from Ancient Times to the Present Period.* 2nd ed. National Quarantine Service, Shanghai. First published 1932.

WANG YI-T'UNG (tr.) (1984). *Record of Buddhist monasteries in Lo-yang.* Princeton University Press, Princeton, NJ.

WARD, W. (+1795). *A View of the History, Literature, and Religion of the Hindus.* 4 vols. n.p., London.

WARE, JAMES R. (1966). *Alchemy, Medicine, and Religion in the China of A.D. 320: The Nei P'ien of Ko Hung (Pao-p'u tzu).* MIT Press, Cambridge, MA.

WARRING STATES WORKING GROUP, UNIVERSITY OF MASSACHUSETTS, AMHERST, MA (1993–). 'Notes' and 'Queries'. Informally circulated.

WATERHOUSE, BENJAMIN (1800–2). *A Prospect of Exterminating the Smallpox.* William Hilliard, Cambridge, MA.

WEBER, MAX (1922/1964). *The Religion of China. Confucianism and Taoism*, tr. Hans H. Gerth. The Macmillan Company, New York, 1964. Translation from the German (Tübingen, 1922).

WEINSTEIN, STANLEY J. (1987). *Buddhism under the T'ang.* Cambridge University Press, Cambridge.

WELCH, HOLMES H. (1957). *The Parting of the Way. Lao Tzu and the Taoist Movement.* Beacon Press, Boston, MA.

WELCH, HOLMES H. & SEIDEL, ANNA (eds.) (1979). *Facets of Taoism. Essays in Chinese Religion.* Yale University Press, New Haven, CT.

WERNER, E. T. CHALMERS (1922). *Myths and Legends of China.* Harrap, London.

WERNER, E. T. CHALMERS (1932). *A Dictionary of Chinese Mythology.* Kelly & Walsh, Shanghai.

WESTMAN, ROBERT (1977). 'Magical Reform and Astronomical Reform: The Yates Thesis Reconsidered'. Art. in *Hermeticism and the Scientific Revolution*, ed. Robert Westman & J. E. McGuire, p. 1. William Andrews Clark Memorial Library, University of California, Los Angeles, CA.

WHITE, B. (1924). *Smallpox and Vaccination in the U.S.A.* Harvard University Press, Cambridge, MA.

WIDMER, ELLEN (1996). 'The Huanduzhai of Hangzhou and Suzhou: A Study in Seventeenth-century Publishing'. *HJAS*, 56, 1, 77.

WIEDEMANN, E. (1915). 'Beiträge zur Geschichte der Naturwissenschaften, XLV. Zahnärtzliches bei den Muslimen'. *SPMSE*, 47, 127. Repr. in Wiedemann (1970), vol. 2, p. 181.

WIEDEMANN, E. (1970). *Aufsätze zur arabischen Wissenschaftsgeschichte.* 2 vols. Olm, Hildesheim. Repr. of 79 articles from *SPMSE*.

WILHELM, HELLMUT (1984). 'Notes on Some Sung *Shih-hua*'. Art. in *Sung Studies, In Memoriam Etienne Balasz.* Ser. II, *Civilisation*, 3. Hautes Études, Paris, p. 267.

WILHELM, RICHARD (1924/1950). *I ging. Das Buch der Wandlungen.* 2 vols. Diederichs, Jena. Eng. tr. C. F. Baynes. Bollingen Series, 19. 2 vols. Pantheon, New York, 1950.

WILHELM, RICHARD (1928). *Frühling und Herbst des Lü Bu We.* Diederichs, Jena. Translation of *Lü shih chhun chhiu.*

WILHELM, RICHARD (1930). *'Li Gi', das Buch der Sitte des älteren und jungeren Dai* (i.e. both *Li chi* and *Ta Tai li chi*). Diederichs, Jena.
WILKINSON, ENDYMION P. (1972). 'Chinese Merchant Manuals and Route Books'. *CSWT*, 2, 3, 1.
WILLIAMS, PERROT (+1723). 'Part of Two Letters concerning a Method of Procuring the Small Pox, Used in South Wales. From Perrot Williams, M. D., Physician, Haverford West, to Dr. Samuel Brady, Physician to the Garrison at Portsmouth'; 'Part of a Letter from the Same Learned and Ingenious Gentleman, upon the Same Subject, to Dr. Jurin, Royal Society Secretary'. *PTRS*, 32, 262.
WILSON, C. ANN. (1984). 'Philosophers, Iosis, and Water of Life'. *PLPLS/LH*, 29, 5.
WISE, THOMAS ALEXANDER (1867). *Review of the History of Medicine [among the Asiatic Nations]*. 2 vols. J. Churchill, London.
WOLF, ARTHUR P. (ed.) (1974). *Religion and Ritual in Chinese Society*. Stanford University Press, Stanford, CA.
WONG, K. CHIMIN & WU LIEN-TEH (1936). See Wang Chi-min & Wu Lien-tê (1936).
WOODVILLE, WILLIAM (+1796). *The History of Inoculation of the Smallpox in Great Britain. Comprehending a Review of All the Publications on the Subject. With an Experimental Inquiry into the Relative Advantages of Every Measure which has been deemed Necessary in the Process of Inoculation*. Vol. 1. James Phillips, London. No further vols. published.
WRIGHT, ARTHUR F. (1979). 'The Sui Dynasty (581–617)'. Art. in Twitchett (1979), p. 48.
WRIGHT, RICHARD (+1723). 'A Letter on the same Subject ["buying the smallpox"] from Mr. R. W., Surgeon at Haverford West [to Mr. Sylvanus Bevan, Apothecary in London]'. *PTRS*, 32, 375, 267.
WRIGHT, WILMER C. (1930). *Hieronymi Fracastorii De contagione et contagiosis morbis et eorum curatione, libri III. Translation and notes*. History of Medicine Series, 2. G. P. Putnam, London.
WU LIEN-TÊ (1931). 'The Early Days of Western Medicine in China'. *JRAS/NCB*, 9.
WU, PEI-YI (1990). *The Confucian's Progress. Autobiographical Writings in Traditional China*. Princeton University Press, Princeton, NJ.
WU YIYI (1993). 'A Medical Line of Many Masters: A Prosopographical Study of Liu Wansu and his Disciples from the Jin to the Early Ming'. *CHIS*, 11, 36.
WYLIE, A. (1867). *Notes on Chinese Literature*. Shanghai. Repr. of Shanghai 1922 ed., Vetch, Peiping, 1939.
YAMADA KEIJI (1991). 'Anatometrics in Ancient China'. *CHIS*, 10, 39.
YANG, LIEN-SHÊNG (1961). 'Schedules of Work and Rest in Imperial China'. Art. in *Studies in Chinese Institutional History*. Harvard-Yenching Institute Studies, 20. Harvard University Press, Cambridge, MA, p. 18.
YATES, FRANCES A. (1964). *Giordano Bruno and the Hermetic Tradition*. Routledge & Kegan Paul, London.
YATES, FRANCES A. (1979). *The Occult Philosophy in the Elizabethan Age*. Routledge & Kegan Paul, London.
YATES, FRANCES A. (1982). *Lull and Bruno*. Collected essays, 1. Routledge & Kegan Paul, London.
YATES, FRANCES A. (1983). *Renaissance and Reform: The Italian Contribution*. Collected Essays, 2. Routledge & Kegan Paul, London.
YATES, FRANCES A. (1984). *Ideas and Ideals in the North European Renaissance*. Collected Essays, 3. Routledge & Kegan Paul, London.
ZACCHIA, PAOLO (+1628). *Quaestiones medico-legales*. Guglielmo Facciotti, Rome.
VON ZAREMBA, R. W. (1904). 'Die Heilkunst in China. Eine geschichtliche Skizze'. *JAN*, 9, 103, 158, 201, 257.
ZHAO HONGJUN (CHAO HUNG-CHÜN) (1991). 'Chinese versus Western Medicine: A History of their Relations in the Twentieth Century'. *CHIS*, 10, 21.
ZITO, ANGELA & BARLOW, TANI E. (eds.) (1994). *Body, Subject, and Power in China*. University of Chicago Press, Chicago.

索　　引

说明

1. 本索引据原著索引译出，个别条目有所改动。
2. 本索引按汉语拼音字母顺序排列。第一字同音时，按四声顺序排列；同音同调时，按笔画多少和笔顺排列。
3. 各条目所列页码，均指原著页码。数字加 * 号者，表示这一条目见于该页脚注。
4. 除外国人名外，一般未附原名或相应的英译名。

A

B

C

D

E

F

H

J

K

L

M

N

O

P

Q

R

S

X

Z

拉丁拼音对照表

罗宾·布里连特（Robin Brilliant）编

汉语拼音/修订的威妥玛-翟理斯式

拼音	修订的威-翟式
a	a
ai	ai
an	an
ang	ang
ao	ao
ba	pa
bai	pai
ban	pan
bang	pang
bao	pao
bei	pei
ben	pên
beng	pêng
bi	pi
bian	pien
biao	piao
bie	pieh
bin	pin
bing	ping
bo	po
bu	pu
ca	tsha
cai	tshai
can	tshan
cang	tshang
cao	tsho
ce	tshê
cen	tshên
ceng	tshêng
cha	chha
chai	chhai
chan	chhan
chang	chhang
chao	chhao
che	chhê
chen	chhên
cheng	chhêng
chi	chhih
chong	chhung
chou	chhou
chu	chhu
chuai	chhuai
chuan	chhuan
chuang	chhuang
chui	chhui
chun	chhun
chuo	chho
ci	tzhu
cong	tshung
cou	tshou
cu	tshu
cuan	tshuan
cui	tshui
cun	tshun
cuo	tsho
da	ta
dai	tai
dan	tan
dang	tang
dao	tao
de	tê
dei	tei
den	tên
deng	têng
di	ti
dian	tien
diao	tiao
die	dieh
ding	ting
diu	tiu
dong	tung
dou	tou
du	tu
duan	tuan
dui	tui
dun	tun
duo	to
e	ê, o
en	ên
eng	êng
er	êrh
fa	fa
fan	fan
fang	fang
fei	fei
fen	fên
feng	fêng
fo	fo
fou	fou
fu	fu
ga	ka
gai	kai
gan	kan
gang	kang
gao	kao
ge	ko
gei	kei
gen	kên
geng	kêng
gong	kung
gou	kou
gu	ku
gua	kua
guai	kuai
guan	kuan
guang	kuang
gui	kuei
gun	kun
ha	ha
hai	hai
han	han

拼音	修订的威-翟式
hang	hang
hao	hao
he	ho
hei	hei
hen	hên
heng	hêng
hong	hung
hou	hou
hu	hu
hua	hua
huai	huai
huan	huan
huang	huang
hui	hui
hun	hun
huo	huo
ji	chi
jia	chia
jian	chien
jiang	chiang
jiao	chiao
jie	chieh
jin	chin
jing	ching
jiong	chiung
jiu	chiu
ju	chü
juan	chüan
jue	chüeh, chio
jun	chün
ka	kha
kai	khai
kan	khan
kang	khang
kao	khao
ke	kho
kei	khei
ken	khên
keng	khêng
kong	khung
kou	khou
ku	khu
kua	khua
kuai	khuai
kuan	khuan
kuang	khuang
kui	khuei
kun	khun
kuo	khuo
la	la
lai	lai
lan	lan
lang	lang
lao	lao
le	lê
lei	lei
leng	lêng
li	li
lia	lia
lian	lien
liang	liang
liao	liao
lie	lieh
lin	lin
ling	ling
liu	liu
lo	lo
long	lung
lou	lou
lu	lu
lü	lü
luan	luan
lüe	lüeh
lun	lun
luo	lo
ma	ma
mai	mai
man	man
mang	mang
mao	mao
mei	mei
men	mên
meng	mêng
mi	mi
mian	mien
miao	miao
mie	mieh
min	min
ming	ming
miu	miu
mo	mo
mou	mou
mu	mu
na	na
nai	nai
nan	nan
nang	nang
nao	nao
nei	nei
nen	nên
neng	nêng
ng	ng
ni	ni
nian	nien
niang	niang
niao	niao
nie	nieh
nin	nin
ning	ning
niu	niu
nong	nung
nou	nou
nu	nu
nü	nü
nuan	nuan
nüe	nio
nuo	no
o	o, ê
ou	ou
pa	pha
pai	phai
pan	phan
pang	phang
pao	phao
pei	phei
pen	phên
peng	phêng
pi	phi
pian	phien
piao	phiao
pie	phieh
pin	phin
ping	phing
po	pho
pou	phou
pu	phu
qi	chhi
qia	chhia

拼音	修订的威-翟式	拼音	修订的威-翟式	拼音	修订的威-翟式
qian	chhien	shu	shu	xian	hsien
qiang	chhiang	shua	shua	xiang	hsiang
qiao	chhiao	shuai	shuai	xiao	hsiao
qie	chhieh	shuan	shuan	xie	hsieh
qin	chhin	shuang	shuang	xin	hsin
qing	chhing	shui	shui	xing	hsing
qiong	chhiung	shun	shun	xiong	hsiung
qiu	chhiu	shuo	shuo	xiu	hsiu
qu	chhü	si	ssu	xu	hsü
quan	chhüan	song	sung	xuan	hsüan
que	chhüeh, chhio	sou	sou	xue	hsüeh, hsio
qun	chhün	su	su	xun	hsün
ran	jan	suan	suan	ya	ya
rang	jang	sui	sui	yan	yen
rao	jao	sun	sun	yang	yang
re	jê	suo	so	yao	yao
ren	jên	ta	tha	ye	yeh
reng	jêng	tai	thai	yi	i
ri	jih	tan	than	yin	yin
rong	jung	tang	thang	ying	ying
rou	jou	tao	thao	yo	yo
ru	ju	te	thê	yong	yung
rua	jua	teng	thêng	you	yu
ruan	juan	ti	thi	yu	yü
rui	jui	tian	thien	yuan	yüan
run	jun	tiao	thiao	yue	yüeh, yo
ruo	jo	tie	thieh	yun	yün
sa	sa	ting	thing	za	tsa
sai	sai	tong	thung	zai	tsai
san	san	tou	thou	zan	tsan
sang	sang	tu	thu	zang	tsang
sao	sao	tuan	thuan	zao	tsao
se	sê	tui	thui	ze	tsê
sen	sên	tun	thun	zei	tsei
seng	sêng	tuo	tho	zen	tsên
sha	sha	wa	wa	zeng	tsêng
shai	shai	wai	wai	zha	cha
shan	shan	wan	wan	zhai	chai
shang	shang	wang	wang	zhan	chan
shao	shao	wei	wei	zhang	chang
she	shê	wen	wên	zhao	chao
shei	shei	weng	wêng	zhe	chê
shen	shen	wo	wo	zhei	chei
sheng	shêng, sêng	wu	wu	zhen	chên
shi	shih	xi	hsi	zheng	chêng
shou	shou	xia	hsia	zhi	chih

拼音	修订的威-翟式	拼音	修订的威-翟式	拼音	修订的威-翟式
zhong	chung	zhuang	chuang	zou	tsou
zhou	chou	zhui	chui	zu	tsu
zhu	chu	zhun	chun	zuan	tsuan
zhua	chua	zhuo	cho	zui	tsui
zhuai	chuai	zi	tzu	zun	tsun
zhuan	chuan	zong	tsung	zuo	tso

修订的威妥玛-翟理斯式/汉语拼音

修订的威-翟式	拼音	修订的威-翟式	拼音	修订的威-翟式	拼音
a	a	chhio	que	chua	zhua
ai	ai	chhiu	qiu	chuai	zhuai
an	an	chhiung	qiong	chuan	zhuan
ang	ang	chho	chuo	chuang	zhuang
ao	ao	chhou	chou	chui	zhui
cha	zha	chhu	chu	chun	zhun
chai	zhai	chhuai	chuai	chung	zhong
chan	zhan	chhuan	chuan	chü	ju
chang	zhang	chhuang	chuang	chüan	juan
chao	zhao	chhui	chui	chüeh	jue
chê	zhe	chhun	chun	chün	jun
chei	zhei	chhung	chong	ê	e, o
chên	zhen	chhü	qu	ên	en
chêng	zheng	chhüan	quan	êng	eng
chha	cha	chhüeh	que	êrh	er
chhai	chai	chhün	qun	fa	fa
chhan	chan	chi	ji	fan	fan
chhang	chang	chia	jia	fang	fang
chhao	chao	chiang	jiang	fei	fei
chhê	che	chiao	jiao	fên	fen
chhên	chen	chieh	jie	fêng	feng
chhêng	cheng	chien	jian	fo	fo
chhi	qi	chih	zhi	fou	fou
chhia	qia	chin	jin	fu	fu
chhiang	qiang	ching	jing	ha	ha
chhiao	qiao	chio	jue	hai	hai
chhieh	qie	chiu	jiu	han	han
chhien	qian	chiung	jiong	hang	hang
chhih	chi	cho	zhuo	hao	hao
chhin	qin	chou	zhou	hên	hen
chhing	qing	chu	zhu	hêng	heng

修订的威-翟式	拼音	修订的威-翟式	拼音	修订的威-翟式	拼音
ho	he	kao	gao	lieh	lie
hou	hou	kei	gei	lien	lian
hsi	xi	kên	gen	lin	lin
hsia	xia	kêng	geng	ling	ling
hsiang	xiang	kha	ka	liu	liu
hsiao	xiao	khai	kai	lo	luo, lo
hsieh	xie	khan	kan	lou	lou
hsien	xian	khang	kang	lu	lu
hsin	xin	khao	kao	luan	luan
hsing	xing	khei	kei	lun	lun
hsio	xue	khên	ken	lung	long
hsiu	xiu	khêng	keng	lü	lü
hsiung	xiong	kho	ke	lüeh	lüe
hsü	xu	khou	kou	ma	ma
hsüan	xuan	khu	ku	mai	mai
hsüeh	xue	khua	kua	man	man
hsün	xun	khuai	kuai	mang	mang
hu	hu	khuan	kuan	mao	mao
hua	hua	khuang	kuang	mei	mei
huai	huai	khuei	kui	mên	men
huan	huan	khun	kun	mêng	meng
huang	huang	khung	kong	mi	mi
hui	hui	khuo	kuo	miao	miao
hun	hun	ko	ge	mieh	mie
hung	hong	kou	gou	mien	mian
huo	huo	ku	gu	min	min
i	yi	kua	gua	ming	ming
jan	ran	kuai	guai	miu	miu
jang	rang	kuan	guan	mo	mo
jao	rao	kuang	guang	mou	mou
jê	re	kuei	gui	mu	mu
jên	ren	kun	gun	na	na
jêng	reng	kung	gong	nai	nai
jih	ri	kuo	guo	nan	nan
jo	ruo	la	la	nang	nang
jou	rou	lai	lai	nao	nao
ju	ru	lan	lan	nei	nei
jua	rua	lang	lang	nên	nen
juan	ruan	lao	lao	nêng	neng
jui	rui	lê	le	ni	ni
jun	run	lei	lei	niang	niang
jung	rong	lêng	leng	niao	niao
ka	ga	li	li	nieh	nie
kai	gai	lia	lia	nien	nian
kan	gan	liang	liang	nin	nin
kang	gang	liao	liao	ning	ning

修订的威-翟式	拼音	修订的威-翟式	拼音	修订的威-翟式	拼音
niu	niu	sang	sang	thê	te
no	nuo	sao	sao	thêng	teng
nou	nou	sê	se	thi	ti
nu	nu	sên	sen	thiao	tiao
nuan	nuan	sêng	seng, sheng	thieh	tie
nung	nong	sha	sha	thein	tian
nü	nü	shai	shai	thing	ting
o	e, o	shan	shan	tho	tuo
ong	weng	shang	shang	thou	tou
ou	ou	shao	shao	thu	tu
pa	ba	shê	she	thuan	tuan
pai	bai	shei	shei	thui	tui
pan	ban	shên	shen	thun	tun
pang	bang	shêng	sheng	thung	tong
pao	bao	shih	shi	ti	di
pei	bei	shou	shou	tiao	diao
pên	ben	shu	shu	tieh	die
pêng	beng	shua	shua	tien	dian
pha	pa	shuai	shuai	ting	ding
phai	pai	shuan	shuan	tiu	diu
phan	pan	shuang	shuang	to	duo
phang	pang	shui	shui	tou	dou
phao	pao	shun	shun	tsa	za
phei	pei	shuo	shuo	tsai	zai
phên	pen	so	suo	tsan	zan
phêng	peng	sou	sou	tsang	zang
phi	pi	ssu	si	tsao	zao
phiao	piao	su	su	tsê	ze
phieh	pie	suan	suan	tsei	zei
phien	pian	sui	sui	tsên	zen
phin	pin	sun	sun	tsêng	zeng
phing	ping	sung	song	tsha	ca
pho	po	ta	da	tshai	cai
phou	pou	tai	dai	tshan	can
phu	pu	tan	dan	tshang	cang
pi	bi	tang	dang	tshao	cao
piao	biao	tao	dao	tshê	ce
pieh	bie	tê	de	tshên	cen
pien	bian	tei	dei	tshêng	ceng
pin	bin	tên	den	tsho	cuo
ping	bing	têng	deng	tshou	cou
po	bo	tha	ta	tshu	cu
pu	bu	thai	tai	tshuan	cuan
sa	sa	than	tan	tshui	cui
sai	sai	thang	tang	tshun	cun
san	san	thao	tao	tshung	cong

修订的威-翟式	拼音	修订的威-翟式	拼音	修订的威-翟式	拼音
tso	zuo	tzhu	ci	yao	yao
tsou	zou	tzu	zi	yeh	ye
tsu	zu	wa	wa	yen	yan
tsuan	zuan	wai	wai	yin	yin
tsui	zui	wan	wan	ying	ying
tsun	zun	wang	wang	yo	yue, yo
tsung	zong	wei	wei	yu	you
tu	du	wên	wen	yung	yong
tuan	duan	wo	wo	yü	yu
tui	dui	wu	wu	yüan	yuan
tun	dun	ya	ya	yüeh	yue
tung	dong	yang	yang	yün	yun

译后记

本册正文部分的翻译工作是由刘巍完成的。

姚立澄承担了译稿的校订、统稿加工、译名查核工作，并译编了参考文献 A、B 和索引。

廖育群仔细审定了译稿。

胡维佳负责解决译稿遗留问题，审定译名，并对全部译稿作了复校和审读。

在本册的翻译过程中，罗兴波提供了特别的支持和帮助，潘吉星给予了指导意见，谨此一并致谢！

李约瑟《中国科学技术史》
翻译出版委员会办公室
2012 年 3 月 13 日